技工学校机械类通用教材

# 金属工艺学

## 第5版（含习题集）

技工学校机械类通用教材编审委员会　编

机械工业出版社

本书系统地介绍了金属材料及其加工过程的相关知识。全书共分为四篇内容：第一篇为金属学基础知识，介绍了金属的内部构造、结晶和塑性变形理论，以及铁碳合金相图；第二篇为金属材料及其腐蚀与防护，介绍了常用金属材料的一般知识以及金属材料腐蚀与防护知识；第三篇为热加工工艺，介绍了铸造、压力加工、焊接和热处理的加工方法及其工艺特点；第四篇为冷加工工艺，介绍了车、刨、钻、铣、磨、齿轮加工和钳工加工的常用设备和工艺过程，并介绍了数控加工相关知识。

本书供技工学校机械类冷、热加工专业的学生使用，也可作为职工培训和自学用书。

## 图书在版编目（CIP）数据

金属工艺学：含习题集/技工学校机械类通用教材编审委员会编. —5 版. —北京：机械工业出版社，2013.10（2024.1 重印）

技工学校机械类通用教材

ISBN 978-7-111-44055-0

Ⅰ.①金… Ⅱ.①技… Ⅲ.①金属加工-工艺学-技工学校-教材 Ⅳ.①TG

中国版本图书馆 CIP 数据核字（2013）第 216996 号

机械工业出版社（北京市百万庄大街 22 号　邮政编码 100037）
策划编辑：赵磊磊　责任编辑：赵磊磊　王华庆　版式设计：霍永明
责任校对：张　征　封面设计：姚　毅　　责任印制：邸　敏
中煤（北京）印务有限公司印刷
2024 年 1 月第 5 版第 4 次印刷
184mm×260mm·22.25 印张·520 千字
标准书号：ISBN 978-7-111-44055-0
定价：49.80 元

凡购本书，如有缺页、倒页、脱页，由本社发行部调换

电话服务　　　　　　　　　　网络服务
服务咨询热线：010-88379833　机 工 官 网：www.cmpbook.com
读者购书热线：010-88379649　机 工 官 博：weibo.com/cmp1952
　　　　　　　　　　　　　　 教育服务网：www.cmpedu.com
封面无防伪标均为盗版　　　　金 书 网：www.golden-book.com

# 前　言

技工学校机械类通用教材自 1980 年出版以来，经过 1986 年第 2 版、1991 年第 3 版、2004 年第 4 版三次修订，内容不断充实和完善，在技工学校、职业技术学校的教学和工矿企业工人的技术培训等方面发挥了很大的作用，取得了较好的社会效益，受到了广大读者的欢迎和好评。

但随着时间的推移，现代科学技术不断发展，教学内容不断完善，新的国家和行业技术标准也相继颁布和实施，本套教材的部分内容已不能适应教学的需要。为保证教学质量，决定组织第 4 版各门课程的大部分原作者，并适当吸收教学一线的教师，对第 4 版部分教材进行修订，以更好地满足目前技工学校、职业技术学校教学的实际需要。

为保持本套教材的延续性和原有的读者层次，本次修订在原有教材风格和特点的基础上，根据教学实践，针对原教材的不足进行了改进，以充分反映教学的需要。如对原教材中结构安排不合理之处进行了一些调整，对不切实际或过时的技术内容与错误进行了订正，并删繁就简，使内容更具有科学性和实用性；同时根据教学需要补充增加了部分新知识、新技术、新工艺和新方法，使内容更具有先进性。全套教材还全面采用了新的技术标准、名词术语和法定计量单位。

本次共修订五门基础课和四门专业课的教材，具体包括：《机械制图》《机械基础》《工程力学》《金属工艺学》《电工与电子基础》《车工工艺学》《钳工工艺学》《焊工工艺学》《电工工艺学》及相应的习题集。

本套教材的修订工作得到了各位编者的支持，参加教材修订的人员基本上都是参加前 4 版教材编写的老作者，保证了本套教材能够按计划有序地进行，在此对参加修订的各位作者和前 4 版的各位编审者的支持和配合表示感谢。

参加本书第 1 版编写的是朱渊澄、陈明深、吴伯庆、潘金龙、陈耀林。

参加本书第 2 版修订的是蔡月珍、吴伯庆。

参加本书第 3 版修订的是蔡月珍、黄晓虹。

参加本书第 4 版修订的是胡雅育。

参加本书第 5 版修订的是胡雅育、陈新昌。

由于修订时间仓促，编者水平有限，调查研究不够深入，书中难免仍有缺点和错误，我们恳切希望读者批评指正。

技工学校机械类通用教材编审委员会

# 目　　录

# 第四篇　冷加工工艺

# 本书常用符号

## 表1　金属学与热处理常用符号

| 符　号 | 名　　称 | 符　号 | 名　　称 |
|---|---|---|---|
| $Ac_1$ | 加热下临界点温度（℃） | Ld | 高温莱氏体 |
| $Ac_3$ | 亚共析钢加热上临界点温度（℃） | L'd | 低温莱氏体（变态莱氏体） |
| $Ac_{cm}$ | 过共析钢加热上临界点温度（℃） | M | 马氏体 |
| $Ar_1$ | 冷却下临界点温度（℃） | Ms | 马氏体转变开始温度（℃） |
| $Ar_3$ | 亚共析钢冷却上临界点温度（℃） | Mf | 马氏体转变终了温度（℃） |
| $Ar_{cm}$ | 过共析钢冷却上临界点温度（℃） | P | 珠光体 |
| A | 奥氏体 | $v$ | 冷却速度 |
| B | 贝氏体 | $v_K$ | 马氏体转变临界冷却速度 |
| $B_上$ | 上贝氏体 | S | 索氏体 |
| $B_下$ | 下贝氏体 | T | 托氏体 |
| C | 碳化物 | $T$ | 温度（℃，K） |
| F | 铁素体 | $t$ | 时间（s，min，h） |
| $Fe_3C$ | 渗碳体 | α | α相 |
| G | 石墨 | β | β相 |
| L | 液相 | δ | δ相 |

## 表2　力学性能常用符号

| 符　号 | 名　　称 | 单　位 | 符　号 | 名　　称 | 单　位 |
|---|---|---|---|---|---|
| $KU_2(KV_2)$ | U型（V型）缺口试样在2mm摆锤刀刃下的冲击吸收能量 | J | HRC | 洛氏硬度C标尺 | |
| | | | HV | 维氏硬度 | |
| | | | A | 断后伸长率 | % |
| $KU_8(KV_8)$ | U型（V型）缺口试样在2mm摆锤刀刃下的冲击吸收能量 | J | Z | 断面收缩率 | % |
| | | | $\sigma_D$ | 疲劳极限 | MPa[①] |
| $a_{KU(V)}$ | 冲击韧度 | $J/cm^2$ | $R_p$ | 规定非比例延伸强度 | MPa |
| HBW | 布氏硬度 | | $R_m$ | 抗拉强度 | MPa |
| HRA | 洛氏硬度A标尺 | | $R_{eH}$ | 上屈服强度 | MPa |
| HRB | 洛氏硬度B标尺 | | $R_{eL}$ | 下屈服强度 | MPa |

① 　$1MPa = 1N/mm^2 = 10^6 Pa$。

# 绪 论

在一般机械制造过程中，将原材料变为产品的直接有关过程，如用铸造、压力加工或焊接等方法制造毛坯的过程，机械切削加工的过程，热处理和其他处理过程，装配和维修过程等，都称为工艺过程。其中，机械零件的常规制造工艺过程如图 0-1 所示。

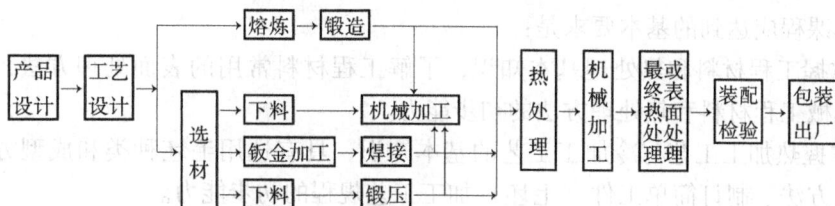

图 0-1 机械零件的常规制造工艺过程

研究机械零件的加工工艺过程和结构工艺性、各种材料的力学性能和工艺性能、各种工艺方法本身的规律性及其在机械制造中的应用等是金属工艺学的主要内容。工程人员在设计和制造产品时，总是力图使产品质量高、性能好、成本低、寿命长。为了达到这些目的，必须从结构设计、材料选用、制造工艺及使用维护等方面采取措施。金属工艺学就是在长期的机械产品生产实践中逐渐发展起来的。本课程知识是机械技工学校学生所必须具备的，也是企业管理人员应该了解的。

我国是使用金属材料最早的国家之一。我国使用铜的历史约有 4000 余年。大量出土的上古时代青铜器，说明在商代（公元前 1600—公元前 1046）就有了高度发达的青铜技术。例如河南安阳出土的司母戊鼎，带耳高 1.33m，口长 1.12m，口宽 0.77m，重达 832.84kg。这是商殷祭器，体积庞大，花纹精巧，造型精美。在当时的条件下要铸这样大的器物，如果没有大规模的劳动分工和熟练的铸造技术，是不可能成功的。

由青铜器过渡到铁器是生产工具的重大发展。我国从春秋战国时期（公元前 770—公元前 221）开始大量使用铁器，推动了奴隶社会向封建社会的过渡。兴隆战国铁器遗址中发掘出了铸造农具用的铁模，说明了冶铸技术已从泥砂造型进入铁模造型的高级阶段。到西汉时，已采用煤作炼铁的燃料，要比欧洲早一千七八百年。

我国古代创造了三种炼钢方法：第一种是从矿石中直接炼出的自然钢，用这种钢做的剑在东方各国享有盛誉，东汉时传入欧洲；第二种是西汉时期经过"百次"冶炼锻打的百炼钢；第三种是南北朝时期的灌钢。先炼铁，后炼钢的两步炼钢技术，我国比其他国家早1600 多年。明朝宋应星所著《天工开物》一书中明确记载了冶铁、炼钢、铸钟、锻铁、淬火等金属加工方法，它是世界上有关金属加工工艺最早的科学著作之一。

历史充分说明，我国古代劳动人民在金属材料及其加工工艺方面取得了辉煌的成就，为人类文明作出了巨大的贡献。只是到了近代，由于封建制度的日益腐朽和外国列强的侵略，严重阻碍了这门技术的发展。

新中国成立后，我国的金属材料及其工艺学研究水平有了很大的提高，推动了机械制造、矿山冶金、石油化工、电子仪表、航空航天等现代化工业的发展。原子弹、氢弹的试验成功以及人造地球卫星和载人宇宙飞船的发射成功等，标志着我国金属材料及其工艺都达到了新的水平。

"金属工艺学"是一门实践性很强的综合性技术基础课。通过本课程的学习，学生能够获得常用机械工程材料、热处理、毛坯生产和工件加工工艺的基础知识，为学习其他有关课程和将来从事生产或管理工作奠定必要的基础。本课程教学以金工实习为基础，教学内容与生产实际紧密结合，强调工艺实践和工程意识训练。因此，"金属工艺学"作为培养学生综合工程素质和技术应用能力的工程教育必修课，受到工程教育界的普遍重视。

学习本课程应达到的基本要求是：

（1）掌握工程材料和热处理基本知识，了解工程材料常用的表面处理方法，具有合理选用常用机械工程材料和热处理方法的初步能力。

（2）掌握热加工工艺与冷加工工艺的基本知识，具有选用毛坯种类和成型方法以及确定工件加工方法、制订简单工件（毛坯）加工工艺规程的初步能力。

（3）具有综合运用工艺知识，分析毛坯或工件结构工艺性的初步能力，并建立质量和经济观念。

（4）了解与本课程有关的新材料、新工艺、新技术及其发展概况。

本课程要求学生应具有一定的实践基础。为达到课程教学的基本要求，学生在学习本教材第三篇、第四篇之前必须进行金工实习。实验和课程设计是金工教学的重要环节，应予以合理安排。根据教学内容，应安排适量的课堂讨论和课后作业题，以利于培养学生分析问题和解决问题的能力。

在教育改革中，"金属工艺学"课程的教学应在提高学生的综合素质，特别是在培养其创造能力和工程实践能力方面积极进行探索。

书中打"＊"号部分为选学内容，各学校可根据各专业工种的特点和实际情况，予以适当调整和增删。

# 第一篇 金属学基础知识

# 第一章 金属的性能

机械工业生产中使用的金属材料种类很多，要想正确地加工和合理地选用金属材料，充分发挥金属材料本身的性能潜力，就必须首先了解金属及其性能。所谓金属是指具有特殊光泽而不透明，有一定延展性、导热性及导电性的结晶物质。具有金属特性的材料通称为金属材料。金属材料的性能一般分为两类：一类是使用性能，包括物理性能、化学性能和力学性能等，它反映了金属材料使用过程中所表现出来的特性；另一类是工艺性能，包括铸造性能、可锻性能、焊接性能、切削加工性能及热处理性能等，它反映金属材料在加工过程中的各种特性。

## 第一节 金属的物理性能和化学性能

### 一、物理性能

金属的物理性能包括密度、熔点、热膨胀性、导热性、导电性和磁性等。

1. 密度　密度是指金属单位体积的质量，用符号 $\rho$ 表示。

$$\rho = \frac{m}{V} \tag{1-1}$$

式中　$m$——金属的质量（kg）；

$V$——金属的体积（$m^3$）；

$\rho$——金属的密度（$kg/m^3$）。

在机械制造中，一般将密度小于 $5kg/m^3$ 的金属称为轻金属，密度大于 $5kg/m^3$ 的金属称为重金属。

在实际工作中，常用密度公式计算大型零件的质量。某些机械零件选材时，必须考虑金属的密度，如发动机中要求质轻、运动时惯性小的活塞，常采用密度小的铝合金制成。在航空工业领域，密度更是选用材料时需考虑的关键性能指标之一。

2. 熔点　金属由固态转变为液态时的温度称为熔点。纯金属都有固定的熔点。金属可分为低熔点（低于700℃）金属和难熔金属两大类。例如，锡、铅、锌等属于低熔点金属，钨、钼、铬、钒等属于难熔金属。

熔点是制订热加工（冶炼、铸造、焊接等）工艺规范的重要依据之一。常用低熔点金属制造印刷铅字、熔断器和防火安全阀等；难熔金属可用于制造耐高温零件，在火箭、导弹、燃气轮机等方面获得广泛的应用。

3. **热膨胀性**　金属受热时，它的体积会增大，冷却时则收缩，金属的这种性能称为热膨胀性。热膨胀的大小用线胀系数或体胀系数来表示。线胀系数的计算公式为

$$\alpha_l = \frac{L_2 - L_1}{L_1 t} \tag{1-2}$$

式中　$L_1$——膨胀前的长度（cm）；

$L_2$——膨胀后的长度（cm）；

$t$——温度差（K 或℃）；

$\alpha_l$——线胀系数（1/K 或 1/℃）。

从式（1-2）可知，线胀系数是指温度每升高 1K（或 1℃）时，金属材料的长度增量与原长度的比值。线胀系数不是一个固定不变的数值，它随着温度的升高而增大。

体胀系数约为线胀系数的 3 倍。在实际工作中应该考虑热膨胀的影响，例如铸造冷却时工件的体积收缩、精密量具因温度变化而引起读数误差等。

**例**　有一车工，车削一根长 1000mm 的黄铜棒，车削时铜棒温度由 10℃升高到 30℃，求这时铜棒的长度为多少？（黄铜线胀系数为 0.0000178/℃）

**解**
$$\alpha_l = \frac{L_2 - L_1}{L_1 t}$$

$$\alpha_l = 0.0000178/℃$$

$$L_1 = 1000mm$$

$$t = 30℃ - 10℃ = 20℃$$

代入式（1-2）：
$$0.0000178 = \frac{L_2 - 1000}{1000 \times 20}$$

$$L_2 = 0.0000178 \times 20000mm + 1000mm = 1000.356mm$$

答：这时铜棒的长度为 1000.356mm。

上例中，由于夹头和顶尖间的距离一般是固定的，因此工件（特别是细长轴）往往会发生弯曲。所以，在加工细长轴时，常采用弹性顶尖，或车削时充分进行冷却。

4. **导热性**　金属传导热量的能力称为导热性。

金属导热能力的大小常用热导率 λ 表示。热导率是指维持单位温度梯度（即温度差）时，在单位时间内，流经物体单位横截面的热量，单位是 W/(m·K)。金属材料的热导率越大，说明其导热性越好。一般说来，金属越纯，其导热能力越大。

导热性好的金属散热也好，在制造散热器、热交换器等零件时，就要注意选用导热性好的金属。

5. **导电性**　金属能够传导电流的性能称为导电性。

金属导电性的好坏，常用电阻率 ρ 表示。长 1m，横截面积为 1mm² 的物体在一定温度下所具有的电阻数，叫做电阻率，单位是 Ω·m。金属的电阻率越小，其导电性就越好。

电导率是电阻率的倒数，显然，电导率大的金属，电阻值小，则导电性好。在金属中，银的导电性最好，把银的电导率规定为 100%，其他金属与银相比，所得的百分数则是该金属的电导率，如铜的电导率为 95%，铝的电导率为 60%。

导电性和导热性一样，随着合金成分的复杂化而降低，因而纯金属的导电性总比合金好。为此，工业上常用纯铜、纯铝做导电材料，而用电阻大的铜合金（如铜镍合金、铜锰

合金）作电阻材料。

6. 磁性　金属材料在磁场中被磁化而呈现磁性强弱的性能称为磁性。

按磁性来分，金属材料可分为：

铁磁性材料——在外加磁场中，能强烈被磁化到很大程度，如铁、镍、钴等。

顺磁性材料——在外加磁场中呈现十分微弱的磁性，如锰、铬、钼等。

抗磁性材料——能够抗拒或减弱外加磁场的磁化作用的金属，如铜、金、银、铅、锌等。

在铁磁性材料中，铁及其合金（包括钢与铸铁）具有明显的磁性；镍和钴也具有磁性，但远不如铁。

磁性只存在于一定温度内，在高于一定温度时，其磁性就会消失，如铁在770℃以上就没有磁性了，这一温度称为居里点。

常用金属的物理性能见表1-1。

表1-1　常用金属的物理性能

| 金属名称 | 符号 | 密度<br>$\rho(20℃)$<br>$/(\times 10^3 kg/m^3)$ | 熔点<br>$/℃$ | 热导率<br>$\lambda$<br>$/[W/(m \cdot K)]$ | 线胀系数<br>$\alpha_l(0 \sim 100℃)$<br>$/(\times 10^{-6}/℃)$ | 电阻率<br>$\rho(0℃)$<br>$/(\times 10^{-8}\Omega \cdot m)$ | 电导率<br>（%） |
|---|---|---|---|---|---|---|---|
| 银 | Ag | 10.49 | 960.8 | 418.6 | 19.7 | 1.5 | 100 |
| 铝 | Al | 2.6984 | 660.1 | 221.9 | 23.6 | 2.655 | 60 |
| 铜 | Cu | 8.96 | 1083 | 393.5 | 17.0 | 1.67~1.68(20℃) | 95 |
| 铬 | Cr | 7.19 | 1903 | 67 | 6.2 | 12.9 | 12 |
| 铁 | Fe | 7.87 | 1538 | 75.4 | 11.76 | 9.7 | 16 |
| 镁 | Mg | 1.74 | 650 | 153.7 | 24.3 | 4.47 | 36 |
| 锰 | Mn | 7.43 | 1244 | 4.98(-192℃) | 37 | 185(20°) | 0.9 |
| 镍 | Ni | 8.90 | 1453 | 92.1 | 13.4 | 6.84 | 23 |
| 钛 | Ti | 4.508 | 1677 | 15.1 | 8.2 | 42.1~47.8 | 3.4 |
| 锡 | Sn | 7.298 | 231.91 | 62.8 | 2.3 | 11.5 | 14 |
| 钨 | W | 19.3 | 3380 | 166.2 | 4.6(20℃) | 5.1 | 29 |

**二、化学性能**

金属的化学性能是指金属在化学作用下表现的性能，包括耐蚀性和抗氧化性。

1. 耐蚀性　金属材料在常温下抵抗周围介质（如大气、燃气、油、水、酸、碱、盐等）腐蚀的能力称为耐蚀性。

2. 抗氧化性　金属在高温下对氧化的抵抗能力称为抗氧化性，又称抗高温氧化性。工业用的锅炉、加热设备、汽轮机、喷气发动机、火箭、导弹等，有许多零件在高温下工作，制造这些零件的材料，就要求具有良好的抗氧化性。

# 第二节　金属的力学性能

金属的力学性能是指在力或能的作用下，材料所表现出来的一系列力学特性，如强度、塑性、硬度、韧性和疲劳等。力学性能指标反映了金属材料在各种形式的外力作用下抵抗变形或破坏的某些能力。它是选用金属材料的重要依据，而且与各种加工工艺有密切关系。

1. 载荷　载荷就是指外力，也称负载或负荷。由于载荷的性质不同，因此对金属材料的力学性能要求也不同。载荷按其作用性质不同可分为下列三种：

（1）静载荷　指大小不变或是逐渐变化的载荷。

（2）冲击载荷　指大小突然变化的载荷。

（3）交变载荷　指大小、方向发生周期性变化的载荷，又称循环载荷。

载荷按其作用形式不同，又可分为拉伸、压缩、剪切、扭转和弯曲等。图 1-1 是不同作用形式载荷的示意图。

2. 变形　金属材料受载荷作用后，形状和尺寸发生变化，称为变形。变形按卸除载荷后能否完全消失，分为弹性变形和塑性变形两种。

（1）弹性变形　材料在载荷作用下发生变形，在载荷卸除后，变形也完全消失，这种随着载荷的卸除而消失的变形称为弹性变形。

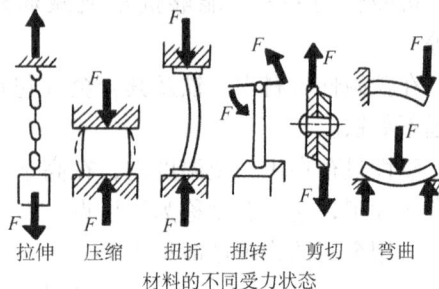

图 1-1　载荷的作用形式

（2）塑性变形　当作用在材料上的载荷超过某一限度时，卸除载荷，大部分变形随之消失（弹性变形部分），但是留下了部分变形不能消失，这种不能随着载荷的卸除而消失的变形称为塑性变形，又称永久变形。

3. 内力和应力　在载荷作用下，物体内部之间的相互作用力称为内力。内力的大小与外力相等，方向则与外力相反，与外力保持平衡。单位面积上的内力称为应力，计算公式为

$$\sigma = \frac{F}{S} \tag{1-3}$$

式中　　$F$——外力（N）；

　　　　$S$——横截面积（$mm^2$）；

　　　　$\sigma$——应力（MPa）。

必须指出，应力往往不是均匀地分布在截面上的，如果零件截面有突变（如有孔或沟槽等存在），在其附近的一定范围内应力会显著升高，这种应力局部增大的现象称为应力集中。显然，应力集中对零件的安全使用是不利的。一般计算物体应力是以均匀分布为条件的。

几种常用金属力学性能及其测量方法如下：

**一、强度、塑性及其测定**

强度是指金属材料在静载荷作用下，抵抗永久变形和断裂的能力。

根据载荷作用形式的不同，强度可分为抗拉强度、抗压强度、抗剪强度、抗扭强度和抗弯强度等，一般以抗拉强度作为最基本的强度指标。

塑性是指断裂前材料发生不可逆永久变形的能力。

金属的抗拉强度和塑性是通过拉伸试验测定的。拉伸试验是在拉伸试验机（见图 1-2）上进行的。拉伸试验是用静拉伸力对试样进行轴向拉伸（一般拉至断裂），测量力和相应的伸长，测定其力学性能的试验。拉伸试验方法简单，测量数据准确，因此，拉伸试验是工程上最广泛采用的力学性能试验方法之一。

1. 低碳钢拉伸试验

（1）拉伸试样　拉伸试样的形状有圆形和矩形等，在国家标准 GB/T 228.1—2010 中，对试样的形状、尺寸及加工要求都有明确的规定。图 1-3a 所示为圆形标准拉伸试样。根据

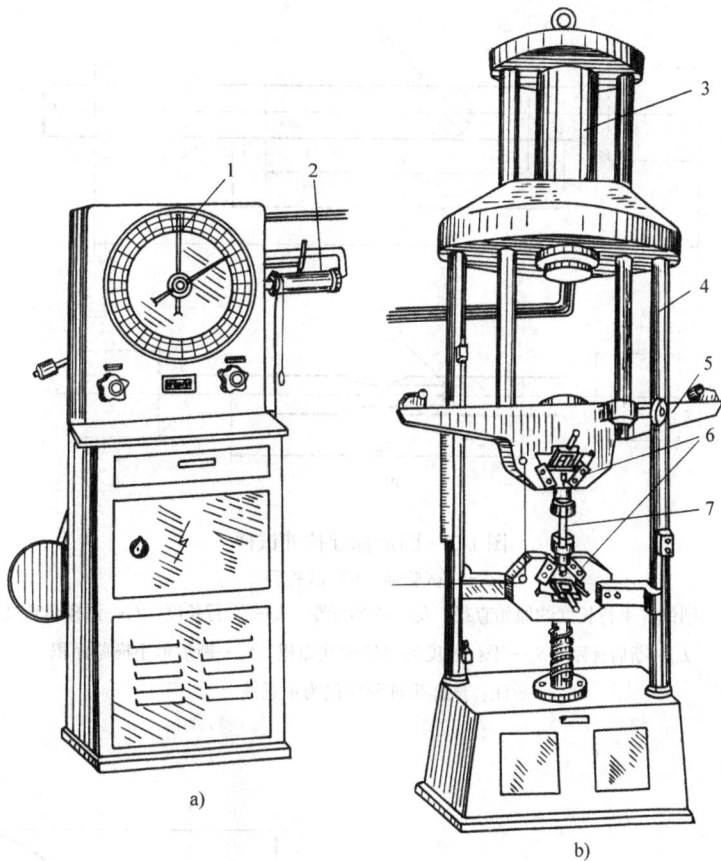

图 1-2 拉伸试验机外形图

a）绘图装置 b）试验机

1—负荷指示器 2—自动绘图装置 3—工作液压缸
4—立柱 5—活动横梁 6—拉伸夹头 7—试棒

标距长度与直径之间的关系，试样可分为长试样（$L_0' = 10d$）和短试样（$L_0' = 5d$）。

（2）拉伸试验 用静拉伸力对试样进行轴向拉伸，一般拉至断裂。在整个拉伸过程中，由拉伸机上的自动绘图装置（见图1-4）绘制出拉力对伸长量的关系曲线，在此称其为拉伸曲线。

（3）拉伸曲线 根据低碳钢拉伸试验中拉力 $F$ 与伸长量 $\Delta L$ 关系曲线，得到图1-5 所示的低碳钢拉伸曲线。

根据低碳钢拉伸过程中的变形特点，将低碳钢拉伸过程分为弹性变形阶段、屈服阶段、均匀塑性变形阶段、缩颈阶段。

1）弹性变形阶段。拉伸曲线上的直线段，如图1-5 中所示的 $Oe$ 段。在该阶段，试样的伸长量与拉力成正比。

2）屈服阶段。拉伸曲线上的水平或锯齿形线段，如图1-5 中所示的 $es$ 段。此时拉伸力不变，而试样继续伸长变形，材料丧失了抵抗变形的能力，把这种现象称为屈服。$F_H$ 为拉伸曲线首次下降前的最大力；$F_L$ 为不计初始瞬时效应的情况下屈服阶段中的最小力。

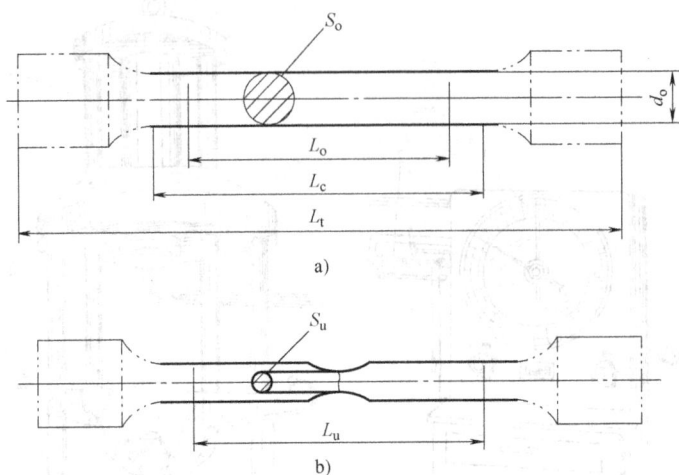

图 1-3　圆形标准拉伸试样

a）试验前　b）试验后

$d_o$—圆试样平行长度的原始直径　$L_o$—原始标距　$L_c$—平行长度　$L_t$—试样总长度

$L_u$—断后标距　$S_o$—平行长度的原始横截面积　$S_u$—断后最小横截面积

注：试样头部形状仅为示意性。

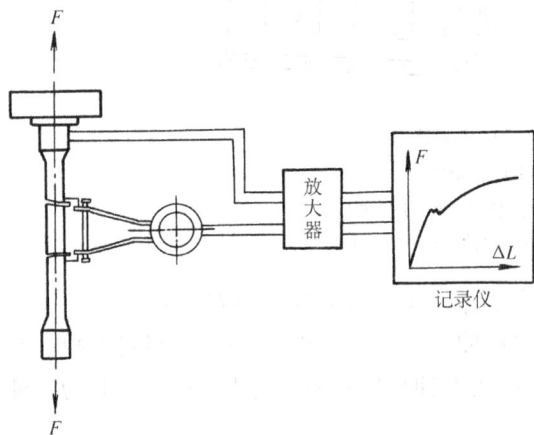

图 1-4　拉伸机自动绘图装置

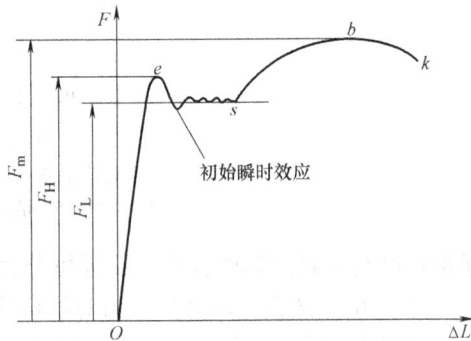

图 1-5　低碳钢拉伸曲线

3）均匀塑性变形阶段。拉伸曲线上的上升曲线段，如图 1-5 中所示的 sb 段。在此阶段，伸长量随着拉力的增加而增加，$F_m$ 为试样拉伸试验时的最大载荷。

4）缩颈阶段。拉伸曲线上的下降曲线段，如图 1-5 中所示的 bk 段，从 b 点开始试样局部截面缩小，出现"缩颈"现象，当拉至 k 点时，试样被拉断。

（4）强度、塑性的测定　材料受外力作用时，其内部会产生与外力大小相等、方向相反的内力。单位横截面积的内力称为应力，单位为兆帕（MPa）。当金属材料呈现屈服现象时，在试验期间发生塑性变形而力不增加时的应力，称为屈服强度。屈服强度分上屈服强度和下屈服强度。

1）上屈服强度 $R_{eH}$：试样发生屈服而力首次下降前的最高应力值。

$$R_{eH} = F_H/S_0 \tag{1-4}$$

式中　$F_H$——试样发生屈服而力首次下降前的最大力（N）；

　　　$S_0$——试样原始横截面积（mm$^2$）；

　　　$R_{eH}$——上屈服强度（MPa）。

2）下屈服强度 $R_{eL}$：在屈服期间，不计初始瞬时效应时的最低应力值。

$$R_{eL} = F_L/S_0 \tag{1-5}$$

式中　$F_L$——在屈服期间，不计初始瞬时效应时的最小力（N）；

　　　$S_0$——试样原始横截面积（mm$^2$）；

　　　$R_{eL}$——下屈服强度（MPa）。

3）抗拉强度 $R_m$：与最大力 $F_m$ 相对应的应力。

$$R_m = F_m/S_0 \tag{1-6}$$

式中　$F_m$——试样拉断前承受的最大力（N）；

　　　$S_0$——试样原始横截面积（mm$^2$）；

　　　$R_m$——抗拉强度（MPa）。

4）断后伸长率 $A$：断后标距的残余伸长量（$L_u - L_0$）与原始标距（$L_0$）之比的百分率。

$$A = \frac{L_u - L_0}{L_0} \times 100\% \tag{1-7}$$

式中　$L_u$——试样拉断后的标距（mm）；

　　　$L_0$——试样原始标距（mm）；

　　　$A$——断后伸长率（%）。

5）断面收缩率 $Z$：断裂后试样横截面积的最大缩减量（$S_0 - S_u$）与原始横截面积（$S_0$）之比的百分率。

$$Z = \frac{S_0 - S_u}{S_0} \times 100\% \tag{1-8}$$

式中　$S_0$——试样原始横截面积（mm$^2$）；

　　　$S_u$——试样拉断后缩颈处最小横截面积（mm$^2$）；

　　　$Z$——断面收缩率（%）。

2. 铸铁拉伸试验　铸铁等脆性材料在断裂前无明显的塑性变形，拉伸曲线上无屈服现象，而且也不产生"缩颈"现象，这种断裂称为脆性断裂。铸铁拉伸曲线如图 1-6 所示。

铸铁、高碳钢等材料的屈服强度按 GB/T 10623—2008 规定，用非比例延伸率为 0.2% 时的应力值 $R_{p0.2}$ 来表示。

一般机械零件在使用时，不允许发生明显的塑性变形，即要求零件所受的应力小于屈服强度，所以屈服强度是选材与设计的主要依据。抗拉强度代表材料抵抗拉断的能力，是评定材料性能的重要参考指标。

## 二、硬度及其测定

材料抵抗局部变形，特别是塑性变形、压痕或划伤的能力，

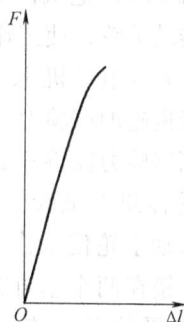

图 1-6　铸铁拉伸曲线

是衡量金属软硬程度的依据，称为硬度。

硬度试验操作简单、迅速，不一定要用专门的试样，且不破坏零件，根据测得的硬度值，还能估计金属材料的近似强度值，因而被广泛使用。硬度还影响材料的耐磨性，一般情况下，金属的硬度越高，耐磨性也越好。

测定硬度的方法很多，最常用的有布氏硬度试验法、洛氏硬度试验法和维氏硬度试验法三种。

1. 布氏硬度　图 1-7 所示为布氏硬度试验过程。

布氏硬度试验是将一定直径的硬质合金球，以相应的试

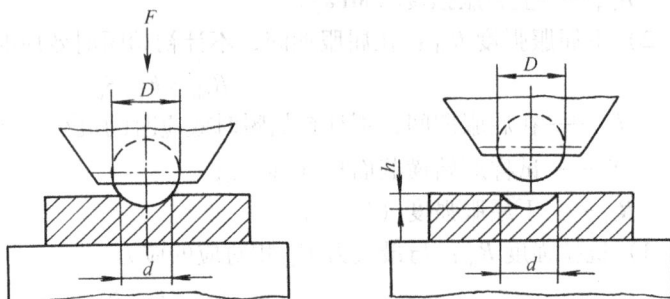

图 1-7　布氏硬度试验过程

验力压入试样表面，经规定保持时间后卸除试验力，用测量的表面压痕直径计算硬度的一种压痕硬度试验。布氏硬度计算公式为

$$HBW = 0.102 \frac{2F}{\pi D(D - \sqrt{D^2 - d^2})} \tag{1-9}$$

式中　HBW——用硬质合金球试验时的布氏硬度值；

　　　　$D$——压头球体直径（mm）；

　　　　$d$——压痕平均直径（mm）；

　　　　$F$——试验力（N）。

从式（1-9）可以看出，当试验力 $F$ 和球体直径一定时，压痕直径 $d$ 越小，则布氏硬度值越大，也就是硬度越高。

在实际应用中，布氏硬度值一般不用计算方法求得，而是先测出压痕直径 $d$，然后从专门的硬度表中查得相应的布氏硬度值，见表 1-2。

图 1-8 是布氏硬度试验机的结构示意图。试验时，把试样安放在工作台 1 上，用手转动手轮，使工作台上升与压头 2 接触。开动电动机 8，通过减速箱 6 使砝码 7 慢慢施加试验力，将压头压入试样表面。当试验力保持一定时间后，电动机可自动反转卸去试验力，电动机即自动停止。转动手轮使工作台下降，取下试样，用放大镜在两个垂直方向测出压痕直径，计算出平均值，查表 1-2 即得布氏硬度值。

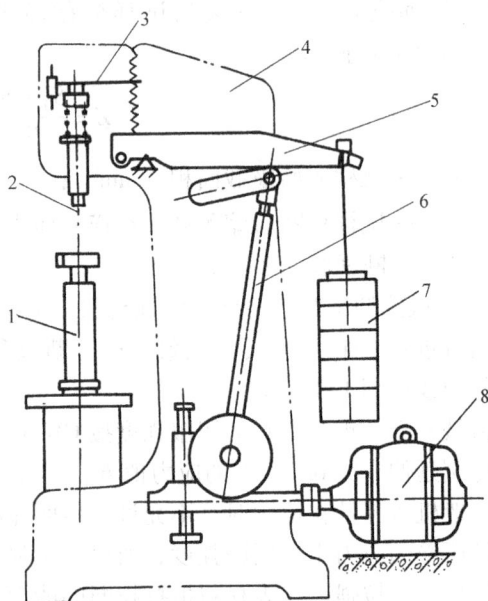

图 1-8　布氏硬度试验机的结构示意图
1—工作台　2—压头　3—杠杆　4—机座
5—杠杆　6—减速箱　7—砝码　8—电动机

表1-2 布氏硬度换算表

| 压痕的平均直径 d/mm | 试验力-球直径平方的比率 0.102×F/D²/（N/mm²） | | | 压痕的平均直径 d/mm | 试验力-球直径平方的比率 0.102×F/D²/（N/mm²） | | |
|---|---|---|---|---|---|---|---|
| | 30 | 10 | 2.5 | | 30 | 10 | 2.5 |
| | 试验力 F | | | | 试验力 F | | |
| | 29.42kN | 9.807kN | 2.452kN | | 29.42kN | 9.807kN | 2.452kN |
| | 布氏硬度 HBW | | | | 布氏硬度 HBW | | |
| 2.40 | 653 | 218 | 54.5 | 2.73 | 503 | 168 | 41.9 |
| 2.41 | 648 | 216 | 54.0 | 2.74 | 499 | 166 | 41.6 |
| 2.42 | 643 | 214 | 53.5 | 2.75 | 495 | 165 | 41.3 |
| 2.43 | 637 | 212 | 53.1 | 2.76 | 492 | 164 | 41.0 |
| 2.44 | 632 | 211 | 52.7 | 2.77 | 488 | 163 | 40.7 |
| 2.45 | 627 | 209 | 52.2 | 2.78 | 485 | 162 | 40.4 |
| 2.46 | 621 | 207 | 51.8 | 2.79 | 481 | 160 | 40.1 |
| 2.47 | 616 | 205 | 51.4 | 2.80 | 477 | 159 | 39.8 |
| 2.48 | 611 | 204 | 50.9 | 2.81 | 474 | 158 | 39.5 |
| 2.49 | 606 | 202 | 50.5 | 2.82 | 471 | 157 | 39.2 |
| 2.50 | 601 | 200 | 50.1 | 2.83 | 467 | 156 | 38.9 |
| 2.51 | 597 | 199 | 49.7 | 2.84 | 464 | 155 | 38.7 |
| 2.52 | 592 | 197 | 49.3 | 2.85 | 461 | 154 | 38.4 |
| 2.53 | 587 | 196 | 48.9 | 2.86 | 457 | 152 | 38.1 |
| 2.54 | 582 | 194 | 48.5 | 2.87 | 454 | 151 | 37.8 |
| 2.55 | 578 | 193 | 48.1 | 2.88 | 451 | 150 | 37.6 |
| 2.56 | 573 | 191 | 47.8 | 2.89 | 448 | 149 | 37.3 |
| 2.57 | 569 | 190 | 47.4 | 2.90 | 444 | 148 | 37.0 |
| 2.58 | 564 | 188 | 47.0 | 2.91 | 441 | 147 | 36.8 |
| 2.59 | 560 | 187 | 46.6 | 2.92 | 438 | 146 | 36.5 |
| 2.60 | 555 | 185 | 46.3 | 2.93 | 435 | 145 | 36.3 |
| 2.61 | 551 | 184 | 45.9 | 2.94 | 432 | 144 | 36.0 |
| 2.62 | 547 | 182 | 45.6 | 2.95 | 429 | 143 | 35.8 |
| 2.63 | 543 | 181 | 45.2 | 2.96 | 426 | 142 | 35.5 |
| 2.64 | 538 | 179 | 44.9 | 2.97 | 423 | 141 | 35.3 |
| 2.65 | 534 | 178 | 44.5 | 2.98 | 420 | 140 | 35.0 |
| 2.66 | 530 | 177 | 44.2 | 2.99 | 417 | 139 | 34.8 |
| 2.67 | 526 | 175 | 43.8 | 3.00 | 415 | 138 | 34.6 |
| 2.68 | 522 | 174 | 43.5 | 3.01 | 412 | 137 | 34.3 |
| 2.69 | 518 | 173 | 43.2 | 3.02 | 409 | 136 | 34.1 |
| 2.70 | 514 | 171 | 42.9 | 3.03 | 406 | 135 | 33.9 |
| 2.71 | 510 | 170 | 42.5 | 3.04 | 404 | 135 | 33.6 |
| 2.72 | 507 | 169 | 42.2 | 3.05 | 401 | 134 | 33.4 |

（续）

| 压痕的平均<br>直径 d/mm | 试验力-球直径平方的比率<br>$0.102 \times F/D^2/(\text{N/mm}^2)$ | | | 压痕的平均<br>直径 d/mm | 试验力-球直径平方的比率<br>$0.102 \times F/D^2/(\text{N/mm}^2)$ | | |
|---|---|---|---|---|---|---|---|
| | 30 | 10 | 2.5 | | 30 | 10 | 2.5 |
| | 试验力 F | | | | 试验力 F | | |
| | 29.42kN | 9.807kN | 2.452kN | | 29.42kN | 9.807kN | 2.452kN |
| | 布氏硬度　HBW | | | | 布氏硬度　HBW | | |
| 3.06 | 398 | 133 | 33.2 | 3.42 | 317 | 106 | 26.4 |
| 3.07 | 395 | 132 | 33.0 | 3.43 | 315 | 105 | 26.2 |
| 3.08 | 393 | 131 | 32.7 | 3.44 | 313 | 104 | 26.1 |
| 3.09 | 390 | 130 | 32.5 | 3.45 | 311 | 104 | 25.9 |
| 3.10 | 388 | 129 | 32.3 | 3.46 | 309 | 103 | 25.8 |
| 3.11 | 385 | 128 | 32.1 | 3.47 | 307 | 102 | 25.6 |
| 3.12 | 383 | 128 | 31.9 | 3.48 | 306 | 102 | 25.5 |
| 3.13 | 380 | 127 | 31.7 | 3.49 | 304 | 101 | 25.3 |
| 3.14 | 378 | 126 | 31.5 | 3.50 | 302 | 101 | 25.2 |
| 3.15 | 375 | 125 | 31.3 | 3.51 | 300 | 100 | 25.0 |
| 3.16 | 373 | 124 | 31.1 | 3.52 | 298 | 99.5 | 24.9 |
| 3.17 | 370 | 123 | 30.9 | 3.53 | 297 | 98.9 | 24.7 |
| 3.18 | 368 | 123 | 30.7 | 3.54 | 295 | 98.3 | 24.6 |
| 3.19 | 366 | 122 | 30.5 | 3.55 | 293 | 97.7 | 24.4 |
| 3.20 | 363 | 121 | 30.3 | 3.56 | 292 | 97.2 | 24.3 |
| 3.21 | 361 | 120 | 30.1 | 3.57 | 290 | 96.6 | 24.2 |
| 3.22 | 359 | 120 | 29.9 | 3.58 | 288 | 96.1 | 24.0 |
| 3.23 | 356 | 119 | 29.7 | 3.59 | 286 | 95.5 | 23.9 |
| 3.24 | 354 | 118 | 29.5 | 3.60 | 285 | 95.0 | 23.7 |
| 3.25 | 352 | 117 | 29.3 | 3.61 | 283 | 94.4 | 23.6 |
| 3.26 | 350 | 117 | 29.1 | 3.62 | 282 | 93.9 | 23.5 |
| 3.27 | 347 | 116 | 29.0 | 3.63 | 280 | 93.3 | 23.3 |
| 3.28 | 345 | 115 | 28.8 | 3.64 | 278 | 92.8 | 23.2 |
| 3.29 | 343 | 114 | 28.6 | 3.65 | 277 | 92.3 | 23.1 |
| 3.30 | 341 | 114 | 28.4 | 3.66 | 275 | 91.8 | 22.9 |
| 3.31 | 339 | 113 | 28.2 | 3.67 | 274 | 91.2 | 22.8 |
| 3.32 | 337 | 112 | 28.1 | 3.68 | 272 | 90.7 | 22.7 |
| 3.33 | 335 | 112 | 27.9 | 3.69 | 271 | 90.2 | 22.6 |
| 3.34 | 333 | 111 | 27.7 | 3.70 | 269 | 89.7 | 22.4 |
| 3.35 | 331 | 110 | 27.5 | 3.71 | 268 | 89.2 | 22.3 |
| 3.36 | 329 | 110 | 27.4 | 3.72 | 266 | 88.7 | 22.2 |
| 3.37 | 326 | 109 | 27.2 | 3.73 | 265 | 88.2 | 22.1 |
| 3.38 | 325 | 108 | 27.0 | 3.74 | 263 | 87.7 | 21.9 |
| 3.39 | 323 | 108 | 26.9 | 3.75 | 262 | 87.2 | 21.8 |
| 3.40 | 321 | 107 | 26.7 | 3.76 | 260 | 86.8 | 21.7 |
| 3.41 | 319 | 106 | 26.6 | 3.77 | 259 | 86.3 | 21.6 |

（续）

| 压痕的平均直径 d/mm | 试验力-球直径平方的比率 0.102×F/D²/(N/mm²) | | | 压痕的平均直径 d/mm | 试验力-球直径平方的比率 0.102×F/D²/(N/mm²) | | |
|---|---|---|---|---|---|---|---|
| | 30 | 10 | 2.5 | | 30 | 10 | 2.5 |
| | 试验力 F | | | | 试验力 F | | |
| | 29.42kN | 9.807kN | 2.452kN | | 29.42kN | 9.807kN | 2.452kN |
| | 布氏硬度　HBW | | | | 布氏硬度　HBW | | |
| 3.78 | 257 | 85.8 | 21.5 | 3.99 | 230 | 76.7 | 19.2 |
| 3.79 | 256 | 85.3 | 21.3 | 4.00 | 229 | 76.3 | 19.1 |
| 3.80 | 255 | 84.9 | 21.2 | 4.01 | 228 | 75.9 | 19.0 |
| 3.81 | 253 | 84.4 | 21.1 | 4.02 | 226 | 75.5 | 18.9 |
| 3.82 | 252 | 83.9 | 21.0 | 4.03 | 225 | 75.1 | 18.8 |
| 3.83 | 250 | 83.5 | 20.9 | 4.04 | 224 | 74.7 | 18.7 |
| 3.84 | 249 | 83.0 | 20.8 | 4.05 | 223 | 74.3 | 18.6 |
| 3.85 | 248 | 82.6 | 20.6 | 4.06 | 222 | 73.9 | 18.5 |
| 3.86 | 246 | 82.1 | 20.5 | 4.07 | 221 | 73.5 | 18.4 |
| 3.87 | 245 | 81.7 | 20.4 | 4.08 | 219 | 73.2 | 18.3 |
| 3.88 | 244 | 81.3 | 20.3 | 4.09 | 218 | 72.8 | 18.2 |
| 3.89 | 242 | 80.8 | 20.2 | 4.10 | 217 | 72.4 | 18.1 |
| 3.90 | 241 | 80.4 | 20.1 | 4.11 | 216 | 72.0 | 18.0 |
| 3.91 | 240 | 80.0 | 20.0 | 4.12 | 215 | 71.7 | 17.9 |
| 3.92 | 239 | 79.5 | 19.9 | 4.13 | 214 | 71.3 | 17.8 |
| 3.93 | 237 | 79.1 | 19.8 | 4.14 | 213 | 71.0 | 17.7 |
| 3.94 | 236 | 78.7 | 19.7 | 4.15 | 212 | 70.6 | 17.6 |
| 3.95 | 235 | 78.3 | 19.6 | 4.16 | 211 | 70.2 | 17.6 |
| 3.96 | 234 | 77.9 | 19.5 | 4.17 | 210 | 69.9 | 17.5 |
| 3.97 | 232 | 77.5 | 19.4 | 4.18 | 209 | 69.5 | 17.4 |
| 3.98 | 231 | 77.1 | 19.3 | | | | |

注：1. 此表数据对应的硬质合金球直径为 10mm。

　　2. 此表数据节选自 GB/T 231.4—2009。

在生产中进行布氏硬度试验时，应根据金属材料的种类、工件硬度范围来选择钢球直径 $D$。常用钢球直径有 1mm、2.5mm、5mm 和 10mm 四种，试验力可在 9.807～29.42kN 范围内变化。布氏硬度试验规范可参照表 1-3 来选择。

**表 1-3　布氏硬度试验规范**

| 材料类别 | 布氏硬度范围 | 0.102×F/D² /(N/mm²) | 加载保持时间 /s | 材料类别 | 布氏硬度范围 | 0.102×F/D² /(N/mm²) | 加载保持时间 /s |
|---|---|---|---|---|---|---|---|
| 钢与铸铁 | <140 | 10 | 10 | 轻金属及其合金 | <35 | 2.5(1.25)① | 60 |
| | ≥140 | 30 | | | 35～80 | 10(5 或 15) | 30 |
| 铜及其合金 | <35 | 5 | 60 | | >80 | 10(15) | 30 |
| | 35～130 | 10 | 30 | 铅、锡 | — | 1.25(1) | — |
| | >130 | 30 | 30 | | | | |

① 无特殊规定时，应使用无括号的值。

根据 GB/T 231.1—2009 规定，布氏硬度表示符号为 HBW。符号 HBW 之前的数字为硬度值，符号后面按以下顺序用数字表示试验条件：

1）硬质合金球体直径（单位为 mm）。

2）试验力（单位为 kgf，1kgf = 9.8N）。

3）加载保持时间（10 ~ 15s 不标注）。

例如：500HBW5/750，表示用直径为 5mm 的硬质合金球，在 750kgf 试验力作用下，保持 10 ~ 15s，测得布氏硬度值为 500。

布氏硬度是使用最早、应用最广的硬度试验方法。其主要优点是压痕面积大，能反映大体积范围内各组成物的平均硬度，试验结果比较稳定；对某些金属材料来说，还可以根据布氏硬度值近似地确定其抗拉强度（见附录 A 钢材硬度与强度的对照表）。它的缺点是压痕较大，不宜于成品检查，更不宜于测薄件的硬度，操作也较麻烦。

在生产实践中，有时因条件限制，或碰到特大铸件、锻件和调质工件而不便用其他硬度试验测定时，可采用锤击式简易布氏硬度试验器。这种试验方法操作简便、迅速。试验器的构造如图 1-9a 所示。如图 1-9b 所示，测试时，把试验器垂直放在试件表面，用锤子打击撞杆顶端一次，钢球因受冲击力作用，在标准试棒和试件上留有压痕，测量两个压痕直径，通过计算即可知道试件的布氏硬度值。其计算公式为

$$HB = HB_0 \frac{D - \sqrt{D^2 - d_0^2}}{D - \sqrt{D^2 - d^2}} \tag{1-10}$$

式中　HB——试件的布氏硬度值；

　　$HB_0$——标准试棒的布氏硬度值；

　　$D$——钢球直径（mm）；

　　$d_0$——标准试棒压痕直径（mm）；

　　$d$——测得工件上的压痕直径（mm）。

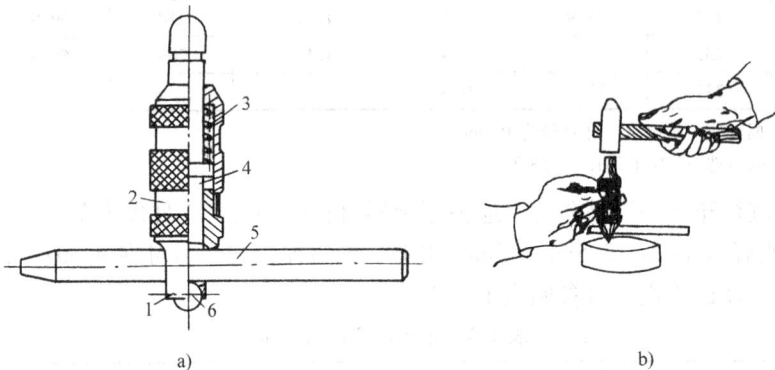

图 1-9　锤击式简易布氏硬度试验器及使用示意图

1—球帽　2—外壳　3—弹簧　4—撞杆　5—已知硬度的标准试棒　6—淬火钢球压头

这种硬度试验方法的试验范围和用硬质合金球试验时相同，但用它可测定难于搬运的大型机械零件。一般可以从预制表里查出试件的布氏硬度值。试验时有一定误差，最大误差可达 ±7%。

2. 洛氏硬度　图 1-10 是用金刚石压头进行洛氏硬度试验的示意图。洛氏硬度试验原理是：在初试验力及总试验力的先后作用下，将压头（金刚石圆锥体或硬质合金球）压入试样表面，经规定保持时间后，卸除主试验力，用测量的残余压痕深度增量来计算洛氏硬度值。

测试时，先加初试验力 $F_0$，压入深度为 $h_1$，目的是消除被测件表面质量的影响。然后，

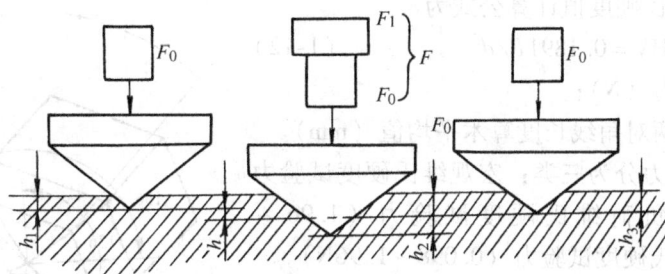

图 1-10 用金刚石压头进行洛氏硬度试验的示意图

再加主试验力 $F_1$，在总试验力（$F_0 + F_1$）作用下，压入深度为 $h_2$，卸除主试验力，由于金属弹性变形的恢复，使压头略微回升，这时压头实际压入试样的深度为 $h_3$，即由于主试验力所引起的塑性变形的压痕深度 $h = h_3 - h_1$。显然 $h$ 值越大，被测金属的硬度越低；反之，则越高。为了照顾习惯上数值越大硬度越高的概念，故采用一个常数 $N$ 减去 $\frac{h}{S}$ 来表示硬度大小，由此获得的硬度值称为洛氏硬度值，用符号 HR 表示，即

$$HR = N - \frac{h}{S} \tag{1-11}$$

式中    $N$——常数（当使用金刚石压头时，常数 $N$ 为 100；当使用淬火钢球压头时，常数 $N$ 为 130）；

     $h$——去除主试验力后，在初试验力下，残余压痕深度增量（mm）；

     $S$——常数，测表面洛氏硬度时为 0.001mm，其余为 0.002mm。

为了能用一种试验计测定从软到硬的不同金属材料的硬度，采用不同的压头和试验力组成几种不同的洛氏硬度的标尺。每一种标尺用一个字母在洛氏硬度符号 HR 后面加以注明。我国常用的标尺是 HRA、HRB、HRC 三种。常用洛氏硬度标尺的试验条件和适用范围见表 1-4。

表 1-4 常用洛氏硬度标尺的试验条件和适用范围

| 硬度标度 | 压头类型 | 试验力/N | | 硬度值有效范围 | 应 用 举 例 |
|---|---|---|---|---|---|
| | | 初试验力 | 主试验力 | | |
| HRC | 金刚石圆锥体 | 98.07 | 1373 | 20 ~ 70HRC | 一般淬火钢件 |
| HRB | φ1.5875mm 球 | 98.07 | 882.6 | 20 ~ 100HRB | 软钢、退火钢、铜合金 |
| HRA | 金刚石圆锥体 | 98.07 | 490.3 | 20 ~ 88HRA | 硬质合金、表面淬火钢等 |

上述三种洛氏硬度标尺中，以 HRC 应用最广，一般经过淬火的钢制零件或工具都用这种标度测定。

洛氏硬度表示方法为：符号 HR 前面的数字表示硬度值，HR 后面的符号表示不同洛氏硬度的标度。例如，60HRC 表示用 C 标度测定的洛氏硬度值为 60。

洛氏硬度试验操作简单、方便，测试的硬度范围大，可测定从较软到极硬的金属材料。但由于压痕较小，当材料内部组织不均匀时，会使测量值不够准确。洛氏硬度试验法是目前工厂中应用最广的试验方法。

3. 维氏硬度 图 1-11 为维氏硬度试验原理图

维氏硬度试验原理是将一个相对面夹角为 136° 的正四棱锥体金刚石压头，以一定试验力压入试样表面，经规定保持时间后卸除试验力，测量压痕对角线长度，计算硬度值的一种

压痕硬度试验。维氏硬度值计算公式为

$$HV = 0.1891 F/d^2 \qquad (1-12)$$

式中　　$F$——试验力（N）；

　　　　$d$——压痕两对角线长度算术平均值（mm）。

维氏硬度试验力分为三类：宏观维氏硬度试验力（> 49.03N）；小负荷维氏硬度试验力（1.96 ~ 49.03N）；显微维氏硬度试验力（0.098 ~ 1.96N）。

试验力的选用原则是：根据材料硬度及硬化层或试样厚度来定。维氏硬度可测定 5 ~ 1000HV。

维氏硬度值表示方法与布氏硬度大致相同。例如 400HV30，表示用 30kgf（294.21N）试验力测定的维氏硬度值为 400（试验力保持时间 10 ~ 15s 不标注）。

维氏硬度试验广泛应用在精密工业和材料科学研究中，特别适用于细小、极薄的材料，以及经过渗碳、渗氮等表面处理的试件和各种镀层试样的表面硬度测定。它具有布氏硬度、洛氏硬度测定法的主要优点，并且克服了它们的缺点，但不如洛氏法简便。

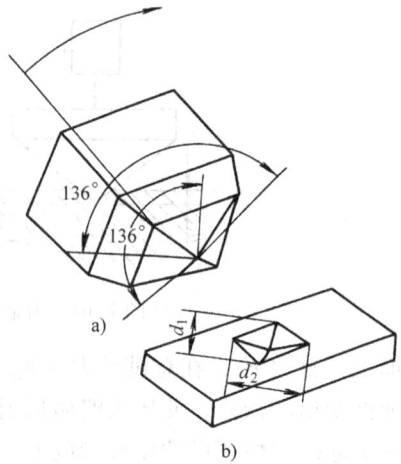

图 1-11　维氏硬度试验原理图
a）压头　b）压痕

洛氏硬度 HRC 与其他硬度换算对照表见表 1-5。

**表 1-5　洛氏硬度 HRC 与其他硬度换算对照表**

| HRC | HRA | HV | HBW (30$D^2$) | HRC | HRA | HV | HBW (30$D^2$) | HRC | HRA | HV | HBW (30$D^2$) | HRC | HRA | HV | HBW (30$D^2$) |
|---|---|---|---|---|---|---|---|---|---|---|---|---|---|---|---|
| 65.0 | 83.6 | 798 | | 53.5 | 77.6 | 560 | 520 | 42.0 | 71.7 | 400 | 390 | 30.5 | | 292 | 287 |
| 64.5 | 83.4 | 785 | | 53.0 | 77.6 | 560 | 515 | 41.5 | 71.4 | 394 | 384 | 30.0 | | 289 | 284 |
| 64.0 | 83.1 | 774 | | 52.5 | 77.1 | 543 | 509 | 41.0 | 71.1 | 389 | 379 | 29.5 | | 285 | 280 |
| 63.5 | 82.9 | 763 | | 52.0 | 76.9 | 535 | 503 | 40.5 | 70.9 | 384 | 374 | 29.0 | | 281 | 277 |
| 63.0 | 82.6 | 751 | | 51.5 | 76.6 | 527 | 497 | 40.0 | 70.6 | 378 | 369 | 28.5 | | 277 | 273 |
| 62.5 | 82.3 | 741 | | 51.0 | 76.3 | 520 | 492 | 39.5 | 70.4 | 373 | 364 | 28.0 | | 274 | 270 |
| 62.0 | 82.1 | 730 | | 50.5 | 76.1 | 512 | 486 | 39.0 | 70.1 | 368 | 359 | 27.5 | | 270 | 266 |
| 61.5 | 81.8 | 719 | | 50.0 | 75.8 | 504 | 480 | 38.5 | | 363 | 354 | 27.0 | | 267 | 263 |
| 61.0 | 81.5 | 708 | | 49.5 | 75.5 | 496 | 474 | 38.0 | | 358 | 349 | 26.5 | | 263 | 260 |
| 60.5 | 81.3 | 697 | | 49.0 | 75.3 | 489 | 469 | 37.5 | | 353 | 344 | 26.0 | | 260 | 257 |
| 60.0 | 81.0 | 687 | | 48.5 | 75.0 | 482 | 463 | 37.0 | | 348 | 340 | 25.5 | | 257 | 254 |
| 59.5 | 80.7 | 676 | | 48.0 | 74.8 | 475 | 457 | 36.5 | | 343 | 335 | 25.0 | | 254 | 251 |
| 59.0 | 80.5 | 666 | | 47.5 | 74.5 | 468 | 451 | 36.0 | | 339 | 331 | 24.5 | | 251 | 248 |
| 58.5 | 80.2 | 655 | | 47.0 | 74.2 | 461 | 445 | 35.5 | | 334 | 327 | 24.0 | | 247 | 246 |
| 58.0 | 80.0 | 645 | | 46.5 | 74.0 | 454 | 439 | 35.0 | | 329 | 322 | 23.5 | | 244 | 243 |
| 57.5 | 79.7 | 635 | | 46.0 | 73.7 | 448 | 433 | 34.5 | | 325 | 318 | 23.0 | | 241 | 240 |
| 57.0 | 79.5 | 625 | | 45.5 | 73.5 | 442 | 428 | 34.0 | | 321 | 214 | 22.5 | | 238 | 237 |
| 56.5 | 79.2 | 615 | | 45.0 | 73.2 | 435 | 422 | 33.5 | | 316 | 310 | 22.0 | | 235 | 235 |
| 56.0 | 78.9 | 605 | | 44.5 | 72.9 | 429 | 417 | 33.0 | | 312 | 306 | 21.5 | | 232 | 233 |
| 55.5 | 78.6 | 596 | | 44.0 | 72.7 | 423 | 411 | 32.5 | | 308 | 302 | 21.0 | | 229 | 230 |
| 55.0 | 78.4 | 587 | 538 | 43.5 | 72.4 | 417 | 406 | 32.0 | | 304 | 298 | 20.5 | | 226 | 228 |
| 54.5 | 78.1 | 578 | 532 | 43.0 | 72.2 | 411 | 400 | 31.5 | | 300 | 294 | 20.0 | | 224 | 225 |
| 54.0 | 77.9 | 569 | 526 | 42.5 | 71.9 | 405 | 395 | 31.0 | | 296 | 291 | | | | |

### 三、韧性及其测定

金属材料的强度、塑性和硬度等力学性能是在静载荷作用下测得的。但实际上有些机械零件经常在冲击载荷作用下工作，如零件在车削时的突然吃刀、冲压、锤锻、风动工具工作时等，这些冲击载荷的破坏能力要比静载荷大得多。

在冲击载荷作用下，金属在断裂前吸收变形能量的能力称为韧性。金属的韧性通常随着加载速度的提高、温度的降低、应力集中程度的加剧而减小。冲击韧度是衡量金属韧性的常用指标之一。

1. 冲击试验及其指标　工程上常用摆锤弯曲冲击试验来测定金属材料的冲击韧度。常用的冲击试验标准试样如图 1-12 所示。

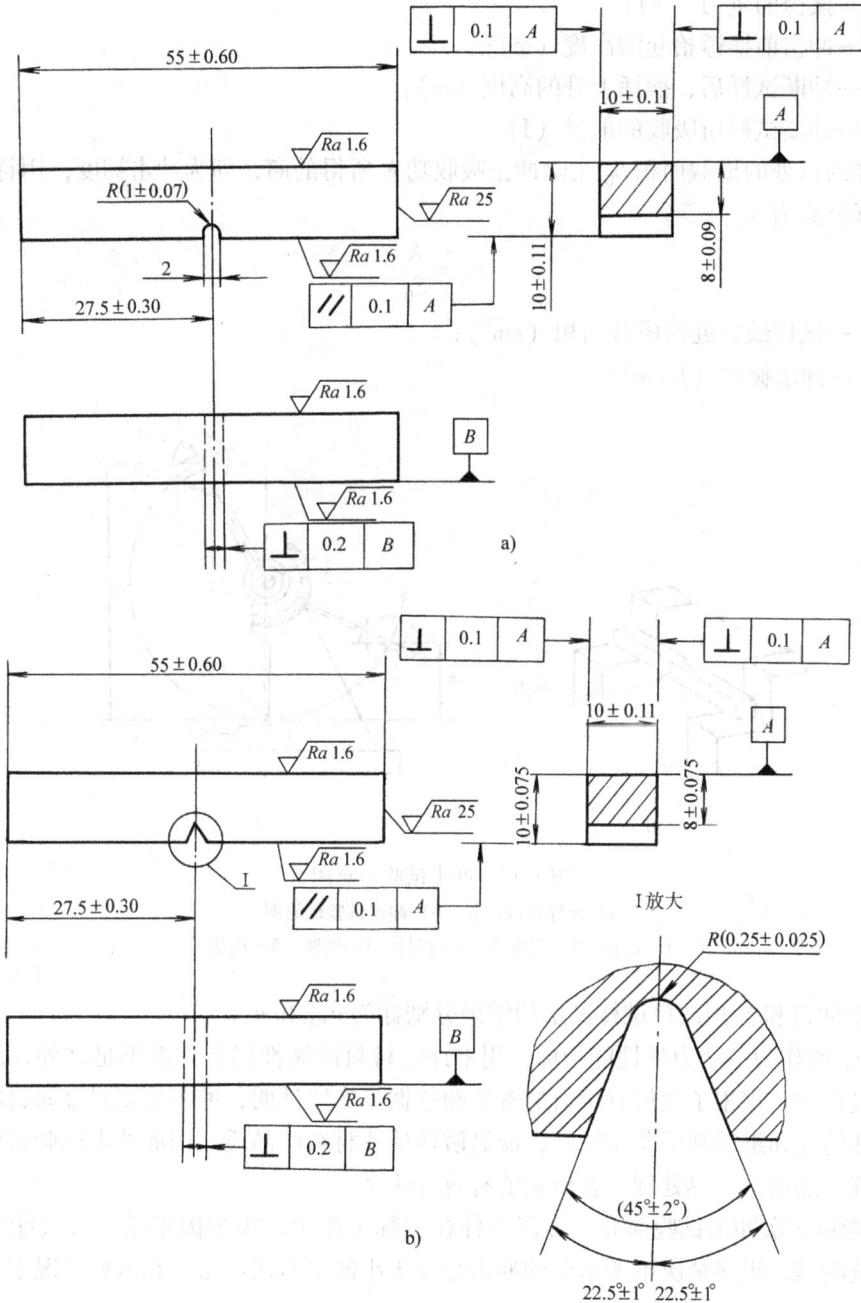

图 1-12　冲击试验的标准试样
a）U 型缺口试样　b）V 型缺口试样

试验时，将试样安放在冲击试验机的支座上，试样的缺口背向摆锤的冲击方向，如图1-13a 所示。将重力为 $G$ 的摆锤抬到高度 $H$，使其获得一定的位能 $GH$，如图1-13b 所示。然后，让摆锤由此高度落下，将试样冲断。试样冲断后，摆锤继续向前升高到 $h$ 高度，此时摆锤的剩余能量为 $Gh$。由此可计算出摆锤冲断试样时的冲击吸收能量。其计算公式为

$$K = G(H - h) \tag{1-13}$$

式中　$G$——摆锤的重力（N）；

　　　$H$——冲击前摆锤抬起的高度（m）；

　　　$h$——冲断试样后，摆锤上升的高度（m）；

　　　$K$——冲断试样所吸收的能量（J）。

用试样缺口处的横截面积 $S_0$ 去除冲击吸收功 $K$ 所得的商，即为冲击韧度，用符号 $a_K$ 表示。其计算公式为

$$a_K = \frac{K}{S_0} \tag{1-14}$$

式中　$S_0$——试样缺口处的横截面积（$cm^2$）；

　　　$a_K^{\ominus}$——冲击韧度（$J/cm^2$）。

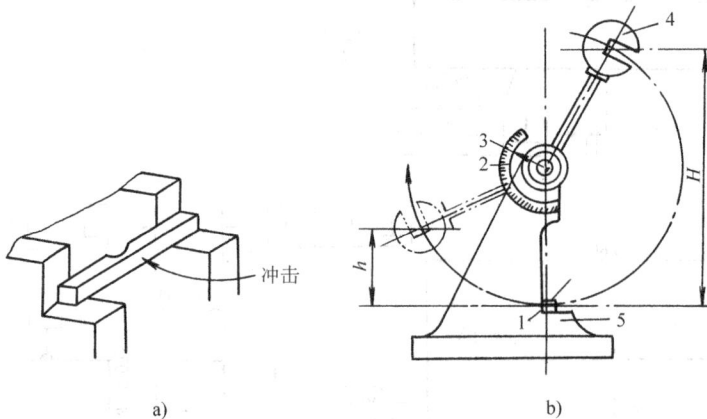

图 1-13　冲击试验示意图

a）试样安放位置　b）冲击试验机简图

1—试样　2—刻度盘　3—指针　4—摆锤　5—机架

用 U 型缺口和 V 型缺口试样测定的结果分别标为 $a_{KU}$ 和 $a_{KV}$。

尽管 $a_K$ 值作为一个力学性能指标，用来评定材料的韧性仍有许多不足之外，但是它在长期使用过程中，积累了大量有价值的资料和数据。实践证明，冲击韧度对金属材料在不同条件下脆性转化和组织缺陷非常敏感，能灵敏地反映材料的品质。因而冲击试验是生产上用来检验冶炼、热加工、热处理工艺质量的有效方法之一。

2. 小能量多次冲击试验简介　金属零件在实际工作中，很少因承受一次大能量冲击载荷的作用就断裂，很多情况下所承受的冲击是属于小能量多次冲击。在这种情况下，它的破

---

　　$\ominus$　$a_K$ 值的大小，不仅取决于材料本身，同时还随着试样尺寸、形状的改变及试验温度的不同而变化。因此，$a_K$ 值只是一个相对指标。目前，许多国家直接采用冲击吸收能量 KU 或 KV 作为冲击韧度指标。

断是由多次冲击造成的损伤积累，引起裂纹的产生和扩展所造成的。这与大能量一次冲击的破断过程并不一样。因此，不能用一次冲击试验所测得的 $a_K$ 值来衡量这些零件材料对冲击载荷的抗力。例如，凿岩机风镐上的活塞、大功率柴油机曲轴等零件都是因一定能量下的多次冲击而破坏的。

小能量多次冲击试验机为凸轮落锤式结构，由一个刚性较好的机架，以及冲锤、带轮、试样旋转机构、计数装置等组成，如图 1-14 所示。冲击能量靠调节冲头的冲程来实现。冲锤对试样每冲击一次，试样就通过橡胶传动轴旋转一定角度，一直到试样开裂或冲断为止。用冲击次数 $N$ 来表示冲击抗力。

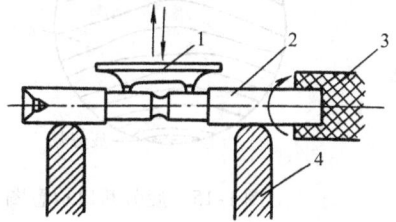

图 1-14 小能量多次冲击示意图
1—冲锤 2—试样 3—橡胶传动轴
4—机架

大量试验证明，当金属材料受到很大能量的冲击载荷作用时，其冲击抗力主要取决于冲击韧度 $a_K$，但在小能量多次冲击条件下，其冲击抗力则主要取决于材料的强度和塑性。当冲击能量高时，材料的塑性起主导作用；当冲击能量低时，强度起主导作用。

### 四、金属的疲劳

很多机械零件虽然工作时受到的应力在屈服点以内，但经过相当时间的应力作用也会发生断裂。

例如，轴类零件在旋转时，在其截面上，一面受拉应力，另一面受压应力，转半周后，原来受拉应力的一面变为受压应力，原来受压应力的一面则变为受拉应力。轴不断旋转时，所受到的就是这种大小和方向周期性改变的交变载荷。

材料在循环应力和应变作用下，在一处或几处产生局部永久性累积损伤，经一定循环次数后产生裂纹或突然发生完全断裂的过程称为疲劳。

1. 金属疲劳破坏的特征及其原因 金属疲劳断裂时没有明显的宏观塑性变形，断裂是突然发生的。引起疲劳断裂的应力很低，常常低于材料的屈服点。疲劳断口由两部分组成，疲劳裂纹的产生及扩展区（光亮区）和最后断裂区（粗糙区），如图 1-15 所示。

产生疲劳的原因是材料表面或内部存在缺陷（如夹杂、刀痕等）。缺陷在交变应力的反复作用下产生微裂纹，并随着应力循环周次的增加而不断扩展，使零件实际承受载荷的面积不断减少，直至减少到不能承受外加载荷的作用时，零件即发生突然断裂。

2. 疲劳极限及其测定 金属材料在指定循环基数下的中值疲劳强度称为疲劳极限。循环基数一般取 $10^7$ 或更高一些。

材料的疲劳极限通常是在旋转弯曲疲劳试验机上测定的。疲劳试验证明，在交变载荷作用下，材料承受的交变应力值 $\sigma$ 与断裂前的循环次数 $N$ 之间的关系可用图 1-16 所示的疲劳曲线表示。从图 1-16 中可以看出，应力值 $\sigma$ 越低时，断裂前的循环次数越多。当应力值降低到某一定值后，曲线与横坐标平行。这表示当应力值低于此值时，材料可经受无数次应力循环而不断裂。此应力值称为材料的疲劳极限，用 $\sigma_D$ 表示。当对称循环时，疲劳极限用 $\sigma_{-1}$ 表示，单位是 $N/mm^2$（MPa）。

实际上，测定时不可能进行无限次的交变载荷试验，所以一般试验时规定，钢在经受 $10^6 \sim 10^7$ 次、有色金属经受 $10^7 \sim 10^8$ 次交变载荷作用时，不产生断裂的最大应力即为钢及有色金属的疲劳极限。

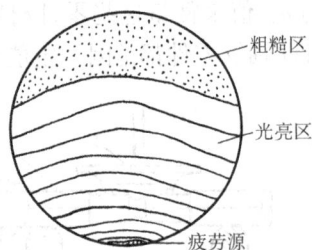

图 1-15　疲劳断口示意图

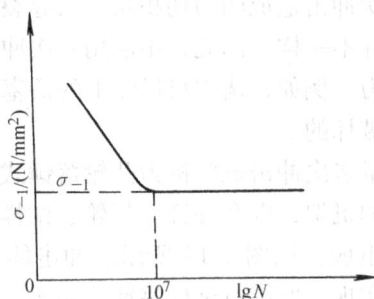

图 1-16　疲劳曲线示意图

金属的疲劳极限与其内部质量、表面状态及残留内应力等因素有关。降低零件表面粗糙度、避免断面形状的急剧变化、对材料表面进行各种强化处理等，都能提高零件的疲劳极限。

# 第三节　金属的工艺性能

工艺性能是指金属材料是否易于加工成形的性能，包括铸造性、可锻性、焊接性、切削加工性和热处理工艺性等。工艺性能直接影响制造零件的加工工艺和质量，也是选材时必须考虑的因素之一。

## 一、铸造性

铸造性即金属熔化成液态后，在铸造成型时所具有的一种特性。衡量金属材料铸造性的指标有流动性、收缩率和偏析倾向。在金属材料中，灰铸铁和青铜的铸造性能较好。

## 二、可锻性

可锻性即金属材料在锻造过程中承受塑性变形的性能。可锻性直接与材料的塑性及塑性变形抗力有关，也与材料的成分和加工条件有很大关系。例如，铜、铝的合金在冷态下就具有很好的可锻性，碳素结构钢在加热状态下的可锻性也很好，而青铜、铸铝、铸铁等几乎不能锻造。

## 三、焊接性

焊接性指材料在限定的施工条件下焊接成符合设计要求的构件，并满足预定服役要求的能力。焊接性好的金属能获得没有裂纹、气孔等缺陷的焊缝，并且焊接接头具有一定的力学性能。导热性好、线胀系数小的金属材料焊接性都比较好。例如，低碳钢具有良好的焊接性，高碳钢、不锈钢、铸铁的焊接性较差。

## 四、切削加工性

金属材料的切削加工性是指金属在切削加工时的难易程度。切削加工性能好的金属对刀具的磨损量小，切削用量大，加工表面也比较光洁。切削加工性与金属材料的硬度、导热性、金属内部结构、加工硬化等因素有关，尤其与硬度的关系较大，硬度为 170 ~ 230HBW 的材料最容易切削加工。从材料种类方面来说，铸铁、铜合金、铝合金及一般碳素钢都具有较好的切削加工性，而高合金钢的切削加工性较差。

## 五、热处理性能

金属材料经热处理后使性能改善的性质称为热处理性能。它与材料的化学成分有关。常见的热处理方法有退火、正火、淬火、回火及表面热处理（表面淬火及化学热处理）等。

# 复　习　题

1. 金属的物理性能有哪几种？它们与金属材料的使用有何关系？

2. 已知钢轨在15℃时的长度为12.5m，当温度升到42.5℃时钢轨的伸长量为多少？这是一种什么现象？（钢轨的线胀系数为0.00001181/℃）

3. 什么是金属的耐蚀性和抗氧化性？

4. 何谓力学性能？金属材料的力学性能有哪些？

5. 何谓载荷、应力？载荷按作用性质分为哪几类？按作用形式分为哪几类？

6. 拉伸试验可以测定哪几种力学性能指标？

7. 绘出低碳钢拉伸曲线，并指出拉伸时的几个阶段。

8. 何谓强度？强度的主要指标有哪几种？写出它们的符号和单位。

9. 何谓塑性？材料的塑性指标有哪几种？写出它们的符号。

10. 某厂购进一批45钢，按国家标准规定，力学性能应符合如下要求：$R_{eL} \geqslant 305 MPa$，$R_m \geqslant 600 MPa$。入厂检验时采用$d = 10mm$的短试样进行拉伸试验，测得$F_{eL} = 28260N$；$F_m = 475300N$，试问这批钢材的力学性能是否符合要求？

11. 何谓硬度？硬度试验方法主要有哪几种？说明它们的应用范围。

12. 常用的洛氏硬度有哪三种？它们有哪些区别？

13. 布氏硬度试验有哪些优缺点？

14. 何谓冲击韧度？写出冲击韧度的符号及单位。

15. 今有一标准冲击试样，用摆锤重力为150N的试验机进行大能量一次性冲击试验，冲击前锤举高0.6m，打断试样后又升到0.3mm，求冲击吸收能量为多少？

16. 金属材料在受到大能量冲击载荷和小能量多次冲击的条件下，冲击抗力主要取决于什么指标？

17. 什么是金属的疲劳现象？疲劳极限的符号是什么？

18. 何谓金属的工艺性能？它有哪些内容？

# 第二章 金属的结构与结晶

不同的金属具有不同的性能。金属所表现的性能是由其内部结构所决定的。因此，要掌握金属的性能特点，就必须从本质上了解它们的内部结构及其在外界条件（如加热、冷却等）影响下的基本变化规律。

## 第一节 纯金属的晶体结构

### 一、晶体结构的基本知识

1. **晶体** 根据物质内部原子的聚集状态不同，可将固态物质分为晶体与非晶体两大类。晶体物质内部的原子是按一定次序作有规则排列的（见图2-1a），如水晶、结晶盐、天然金刚石等。金属在固态下一般都是晶体。非晶体物质内部的原子是无规则、杂乱地堆积着，如松香、普通玻璃、沥青、树胶等。晶体与非晶体结构不同，因此性能也不同，如晶体都具有一定熔点，而且在不同方向上具有不同的性能，即各向异性，而非晶体则不具备这些特点。

2. **晶格** 利用X射线分析法，已经测得了各种晶体中原子的排列规律。为了便于分析和描述晶体中原子排列的情况，可示意地将原子缩小，看成一个小球，并用假想线条将各原子的中心连接起来，这样就得到了一个抽象化了的空间格架。描述原子在晶体中排列方式的空间格架叫做晶格，如图2-1b所示。

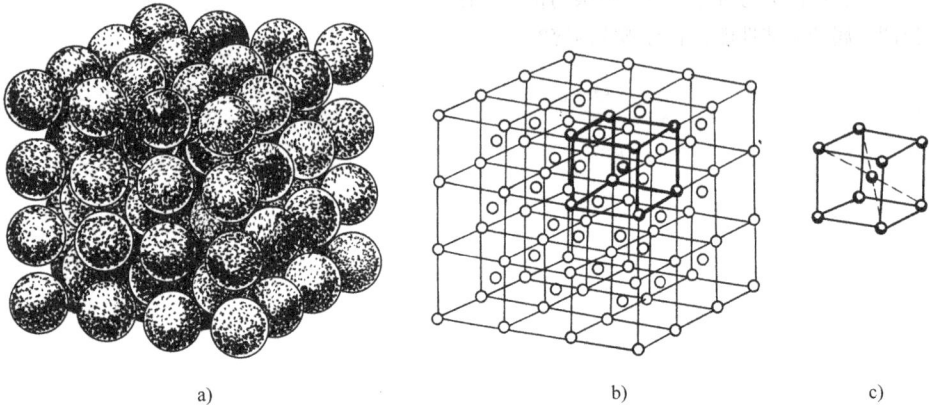

a)                  b)              c)

图2-1 晶体及晶格示意图

a）晶体中原子的排列 b）晶格 c）晶胞

3. **晶胞** 由于晶体中原子排列具有周期性的特点，为了简化分析，通常取晶格中一个能够完整反映晶格特征的最小几何单元——晶胞（见图2-1c），来描述该晶体结构的类型和原子在空间排列的规律。

4. **晶面和晶向** 在晶体中，由一系列原子组成的平面称为晶面。图2-2所示为简单立方晶格中的某些晶面。通过两个或两个以上原子中心的直线表示晶格空间的各种方向，称为晶向，如图 2-3 所示。由于在同一晶格中的不同晶面和晶向上原子排列的疏密程度不同，因此原子间结合力也就不同，从而在不同的晶面和晶向上显示出不同的性能，这就是晶体具有各向异性的原因。

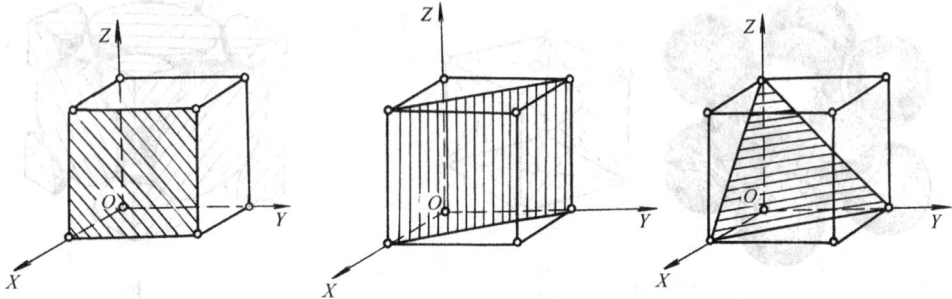

图 2-2　立方晶格中的某些晶面

必须指出，位于晶格结点上的原子不是静止不动的，而是以结点为中心做热振动，并且随着温度的升高，原子热振动的振幅也将加大。另外，实际使用的金属材料一般为多晶体，在实际晶体中，原子排列不可能这样规则和完整。在晶体内部，由于种种原因，在局部区域内原子的排列往往因受到干扰而被破坏。因此，实际晶体中的原子以规则排列为主，兼有不规则排列，这就是实际金属晶体结构的特点。

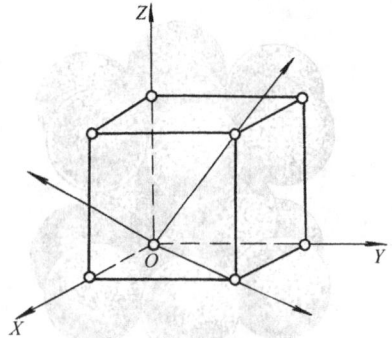

图 2-3　立方晶格中的几个晶向

**二、常见金属的晶格类型**

1. 体心立方晶格　体心立方晶格的晶胞是一个立方体，原子位于立方体的中心和 8 个顶角上，如图 2-4 所示。铁在 912℃ 以下具有体心立方晶体。属于这类晶格的金属还有铬、钨、钼、钒等。这类金属的塑性较好。

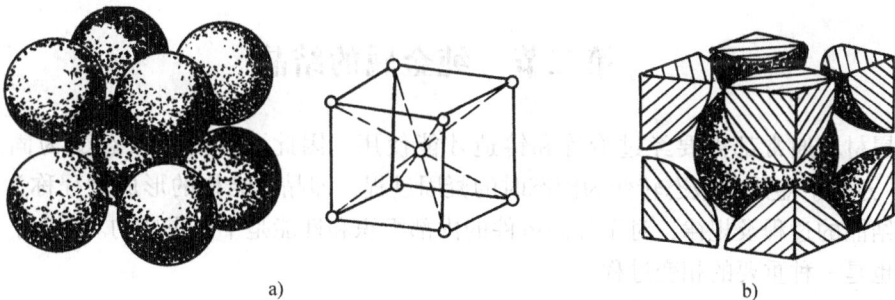

图 2-4　体心立方晶胞

a）体心立方晶胞　b）晶胞中原子数（示意图）

2. 面心立方晶格　面心立方晶格的晶胞也是一个立方体，原子位于立方体 6 个面的中心处和 8 个顶角上，如图 2-5 所示。铁在 912～1394℃ 具有面心立方晶格。属于这类晶格的金属还有铝、铜、金、镍、银等。这类金属的塑性通常优于具有体心立方晶格的金属。

3. 密排六方晶格　密排六方晶格的晶胞是一个六方柱体，原子位于两个底面的中心处和 12 个顶角上，柱体内部还包含着 3 个原子，如图 2-6 所示。属于这类晶格的金属有镁、锌、铍等。这类金属较脆。

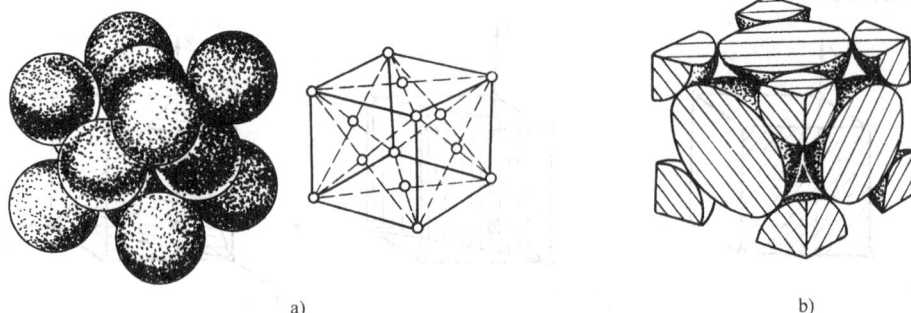

a)　　　　　　　　　　　　　　　　b)

图 2-5　面心立方晶胞

a) 面心立方晶胞　b) 晶胞中原子数（示意图）

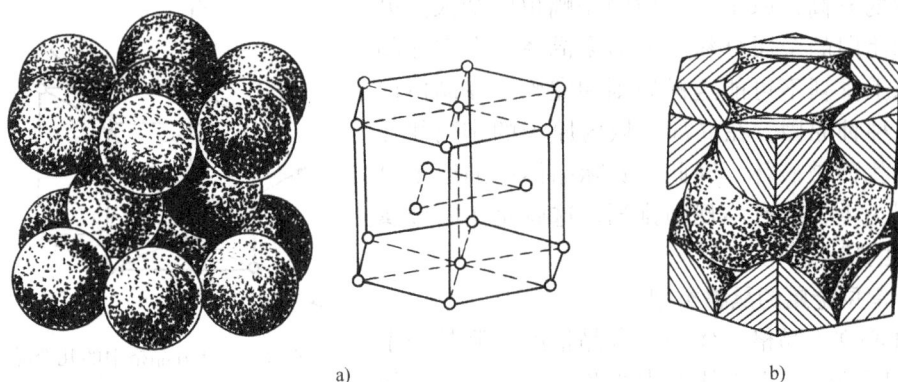

a)　　　　　　　　　　　　　　　　b)

图 2-6　密排六方晶胞

a) 密排六方晶胞　b) 晶胞中原子数（示意图）

# 第二节　纯金属的结晶

　　金属材料通常都需要经过冶炼和铸造才能使用，因此要经历由液态变为固态的凝固（结晶）过程。金属由液态转变为固态时的凝固过程，即晶体结构的形成过程称为结晶。了解金属结晶的过程及规律，对于控制铸件的内部组织和性能是十分重要的。同时，金属的结晶过程也是一种重要的相变过程。

## 一、纯金属的冷却曲线及过冷度

　　1. 纯金属的冷却曲线　将熔化的纯金属以非常缓慢的速度冷却，在冷却过程中观察并记录温度和时间，并将其描绘在温度-时间坐标图上，便可得到纯金属的冷却曲线，这种方法称为热分析法。图 2-7 所示为纯金属冷却曲线的绘制过程示意图。

　　由图 2-7 可见，随着冷却时间的延长，液态金属的温度将不断降低。当冷却到 $a$ 点时，液态金属开始结晶。由于金属结晶过程中释放出结晶潜热，补偿了冷却时散失在空气中的热量，因而液态金属的温度并不随着时间的延长而下降，直至 $b$ 点结晶终止时才继续下降。$ab$

两点之间为结晶阶段，在冷却曲线上表现为一水平线段，它所对应的温度就是这种金属的结晶温度。从理论上说，它应与金属加热时的熔化温度即熔点是一致的，通常称它为理论结晶温度（$T_0$）。

金属发生结构改变的温度称为临界温度，简称临界点。由液态金属凝固成为固态金属是原子由不规则排列过渡到规则排列的过程，所以结晶温度也是临界点之一。

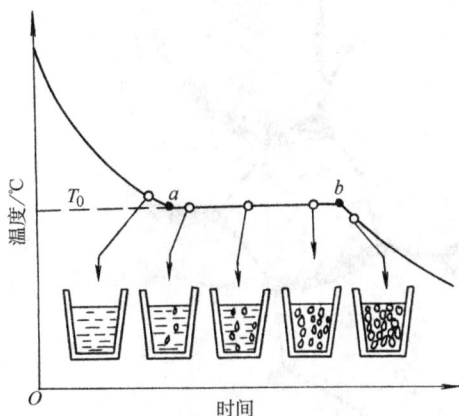

图 2-7　纯金属冷却曲线的绘制过程示意图

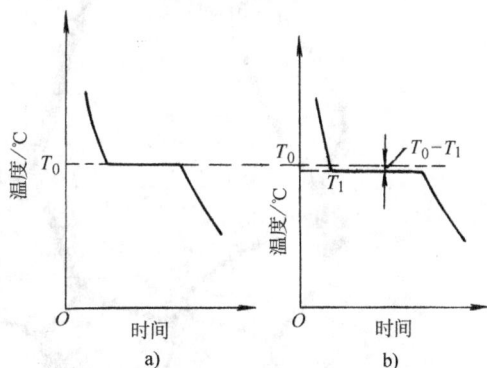

图 2-8　纯金属结晶时的过冷现象
a）理论结晶温度　b）实际结晶温度

2. 过冷度　在实际生产中，金属自液态向固态结晶时，都有较大的冷却速度，此时，液态金属将在理论结晶温度以下某一温度 $T_1$ 才开始进行结晶。金属的实际结晶温度 $T_1$ 低于理论结晶温度 $T_0$，这一现象称为过冷。实际结晶温度和理论结晶温度之差称为过冷度。纯金属结晶时的过冷现象如图 2-8 所示。

过冷度不是一个恒定值，它与液态金属的冷却速度有关。冷却速度越大，金属的实际结晶温度越低，过冷度就会越大。在实际生产中，过冷是金属结晶的必要条件。

**二、纯金属的结晶过程**

当液态金属冷却到结晶温度时，不断地在液体中形成一些微小的晶体，并吸引其周围原子，以它为中心逐渐生长。这种作为结晶核心的微小晶体称为晶核。结晶就是在液态金属中不断形成晶核和晶核不断长大，直至液态金属全部消失的过程。图 2-9 为纯金属结晶过程示意图。从图 2-9 中可以看出，金属在结晶过程中，起初各个晶体都是按照各自的方向自由地生长，并且有着规则的外形，但生长着的晶体彼此接触后，在接触处被迫停止生长，规则的外形遭到了破坏，凝固后，便形成了许多互相接触而具有不同外形的晶体。这些外形不规则的晶体通称为晶粒。由于各个晶粒是由不同的晶核长大而来的，故各个晶粒的方位都不同，所以各晶粒之间自然地形成分界面。晶粒之间的分界面称为晶界。图 2-10 所示为显微镜下所看到的纯铁结晶后的显微组织。金属在显微镜下显示的特征与形貌称为显微组织。

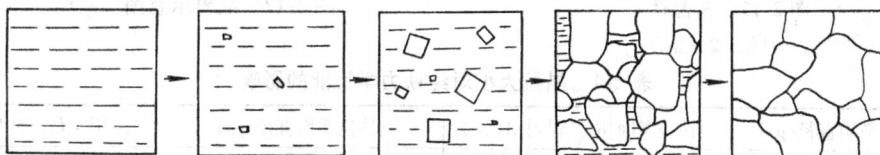

图 2-9　纯金属结晶过程示意图

由图 2-10 可知，纯铁是由许多大小、形状不规则的晶粒组成的。这种由许多晶粒组成的晶体称为多晶体。普通金属都是多晶体。只有一个晶粒的晶体称为单晶体。如前所述，单晶体具有各向异性，即在不同的晶面和晶向上所表现的性能不同。而多晶体由于各个晶粒的位向不同，它们各自的有向性彼此抵消，因此多晶体呈无向性，亦称"伪无向性"。

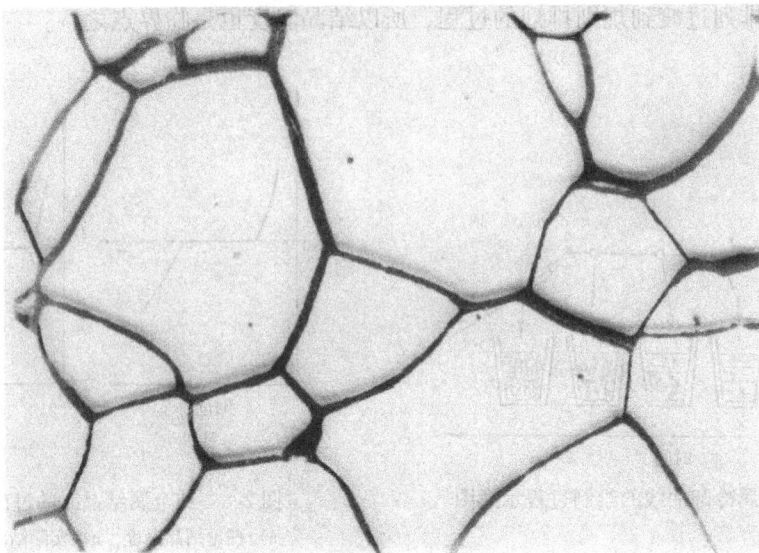

图 2-10　纯铁的显微组织

### 三、晶粒大小对力学性能的影响

1. 晶界　工业上使用的金属材料绝大部分是多晶体。多晶体内各晶粒的位向不同，将任何两个晶体中位向不同的晶粒隔开的内界面称为晶界，如图 2-11 所示。晶界实际上是不同位向晶粒之间的过渡层。从图 2-12 可以看到，晶界处原子排列不规则，即原子处于畸变状态。在常温下，晶界对金属塑性变形有阻碍作用，因此晶界处的强度、硬度比晶粒内部高。可见，晶粒越细，畸变区域越大，金属的强度、硬度就越高。晶粒大小对纯铁力学性能的影响见表 2-1。

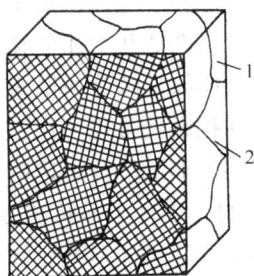

图 2-11　多晶体
1—晶粒　2—晶界

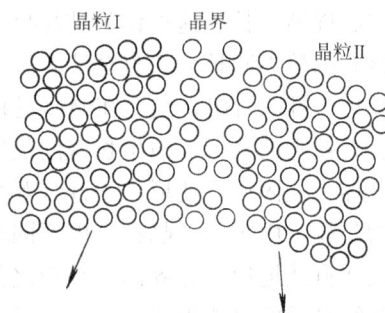

图 2-12　晶界示意图

表 2-1　晶粒大小对纯铁力学性能的影响

| 晶粒平均直径/μm | $R_m$/MPa | $R_{eL}$/MPa | $A$(%) | 晶粒平均直径/μm | $R_m$/MPa | $R_{eL}$/MPa | $A$(%) |
|---|---|---|---|---|---|---|---|
| 70 | 184 | 34 | 30.6 | 2.0 | 268 | 58 | 48.8 |
| 25 | 216 | 45 | 39.5 | 1.6 | 270 | 66 | 50.7 |

2. 细化晶粒的方法　因为液态金属的结晶过程是不断形核和晶核长大的过程。晶核数量越多、长大速度越慢，则凝固后晶粒越细；反之，晶粒越粗大。因此，只要控制晶核数及其长大速度，就能控制金属的晶粒大小。在工业生产中，常采用下列方法细化晶粒：

（1）增加过冷度　当过冷度增大到一定值时，液态金属的结晶能力增强。图 2-13 表示了过冷度与形核率和长大速度的关系。可见，快冷可以获得细晶粒的铸态组织，这种方法适用于中、小铸件。

（2）变质处理　大型铸件由于散热较慢，要获得大的过冷度很困难，而且过大的冷却速度往往导致铸件开裂而造成废品。为了获得细晶粒，浇注前常在金属液体中加入一些能促使晶核产生或降低晶核生长速度的物质，使金属结晶时容易依附在外加物质表面而形成晶核，通常把这种形核方式称为"非自发形核"。生产中将这种细化晶粒的方法叫做变质（或孕育）处理。

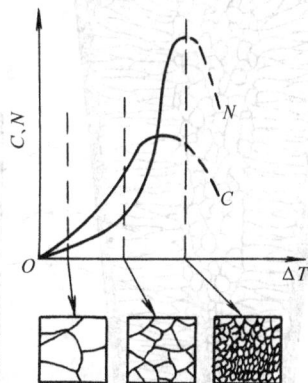

图 2-13　形核率 $N$ 和长大速度 $C$ 与过冷度 $\Delta T$ 的关系示意图

（3）附加振动　在金属结晶时，对液态金属附加机械振动、超声波振动或电磁振动，不仅可使已生长的小晶体破碎，而且破碎的小晶体可以起到晶核的作用，增加形核率，从而细化晶粒。

# *第三节　金属的铸态组织

### 一、铸态组织的形成及其性能

如果将一个金属铸锭剖开，可以看到，典型的剖面具有不同特征的三个晶区，如图 2-14 所示。

1. 表面细晶粒区　液态金属浇入锭模时，与冷的模壁接触的一部分金属液体被迅速冷却，因此在较大过冷度下结晶，形成一层很薄的细晶粒表层。

2. 柱状晶粒区　由于外层已形成一层热的壳，铸锭内部的温度较高，晶核较难形成，因此表面层的晶粒便向内生长。次层晶粒生长时，因为受到相邻晶粒的限制，只能沿散热相反方向向内生长，所以形成了垂直于模壁的柱状晶粒层。

3. 中心等轴晶粒区　随着柱状晶的生长，铸锭内部的液体都达到了结晶温度，形成了许多晶核，同时向各个方向生长，阻止了柱状晶的继续发展，因而在铸锭中心部分形成了等轴的晶粒。由于中心部分冷却较慢，因此晶粒也较粗大。

如果冷却速度很快，柱状晶就会迅速向中心发展，贯穿整个铸锭，这种组织叫穿晶组织。图 2-15 所示即为纯铜铸锭的穿晶组织。大多数焊缝组织都具有比较粗大的穿晶组织。

铸锭中三层不同的铸态组织具有不同的性能。

表面细晶粒区的组织较致密，故力学性能较好。但在铸件中，表面细晶粒区往往很薄，所以除对某些薄壁铸件具有较好的效果外，对一般铸件的性能影响不大。

柱状晶粒区的组织比较致密，不像等轴晶粒那样容易形成显微缩松，但在垂直于模壁处

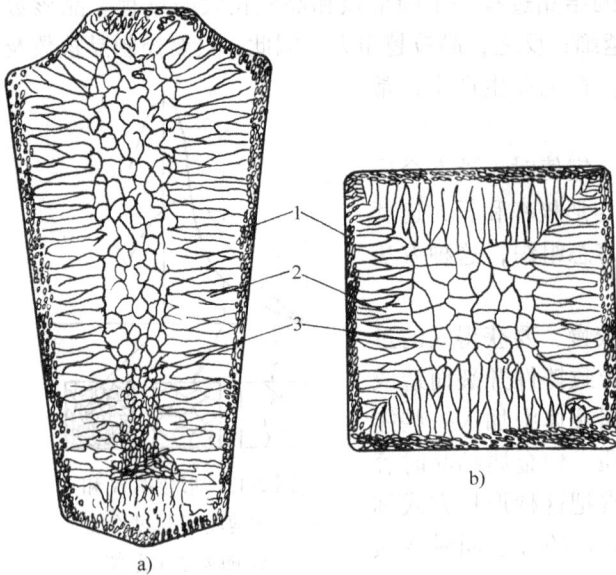

图 2-14　铸锭结晶构造示意图

a）纵向剖面　b）横向剖面

1—表面细晶粒区　2—柱状晶粒区　3—中心等轴晶粒区

图 2-15　纯铜铸锭的穿晶组织

发展起来的两排相邻的柱状晶的交界面上（例如铸锭横截面上的对角线处，如图 2-16 所示），强度、塑性较差，且常聚集了易熔杂质和非金属夹杂物，形成一个明显的脆弱面，在锻、轧加工时，可能沿此脆弱面开裂。因此，对塑性较差的黑色金属来说，一般不希望有较大的柱状晶区。对纯度较高、不含易熔杂质、塑性较好的有色金属来说，有时为了获得较为致密的铸锭，反而要使柱状晶区扩大。另外，在某些场合，如果要求零件沿着某一方向具有优越的性能，也可利用柱状晶沿其长度方向性能好的优

图 2-16　铸锭中强度较差的区域

点，使铸件全部成为同一方向的柱状晶组织，这种工艺称为定向凝固。例如，用定向凝固方法制成的涡轮叶片较用一般方法制成的涡轮叶片，使用寿命有显著提高。

等轴晶粒各个方向的性能较为均匀，无脆弱的分界面，取向不同的晶粒互相咬合，使裂纹不易扩展，故生产中常希望得到细小的等轴晶粒。但是，等轴晶区的组织比较疏松，因此力学性能较低。

金属的铸态组织还与合金成分和浇注条件等因素有关。

一般提高浇注温度，提高铸模的冷却能力和定向性散热等均有利于柱状晶区厚度的增加。

浇注温度低、冷却速度慢、散热均匀、变质处理和附加振动搅拌等都有利于等轴晶区的发展。尤其是加入有效的形核剂和附加振动等，能使铸件获得细小的等轴晶粒组织。

**二、铸锭的缺陷**

金属铸锭的铸态组织除了具有上述特点外，往往还存在各种铸造缺陷，主要缺陷如下：

1. 缩孔及缩松　一般金属凝固时都发生体积收缩。铸锭结晶时，先凝固部分的体积收缩可由尚未凝固的液体补充。当液体金属由外向内、由下向上冷却时，铸锭上部最后凝固部分得不到液体金属的补充，使整个铸锭凝固时的体积收缩都集中在这个部位，形成了倒圆锥形的收缩孔洞，称为缩孔。铸锭的缩孔要切除，不能残留下来。

除了集中的缩孔外，铸锭中往往还存在着细小的空隙——缩松。缩松多发生于粗大等轴晶区。由于各个等轴晶粒在树枝状长大过程中互相交叉，造成了许多封闭小区，将残留在这些小区中的液体完全隔绝起来。这些封闭小区内的液体在凝固收缩时，得不到外界液体的补充，于是形成许多微小的缩孔。这样的缩孔叫做缩松。若缩松处没有杂质，则在高温压力加工过程中可被焊合起来。

2. 气孔及裂纹　在金属液体凝固时，溶解于金属液体中未逸出的气体，会以气孔的形式留在铸锭中。气孔可存在于铸锭内部，也可能接近铸锭表面。铸锭内部的气孔在热压力加工时可被焊合，但是那些靠近铸锭表面的气孔，则可能与空气连通而发生氧化，在热加工时无法焊合，结果使钢材表面出现裂纹。

3. 偏析　金属内部化学成分不一致的现象称为偏析。在铸锭缩孔附近，往往聚集着各种杂质，当液态金属中含有较多的杂质时，其熔点降低，凝固较晚，导致杂质元素集中在最后凝固的部分，这种现象称为区域偏析。

4. 非金属夹杂物　在浇注铸锭时，砂子和耐火材料的碎粒剥落进入金属液体而形成夹砂，未及时浮出而被凝固在铸锭内的熔渣形成夹渣。这两种夹杂物统称为非金属夹杂物。

# 第四节　纯铁的同素异构转变

有些金属在固态下，其晶体结构会随着温度的变化而发生改变。金属在固态下随着温度的改变，由一种晶格转变为另一种晶格的现象，称为金属的同素异构转变。由同素异构转变所得到的不同晶格的晶体，称为同素异构体。在常温下的同素异构体一般用希腊字母 α 表示，在较高温度下的同素异构体依次用 β、γ、δ 等表示。具有同素异构转变的金属有铁、钴、钛、锡、锰等多晶型金属。

图 2-17 所示为纯铁的冷却曲线。由图 2-17 可知，液态纯铁在 1538℃进行结晶，得到具有体心立方晶格的 δ-Fe，继续冷却到 1394℃时发生同素异构转变，转变为面心立方晶格的 γ-Fe，继续冷却到 912℃时又发生同素异构转变，转变为体心立方晶格的 α-Fe。当继续冷却时，晶格的类型不再发生变化。这些转变可用下式表示：

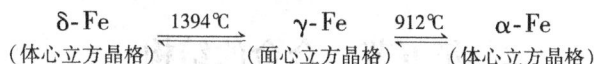

$$\underset{\text{(体心立方晶格)}}{\delta\text{-}Fe} \underset{\overrightarrow{\phantom{1394℃}}}{\overset{1394℃}{\rightleftharpoons}} \underset{\text{(面心立方晶格)}}{\gamma\text{-}Fe} \overset{912℃}{\rightleftharpoons} \underset{\text{(体心立方晶格)}}{\alpha\text{-}Fe}$$

纯铁的同素异构转变是铁原子重新排列的过程，实质上也是一种结晶过程，一般称为重结晶。它有一定的转变温度，同样遵循晶核形成和晶核长大的结晶规律（见图 2-18），转变时也有结晶潜热的放出和过冷现象。

但是，由于同素异构转变是在固态下发生的，所以它与液态金属结晶相比，有其明显的特点：

1）同素异构体的晶核优先在原来晶粒的晶界处形成。

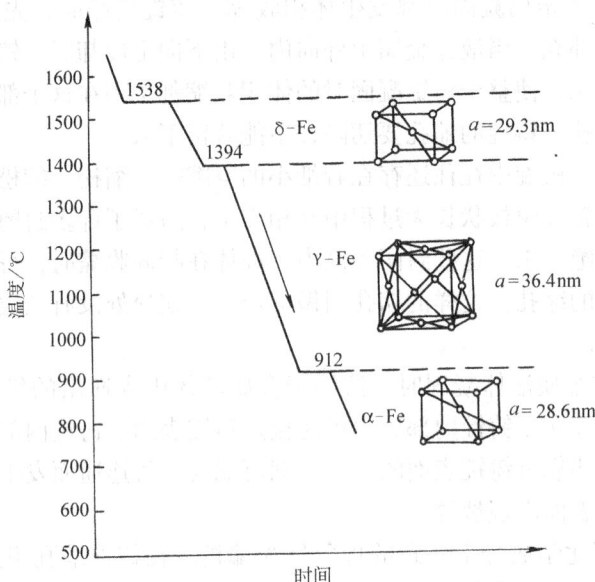

图 2-17　纯铁的冷却曲线

2）同素异构转变具有较大的过冷度。这是由于原子在固态下运动要比在液态下运动困难得多，因而使结晶的过程进行得较为缓慢。在较快的冷却条件下，转变过程就很容易被推移到更低的温度下发生。

3）同素异构转变往往要产生较大的内应力（组织应力）。这是由于转变时晶格的变化引起了体积的变化，例如，由 γ-Fe 转变为 α-Fe 时体积膨胀约为 1%。值得注意的是，由于这是在较低温度的固态下发生的，因此少量的体积变化就可能引

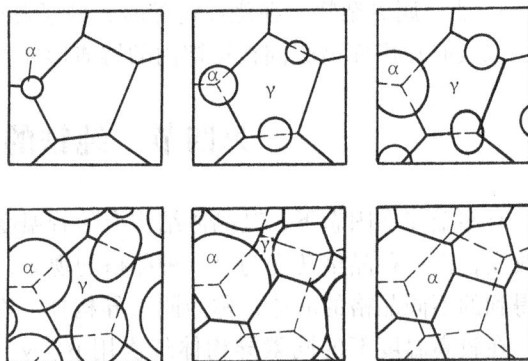

图 2-18　γ-Fe→α-Fe 同素异构转变示意图

起明显的内应力，这是造成零件在热处理时变形甚至开裂的重要原因之一。

铁的同素异构转变现象具有极其重要的意义。正是由于铁能够发生同素异构转变，生产中才有可能对钢和铸铁进行各种热处理来改变其组织和性能。

# 第五节　合金的结构

纯金属虽然具有良好的导电性、导热性，在工业中获得一定的应用，但是其强度、硬度一般都很低，而且价格较高，所以在使用上受到很大限制，实际生产中大量使用的是合金。

1. 合金　指两种或两种以上的金属元素或金属元素与非金属元素熔合在一起所得到的具有金属特性的物质。例如，工业上广泛应用的碳素钢和铸铁就是铁和碳组成的合金。

2. 组元　组成合金最基本的、独立的物质叫做组元。例如，普通黄铜就是由铜和锌两种组元组成的二元合金，重量轻、强度高的硬铝是由铝、铜和镁组成的三元合金。组元一般

是组成合金的元素，有时也可以是稳定的化合物。

合金一般具有较组成该合金的金属组元要高的硬度和强度。各给定组元可以配制出一系列不同成分的合金，以此来调节合金的性能，满足工业上的各种要求。

3. 相　合金中成分、结构及性能相同的均匀组成部分称为相。相与相之间具有明显的界面。合金的性能是由组成合金的各相本身的结构和各相的组合情况决定的。

4. 组织　用金相观察方法，在金属及合金内部看到的涉及晶体或晶粒大小、方向、形状、排列状况等组成关系的构造情况，称为组织。纯金属一般为单相组织，合金的组织则较为复杂。

根据合金各组元之间相互作用的不同，可将合金中的相结构大致分为固溶体和金属化合物两大类。合金的组织主要有固溶体、金属化合物及机械混合物三类。

## 一、固溶体

固溶体是溶质原子溶入溶剂晶格中所形成的均匀固体合金。基体组元称为溶剂，溶入基体的组元称为溶质。

根据溶质原子在溶剂晶格中所处的位置不同，固溶体分为两类。

1. 间隙固溶体　间隙固溶体的特点是溶质原子分布在溶剂晶格的间隙处，如图 2-19a 所示。只有在溶质原子尺寸很小、溶剂的晶格间隙较大的条件下，才能形成间隙固溶体。碳、氮、硼等非金属元素溶入铁中形成的固溶体即属于这种类型。间隙固溶体所溶解的溶质数量是有限的。

2. 置换固溶体　若两种原子直径大小相近，则在形成固溶体时，溶剂晶格上的部分原子被溶质原子所置换（见图 2-19b），这类固溶体称为置换固溶体。大多数合金元素溶入铁中形成的固溶体都属于这种类型。溶质原子和溶剂原子能以任何比例互相置换的称为无限固溶体，只能置换到一定数量的称为有限固溶体。

无论是间隙固溶体还是置换固溶体，都因溶质原子的加入而使溶剂晶格发生歪扭，从而使合金对塑性变形的抗力增加。这种通过溶入溶质元素形成固溶体，使金属材料强度、硬度增高的现象，称为固溶强化，如图 2-20 所示。固溶强化是提高金属材料力学性能的一种重要途径。

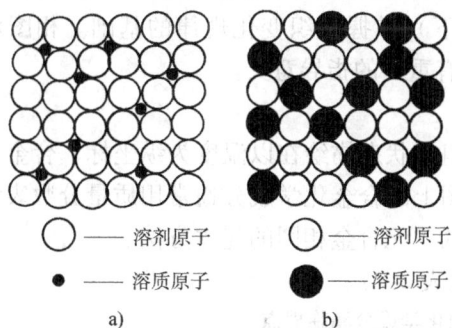

图 2-19　固溶体结构示意图
a）间隙固溶体　b）置换固溶体

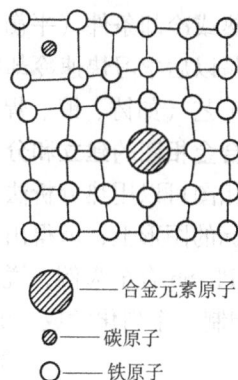

图 2-20　固溶强化示意图

固溶强化在提高金属强度的同时可能使其塑性、韧性下降。实践证明，只要溶质的含量适当，则在强化的同时仍能保持其良好的塑性和韧性。实际使用的金属材料绝大多数是形成固溶体或以固溶体为基体的合金。

### 二、金属化合物

组成合金的组元，按一定原子数量比相互化合而成的完全不同于原组元晶格的新相，且具有金属特性的固体合金称为金属化合物。

金属化合物最突出的特点是具有完全不同于原组元的晶体结构。例如，Fe 是面心立方晶格或体心立方晶格，C 一般情况下是六方晶格，而 Fe 与 C 组成的化合物——$Fe_3C$，具有图 2-21 所示的复杂晶体结构。

金属化合物一般具有很高的硬度和很大的脆性。合金中的金属化合物通常能提高合金的强度、硬度和耐磨性。

### 三、机械混合物

当组成合金的组元不能完全溶解或完全化合时，则形成由两相或多相构成的组织，称为机械混合物。

机械混合物中各个相仍保持各自的晶格和性能，因而机械混合物的性能取决于各组成相的相对数量、形状、大小和分布情况。

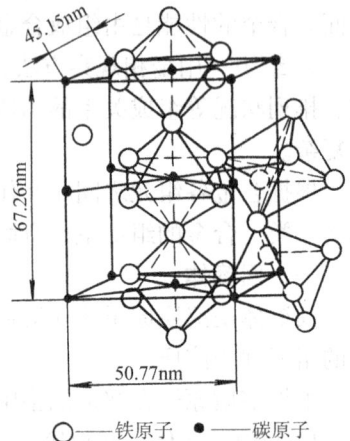

图 2-21　$Fe_3C$ 的晶体结构

工业上绝大多数合金属于机械混合物，如钢、生铁、铝合金、青铜、轴承合金等。由机械混合物构成的合金往往比单一固溶体具有更高的强度和硬度。

## *第六节　合金的结晶及其相图

合金的结晶凝固过程和纯金属虽有相似之处，但纯金属的结晶总是在某一温度下进行的，而合金大多是在某一温度范围内进行的，并且在结晶过程中各相的成分还会发生变化。所以，合金的结晶过程比纯金属复杂得多，要用相图才能表示清楚。合金相图是表示在十分缓慢地加热或冷却条件（平衡条件）下，合金的状态或组织与温度及成分之间关系的图形。

相图是以后学习快速冷却时（不平衡条件下）掌握组织变化规律的基础。相图对合金的热加工工艺（如铸、锻、焊、热处理等）具有重要的指导意义。

### 一、合金相图的建立和分析

合金相图可以用热分析法作出，将合金的组织状态描绘在以温度为纵坐标、合金化学成分为横坐标的图形上，就得出了合金相图。相图上的合金化学成分通常用质量分数表示。

现以 Pb-Sb 合金为例，说明具有共晶反应的二元合金相图的建立方法。

1）配制一系列化学成分的 Pb-Sb 合金（见表 2-2）。

表 2-2　Pb-Sb 合金的化学成分和临界点

| 合金序号 | 化学成分(质量分数,%) | | 临界点/℃ | |
|---|---|---|---|---|
| | Pb | Sb | 开始结晶温度 | 结晶终了温度 |
| 1 | 100 | 0 | 327 | 327 |
| 2 | 95 | 5 | 300 | 252 |
| 3 | 89 | 11 | 252 | 252 |
| 4 | 50 | 50 | 490 | 252 |
| 5 | 0 | 100 | 631 | 631 |

2）分别测定并作出所配合金的冷却曲线，如图 2-22 所示 1、2、3、4、5 冷却曲线。

3）找出各冷却曲线上的临界点，分别画在对应的合金化学成分、温度坐标中。

4）连接相同意义的临界点，就得出了图 2-22 中所示的 Pb-Sb 合金相图。

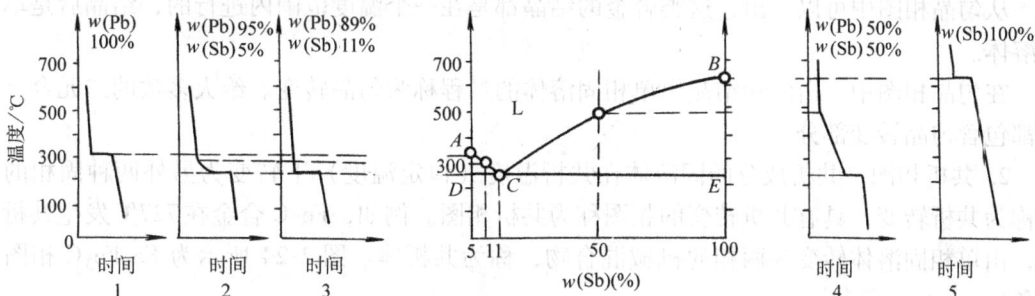

图 2-22　Pb-Sb 合金相图的绘制

图 2-22 中，各点和线的意义如下：

*A* 点：纯组元铅的熔点（327℃）。

*B* 点：纯组元锑的熔点（631℃）。

*ACB* 线：液相线。此线以上，合金呈液相，用 L 表示。不同成分的液态合金冷却到此温度线时即开始结晶。*AC* 线以下，从液相中结晶出 Pb；*CB* 线以下，从液相中结晶出 Sb。

*DCE* 线：固相线。合金冷却到此温度线结晶完毕，故此线以下合金呈固相。*ACB* 线和 *DCE* 线之间的区域为凝固区，即固相和液相共存。

*C* 点：共晶点。质量分数为 89% 的铅和 11% 的锑液态合金冷却到此点温度（252℃）时，同时结晶出铅和锑。这种从共晶成分的液态合金中，在共晶温度同时结晶出两种固相的转变，称为共晶转变，共晶转变的产物称为共晶体。

其他化学成分的 Pb-Sb 合金，其凝固后的组织由纯金属和共晶体组成。

根据对点及线的分析，可以知道各种化学成分的 Pb-Sb 合金在不同温度时的状态或组织。

从上述相图的建立中可以看出，二元合金相图比纯金属结晶要复杂得多，其特点是：

1）二元合金相图需要两根坐标轴来表示，纵坐标表示温度，横坐标表示化学成分，在横坐标两端分别表示两个纯组元，因此该二元合金中的任何一个化学成分的合金都可以在横坐标上找到相应的位置。

2）由于合金结晶时温度和化学成分是在不断变化着的，因此发生相变时要用相界线来表示。例如，在二元合金相图中都有液相线和固相线。

3）相图中，由相界线划出的区域称为相区。二元合金相图中有单相区和双相区。在其相区中最多只有两个相。若二元合金中出现三相共存，则必定有一个恒温转变，在图上表示为水平线。

由于组成二元合金的元素很多，而且它们的性能又不尽相同，因此二元合金相图的种类很多。下面介绍几种基本类型的简单二元合金相图。

**二、其他类型的二元合金相图**

1. 匀晶相图　组成合金的各组元在固态下能无限互溶时（如 Cu-Ni 合金、Fe-Cr 合金等）其相图属于匀晶相图。图 2-23 所示为 Cu-Ni 合金相图。

图 2-23 中，*A* 点为纯铜的熔点（1083℃），*B* 点为纯镍的熔点（1455℃）。上 *AB* 线为液

相线，液相线以上是单相液相区，用 L 表示。下 *AB* 线为固相线，固相线以下是单相固相区，其组织为铜和镍互溶时组成的固溶体，用 α 表示。两个单相区之间是液相与固溶体两相并存区，即凝固区，由 L 和 α 组成。

从匀晶相图中可以看出，这类合金的结晶都是在一个温度范围内进行的，结晶后是单相固溶体。

在匀晶相图中，由液相结晶出单相固溶体的过程称为匀晶转变。绝大多数的二元合金相图都包含匀晶转变部分。

2. 共析相图　共析成分的固溶体在共析温度（恒定温度）下转变为另外两种固相的转变称为共析转变。具有共析转变的相图称为共析相图。例如，Fe-C 合金在 727℃发生共析转变，由单相固溶体转变为两相的机械混合物，称为共析体。图 2-24 所示为 Fe-Fe₃C 相图左下角。

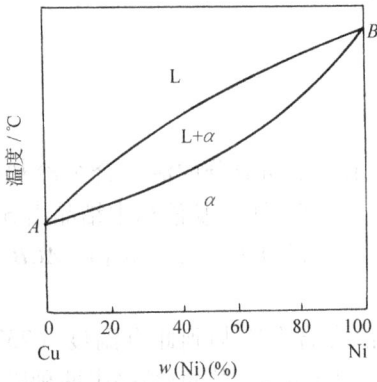

图 2-23　Cu-Ni 合金相图

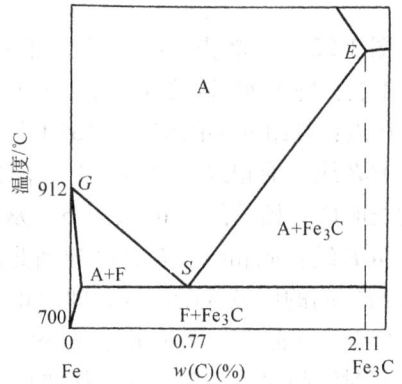

图 2-24　Fe-Fe₃C 相图左下角部分

3. 共晶相图　具有共晶转变的相图称为共晶相图。例如，Pb-Sb、Al-Si、Pb-Sn 合金等的相图都属于共晶相图。

形成共晶相图的二组元之间，在液态时能无限互溶，在固态时只能有限溶解，当溶质含量超过溶剂组元的溶解度时，这些合金在凝固时可能发生共晶转变。

### 三、合金相图的应用

1. 根据相图形式判断合金的性能　相图形式能反映合金平衡组织随着化学成分变化而变化的规律。例如，当形成机械混合物时，其力学性能是各相性能的算术平均值；当形成固溶体时，其力学性能（如硬度）按曲线变化。相图与工艺性能也有联系。例如，当形成单相固溶体时，一般具有较好的塑性，即压力加工性能好；当形成共晶合金时，因在恒定温度下进行结晶，熔点又低，故其铸造性能好。

2. 判断热处理的可能性　若合金具有同素异构转变和共析转变，则该合金一般都可以进行淬火处理。相图上的临界点是制订热处理工艺的依据。

但合金相图仅仅反映合金在平衡条件下存在的相及相变规律，并不能表示这些相的形状、大小和分布对合金力学性能产生的影响。同时，在实际生产中，合金很少能达到平衡状态，应用合金相图就具有一定的偏差性，因此在分析生产问题时，要了解合金在非平衡条件下的情况。为此，相图只作为研究合金变化规律的基础。

# 复　习　题

1. 晶体和非晶体的主要区别是什么？

2. 区别下列概念：晶体、晶格、晶胞、晶核、晶粒、晶界、晶面、晶向。

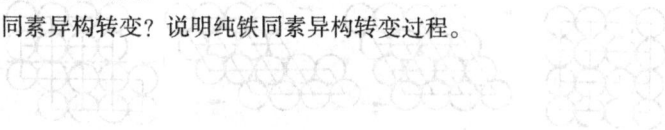

3. 金属晶格的常见类型有哪三种？试画出它们的晶胞示意图。

4. 试述纯金属的结晶过程。

5. 何谓过冷度？影响过冷度大小的因素是什么？

6. 晶粒粗细对金属的力学性能有何影响？铸造时细化晶粒的方法有哪几种？

7. 试述典型铸锭三个不同晶区的形成及对力学性能的影响。

8. 一般铸件常存在哪些铸造缺陷？

9. 何谓合金？与纯金属相比，合金有哪些优点？

10. 解释下列名词：组元、相。

11. 何谓固溶体、金属化合物及机械混合物？它们的结构和性能各有何特点？

12. 固溶体有哪两种类型？碳溶入铁中形成的固溶体一般属于哪一类？

13. 何谓固溶强化？

14. 什么是合金相图？

15. 什么是共晶转变和共析转变？

16. 什么是金属的同素异构转变？说明纯铁同素异构转变过程。

# * 第三章　金属的塑性变形和再结晶

工业上使用的金属材料大部分是在浇注成铸锭后再经压力加工（如轧制、锻造、冲压、挤压等）方法，使其产生塑性变形而获得各种制品的。通过塑性变形不仅可以改变金属坯料的形状和尺寸，而且能使铸态金属的组织和性能得到一定的改善。因此，了解金属的塑性变形问题是极其重要的。它关系到金属材料的加工工艺和充分发挥金属材料的强度潜力，从而减轻机械产品的重量，延长使用寿命。

## 第一节　塑性变形的概念

实际使用的金属材料都是多晶体，其塑性变形的过程比较复杂。为了便于了解，先来分析一下单晶体金属是怎样发生塑性变形的。

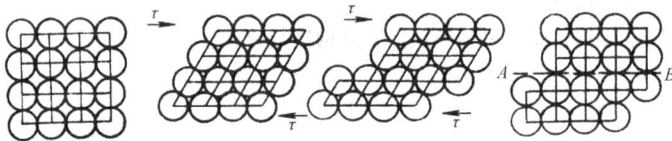

图 3-1　单晶体金属塑性变形示意图

### 一、单晶体的塑性变形

单晶体金属的塑性变形大多数情况下是以滑移方式进行的。所谓滑移，即在切应力的作用下，晶体的一部分相对于另一部分沿一定晶面滑动，如图 3-1 中 AB 面所示。当对一个单晶体试样进行拉伸时（见图 3-2a），外力（$F$）将在某一晶面上分解为两种应力，一种是平行于该晶面的切应力（$\tau$），一种是垂直于该晶面的正应力（$\sigma$）。正应力只能引起晶格的弹性伸长，或进一步把晶体拉断（见图 3-2b）；而切应力可使晶格发生弹性歪扭，当切应力增加到超过晶面间抗力时，将产生相对滑移（见图 3-2c）。滑移的距离是原子间距的整数倍。这时，即使去除应力，滑移后变处于新的平衡位置的原子也不能回到原始位置，这样就产生了塑性变形（见图 3-2d）。

实验表明：在各种晶格中，滑移并不是沿任意的晶面和晶向发生的，通常是沿晶体中原子排列最密集的晶面（滑移面）和原子密度最大的晶向（滑移方向）发生的，因为原子密度最大的晶面（见图 3-3 中的 A-A 晶面）和晶向对滑移所产生的阻力最小。

实验证明：在单晶体滑移的同时，必然伴随有晶体的转动。如图 3-2a 所示，当外力作用在单晶体试样上时，外力在某相邻晶面上所分解的切应力使晶体发生滑动，而正应力则组成一对力偶，使晶体在滑移的同时向外力的方向发生转动。

### 二、多晶体的塑性变形

多晶体金属的塑性变形与单晶体比较并无本质上的差别，即每个晶粒内的塑性变形仍以滑移为主的方式进行。但多晶体是由许多形状、大小、位向都不相同的晶粒组成的，故各晶粒在塑性变形时将受到周围位向不同的晶粒及晶界的影响。

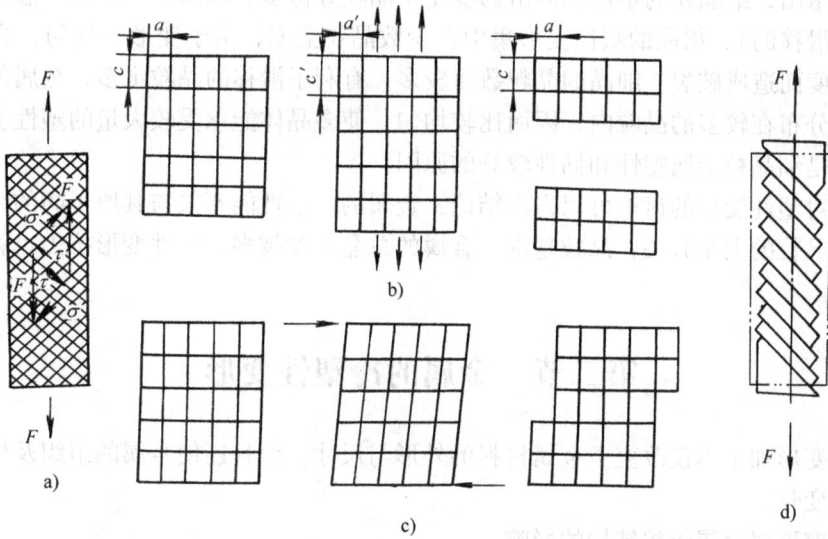

图 3-2 单晶体试样拉伸变形的示意图

a) 应力分布 b) 在正应力 $\sigma$ 作用下的变形 c) 在切应力 $\tau$ 作用下变形 d) 塑性变形

1. 晶界的影响 晶界对塑性变形有较大的阻碍作用。晶界的这种特性，可以通过实验得到证实，如图 3-4 所示。试样在晶界处不易发生变形，出现"竹节现象"，是因为晶界处的结构与晶粒内部不同。这里的原子排列比较紊乱，并常有杂质集聚，阻碍了滑移的进行。相邻晶粒的晶格方向差别越大，晶界处的排列越紊乱，滑移抗力就越大。多晶体的晶粒越细，晶界越多，塑性变形抗力也就越大。

2. 晶粒位向的影响 各晶粒间的晶格方向差别也要影响塑性变形的进行。在外力的作用下，

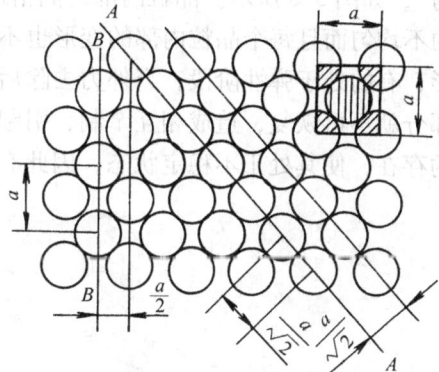

图 3-3 滑移面示意图

多晶体金属中因晶格方位不同，有的晶粒处于滑移的有利位置，有的处于不利位置。产生滑移的晶粒受到周围未滑移晶粒的牵制和阻碍，未滑移晶粒则受到滑移晶粒变形的作用而产生弹性变形，这样就会使滑移的阻力增加。

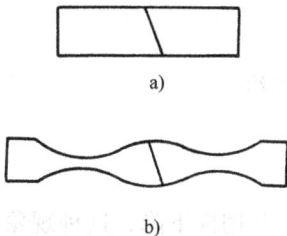

图 3-4 多晶体试样在拉伸时的变形

a) 变形前 b) 变形后

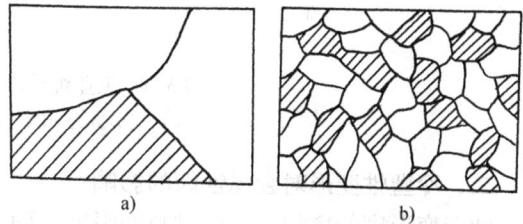

图 3-5 晶粒大小对变形均匀性的影响

a) 粗晶粒 b) 细晶粒

　　还必须指出，细晶粒的塑性和冲击韧度比粗晶粒好得多。以图3-5为例（假定有影线的晶粒是可以滑移的），粗晶的塑性变形集中在少数晶粒上面，由于变形不均匀，容易使少数晶粒滑移过度而造成破裂。细晶的晶粒数目较多，有利于滑移的晶粒也多，金属的塑性变形就能分散地分布在较多的晶粒内，因而比较均匀，使多晶体能承受较大量的塑性变形而不致破裂。这就是细晶粒金属塑性和韧性较好的原因。

　　从上面对塑性变形的讨论可以得出结论：金属的力学性能不仅与其原子间的结合力大小有关，还与晶粒的大小有关；晶粒越细，金属的总晶界就越多，塑性变形抗力也就越大，即强度也越高。

# 第二节　金属的冷塑性变形

　　冷塑性变形加工不仅改变了金属材料的外形与尺寸，而且还使金属的组织及性能发生一系列的重大变化。

## 一、冷变形对金属组织结构的影响

　　经过冷变形后，金属内部的组织结构发生很大的变化，晶粒随着变形量的增加沿变形方向被拉长。当变形程度很大时，晶粒变为纤维状，晶粒边界也模糊了，形成所谓的"纤维结构"，如图3-6所示。晶粒内部的晶格逐渐发生歪扭，并有晶粒碎片出现。由于各晶粒变形的不均匀而且每个晶粒内部的变形也不均匀，有的变形大，有的变形小，有的发生了塑性变形，有的处于弹性阶段，当外力去除后，晶粒中弹性变形的部分要恢复原状，而塑性变形的部分就不再恢复，造成相互牵制，引起残留应力。冷塑性变形后，由于晶格畸变及残留应力的存在，使其处于不稳定状态，因此有向稳定状态转化的趋势。

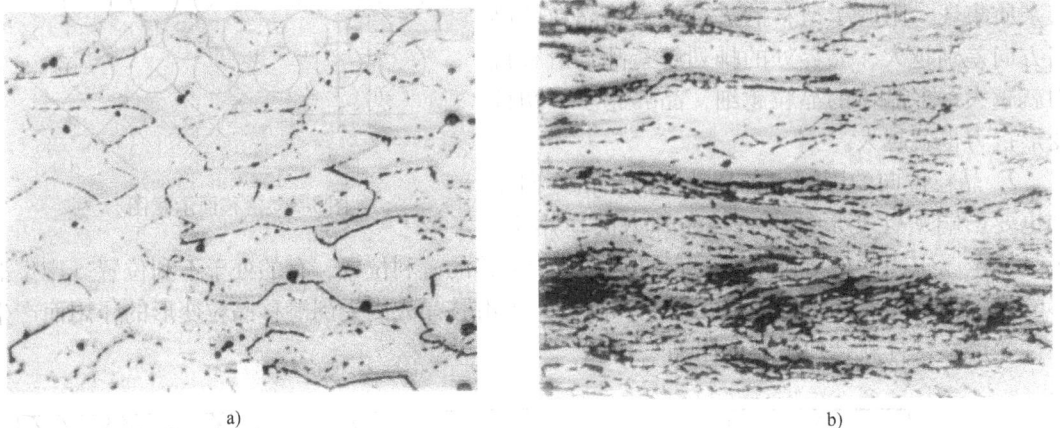

a)　　　　　　　　　　　　　　　　　　　　　　b)

图3-6　工业纯铁冷变形后的显微组织

a）变形量为40%　　b）变形量为80%

## 二、冷塑性变形对金属性能的影响

　　随着变形度的增加，金属材料的强度、硬度提高而塑性及韧性下降，这种现象称为加工硬化或形变强化，如图3-7所示。

　　金属的加工硬化现象，对金属材料的使用有非常重要的实际意义。首先，它是提高金属强度的重要方法之一。这对纯金属以及不能用热处理进行强化的合金来说尤其重要。例如，利用这一原理可使冷拉钢丝的最高强度达到3000MPa。其次，加工硬化也是工件能够成形的重要因素。例如，冷拉钢丝从模孔拉过的部分，由于发生了加工硬化，不再继续变形，而使变形转移到尚未拉过模孔的部分，这样钢丝才能通过模孔产生均匀的变形。加工硬化同样还可以用来提高产品表面质量和耐磨性。当零件超载时，金属的加工硬化作用也可以防止零件的突然破裂。

加工硬化现象不仅存在于黑色金属加工过程中，而且存在于不少有色金属材料的加工过程中，如铝、铜等常用加工硬化的方法来提高硬度和强度。

加工硬化也有不利的一面，即它会使金属的进一步加工变得困难，如果需继续冷变形加工，就得通过中间退火来消除加工硬化。此外，在冷塑性变形后，金属的某些物理、化学性能也发生显著的变化，如电阻增加、耐蚀性降低等。

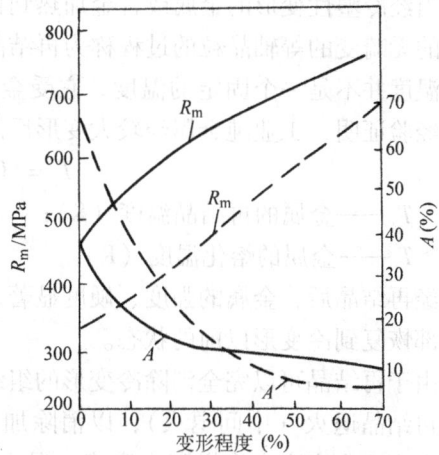

图3-7　冷塑性变形对金属力学性能的影响

注：实线代表冷拉的低碳钢 [$w$（C）=0.16%]，虚线代表冷轧的黄铜 [$w$（Cu）=70%、$w$（Zn）=30%]。

# 第三节　回复与再结晶

金属经冷塑性变形后，由于内部晶粒碎化、晶格畸变和存在内应力，因此变得不稳定，有向稳定状态变化的自发倾向。但在室温下，原子扩散能力很弱，这一变化很难进行。若对变形金属进行加热，则由于原子的动能增大，组织及性能就会发生一系列的变化。随着加热温度的升高，变形金属大体上相继经历回复、再结晶和晶粒长大三个阶段，如图3-8所示。

## 一、回复

当加热温度不高时，原子的扩散能力较低，不能引起显微组织的变化，但晶格的畸变程度减轻，从而使内应力明显下降。同时，金属的物理、化学性能及力学性能有部分恢复，如强度、硬度稍有下降，塑性略有升高等。

在工业生产中，利用冷变形金属的回复现象，可以将已加工硬化的金属置于较低温度下加热，使内应力基本消除，却保留其强化了的力学性能，这种处理称为去

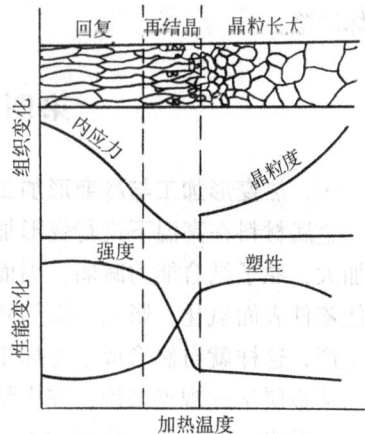

图3-8　加工硬化的金属在加热时组织和性能的变化

应力退火。例如，冷拉钢丝卷制成弹簧后，都要进行一次250～300℃的低温加热，以消除内应力，使其定型。

## 二、再结晶

当加热温度继续升高时，由于原子活动能力的增大，金属的显微组织便发生明显的变

化，由破碎、拉长或压扁的晶粒变为均匀细小的等轴晶粒。

当经冷塑性变形的金属或合金加热到再结晶温度以上时，畸变晶粒通过形核及长大而形成新的无畸变的等轴晶粒的过程称为再结晶。能进行再结晶的最低温度叫做再结晶温度。再结晶温度并不是一个固定的温度，它受金属与合金的化学成分、冷加工变形量等因素的影响。经验证明，工业纯金属经较大变形后的再结晶温度与金属的熔点有以下关系：

$$T_z = (0.35 \sim 0.40) T_r$$

式中　$T_z$——金属的再结晶温度（K）；

　　　$T_r$——金属的熔化温度（K）。

经再结晶后，金属的强度、硬度显著下降，而塑性显著升高，所有力学性能及物理性能都全部恢复到冷变形以前的状态。

由于再结晶可以完全消除冷变形的组织，使金属恢复到变形前的状态，故在工业上广泛应用再结晶退火（中间退火）以消除加工硬化现象，提高金属的塑性，使加工能继续进行。在实际生产中，为提高生产率，退火温度一般比再结晶温度要高 100～200℃。例如，铁和钢的再结晶温度为 360～450℃，再结晶退火温度常取 600～700℃；铜的再结晶温度为 200～270℃，退火温度常取 400～500℃等。

### 三、晶粒长大

冷塑性变形的金属经再结晶后，一般都得到均匀的等轴晶粒。晶粒大小受许多因素的影响，主要有变形度、退火温度、杂质和合金成分、原始晶粒度等。在完成再结晶后继续加热时会发生晶粒长大现象，温度越高，晶粒长大速度越快。粗晶粒会导致力学性能下降，故必须控制冷变形后退火金属材料的晶粒大小。

再结晶与液体结晶及同素异构转变（重结晶）不同，再结晶过程中并没有形成新相，新形成的等轴晶粒在晶格类型上与原来晶粒是相同的，只不过是消除了因塑性变形而造成的晶体缺陷。

# 第四节　金属的热塑性变形

### 一、热变形加工与冷变形加工

金属材料在高温下进行变形加工要比在低温下容易得多，这是因为高温能使金属原子间距加大，原子结合能力减弱，因而强度下降，塑性变形抗力下降和塑性提高。尽管高温加工会使零件表面氧化，影响表面粗糙度和尺寸精度，但是工业上仍需通过其进行毛坯和半成品的生产，这样就自然形成了冷加工和热加工两种加工方式。

从金属学的观点来说，在再结晶温度以上进行的不造成加工硬化的塑性变形叫做热变形加工；反之，则属于冷变形加工。划分冷变形、热变形加工的依据是变形后是否产生加工硬化。事实上，金属在热变形过程中，也曾发生加工硬化的现象，但由于热变形的温度远高于再结晶温度，变形所引起的加工硬化很快又发生了再结晶过程。因此，也可以把热变形过程看作是加工硬化和再结晶两个过程叠加的结果。

各种金属的再结晶温度相差很大，即各种金属材料的热加工温度界限是很不相同的。例如，对钨（W）等高熔点金属来说，在 1000℃高温下进行加工仍属于冷变形加工，而锡（Sn）、铅（Pb）等低熔点金属在常温下的变形加工实际上已属于热变形加工。

**二、热变形加工对钢的组织和性能的影响**

1. 改善铸态组织　如气泡、缩孔、疏松在高温下焊合，提高了金属的致密程度；铸态的粗大柱状晶通过变形破碎，经再结晶退火使晶粒细化；一些合金钢组织中的大块初生碳化物在变形中被粉碎，并使其分布状况得到了改善等。这些都能提高金属的力学性能。碳素钢 $[w(C) = 0.3\%]$ 锻造状态与铸造状态力学性能比较见表 3-1。

**表 3-1　碳素钢 $[w(C) = 0.3\%]$ 锻造状态与铸造状态力学性能比较**

| 毛坯状态 | $R_m/MPa$ | $R_{eL}/MPa$ | $A(\%)$ | $Z(\%)$ | $a_{KU}/(J/cm^2)$ |
|---|---|---|---|---|---|
| 铸造 | 490 | 274 | 15 | 27 | 34 |
| 锻造 | 519 | 304 | 20 | 45 | 69 |

2. 通过热变形加工可以细化晶粒　热变形加工按正常工艺一般可以细化晶粒，这与变形量和终锻温度两个因素有关。对于铸态的粗大晶粒，只有给以足够的变形量才能使其细化。在终锻温度的选择上要适当，如果温度过高，晶粒还会吞并长大，而终锻温度过低，又会造成加工硬化及残留应力，因此必须制订正确的热加工工艺规范。

3. 形成热加工纤维组织　在热加工过程中，钢锭中的粗大枝晶和各种夹杂物都沿变形方向伸长，形成流线，这种流线称为纤维组织。

钢经热变形加工后，有时会出现带状组织（见图 3-9），这是由于铸态组织中存在较严重的偏析或终锻（轧）温度过低而造成的。这些带状组织应认为是一种缺陷。

纤维组织和带状组织的存在，都会使金属材料的力学性能呈现各向异性。例如，钢在沿纤维伸展的方向上具有较高的抗拉强度，而在垂直于纤维伸展的方向上抗剪强度较大，形成钢的各向异性。

因此，制订加工工艺时必须考虑两方面因素。首先，必须合理控制流线的分布情况，尽量使纤维与拉应力的方向一致，以发挥其较高的使用性能。图 3-10 所示的两种吊钩，由于锻造吊钩（见图 3-10a）的流线是连续的，因而其力学性能较切削加工的吊钩（见图3-10b）好得多。其次，当不需要明显的各向异性时，应控制适当的变形量及制订合理的变形工艺，以限制纤维组织的发展。

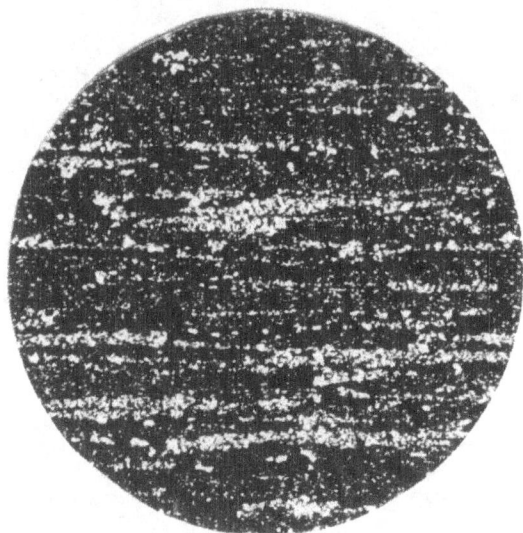

图 3-9　高速钢碳化物带状组织

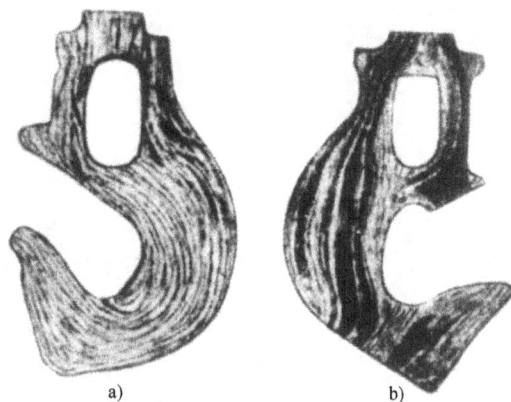

a)　　　　　b)

图 3-10　吊钩流线示意图

a) 锻造的吊钩　b) 切削加工的吊钩

# 复 习 题

1. 单晶体塑性变形的最基本方式是什么？
2. 为什么多晶体的塑性变形比单晶体复杂？
3. 何谓加工硬化？列举生产或生活中的实例来说明加工硬化现象及其利弊。
4. 加热对冷塑性变形金属的性能有何影响？
5. 热变形加工对金属的组织与性能有何影响？

# 第四章 铁碳合金相图

钢和铸铁是工业中应用最广泛的金属材料。虽然钢和铸铁的性能差别很大，但都是以铁和碳两种元素为主组成的合金，因此又称为铁碳合金。要掌握各种钢和铸铁的组织、性能、特点及其热处理原理，首先必须了解铁碳合金中成分、组织与性能之间的关系。铁碳合金相图是研究铁碳合金组织与性能关系的重要工具。了解和掌握铁碳合金相图对于制订钢铁材料的各种热加工工艺有很重要的指导意义。

## 第一节 铁碳合金的基本组织

纯铁具有较好的塑性，但其强度较低，所以很少用纯铁制造机械零件，通常使用铁和碳的合金。在铁碳合金中，根据碳的质量分数的不同，碳可以与铁组成化合物，也可以溶解在铁中形成固溶体，或者形成化合物与固溶体的机械混合物。因此，在铁碳合金中常出现以下几种基本组织。

### 一、铁素体

$\alpha$-Fe 中溶入一种或多种溶质元素后所形成的固溶体叫做铁素体，用符号 F 表示。其晶胞模型如图 4-1 所示。由于体心立方晶格原子之间的间隙较小，所以碳在 $\alpha$-Fe 中的溶解度很小，在 727℃ 时铁素体中的最大 $w(C)$ 仅为 0.0218%。随着温度的降低，碳在 $\alpha$-Fe 中的溶解度减小，在室温时铁素体中的 $w(C)$ 降低到 0.006%。由于铁素体中碳的含量极微，所以铁素体的组织和性能与纯铁相似，即具有良好的塑性和韧性，强度和硬度较低。图 4-2 所示为铁素体的显微组织。

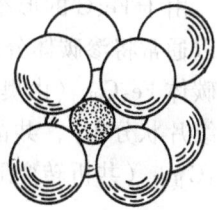

图 4-1 铁素体晶胞模型

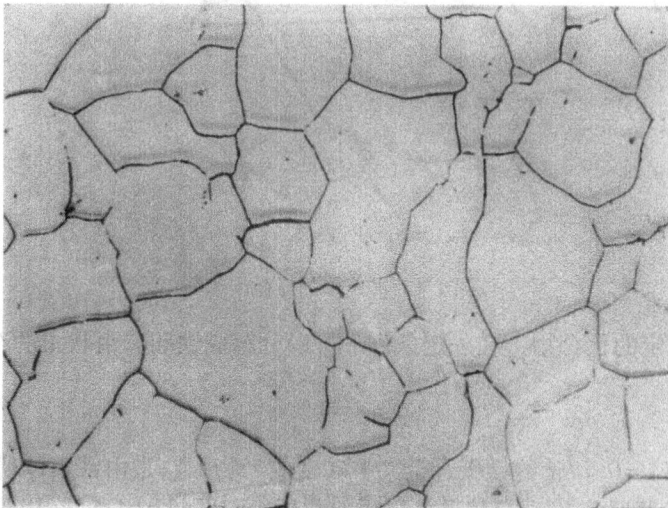

图 4-2 铁素体的显微组织

### 二、奥氏体

γ-Fe 中溶入碳和（或）其他元素后所形成的固溶体叫做奥氏体，用符号 A 表示。其晶胞模型如图 4-3 所示。

由于面心立方晶格原子之间的间隙较大，故 γ-Fe 的溶碳能力较强，在 1148℃时奥氏体中的 $w(C)$ 可达 2.11%。随着温度的下降，碳在 γ-Fe 中的溶解度逐渐减小，在 727℃时奥氏体中的 $w(C)$ 为 0.77%。图 4-4 所示为奥氏体的显微组织。

奥氏体的强度、硬度不高，但具有良好的塑性，绝大多数钢种在高温压力加工时都要求在奥氏体状态下进行。奥氏体也是钢在进行某些热处理时所需要的组织。

图 4-3　奥氏体晶胞模型

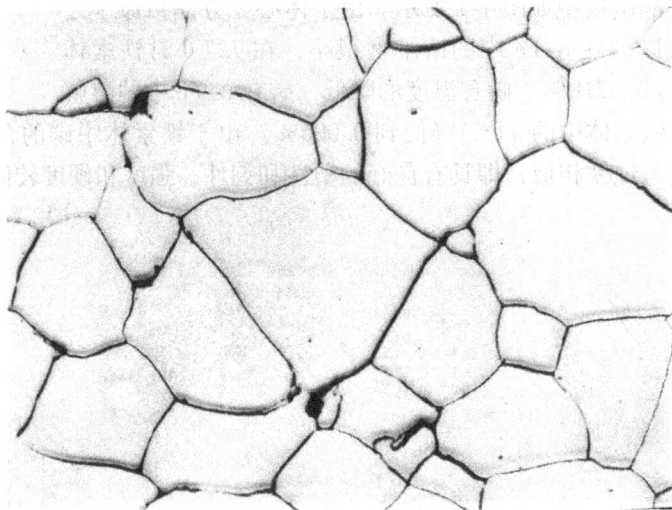

### 三、渗碳体

渗碳体是具有复杂的晶体结构，化学式为 Fe₃C 的金属化合物。它是钢和铸铁中常见的固相。渗碳体中 $w(C) = 6.69\%$，其晶格如图 2-21 所示。它的硬度很高（相当于 800HBW），而塑性和冲击韧度几乎等于零，脆性很大。

由于 Fe₃C 的形态、数量、分布对铁碳合金的性能影响很大，是铁碳合金中的重要相，所以通常将渗碳体分为：一次渗碳体 Fe₃C$_I$（由液体中直接结晶生成，以带状分布），二次渗碳体 Fe₃C$_{II}$（由奥氏体中析出，呈网状分布），三次渗碳体 Fe₃C$_{III}$（由铁素体中析出，呈断续片状分布），共晶渗碳体 Fe₃C$_{共晶}$（共晶转变形成，作为基体而存在），共析渗碳体 Fe₃C$_{共析}$（共析转变形成，呈片状分布）。

图 4-4　奥氏体的显微组织

渗碳体是亚稳定的化合物，在一定条件下可以分解成铁和自由状态的石墨碳，这对铸铁具有重要意义。

### 四、珠光体

珠光体是 $w(C) = 0.77\%$ 的铁碳合金共析转变的产物。它是由铁素体薄层（片）与碳化物（包括渗碳体）薄层（片）交替重叠组成的共析组织（见图 4-5），用符号 P 表示。

珠光体的力学性能介于铁素体和渗碳体之间，强度较高，硬度适中，有一定的塑性。

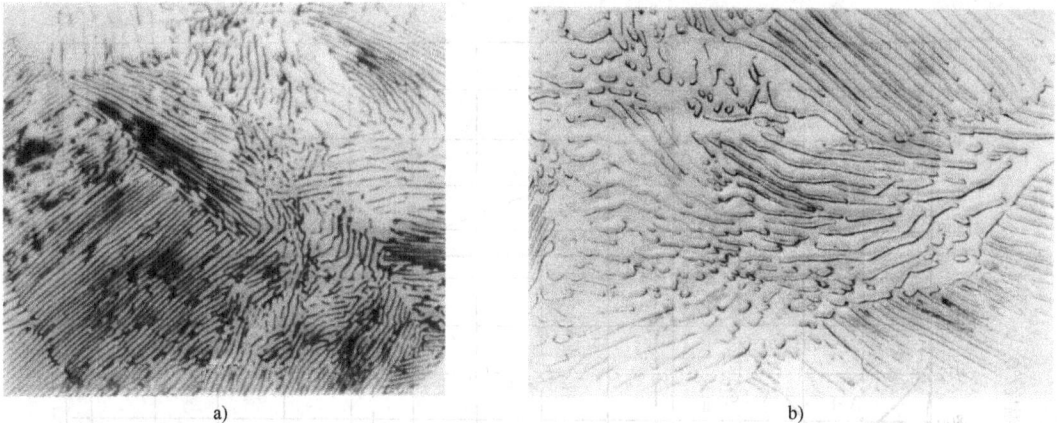

a)　　　　　　　　　　　　　　b)

图 4-5　珠光体显微组织

a) 500× 　b) 4000×

### 五、莱氏体

在铸铁或高碳高合金钢中，由奥氏体（或其他转变的产物）与碳化物（包括渗碳体）组成的共晶组织称为莱氏体，用符号 Ld 表示。由于奥氏体在 727℃时转变为珠光体，所以在室温时莱氏体由珠光体和渗碳体组成。为区别起见，将 727℃以上的莱氏体称为高温莱氏体（Ld），将 727℃以下的莱氏体称为低温莱氏体（L'd）。

莱氏体的性能和渗碳体相似，硬度很高（相当于 700HBW），塑性很差。

在铁碳合金的五种基本组织中，铁素体、奥氏体、渗碳体都是单相组织，称为铁碳合金的基本相；珠光体和莱氏体则是由基本相混合组成的多相组织。

铁碳合金基本组织的力学性能见表 4-1。

表 4-1　铁碳合金基本组织的力学性能

| 组织名称 | 符　号 | 布氏硬度　HBW | 抗拉强度/MPa | 断后伸长率(%) |
|---|---|---|---|---|
| 铁素体 | F | 80 | 245 | 50 |
| 渗碳体 | $Fe_3C$ | 800 | — | 0 |
| 珠光体 | P | 180 | 735 | 20~25 |
| 莱氏体 | L'd | >700 | — | — |

# 第二节　铁碳合金相图

铁碳合金相图是表示在极缓慢加热（或冷却）的情况下，不同成分的铁碳合金在不同温度时所具有的状态或组织的图形。

目前，应用的铁碳合金相图其 $w(C)$ 仅为 0%~6.69%，因为更高碳的质量分数的铁碳合金，脆性很大，加工困难，没有实用价值。因此，现在的铁碳合金相图只研究 $Fe\text{-}Fe_3C$ 部分，实际上是 $Fe\text{-}Fe_3C$ 相图，如图 4-6 所示。

图 4-6 中纵坐标为温度，横坐标为碳的质量分数，由左向右表明碳的质量分数由零增加到 6.69%。$Fe\text{-}Fe_3C$ 相图的绘制方法与第二章所讲的相图建立方法相同。

### 一、$Fe\text{-}Fe_3C$ 相图的分析

1. $Fe\text{-}Fe_3C$ 相图的简化　为叙述简便起见，在分析铁碳合金时，将图 4-6 中左上角部分

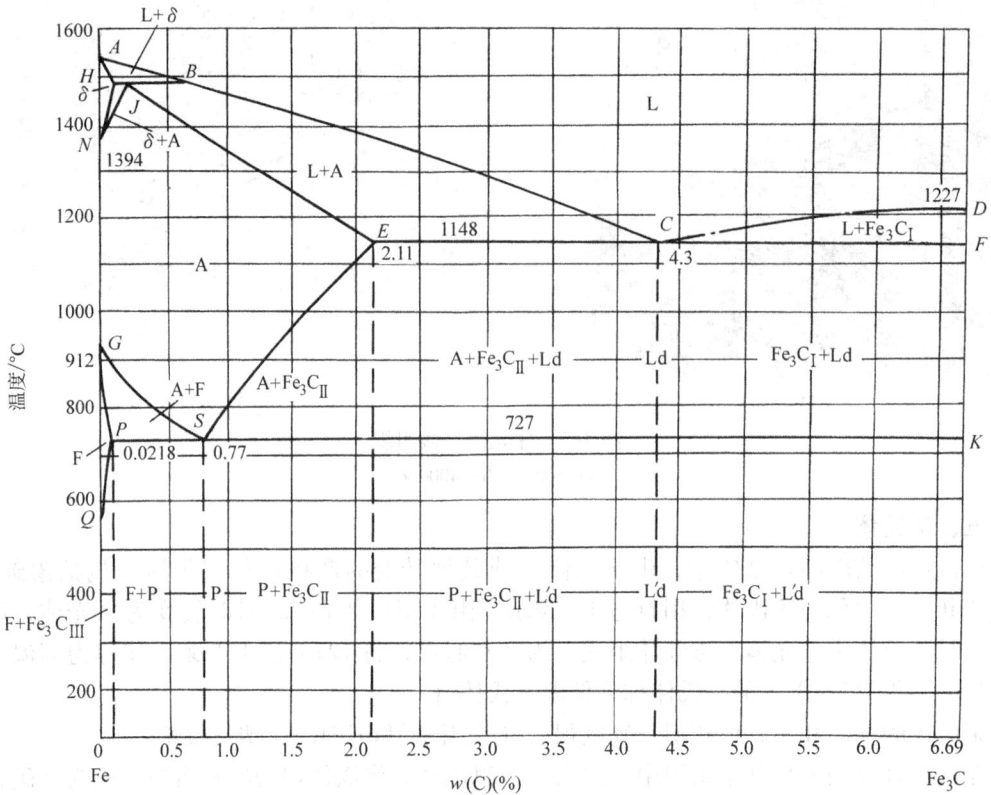

图 4-6　Fe-Fe₃C 相图

（液态向 δ-Fe 及 δ-Fe 向 γ-Fe 的转变）予以省略。这样做既不影响对常用铁碳合金的分析，又不影响实际生产中对绝大多数钢种热处理及热加工工艺问题的分析。简化的 Fe-Fe₃C 相图如图 4-7 所示。

2. Fe-Fe₃C 相图中点、线的含义　Fe-Fe₃C 相图中的特性点和特性线在国际上使用统一的字母表示。

（1）特性点　Fe-Fe₃C 相图中各特性点的温度、成分及其含义见表 4-2。

表 4-2　Fe-Fe₃C 相图中各特性点的温度、成分及其含义

| 特 性 点 | 温度/℃ | $w(C)(\%)$ | 特性点的含义 |
| --- | --- | --- | --- |
| $A$ | 1538 | 0 | 纯铁的熔点 |
| $C$ | 1148 | 4.3 | 共晶点 L ⇌ A + Fe₃C |
| $D$ | 1227 | 6.69 | 渗碳体的熔点 |
| $E$ | 1148 | 2.11 | 碳在 γ-Fe 中的最大溶解度 |
| $G$ | 912 | 0 | α-Fe ⇌ γ-Fe，纯铁的同素异构转变点 |
| $S$ | 727 | 0.77 | 共析点 A ⇌ F + Fe₃C |
| $P$ | 727 | 0.0218 | 碳在 α-Fe 中的最大溶解度 |
| $Q$ | 600 | ≈0.0057 | 碳在 α-Fe 中的溶解度 |

（2）特性线　特性线是各个不同成分的合金具有相同意义的临界点连接线，它们的物理意义如下：

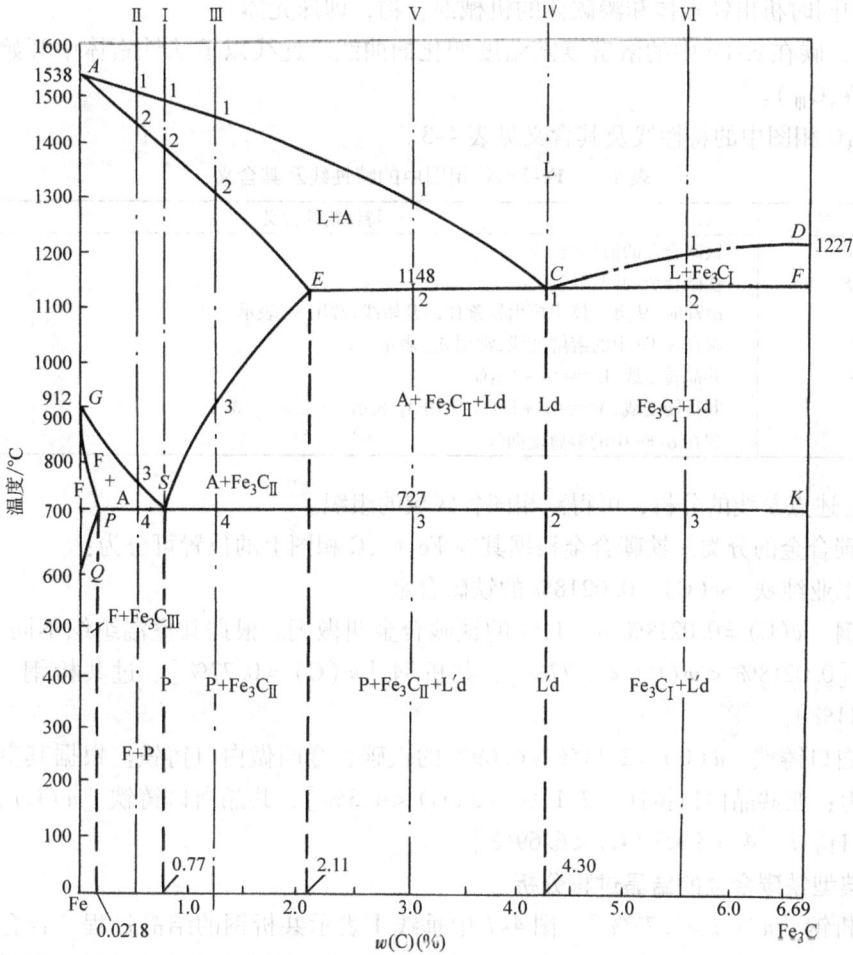

图 4-7 简化的 Fe-Fe₃C 相图

$ACD$ 线：即液相线，此线以上全部为液相，用 L 表示。铁碳合金冷却到此线开始结晶，在 $AC$ 线以下从液相中结晶出奥氏体，在 $CD$ 线以下结晶出一次渗碳体（$Fe_3C_I$）。

$AECF$ 线：即固相线，合金冷却到此线全部结晶为固相。

在液相线与固相线之间为合金的结晶区域（凝固区），这个区域内液相和固相并存，$AECA$ 区域内为液相和奥氏体；$DCFD$ 区域内为液相和渗碳体。

$GS$ 线：冷却时由奥氏体转变为铁素体的开始线，或者说加热时铁素体转变为奥氏体的终了线。奥氏体与铁素体之间的转变是溶剂金属（铁）发生同素异构转变的结果，故也称为固溶体的同素异构转变。不过，纯铁是在一定的温度下进行同素异构转变的，而铁中溶入碳后，其同素异构转变温度随着溶碳量的增加而降低，是在一定温度范围内进行的。

$ES$ 线：是碳在 γ-Fe 中溶解度随温度变化的曲线。此线以下开始从奥氏体中析出二次渗碳体（$Fe_3C_{II}$）。

$ECF$ 线：共晶转变线。合金冷却到此线时（1148℃）要发生共晶转变，从具有共晶成分的液态合金中同时结晶出奥氏体和渗碳体的机械混合物，即莱氏体。

$PSK$ 线：共析转变线。合金冷却到此线（727℃）时要发生共析转变，从具有共析成分的奥氏体中同时析出铁素体和渗碳体的机械混合物，即珠光体。

*PQ* 线：碳在 α-Fe 中的溶解度随温度变化的曲线。此线以下从铁素体中开始析出三次渗碳体（Fe$_3$C$_{\text{III}}$）。

Fe-Fe$_3$C 相图中的特性线及其含义见表 4-3。

表 4-3　Fe-Fe$_3$C 相图中的特性线及其含义

| 特　性　线 | 特性线的含义 |
|---|---|
| *ACD* | 铁碳合金的液相线 |
| *AECF* | 铁碳合金的固相线 |
| *GS* | 冷却时，从奥氏体中析出铁素体的开始线，常用 $A_3$ 表示 |
| *ES* | 碳在 γ-Fe 中的溶解度线，常用 $A_{cm}$ 表示 |
| *ECF* | 共晶转变线，L $\rightleftharpoons$ A + Fe$_3$C |
| *PSK* | 共析转变线，A $\rightleftharpoons$ F + Fe$_3$C，常用 $A_1$ 表示 |
| *PQ* | 碳在 α-Fe 中的溶解度曲线 |

根据上述点及线的分析，可得到相图各区域的组织。

3. 铁碳合金的分类　铁碳合金根据其在 Fe-Fe$_3$C 相图上的位置可分为：

（1）工业纯铁　$w(C) < 0.0218\%$ 的铁碳合金。

（2）钢　$w(C) = 0.0218\% \sim 2.11\%$ 的铁碳合金叫做钢。根据其室温组织不同又可分为：亚共析钢 [$0.0218\% < w(C) < 0.77\%$]、共析钢 [$w(C) = 0.77\%$]、过共析钢 [$0.77\% < w(C) < 2.11\%$]。

（3）白口铸铁　$w(C) = 2.11\% \sim 6.69\%$ 的铁碳合金叫做白口铸铁。根据其室温组织不同又可分为：亚共晶白口铸铁 [$2.11\% \leqslant w(C) < 4.3\%$]、共晶白口铸铁 [$w(C) = 4.3\%$]、过共晶白口铸铁 [$4.3\% < w(C) < 6.69\%$]

**二、典型铁碳合金的结晶过程分析**

1. 共析钢 [$w(C) = 0.77\%$]　图 4-7 中垂线 Ⅰ 表示共析钢的结晶过程。合金在 1 点以上处于液体状态，当冷却到与液相线 *AC* 相交的 1 点时，开始从液体中结晶出奥氏体，冷却到 2 点液体全部结晶为奥氏体。在 2～S 点之间，合金呈单一奥氏体相。当合金冷却到 S 点时，奥氏体发生共析转变，即从奥氏体 [$w(C) = 0.77\%$] 中析出铁素体 [$w(C) = 0.0218\%$] 和渗碳体的机械混合物——珠光体。

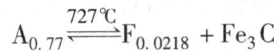

$$A_{0.77} \xrightleftharpoons{727℃} F_{0.0218} + Fe_3C$$

共析转变在恒温下进行，转变结束后，奥氏体全部转变为珠光体。温度继续下降，珠光体不再发生变化。共析钢在室温时的组织是珠光体，呈片状，其显微组织如图 4-5 所示。

共析钢的冷却结晶过程示意图如图 4-8 所示。

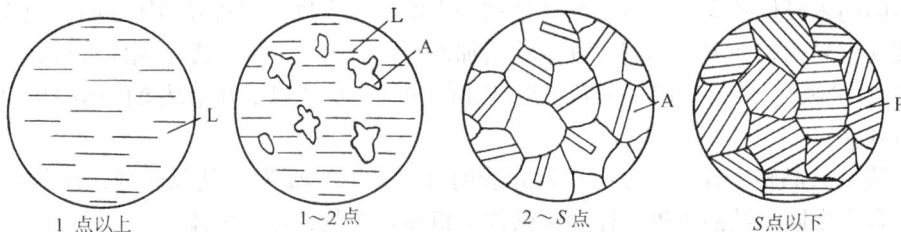

图 4-8　共析钢冷却结晶过程示意图

2. 亚共析钢 ［0.0218% < $w(C)$ < 0.77%］　图 4-7 中垂线Ⅱ表示亚共析钢（以 $w(C)$ = 0.45% 为例）的结晶过程。液态合金缓慢冷却到 1、2 点及 3 点以上时，其结晶过程与共析钢基本相同。当合金冷却到与 GS 线相交的 3 点时，奥氏体中开始析出铁素体。由于 α-Fe 只能溶解极少量的碳，这时合金中大部分碳都留在奥氏体内。随着温度下降，析出的铁素体量增多，而奥氏体的量逐渐减少，其含碳量沿 GS 线增加。在 3 点到 4 点之间，合金由铁素体和奥氏体组成。当温度降至与 PSK 线相交的 4 点时，剩余奥氏体中的 $w(C)$ 达到 0.77%，因此剩余奥氏体就要发生共析反应，转变为珠光体。4 点以下至室温，合金组织不再发生变化。亚共析钢的室温组织由珠光体和铁素体组成。但含碳量不同时，珠光体和铁素体量的比例也不同。含碳量越多，转变产物中的珠光体数量也越多。亚共析钢的显微组织如图 4-9 所示。

亚共析钢的冷却结晶过程示意图如图 4-10 所示。

3. 过共析钢 ［0.77% < $w(C)$ < 2.11%］　图 4-7 中垂线Ⅲ表示过共析钢［以 $w(C)$ = 1.2% 为例］的结晶过程。液态合金缓慢冷却到 1、2 点及 3 点以上时，其结晶过程与共析钢、亚共析钢基本相同。当合金冷却到与 ES 线相交的 3 点时，这时奥氏体中的含碳量达到饱和。继续冷却，过剩的碳便以二次渗碳体（$Fe_3C_{II}$）的形式从奥氏体中析出。析出的二次渗碳体，一般沿奥氏体晶界分布，呈网状。合金继续冷却，析出二次渗碳体的数量增多，剩余奥氏体中的含碳量沿 ES 线降低。在 3 点与 4 点之间，合金由奥氏体和二次渗碳体组成。当温度降至与 PSK 线相交的 4 点时，剩余奥氏体中的 $w(C)$ 降到 0.77%，就发生共析转变，形成珠光体。4 点以下至室温，合金组织不再发生变化，最后得到珠光体和二次渗碳体的组织。$w(C)$ = 1.2% 的过共析钢的显微组织如图 4-11 所示。随着含碳量的

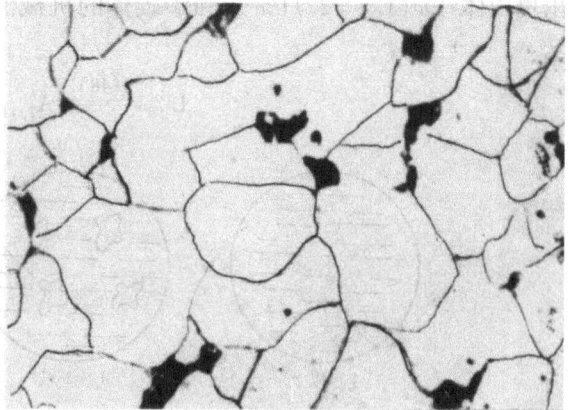

a)

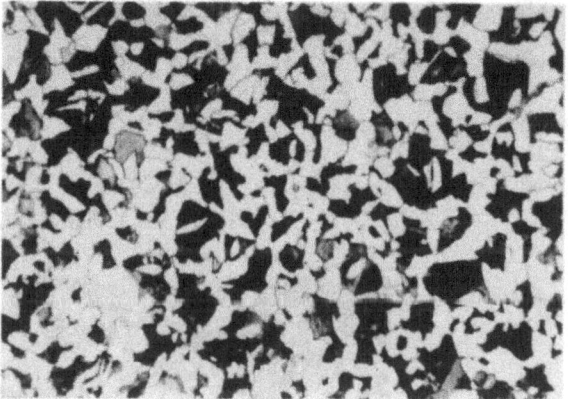

b)

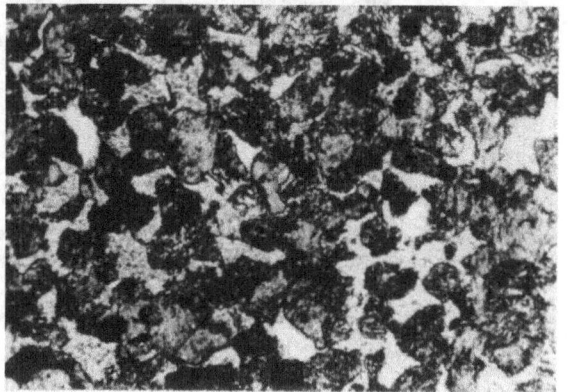

c)

图 4-9　亚共析钢的显微组织（500 ×）

a) $w(C)$ = 0.15%　b) $w(C)$ = 0.45%　c) $w(C)$ = 0.65%

增加，转变产物中的二次渗碳体数量也越多。

过共析钢的冷却结晶过程示意图如图 4-12 所示。

4. 共晶白口铸铁［$w(C) = 4.3\%$］　图 4-7 中垂线Ⅳ表示共晶白口铸铁的结晶过程。合金在 $C$ 点以上处于液体状态，当冷却到 $C$ 点（1148℃）时发生共晶转变，从液态合金中结晶出奥氏体［$w(C) = 2.11\%$］和渗碳体的机械混合物，即高温莱氏体。其转变可用下式表示：

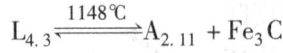

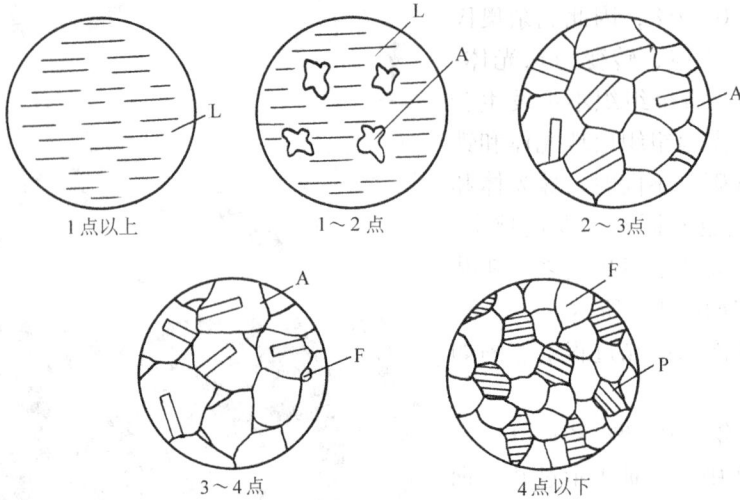

$$L_{4.3} \underset{}{\overset{1148℃}{\rightleftharpoons}} A_{2.11} + Fe_3C$$

1 点以上　　　　　1～2 点　　　　　2～3 点

3～4 点　　　　　4 点以下

图 4-10　亚共析钢冷却结晶过程示意图

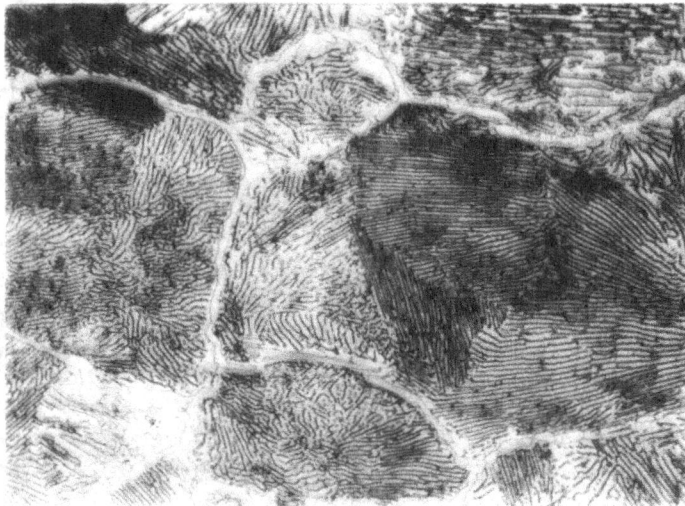

图 4-11　$w(C) = 1.2\%$ 的过共析钢的显微组织

共晶转变在恒温下进行，转变结束后，液态合金全部结晶成高温莱氏体。当继续冷却到 $C$ 点以下时，莱氏体中奥氏体的含碳量沿 $ES$ 线下降，而析出二次渗碳体。当温度降到 2 点（727℃）时，奥氏体中的 $w(C)$ 降到 0.77%，在恒温下发生共析转变，转变为珠光体组织，

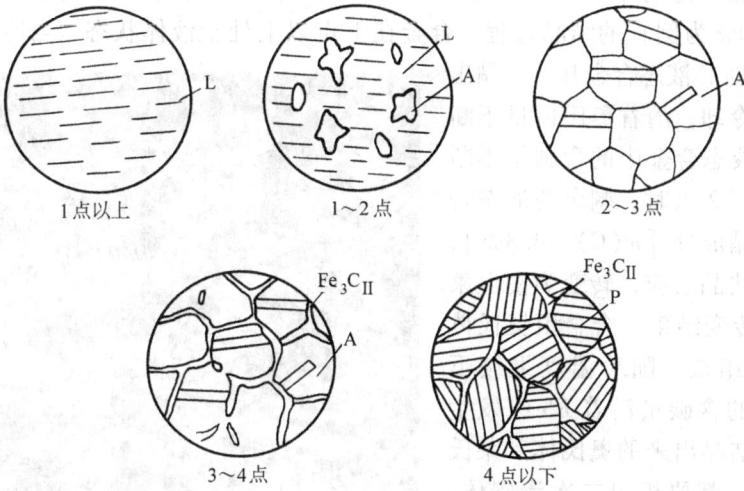

图4-12 过共析钢冷却结晶过程示意图

即高温莱氏体转变成低温莱氏体组织。继续冷却，合金组织不再发生变化。共晶白口铸铁的室温组织是由珠光体和渗碳体组成的低温莱氏体。图4-13为共晶白口铸铁的显微组织。从图4-13中可以看到，点条状的黑色珠光体分布在白色的渗碳体基体上。

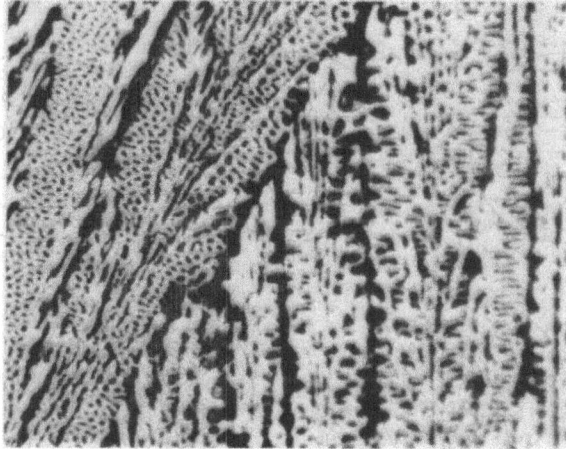

图4-13 共晶白口铸铁的显微组织

共晶白口铸铁冷却结晶过程示意图如图4-14所示。

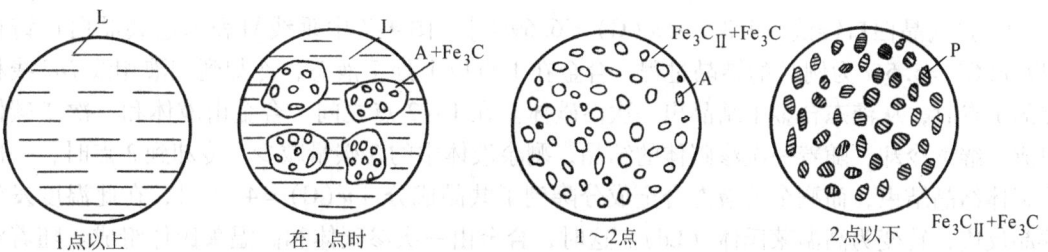

图4-14 共晶白口铸铁冷却结晶过程示意图

5. 亚共晶白口铸铁 [2.11% ≤ $w(C)$ < 4.3%]　　图4-7中垂线 V 表示亚共晶白口铸铁 [以 $w(C)$ = 3.0% 为例] 的结晶过程。合金在1点以上处于液体状态，当冷却到和液相线 $AC$ 相交的1点时，液态合金开始结晶出奥氏体。继续冷却，随着奥氏体量不断增多，使剩余液态合金中的含碳量不断增高。当冷却到2点时，剩余的液态合金成分达到共晶成分 [$w(C)$ = 4.3%]，在此温度发生共晶反应，转变为高温莱氏体（Ld）。转变结束，合金由奥氏体和高温莱氏体组成。随着温度继续下降，奥氏体中的含碳量沿着 $ES$ 线发生变化，所以先结晶出来的奥氏体和莱氏体中的奥氏体，都要析出二次渗碳体。当温度达到3点（727℃）时，所有奥氏体中的 $w(C)$ 降到0.77%，发生共析

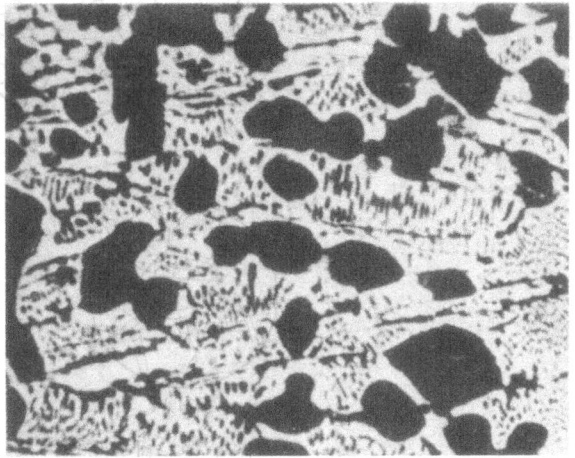

图4-15　亚共晶白口铸铁显微组织

反应，转变为珠光体。继续冷却，合金组织不再发生变化。所以亚共晶白口铸铁的室温组织由珠光体、二次渗碳体和低温莱氏体组成。其显微组织如图4-15所示。

亚共晶白口铸铁的冷却结晶过程示意图如图4-16所示。

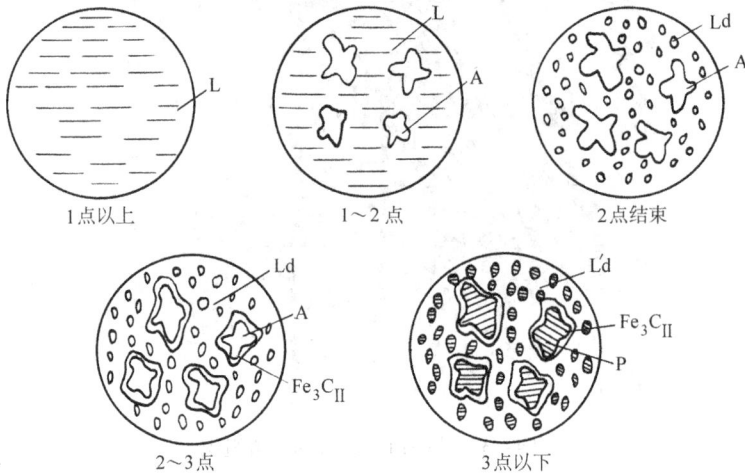

图4-16　亚共晶白口铸铁冷却结晶过程示意图

6. 过共晶白口铸铁 [4.3% < $w(C)$ < 6.69%]　　图4-7中垂线 VI 表示过共晶白口铸铁 [以 $w(C)$ = 5.5% 为例] 的结晶过程。合金在1点以上处于液态，冷却到和液相线 $DC$ 线相交的1点时，从液态合金中结晶出一次渗碳体。在1～2点之间，合金由液体和一次渗碳体组成。继续冷却，随着一次渗碳体的结晶，剩余液体中的含碳量减少。冷却到2点时，一次渗碳体结晶结束，而剩余的液态合金成分降到了共晶成分 [$w(C)$ = 4.3%]，在此温度发生共晶反应，转变为高温莱氏体（Ld）。这时，合金由一次渗碳体和高温莱氏体组成。随着温度下降，合金组织的变化与共晶、亚共晶白口铸铁基本相同，高温莱氏体冷却到3点时转变

成低温莱氏体（L'd）。继续冷却，合
金组织不再发生变化。过共晶白口铸
铁的室温组织由一次渗碳体和低温莱
氏体所组成，其显微组织如图 4-17
所示。

过共晶白口铸铁的冷却结晶过程
示意图如图 4-18 所示。

**三、含碳量对铁碳合金的组织、
性能的影响**

1. 含碳量对铁碳合金组织的影
响 铁碳合金的室温组织均由铁素体
和渗碳体两相组成。不同含碳量的铁

图 4-17 过共晶白口铸铁显微组织

碳合金，其室温组织是不同的。图 4-19 所示为铁碳合金的成分与室温组织的关系。

应当指出，铁碳合金中含碳量增大时，不仅组织中渗碳体相对量增加，而且渗碳体的形
态和分布情况也有所变化：即呈片状时分布在珠光体内，呈网状时分布在奥氏体晶界上，而
当形成莱氏体时，渗碳体则成了基体。

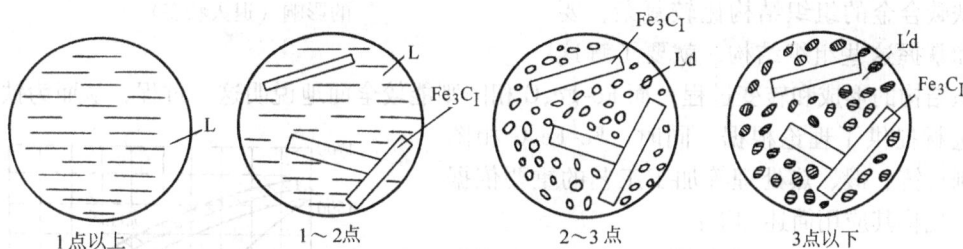

图 4-18 过共晶白口铸铁的冷却结晶过程示意图

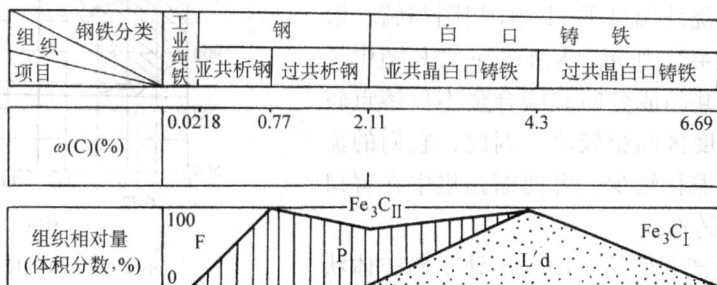

图 4-19 铁碳合金的成分与室温组织的关系

2. 含碳量对铁碳合金性能的影响 铁碳合金组织的变化，必然引起性能的变化。如前
所述，铁素体是软韧相，渗碳体是硬脆相。一般来说，随着含碳量增加，渗碳体数量增加，
合金的强度、硬度将提高，而塑性和韧性则下降。此外，合金性能还与渗碳体的形态、大小
及分布有关：珠光体中的渗碳体以细片状分布在铁素体基体上起到强化作用，当渗碳体呈网
状分布在晶界上或渗碳体为基体时，合金的强度随之降低，脆性增大。这就是过共析钢及白
口铸铁脆性高的原因。

图 4-20 是含碳量对钢力学性能的影响。由 4-20 图可见，在亚共析钢中，随着含碳量的增加，钢中珠光体数量逐渐增多，所以强度、硬度不断提高，而塑性、韧性不断下降。当含碳量超过共析成分时，随着含碳量的增加，强度、硬度继续上升，但当 $w(C) > 1\%$ 时，由于二次渗碳体呈明显网状，故强度下降，而硬度仍不断增加。生产上用钢，为了保证有一定的塑性和韧性，一般 $w(C) \leqslant 1.4\%$。

$w(C) > 2.11\%$ 的白口铸铁，因组织中出现大量的渗碳体和莱氏体，使白口铸铁硬而脆，不易进行切削加工，故应用不广。

图 4-20　含碳量对钢力学性能的影响（退火状态）

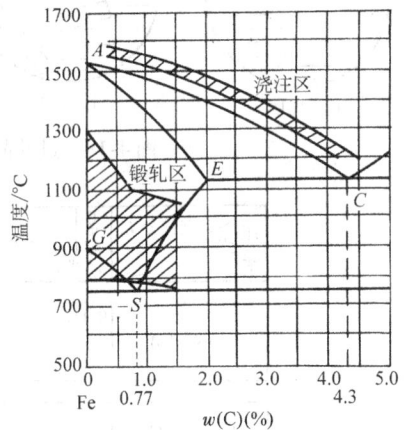

### 四、Fe-Fe₃C 相图的应用

铁碳合金的组织结构比较复杂，要熟悉和掌握这些组织结构，就要了解这些组织结构的形成和转变过程，而 Fe-Fe₃C 相图则能较全面地说明这一过程，从而为铁碳合金的选材提供了理论根据。同时，Fe-Fe₃C 相图又是制订铸、锻、热处理等加工工艺的重要依据之一。现将其应用简述如下：

1. 在铸造生产方面的应用　从 Fe-Fe₃C 相图中可以找出不同成分的铁碳合金的熔点，从而确定合适的熔化、浇注温度 Fe-Fe₃C 相图与铸、锻工艺的关系如图 4-21 所示。从 Fe-Fe₃C 相图中还可以看出，接近共晶成分的铁碳合金不仅熔点较低，而且凝固温度区间也较小。因此，它们的流动性较好，分散缩孔较少，可使缩孔集中在冒口内，得到致密的铸件。

2. 在锻造生产方面的应用　钢处于奥氏体状态时，强度较低，塑性较好，便于塑性变形。因此，钢材轧制、锻造的温度范围必须在图 4-21 中左下侧阴影线区域内选择。

图 4-21　Fe-Fe₃C 相图与铸、锻工艺的关系

3. 在热处理方面的应用　进行热处理时，退火、正火、淬火、回火温度的选择都得参考 Fe-Fe₃C 相图，这将在第十二章中详细讨论。

## 复　习　题

1. 分析 $Fe_3C_I$、$Fe_3C_{II}$、$Fe_3C_{III}$ 的异同之处。

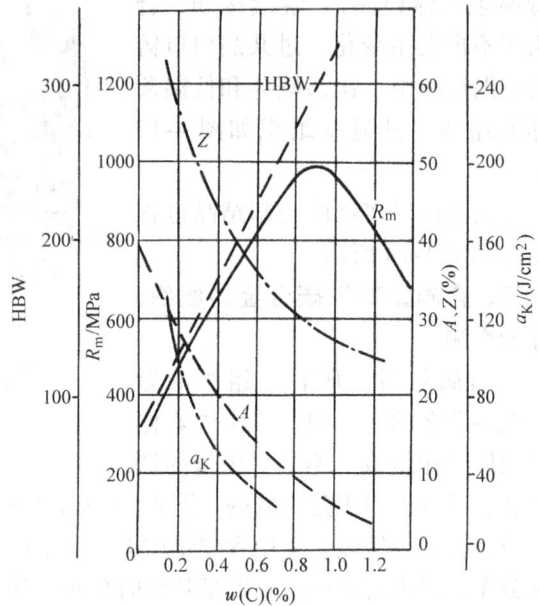

2. 分别说明铁碳合金的共析转变、共晶转变的过程和条件。

3. 何谓奥氏体、铁素体、渗碳体、珠光体、莱氏体？它们的性能如何？

4. 何谓铁碳合金相图？

5. 绘出简化的 $Fe-Fe_3C$ 相图，解释主要点和特性线的含义，并填上各区域的组织。

6. 什么是亚共析钢、共析钢和过共析钢？这三种钢在室温下的组织有什么不同？

7. 随着含碳量的增加，钢的性能有何变化？为什么？

8. 试分析 $w(C)$ 分别为 0.45%、0.77% 和 1.2% 的钢在冷却时的转变过程。（临界温度可不提具体数值）

9. $w(C) = 0.3\%$ 的钢，分别加热到 700℃、750℃、880℃ 时会得到什么组织？

# 第二篇　金属材料及其腐蚀与防护

## 第五章　工业用钢

以铁为主要元素，碳的质量分数一般在 2.11% 以下，并含有其他元素的材料称为钢。其中，非合金钢价格低廉，工艺性能好，力学性能能够满足一般工程和机械制造的要求，是工业中用量最大的金属材料。但工业生产不断对钢提出更高的要求。为了提高钢的力学性能，改善钢的工艺性能和得到某些特殊的物理化学性能，有目的的向钢中加入某些合金元素，得到了合金钢。

与非合金钢相比，合金钢经过合理的加工处理后能够获得较高的力学性能，有的还具有耐热、耐酸、不锈等特殊物理化学性能。但其价格较高，某些加工工艺性能差，某些专用钢只能应用于特定工作条件。因此，应正确选用钢材，并制订合理的冷、热加工工艺，以提高工件效能，延长其使用寿命，节约材料，降低成本，使其具有良好的经济效益。

### 第一节　钢的分类和牌号

**一、钢的分类**

工业用钢的种类很多，根据不同需要，可采用不同的分类方法，在有些情况下需将几种不同方法混合使用。

1. 我国多年来采用的分类方法

（1）按钢的用途分类　可分为建筑及工程用钢、机械制造用结构钢、工具钢、特殊性能钢、专业用钢（如桥梁用钢、锅炉用钢）等，每一大类又可分为许多小类。

（2）按钢的品质（有害杂质硫、磷含量）分类　可分为普通质量钢、优质钢、特殊质量钢。

（3）按冶炼方法分类　可分为平炉钢、转炉钢、电炉钢；根据炼钢时所用脱氧方法分类，可分为沸腾钢、镇静钢和半镇静钢。

（4）按钢中含碳量分类　可以不太严格地分为低碳钢 $[w(C) \leqslant 0.25\%]$、中碳钢 $[w(C) = 0.25\% \sim 0.60\%]$、高碳钢 $[w(C) > 0.60\%]$。

（5）按钢中合金元素含量分类　可分为低合金钢 $[w(Me) \leqslant 5\%]$、中合金钢 $[w(Me) = 5\% \sim 10\%]$、高合金钢 $[w(Me) > 10\%]$。

（6）按钢中合金元素的种类分类　可分为锰钢、铬钢、硼钢、硅锰钢、铬镍钢等。

（7）按合金钢在空气中冷却后所得到的组织分类　可分为珠光体钢、贝氏体钢、马氏体钢、奥氏体钢、莱氏体钢等。

（8）按最终加工方法分类 可分为热轧材或冷轧材、拉拔材、锻材、挤压材、铸件等。

（9）按轧制成品和最终产品分类 可分为大型型钢、棒材、中小型型钢、盘条、钢筋混凝土用轧制成品、铁道用钢、钢板桩、扁平成品（热、冷轧薄板及厚板、钢带、宽扁钢）、钢管、中空型材、中空棒材及经过表面处理的扁平成品、复合产品等。

2. 我国实施的新的钢分类方法 国家标准 GB/T 13304.1—2008 和 GB/T 13304.2—2008 是参照国际标准制订的。钢按化学成分可分为非合金钢、低合金钢、合金钢三大类，按主要质量等级和主要性能或使用特性，可分为以下几类：

（1）非合金钢的主要分类 非合金钢按主要质量等级划分为普通质量非合金钢、优质非合金钢、特殊质量非合金钢；若按主要性能及使用特性分类，有以规定最高强度（或硬度）为主要特性的非合金钢（如冷成形用薄钢板）、以规定最低强度为主要特性的非合金钢（如造船、压力容器、管道等用的结构钢）、以限制碳含量为主要特性的非合金钢（如线材、调质钢）、非合金易切削钢、非合金工具钢、规定电磁性能和电性能的非合金钢（如电磁纯铁）及其他非合金钢。

1）普通质量非合金钢：对生产过程中控制质量无特殊规定的、一般用途的非合金钢。

普通质量非合金钢主要包括：一般用途非合金结构钢、非合金钢筋钢、铁道轻轨和垫板用碳钢、一般钢板桩用型钢。

2）优质非合金钢：在生产过程中需要按规定控制质量。

优质非合金钢主要包括：机械结构用优质非合金钢，工程结构用非合金钢，冲压用低碳薄钢板，镀锌、镀锡等非合金钢板，锅炉和压力容器用非合金钢板、管，造船用非合金钢，铁道重轨非合金钢，焊条用非合金钢，冷墩、冷冲压等冷加工用非合金钢，非合金易切削钢，电工用非合金钢带（片），优质非合金铸钢。

3）特殊质量非合金钢：在生产过程中需要严格控制质量和性能的非合金钢。

特殊质量非合金钢主要包括：保证淬透性非合金钢，保证厚度方向性能的非合金钢，铁道车轴坯、车轮、轮箍等用非合金钢，航空、兵器等工业用非合金结构钢，核能用非合金钢，特殊焊条用非合金钢，碳素弹簧钢，琴钢丝及其所用盘条，特殊易切削钢，非合金工具钢和中空钢，电工纯铁和工业纯铁。

（2）低合金钢的主要分类 低合金钢按主要质量等级分为普通质量低合金钢、优质低合金钢、特殊质量低合金钢，按主要性能及使用特性分为可焊接的低合金高强度结构钢、低合金耐候钢、低合金混凝土用钢及预应力用钢、铁道用低合金钢、矿用低合金钢、其他低合金钢。

1）普通质量低合金钢：对生产过程中控制质量无特殊规定的一般用途的低合金钢。普通质量低合金钢主要包括：一般用途低合金钢（$R_{eL} > 360MPa$ 的钢号除外）、低合金钢筋钢、低合金轻轨钢、矿用一般低合金钢（调质处理的钢号除外）。

2）优质低合金钢：与优质非合金钢类似，在生产过程中需要按规定控制质量。这类钢主要包括：可焊接的低合金高强度钢（$R_m = 360 \sim 420MPa$），锅炉和压力容器用低合金钢，造船、汽车、桥梁、自行车等专业用低合金钢，低合金耐候钢，铁道用低合金钢轨钢、异型钢，矿用优质低合金钢，低合金管线钢。

3）特殊质量低合金钢：在生产工程中需要严格控制质量和性能的低合金钢，特别是要求控制硫、磷等含量和提高纯洁度，并至少应满足下列之一的特殊质量要求：①规定限制非金属夹杂物含量和（或）材质内部均匀性，如钢板抗层状撕裂性能；②规定严格限制磷和（或）硫而未规定其他质量要求，规定熔炼分析值 $[w(P)、w(S)]$ 小于或等于 0.020%，成品分析值 $[w(P)、w(S)]$ 小于或等于 0.025%；③规定限制残留元素 Cu、Co、V 的最高含量；④规定钢材的低温（-40℃以下）冲击性能；⑤对可焊接的低合金高强度钢，规定 $R_{eL}$ 值大于或等于 420MPa。

特殊质量低合金钢主要包括：核能用低合金钢，保证厚度方向性能的低合金钢，火车车轮用特殊低合金钢，低温用低合金钢，舰船、兵器等专用特殊低合金钢。

（3）合金钢的主要分类　按主要质量等级和主要使用特性分类。

1）优质合金钢：主要包括一般工程结构用合金钢，合金钢筋钢，不规定磁导率的电工用硅（铝）钢，铁道用合金钢，地质、石油钻探用合金钢（调质处理的钢除外），硅锰弹簧钢，高锰铸钢。

2）特殊质量合金钢：主要包括压力容器用合金钢，经热处理的合金钢筋钢以及地质、石油钻探用钢，合金结构钢，合金弹簧钢，轴承钢、合金工具钢和高速工具钢，不锈钢和耐热钢，永磁钢，无磁奥氏体钢，电热合金等。

**二、我国工业用钢的牌号表示方法**

我国国家标准 GB/T 221—2008《钢铁产品牌号表示方法》规定，采用汉语拼音字母、化学符号与阿拉伯数字相结合的原则表示钢铁的牌号。本标准适用于编写生铁、碳素结构钢、易切削钢、低合金高强度结构钢、合金结构钢、弹簧钢、工具钢、轴承钢、不锈钢、耐热钢、焊接用钢、电工用硅钢、电工用纯铁、高电阻电热合金及有关专用钢等产品牌号。

1. 非合金结构钢和低合金高强度结构钢的牌号

（1）普通碳素结构钢和低合金高强度结构钢　牌号由代表屈服点的汉语拼音首位字母"Q"、屈服强度数值、质量等级符号（必要时）、脱氧方法符号（必要时）以及产品用途、特性和工艺方法表示符号（必要时）按顺序组成。其中，质量等级用 A、B、C、D、E 表示硫磷含量不同；脱氧方法用 F（沸腾钢）、b（半镇静钢）、Z（镇静钢）、TZ（特殊镇静钢）表示，钢号中"Z"和"TZ"可以省略。例如，Q235AF 代表屈服强度为 235MPa、质量为 A 级的沸腾碳素结构钢；Q390A 代表屈服强度为 390MPa、质量为 A 级的低合金高强度结构钢。

（2）优质碳素结构钢　第一部分用两位数字表示钢中平均碳的质量分数为万分之几。第二部分，若钢中锰的含量较高，则在数字后面附化学元素符号 Mn，例如，钢号 40 表示钢中平均 $w(C)=0.40\%$；60Mn 表示平均 $w(C)=0.60\%$，$w(Mn)=0.70\%\sim1.00\%$ 的优质碳素结构钢。第三部分（必要时），钢材冶金质量，即高级优质钢、特级优质钢分别以 A、E 表示，优质钢不用字母表示。第四部分（必要时）为脱氧方式表示符号。第五部分（必要时）为产品用途、特性或工艺方法表示符号。

（3）易切削结构钢　牌号是在同类结构钢牌号前冠以"Y"，以区别其他结构用钢。

（4）碳素工具钢　牌号是在 T（碳的汉语拼音字首）的后面加数字表示，数字表示钢的平均碳的质量分数为千分之几。例如 T9，表示平均 $w(C)=0.9\%$ 的碳素工具钢。必要时，较高含锰量碳素工具钢加锰元素符号 Mn。碳素工具钢都是优质钢，若钢号末尾标 A，表示该钢是高级优质钢。

2. 合金钢的牌号　我国合金钢的编号是按照合金钢中的含碳量及所含合金元素的种类（元素符号）和含量来编制的。一般牌号的首部是表示碳的平均质量分数的数字，表示方法与优质碳素钢的编号是一致的，结构钢以万分数计，工具钢以千分数计。当钢中某合金元素的平均 $w(Me)$ 小于 1.5% 时，牌号中只标出元素符号，不标明含量；当 $w(Me) = 1.5\% \sim$ 2.5%、2.5% ~3.5% 等时，在该元素后面相应地用整数 2、3 等注出其近似含量。

（1）合金结构钢 合金结构钢牌号通常由四部分组成。第一部分以二位阿拉伯数字表示平均碳含量（以万分之几计）。第二部分为合金元素含量，以化学元素符号及阿拉伯数字表示：当平均含量小于 1.50% 时，牌号中仅标明元素，一般不标明含量；当平均含量为 1.50% ~2.49%、2.50% ~3.49%、3.50% ~4.49%、4.50% ~5.49% 等时，在合金元素后应相应写成 2、3、4、5 等。化学元素符号的排列顺序推荐按含量值递减排列，如果两个或多个元素的含量相等，那么相应符号位置按英文字母顺序排列。第三部分为钢材冶金质量，即高级优质钢、特级优质钢分别以 A、E 表示，优质钢不用字母表示。第四部分（必要时）为产品用途、特性或工艺方法表示符号。

（2）合金工具钢 当平均 $w(C) < 1.0\%$ 时，如前所述，牌号前以千分之几（一位数）表示；当 $w(C) \geqslant 1\%$ 时，为了避免与结构钢相混淆，牌号前不标数字。例如，9Mn2V 表示平均 $w(C) = 0.9\%$、$w(Mn) = 2\%$、含少量 V 的合金工具钢；CrWMn 牌号前面没有数字，表示钢中 $w(C) = 0.90\% \sim 1.05\%$，$w(Cr) = 0.90\% \sim 1.20\%$，$w(W) = 1.20\% \sim 1.60\%$，$w(Mn) = 0.80\% \sim 1.10\%$。

高速工具钢牌号中不标出含碳量。

（3）滚动轴承钢 有自己独特的牌号。其牌号前面以"G"（滚）为标志，其后为铬元素符号 Cr，其质量分数以千分之几表示，其余与合金结构钢牌号规定相同，例如 GCr15 钢。

3. 铸钢的牌号 工程用铸造碳钢牌号前面是 ZG（"铸钢"二字汉语拼音字首），后面第一组数字表示屈服强度，第二组数字表示抗拉强度。若牌号末尾标字母 H（焊），表示该钢是焊接结构用碳素铸钢。例如，ZG 230-450H，表示屈服强度为 230MPa、抗拉强度为 450MPa 的焊接结构用的铸造碳钢。若牌号末尾无"H"，则为一般铸造碳钢。合金钢铸件牌号表示方法与铸造碳钢不同，例如 ZG15Cr1Mo1V，"ZG"表示铸钢，钢中碳及其他合金元素的含量分别为：$w(C) = 0.15\%$，$w(Cr) = 0.9\% \sim 1.40\%$，$w(Mo) = 0.9\% \sim 1.4\%$，$w(V) = 0.9\%$。

# 第二节 钢中常存杂质和合金元素的作用

## 一、钢中常存杂质的作用

实际使用的非合金钢并不是单纯的铁碳合金。由于冶炼时所用原料以及冶炼工艺方法等影响，钢中总免不了有少量其他元素存在，如硅、锰、硫、磷、铜、铬、镍等。一般将这些并非有意识加入或保留的元素作为杂质看待，它们的存在对钢的性能有较大影响。

1. 硫 硫是在冶炼时由矿石和燃料带到钢中的杂质，炼钢时难以除尽。硫不溶于 α-Fe，而以化合物 FeS 的形式存在。FeS 与 Fe 能形成低熔点的共晶体（熔点为 985℃），分布于晶界上。当钢材在 1000~1200℃进行热压力加工时，由于 FeS-Fe 共晶体已经熔化，从而导致加工时开裂，这种现象称为"热脆"。

硫对钢的焊接性能也有不良的影响，即容易导致焊缝热裂。在焊接过程中，硫易于氧化生成 $SO_2$，以致造成焊缝中产生气孔和疏松。

因此，硫是钢中的有害杂质，要限制硫的含量，一般要求 $w(S) \leqslant 0.050\%$。为消除硫的有害作用，应使钢中具有一定的锰含量，因为锰和硫具有更大的亲和力，可以置换铁而形成 MnS，MnS 的熔点为 1620℃，比钢材的热加工温度高，不会造成热脆现象。

但硫能改善钢材的切削加工性能，所以在制造要求表面粗糙度值较小而对强度要求不十分严格的零件时，可采用含硫量较高的易切削结构钢。

2. 磷　磷也是从矿石和燃料中带入的杂质，在炼钢时难以除尽。磷在钢中也是有害杂质。它在钢中全部溶于 α-Fe 中，在使钢的强度和硬度增高的同时，使其塑性和韧性显著降低。当钢中 $w(P) = 0.3\%$ 时，钢完全变脆，冲击韧度接近于零，这种现象称为"冷脆"。冷脆现象在低温时更为严重。

磷还降低钢的焊接性能，含磷量过高的钢在焊接时易产生裂纹。为削弱磷的有害作用，要限制磷的含量，一般要求 $w(P) \leq 0.045\%$。

但磷能改善钢的切削加工性能和耐蚀性能，故在易切削结构钢中可保留相对较高的磷含量。

3. 锰　锰是炼钢时由于用锰铁脱氧而残留在钢中的杂质。锰具有一定的脱氧能力，能将 FeO 还原为 Fe（Mn + FeO = MnO + Fe），显著改善钢的质量，锰还与硫化合生成 MnS，减轻硫的有害作用。锰还能溶解于 α-Fe 中，形成含锰铁素体，提高钢的强度和硬度。总之，锰对碳素钢的性能有良好的影响，是一种有益元素。碳素钢中 $w(Mn)$ 一般为 0.25% ~ 0.80%，最高可达 1.2%。

4. 硅　硅也是作为脱氧剂加入钢中的。硅的脱氧作用比锰还要强，能将 FeO 还原为 Fe，显著改善钢的质量。硅也能溶入 α-Fe 中，提高钢的强度和硬度。碳素钢中 $w(Si)$ 一般小于 0.5%。

## 二、合金元素在钢中的作用

为使金属具有某些特性，在基体金属中有意识地加入或保留的金属或非金属元素称为合金元素。钢中常用的合金元素有铬、锰、硅、镍、钼、钨、钒、钴、钛、铝、铜、硼、氮、稀土等。硫、磷在特定条件下也可认为是合金元素，如易切削钢中的硫。

合金元素在钢中的作用，主要表现为合金元素与铁、碳之间的相互作用以及对铁碳合金相图和热处理相变过程的影响。

1. 强化铁素体或奥氏体　合金元素溶入 α-Fe 后，形成合金铁素体，能提高铁素体的硬度和强度，其中硅、锰、镍等合金元素的强化效果显著。当合金元素溶入 γ-Fe 时，形成合金奥氏体，也产生强化效应，但会使合金钢在高温状态下的压力加工性能变差。

2. 形成特殊碳化物　钛、钒、钨、钼、铬、锰与碳作用，能形成较稳定的特殊碳化物，这些不同类型的碳化物一般都具有较高的硬度，因此，钢中的特殊碳化物数量增加，能提高钢的强度、硬度、耐磨性，而对塑性和韧性影响不大。

3. 改变钢的室温组织和性能　锰、镍等元素在铁碳合金中能扩大奥氏体存在的范围，超过一定量后，可使钢在室温下得到奥氏体组织。铬、钒等元素在铁碳合金中能缩小奥氏体存在范围，超过一定量后，可使钢在所有温度下均为铁素体组织。这些特殊的奥氏体钢、铁素体钢具有耐蚀、耐磨、耐热等特性，成为不锈钢、耐磨钢、耐热钢的重要钢种。另外，铬、钨、硅等合金元素的加入能改变铁碳合金的共析点和共晶点的位置，使 Fe-Fe$_3$C 相图中的 $S$ 点和 $E$ 点左移。$E$ 点左移，使 $E$ 点的含碳量减少，使得钢的组织中出现莱氏体。例如，高速钢中尽管 $w(C) < 1.0\%$，但是组织中已出现莱氏体。

4. **细化晶粒** 加入合金元素能使钢在结晶时晶粒细化,还能抑制钢材在加热至奥氏体区域时晶粒长大的倾向。特别是有些合金元素,诸如钛、钒、铌、钨、钼、铬等,与碳形成稳定性高、呈细颗粒状均匀分布的化合物,能明显地阻止奥氏体晶粒长大,使合金钢在热处理后获得比碳素钢更细的晶粒,从而提高钢的强度和韧性。但锰的加入会使钢晶粒长大的倾向增加。

5. **提高钢的淬透性** 合金元素(除钴外)溶入奥氏体后,能增加奥氏体的稳定性,使过冷奥氏体分解转变速度减慢,即等温转变图右移,从而降低马氏体临界冷却速度,提高钢的淬透性。常用的提高钢淬透性的元素有铬、锰、钼、硅、镍、硼等。加入的合金元素越多,等温转变图右移越显著,淬透性就越好,能使钢件整个截面的性能均匀一致地提高。例如,45 钢在水中仅淬透 18mm,而 40CrNiMoA 钢在油中能淬透 100mm 左右,18Cr2Ni4WA 钢在空气中也能淬透 150mm。

特别值得注意的是钢中加入微量的硼[$w(B) = 0.001\% \sim 0.004\%$],就能大大地提高钢的淬透性,因而微量的硼能代替大量的铬、镍、钼等元素,但当含硼量超过上限[$w(B) = 0.004\%$]时,反而使淬透性下降,当 $w(B) > 0.08\%$ 时,淬透性便急剧下降。另外,随着钢中碳的质量分数的增加,硼对淬透性的影响也减弱。硼在低碳钢中比在中碳钢中效果大。当 $w(C) = 0.8\%$ 时,硼基本上已不起作用。

6. **提高耐回火性** 合金元素在淬火时大部分能溶入马氏体中。在回火过程中,合金元素对扩散过程起阻碍作用,使马氏体不易分解,碳化物不易析出,即使析出也难以聚集长大,所以,使钢的回火转变推向更高温度或钢在回火过程中硬度下降较慢。淬火钢在回火过程中抵抗硬度下降的能力称为耐回火性。

由于合金钢比碳素钢具有较高的耐回火性,因此合金钢在相同温度下回火后比碳素钢具有较高的强度和硬度。若保持相同的硬度,则合金钢的回火温度可以比碳素钢高一些,回火时间也更长,内应力可以消除得更彻底,有利于提高钢的塑性和韧性。提高耐回火性作用较强的元素有钒、硅、钼、钨、镍、锰等。

高的耐回火性使钢在较高的温度条件下仍能保持高硬度和耐磨性,这种性能称热硬性。

由于在钢中加入多种合金元素后,对钢的影响比加入单一元素效果显著,因而促进了合金钢向少量多元的方向发展。采用多元合金钢制造大截面的工件,可保证在热处理后,工件的整个截面具有良好的力学性能。对于形状复杂的重要零件,采用淬透性好的多元素合金钢,可在冷却缓慢的介质中(如油或空气中)淬火,也可采用等温淬火等方法。这样,就使因急速冷却而产生的缺陷,如变形、开裂倾向、残留内应力过大等,减少到最小限度。

应该注意,若合金钢不经热处理,则其力学性能比碳素钢提高得并不多。合金钢只有经过热处理后,才能显著地提高综合力学性能及特殊性能。

# 第三节 非合金钢

国家标准 GB/T 13304.1—2008 和 GB/T 13304.2—2008 中已用"非合金钢"一词取代"碳素钢",但由于许多技术标准是在新的国家标准钢分类实施之前制订的,所以为便于衔接和过渡,本书对非合金钢即碳素钢的介绍仍按原常规分类分法进行。

碳素钢价格低廉、工艺性能好、力学性能能够满足一般工程和机械制造的使用要求,是工业生产中用量最大的工程材料。

**一、普通碳素结构钢**

普通碳素结构钢中 $w(C) \leqslant 0.24\%$，硫、磷含量较高，一般在供应状态下使用，不需经过热处理。其价格便宜，在满足性能要求的情况下，应优先采用。

这类钢的产量大、用途广，大多轧制成板材、型材（圆、方、扁、工、槽、角钢等）及异型材（如轻轨等），用于厂房、桥梁、船舶等建筑结构或一些受力不大的机械零件。

根据供应状态，普通碳素结构钢可分成两类，所有的 A 级钢在供应时应保证力学性能，其他等级的钢在供应时既要保证力学性能又要保证化学成分。

普通碳素结构钢的化学成分和力学性能见表 5-1 和表 5-2。

**表 5-1　普通碳素结构钢的牌号和化学成分**

| 牌号 | 质量等级 | 化学成分（质量分数,%） | | | | | 脱氧方法 |
|---|---|---|---|---|---|---|---|
| | | C | Mn | Si | S | P | |
| Q195 | — | ≤0.12 | ≤0.50 | ≤0.30 | ≤0.040 | ≤0.035 | F、Z |
| Q215 | A | ≤0.15 | ≤1.20 | ≤0.35 | ≤0.050 | ≤0.045 | F、Z |
| | B | | | | ≤0.045 | | |
| Q235 | A | ≤0.22 | ≤1.4 | ≤0.35 | ≤0.050 | ≤0.045 | F、Z |
| | B | ≤0.20 | | | ≤0.045 | ≤0.045 | |
| | C | ≤0.17 | | | ≤0.040 | ≤0.040 | Z |
| | D | | | | ≤0.035 | ≤0.035 | TZ |
| Q275 | A | ≤0.24 | ≤1.5 | ≤0.35 | ≤0.050 | ≤0.045 | F、Z |
| | B | ≤0.21 | | | ≤0.045 | ≤0.045 | Z |
| | C | ≤0.22 | | | ≤0.040 | ≤0.040 | Z |
| | D | ≤0.20 | | | ≤0.035 | ≤0.035 | TZ |

注：表中数据摘自国家标准 GB/T 700—2006。

**表 5-2　普通碳素结构钢的力学性能和应用举例**

| 牌号 | 质量等级 | $R_{eH}$/MPa | | | | $R_m$/MPa | A（%） | | | | 应用举例 |
|---|---|---|---|---|---|---|---|---|---|---|---|
| | | 钢材厚度（直径）/mm | | | | | 钢材厚度（直径）/mm | | | | |
| | | ≤16 | >16~40 | >40~60 | >60~100 | | ≤40 | >40~60 | >60~100 | >100~130 | |
| | | 不 小 于 | | | | | 不 小 于 | | | | |
| Q195 | — | 195 | 185 | — | — | 315~430 | 33 | — | — | — | 塑性好,有一定的强度,用于制造受力不大的零件,如螺钉、螺母、垫圈,以及焊接件、冲压件及桥梁建筑等金属结构件 |
| Q215 | A | 215 | 205 | 195 | 185 | 335~450 | 31 | 30 | 29 | 27 | |
| | B | | | | | | | | | | |
| Q235 | A | 235 | 225 | 215 | 215 | 370~500 | 26 | 25 | 24 | 22 | |
| | B | | | | | | | | | | |
| | C | | | | | | | | | | |
| | D | | | | | | | | | | |
| Q275 | A | 275 | 265 | 255 | 245 | 410~540 | 22 | 21 | 20 | 18 | 强度较高,用于制造承受中等载荷的零件,如小轴、销子、连杆、农机零件等 |
| | B | | | | | | | | | | |
| | C | | | | | | | | | | |
| | D | | | | | | | | | | |

注：表内数据摘自国家标准 GB/T 700—2006。

### 二、优质碳素结构钢

优质碳素结构钢是按化学成分和力学性能供应的，硫、磷及非金属夹杂物的含量比较少，表面质量、组织结构的均匀性较好，常用于制造需要经过热处理的各种较重要的机械结构零件。

优质碳素结构钢的牌号、化学成分、力学性能和应用举例见表5-3和表5-4。

**表5-3　优质碳素结构钢的代号、牌号和化学成分**

| 序号 | 统一数字代号 | 牌号 | 化学成分（质量分数，%） | | | | | |
|---|---|---|---|---|---|---|---|---|
| | | | C | Si | Mn | Cr | Ni | Cu |
| | | | | | | 不大于 | | |
| 1 | U20080 | 08F | 0.05 ~ 0.11 | ≤0.03 | 0.25 ~ 0.50 | 0.10 | 0.30 | 0.25 |
| 2 | U20100 | 10F | 0.07 ~ 0.13 | ≤0.07 | 0.25 ~ 0.50 | 0.15 | 0.30 | 0.25 |
| 3 | U20150 | 15F | 0.12 ~ 0.18 | ≤0.07 | 0.25 ~ 0.50 | 0.25 | 0.30 | 0.25 |
| 4 | U20082 | 08 | 0.05 ~ 0.11 | 0.17 ~ 0.37 | 0.35 ~ 0.65 | 0.10 | 0.30 | 0.25 |
| 5 | U20102 | 10 | 0.07 ~ 0.13 | 0.17 ~ 0.37 | 0.35 ~ 0.65 | 0.15 | 0.30 | 0.25 |
| 6 | U20152 | 15 | 0.12 ~ 0.18 | 0.17 ~ 0.37 | 0.35 ~ 0.65 | 0.25 | 0.30 | 0.25 |
| 7 | U20202 | 20 | 0.17 ~ 0.23 | 0.17 ~ 0.37 | 0.35 ~ 0.65 | 0.25 | 0.30 | 0.25 |
| 8 | U20252 | 25 | 0.22 ~ 0.29 | 0.17 ~ 0.37 | 0.50 ~ 0.80 | 0.25 | 0.30 | 0.25 |
| 9 | U20302 | 30 | 0.27 ~ 0.34 | 0.17 ~ 0.37 | 0.50 ~ 0.80 | 0.25 | 0.30 | 0.25 |
| 10 | U20352 | 35 | 0.32 ~ 0.39 | 0.17 ~ 0.37 | 0.50 ~ 0.80 | 0.25 | 0.30 | 0.25 |
| 11 | U20402 | 40 | 0.37 ~ 0.44 | 0.17 ~ 0.37 | 0.50 ~ 0.80 | 0.25 | 0.30 | 0.25 |
| 12 | U20452 | 45 | 0.42 ~ 0.50 | 0.17 ~ 0.37 | 0.50 ~ 0.80 | 0.25 | 0.30 | 0.25 |
| 13 | U20502 | 50 | 0.47 ~ 0.55 | 0.17 ~ 0.37 | 0.50 ~ 0.80 | 0.25 | 0.30 | 0.25 |
| 14 | U20552 | 55 | 0.52 ~ 0.60 | 0.17 ~ 0.37 | 0.50 ~ 0.80 | 0.25 | 0.30 | 0.25 |
| 15 | U20602 | 60 | 0.57 ~ 0.65 | 0.17 ~ 0.37 | 0.50 ~ 0.80 | 0.25 | 0.30 | 0.25 |
| 16 | U20652 | 65 | 0.62 ~ 0.70 | 0.17 ~ 0.37 | 0.50 ~ 0.80 | 0.25 | 0.30 | 0.25 |
| 17 | U20702 | 70 | 0.67 ~ 0.75 | 0.17 ~ 0.37 | 0.50 ~ 0.80 | 0.25 | 0.30 | 0.25 |
| 18 | U20752 | 75 | 0.72 ~ 0.80 | 0.17 ~ 0.37 | 0.50 ~ 0.80 | 0.25 | 0.30 | 0.25 |
| 19 | U20802 | 80 | 0.77 ~ 0.85 | 0.17 ~ 0.37 | 0.50 ~ 0.80 | 0.25 | 0.30 | 0.25 |
| 20 | U20852 | 85 | 0.82 ~ 0.90 | 0.17 ~ 0.37 | 0.50 ~ 0.80 | 0.25 | 0.30 | 0.25 |
| 21 | U21152 | 15Mn | 0.12 ~ 0.18 | 0.17 ~ 0.37 | 0.70 ~ 1.00 | 0.25 | 0.30 | 0.25 |
| 22 | U21202 | 20Mn | 0.17 ~ 0.23 | 0.17 ~ 0.37 | 0.70 ~ 1.00 | 0.25 | 0.30 | 0.25 |
| 23 | U21252 | 25Mn | 0.22 ~ 0.29 | 0.17 ~ 0.37 | 0.70 ~ 1.00 | 0.25 | 0.30 | 0.25 |
| 24 | U21302 | 30Mn | 0.27 ~ 0.34 | 0.17 ~ 0.37 | 0.70 ~ 1.00 | 0.25 | 0.30 | 0.25 |
| 25 | U21352 | 35Mn | 0.32 ~ 0.39 | 0.17 ~ 0.37 | 0.70 ~ 1.00 | 0.25 | 0.30 | 0.25 |
| 26 | U21402 | 40Mn | 0.37 ~ 0.44 | 0.17 ~ 0.37 | 0.70 ~ 1.00 | 0.25 | 0.30 | 0.25 |
| 27 | U21452 | 45Mn | 0.42 ~ 0.50 | 0.17 ~ 0.37 | 0.70 ~ 1.00 | 0.25 | 0.30 | 0.25 |
| 28 | U21502 | 50Mn | 0.48 ~ 0.56 | 0.17 ~ 0.37 | 0.70 ~ 1.00 | 0.25 | 0.30 | 0.25 |
| 29 | U21602 | 60Mn | 0.57 ~ 0.65 | 0.17 ~ 0.37 | 0.70 ~ 1.00 | 0.25 | 0.30 | 0.25 |

（续）

| 序号 | 统一数字代号 | 牌号 | 化学成分（质量分数，%） | | | | | |
|---|---|---|---|---|---|---|---|---|
| | | | C | Si | Mn | Cr | Ni | Cu |
| | | | | | | 不大于 | | |
| 30 | U21652 | 65Mn | 0.62 ~ 0.70 | 0.17 ~ 0.37 | 0.90 ~ 1.20 | 0.25 | 0.30 | 0.25 |
| 31 | U21702 | 70Mn | 0.67 ~ 0.75 | 0.17 ~ 0.37 | 0.90 ~ 1.20 | 0.25 | 0.30 | 0.25 |

注：1. 表中所列牌号为优质钢。如果是高级优质钢，在牌号后面加"A"（统一数字代号最后一位数字改为"3"）；如果是特级优质钢，在牌号后面加"E"（统一数字代号最后一位数字改为"6"）；对于沸腾钢，牌号后面为"F"（统一数字代号最后一位数字为"0"）；对于半镇静钢，牌号后面为"b"（统一数字代号最后一位数字为"1"）。

2. 表中所列牌号为优质钢，钢中 $w$（P）、$w$（S）均不得大于 0.035%；如果是高级优质钢，则 $w$（P）、$w$（S）均不得大于 0.030%；如果是特级优质钢，则 $w$（P）不得大于 0.025%，$w$（S）不得大于 0.020%。

3. 表中数据摘自国家标准 GB/T 699—1999。

### 表 5-4　优质碳素结构钢的牌号、热处理工艺、力学性能和应用举例

| 序号 | 牌号 | 试样毛坯尺寸/mm | 推荐热处理/℃ | | | 力 学 性 能 | | | | | 钢材交货状态硬度 HBW10/3000（不大于） | | 应用举例 |
|---|---|---|---|---|---|---|---|---|---|---|---|---|---|
| | | | 正火 | 淬火 | 回火 | $R_m$ /MPa | $R_{eL}$ /MPa | $A$ (%) | $Z$ (%) | $KU_2$ /J | 未热处理钢 | 退火钢 | |
| | | | | | | 不小于 | | | | | | | |
| 1 | 08F | 25 | 930 | — | — | 295 | 175 | 35 | 60 | | 131 | | 受力不大但要求高韧性的冲压件、焊接件、紧固件，如螺栓、螺母、垫圈等 |
| 2 | 10F | 25 | 930 | — | — | 315 | 185 | 33 | 55 | | 137 | — | |
| 3 | 15F | 25 | 920 | — | — | 355 | 205 | 29 | 55 | | 143 | — | |
| 4 | 08 | 25 | 930 | — | — | 325 | 195 | 33 | 60 | | 131 | — | |
| 5 | 10 | 25 | 930 | — | — | 335 | 205 | 31 | 55 | | 137 | — | 渗碳淬火后可制造对强度要求不高的受磨零件，如凸轮、滑块、活塞销等 |
| 6 | 15 | 25 | 920 | — | — | 375 | 225 | 27 | 55 | | 143 | — | |
| 7 | 20 | 25 | 910 | — | — | 410 | 245 | 25 | 55 | | 156 | — | |
| 8 | 25 | 25 | 900 | 870 | 600 | 450 | 275 | 23 | 50 | 71 | 170 | — | |
| 9 | 30 | 25 | 880 | 860 | 600 | 490 | 295 | 21 | 50 | 63 | 179 | — | 负荷较大的零件，如连杆、曲轴、主轴、活塞销、表面淬火齿轮、凸轮等 |
| 10 | 35 | 25 | 870 | 850 | 600 | 530 | 315 | 20 | 45 | 55 | 197 | — | |
| 11 | 40 | 25 | 860 | 840 | 600 | 570 | 335 | 19 | 45 | 47 | 217 | 187 | |
| 12 | 45 | 25 | 850 | 840 | 600 | 600 | 355 | 16 | 40 | 39 | 229 | 197 | |
| 13 | 50 | 25 | 830 | 830 | 600 | 630 | 375 | 14 | 40 | 31 | 241 | 207 | |
| 14 | 55 | 25 | 820 | 820 | 600 | 645 | 380 | 13 | 35 | — | 255 | 217 | |
| 15 | 60 | 25 | 810 | — | — | 675 | 400 | 12 | 35 | — | 255 | 229 | |
| 16 | 65 | 25 | 810 | — | — | 695 | 410 | 10 | 30 | — | 255 | 229 | 要求弹性极限或强度较高的零件，如轧辊、弹簧、钢丝绳、偏心轮等 |
| 17 | 70 | 25 | 790 | — | — | 715 | 420 | 9 | 30 | — | 269 | 229 | |
| 18 | 75 | 试样 | — | 820 | 480 | 1080 | 880 | 7 | 30 | — | 285 | 241 | |
| 19 | 80 | 试样 | — | 820 | 480 | 1080 | 930 | 6 | 30 | — | 285 | 241 | |
| 20 | 85 | 试样 | — | 820 | 480 | 1130 | 980 | 6 | 30 | — | 302 | 255 | |

（续）

| 序号 | 牌号 | 试样毛坯尺寸/mm | 推荐热处理/℃ | | | 力 学 性 能 | | | | | 钢材交货状态硬度 HBW10/3000（不大于） | | 应用举例 |
|---|---|---|---|---|---|---|---|---|---|---|---|---|---|
| | | | 正火 | 淬火 | 回火 | $R_m$ /MPa | $R_{eL}$ /MPa | $A$ (%) | $Z$ (%) | $KU_2$ /J | 未热处理钢 | 退火钢 | |
| | | | | | | 不小于 | | | | | | | |
| 21 | 15Mn | 25 | 920 | — | — | 410 | 245 | 26 | 55 | | 163 | — | |
| 22 | 20Mn | 25 | 910 | — | — | 450 | 275 | 24 | 50 | | 197 | — | |
| 23 | 25Mn | 25 | 900 | 870 | 600 | 490 | 295 | 22 | 50 | 71 | 207 | — | |
| 24 | 30Mn | 25 | 880 | 860 | 600 | 540 | 315 | 20 | 45 | 63 | 217 | 187 | |
| 25 | 35Mn | 25 | 870 | 850 | 600 | 560 | 335 | 18 | 45 | 55 | 229 | 197 | 应用范围与普通含锰量的优质碳素结构钢相同 |
| 26 | 40Mn | 25 | 860 | 840 | 600 | 590 | 355 | 17 | 45 | 47 | 229 | 207 | |
| 27 | 45Mn | 25 | 850 | 840 | 600 | 620 | 375 | 15 | 40 | 39 | 241 | 217 | |
| 28 | 50Mn | 25 | 830 | 830 | 600 | 645 | 390 | 13 | 40 | 31 | 255 | 217 | |
| 29 | 60Mn | 25 | 810 | — | — | 695 | 410 | 11 | 35 | — | 269 | 229 | |
| 30 | 65Mn | 25 | 830 | | | 735 | 430 | 9 | 30 | | 285 | 229 | |
| 31 | 70Mn | 25 | 790 | | | 785 | 450 | 8 | 30 | | 285 | 229 | |

注：1. 对于直径或厚度小于25mm 的钢材，热处理是在与成品截面尺寸相同的试样毛坯上进行的。

2. 正火推荐保温时间不少于30min，空冷；淬火推荐保温时间不少于30min，75、80 和 85 钢为油冷，其余钢为水冷；回火推荐保温时间不少于1h。

3. 表中数据摘自国家标准 GB/T 699—1999。

08F、10F 钢的含碳量低，塑性好，焊接性能好，主要用于制造冷冲压零件和焊接件，属于冷冲压钢。

15、20、25 钢属于渗碳钢。这类钢强度较低，但塑性、韧性较高，切削加工性能和焊接性能很好，可以制造各种受力不大但要求高韧性的零件，还可用于制造冷冲压件和焊接件。这类钢经渗碳并淬火后，表面硬度可达 60HRC 以上，耐磨性好，而心部仍具有一定的强度和韧性，可用于制造表面要求硬度高、耐磨，并承受冲击载荷的零件。

30、35、40、45、50、55 钢属于调质钢，经过热处理后，具有良好的综合力学性能，主要用于制造要求强度、塑性、韧性都较高的零件，如齿轮、套筒、轴类零件。这类钢在机械制造中应用非常广泛。

60、65、70、75、80、85 钢属于高碳钢，经过热处理可获得高的弹性极限和硬度，常用于制造弹簧零件、手工工具及耐磨零件等。

**三、其他专用碳素结构钢**

在碳素结构钢的基础上发展了一些专门用途的钢，如易切削结构钢、锅炉钢、矿用钢等。这些专用钢在钢号的首或尾标明用途的符号。常见钢的牌号中表示用途的符号见表5-5。例如，25MnK，即表示在25Mn 钢的基础上发展的矿用钢，钢中碳的平均含量为 0.25%（质量分数），含锰量较高。

1. 易切削结构钢　易切削结构钢是在自动机床上通过高速切削制作机械零部件用的钢材。这种钢材不仅应保证在高速切削条件下对刀具的磨损比较小，而且要求切削后的零件表面粗糙度较小。为提高切削加工性，在钢中加入质量分数为 0.18% ~ 0.30% 的 S 并同时加入质量分数为 0.6% ~ 1.55% 的 Mn 时，可使钢内形成大量的 MnS 夹杂物，在切削时这些夹杂物能起断屑的作用，从而节省动力损耗。硫化物在切削过程中还有一定的润滑作用，可以减少刀具与工件表面的摩擦，延长刀具的寿命。

表5-5　常见钢的牌号中表示用途的符号

| 名　　称 | 汉字 | 符号 | 在钢号中位置 | 名　　称 | 汉字 | 符　号 | 在钢号中位置 |
|---|---|---|---|---|---|---|---|
| 易切削结构钢 | 易 | Y | 头 | 桥梁钢 | 桥 | q | 尾 |
| 钢轨钢 | 轨 | U | 头 | 锅炉钢 | 锅 | G | 尾 |
| 船用钢 | 船 | C | 尾 | 焊接用钢 | 焊 | H | 头 |
| 矿用钢 | 矿 | K | 尾 | | | | |

适当提高磷的含量，可使铁素体脆化，也能提高切削加工性能。

目前，易切削结构钢主要用于制造受力较小且不太重要的大批量生产的螺钉、螺母、缝纫机、计算机和仪表零件等。

易切削结构钢的牌号、化学成分及力学性能见表5-6。

表5-6　易切削结构钢的牌号、化学成分及力学性能

| 牌　号 | 化学成分（质量分数，%） | | | | 力学性能（热轧状态） | |
|---|---|---|---|---|---|---|
| | C | Mn | S | P | $R_m$/MPa | $A(\%)$ 不小于 |
| Y12 | 0.08 ~ 0.16 | 0.70 ~ 1.00 | 0.10 ~ 0.20 | 0.08 ~ 0.15 | 390 ~ 540 | 22 |
| Y20 | 0.17 ~ 0.25 | 0.70 ~ 1.00 | 0.08 ~ 0.15 | ≤0.06 | 450 ~ 600 | 20 |
| Y30 | 0.27 ~ 0.35 | | | | 510 ~ 655 | 15 |
| Y35 | 0.32 ~ 0.40 | | | | 510 ~ 655 | 14 |
| Y40Mn | 0.37 ~ 0.45 | 1.20 ~ 1.55 | 0.20 ~ 0.30 | ≤0.05 | 590 ~ 850 | 14 |

注：表内数据摘自国家标准 GB/T 8731—2008。

2. 锅炉用钢　锅炉的一般构件使用的钢，要求质地均匀，经过冷态变形后在长期存放和使用过程中，仍需保证足够高的韧性。在优质碳素结构钢的基础上发展了专门用于锅炉构件的钢种，如 20G、20MnG 等。

**四、碳素工具钢**

在碳素工具钢中，随着含碳量的增加，其硬度和耐磨性渐增，而韧性逐渐下降，应用场合也因之而不同。T7、T8 钢一般用于要求韧性稍高的工具，如冲头、錾子、简单模具、木工工具等；T9、T10、T11 钢用于要求中等韧性、高硬度的工具，如手用锯条、丝锥、板牙等，也可用于要求不高的模具；T12、T13 钢具有高的硬度及耐磨性，但韧性低，用于制造量具、锉刀、钻头、刮刀等。

高级优质碳素工具钢由于有害杂质和非金属夹杂物的含量小，淬火时开裂倾向较小，研磨时易获得光洁的表面，因此适用于制造形状复杂、精度要求较高的工具等。碳素工具钢的牌号、化学成分、热处理工艺和应用举例见表5-7。

**表 5-7　碳素工具钢的牌号、化学成分、热处理工艺和应用举例**

| 牌号 | 化学成分(质量分数,%) | | | | | 退火后硬度 HBW（不大于） | 淬火温度和冷却介质 | 淬火后硬度 HRC（不小于） | 应用举例 |
|---|---|---|---|---|---|---|---|---|---|
| | C | Mn | Si | S | P | | | | |
| | | | 不大于 | | | | | | |
| T7 | 0.65~0.74 | ≤0.40 | 0.35 | 0.030 | 0.035 | 187 | 800~820℃，水 | 62 | 錾子、模具、锤子、木工工具 |
| T8 | 0.75~0.84 | | 0.35 | 0.030 | 0.035 | | 780~800℃，水 | 62 | 简单模具、木工工具、剪切用的剪刀、冲头 |
| T8Mn | 0.80~0.90 | 0.40~0.60 | | | | | | | |
| T9 | 0.85~0.94 | ≤0.40 | 0.35 | 0.030 | 0.035 | 192 | 760~780℃，水 | 62 | 刨刀、冲模、丝锥、板牙、锯条、卡尺 |
| T10 | 0.95~1.04 | | | | | 197 | | | |
| T11 | 1.05~1.14 | | | | | 207 | | | |
| T12 | 1.15~1.24 | | 0.35 | 0.030 | 0.035 | | | | 要求较高硬度的工具，如钻头、丝锥、锉刀、刮刀 |
| T13 | 1.25~1.35 | | | | | 217 | | | |

注：表中化学成分数据摘自国家标准 GB/T 1298—2008。

### 五、铸造碳钢

将钢液直接铸成零件毛坯，以后不再进行锻造的钢件称铸钢件。在重型机械、冶金设备、运输机械、国防工业部门，许多形状复杂的零件很难用锻压等方法成型，用铸铁又难以满足性能要求，此时通常采用铸钢件，如变速箱体、起重机齿轮、轧钢机架、水泵体等。

铸造碳钢的 $w$（C）= 0.20% ~ 0.60%，$w$（C）过大时塑性差，易产生冷裂。$w$（S）、$w$（P）一般控制在 0.040% 以下。

一般工程用铸造碳钢件的牌号、化学成分、力学性能和应用举例见表 5-8。

**表 5-8　铸造碳钢件的牌号、化学成分、力学性能和应用举例**

| 牌号 | 化学成分(质量分数,%) ≤ | | | | | 力学性能 ≥ | | | 应用举例 |
|---|---|---|---|---|---|---|---|---|---|
| | C | Si | Mn | S | P | $R_{eH}(R_{p0.2})$ /MPa | $R_m$ /MPa | $A_5$ (%) | |
| ZG 200-400 | 0.20 | | 0.80 | | | 200 | 400 | 25 | 受力不大，要求韧性的机件，如机座、变速箱壳体 |
| ZG 230-450 | 0.30 | 0.60 | | 0.035 | 0.035 | 230 | 450 | 22 | 机座、机盖、箱体 |
| ZG 270-500 | 0.40 | | 0.90 | | | 270 | 500 | 18 | 飞轮、机架、蒸汽锤、水压机工作缸、横梁 |
| ZG 310-570 | 0.50 | | | | | 310 | 570 | 15 | 载荷较大的零件，如大齿轮、联轴器、气缸 |
| ZG 340-640 | 0.60 | | | | | 340 | 640 | 10 | 起重机中的齿轮、联轴器 |

注：1. 表中所列的各牌号性能，适应于厚度为 100mm 以下的铸件。

2. 表中数据摘自国家标准 GB/T 11352—2009。

从 Fe-Fe$_3$C 相图中可以看出，铸钢的凝固温度区间较大，流动性差，容易形成分散的缩孔，偏析严重，因此，铸造性能较差。另外，铸件在凝固过程中的收缩率较大，容易因内应力而造成变形和开裂。

## 第四节　低合金高强度结构钢

低合金高强度结构钢是一类可焊接的低碳低合金工程结构用钢，主要用于房屋、桥梁、船舶、车辆、铁道、高压容器及大型军事工程等工程结构件。低合金高强度结构钢是结合我国资源条件（主要加入锰）而发展起来的优良低合金钢之一。钢中 $w(C) \leqslant 0.2\%$（低碳可使钢具有较好的塑性和焊接性），$w(Mn) = 0.8\% \sim 1.7\%$（Mn 为我国富有而便宜的元素），辅以我国富产资源钒、铌等元素，通过强化铁素体、细化晶粒等作用，使其具备了高的强度和韧性，良好的综合力学性能和耐蚀性能等。

低合金高强度结构钢通常是在热轧经退火（或正火）状态下供应的，使用时一般不进行热处理。

低合金高强度结构钢分为镇静钢和特殊镇静钢，在牌号的组成中没有表示脱氧方法的符号，其余表示方法与碳素结构钢相同。例如 Q390A，表示屈服强度为 390MPa 的 A 级质量的低合金高强度结构钢。

常用的低合金高强度结构钢的牌号、力学性能、应用举例及新旧牌号对照见表 5-9 和表 5-10。

表 5-9　新旧低合金高强度结构钢的牌号对照及应用举例

| 新牌号 | 旧牌号 | 应用举例 |
|---|---|---|
| Q345 | 12MnV、14MnNb、16Mn、18Nb、16MnRE | 船舶、铁路车辆、桥梁、管道、锅炉、压力容器、石油储罐、起重及矿山机械、电站设备厂房钢架等 |
| Q390 | 15MnTi、16MnNb、10MnPNbRE、15MnV | 中高压锅炉汽包、中高压石油化工容器、大型船舶、桥梁、车辆、起重机及其他较高载荷的焊接结构件等 |
| Q420 | 15MnVN、14MnVTiRE | 大型船舶、桥梁、电站设备、起重机械、机车车辆、中压或高压锅炉及容器及其大型焊接结构件等 |
| Q460 | — | 淬火加回火后用于大型挖掘机、起重运输机械、钻井平台等 |

表 5-10　低合金高强度结构钢的牌号和力学性能

| 牌号 | 质量等级 | 厚度（直径）/mm | | | | $R_m$/MPa | $A$（%） | 冲击吸收能量 $KV_2$（纵向）/J | | | | 180°弯曲试验（$d$ 为弯心直径，$a$ 为试样厚度，钢材厚度或直径）/mm | |
|---|---|---|---|---|---|---|---|---|---|---|---|---|---|
| | | ≤16 | >16 ~ 40 | >40 ~ 63 | >63 ~ 80 | | | +20℃ | 0℃ | -20℃ | -40℃ | ≤16 | >16 ~ 100 |
| | | $R_{eL}$/MPa（≥） | | | | | | ≥ | | | | | |
| Q345 | A | 345 | 335 | 325 | 315 | 450 ~ 630 | 17 | | | | | $d = 2a$ | $d = 3a$ |
| | B | 345 | 335 | 325 | 315 | 450 ~ 630 | 17 | 34 | | | | $d = 2a$ | $d = 3a$ |
| | C | 345 | 335 | 325 | 315 | 450 ~ 630 | 18 | | 34 | | | $d = 2a$ | $d = 3a$ |
| | D | 345 | 335 | 325 | 315 | 450 ~ 630 | 18 | | | 34 | | $d = 2a$ | $d = 3a$ |
| | E | 345 | 335 | 325 | 315 | 450 ~ 630 | 18 | | | | 34 | $d = 2a$ | $d = 3a$ |

（续）

| 牌号 | 质量等级 | 厚度（直径）/mm | | | | $R_m$/MPa | A（%） | 冲击吸收能量 $KV_2$（纵向）/J | | | | 180°弯曲试验（d为弯心直径，a为试样厚度，钢材厚度或直径）/mm | |
|---|---|---|---|---|---|---|---|---|---|---|---|---|---|
| | | ≤16 | >16~40 | >40~63 | >63~180 | | | +20℃ | 0℃ | -20℃ | -40℃ | <16 | >16~100 |
| | | $R_{eL}$/MPa（≥） | | | | | | ≥ | | | | | |
| Q390 | A | 390 | 370 | 350 | 330 | 470~650 | 18 | | | | | d=2a | d=3a |
| | B | 390 | 370 | 350 | 330 | 470~650 | 18 | 34 | | | | d=2a | d=3a |
| | C | 390 | 370 | 350 | 330 | 470~650 | 18 | | 34 | | | d=2a | d=3a |
| | D | 390 | 370 | 350 | 330 | 470~650 | 18 | | | 34 | | d=2a | d=3a |
| | E | 390 | 370 | 350 | 330 | 470~650 | 18 | | | | 34 | d=2a | d=3a |
| Q420 | A | 420 | 400 | 380 | 360 | 500~680 | 18 | | | | | d=2a | d=3a |
| | B | 420 | 400 | 380 | 360 | 500~680 | 18 | 34 | | | | d=2a | d=3a |
| | C | 420 | 400 | 380 | 360 | 500~680 | 18 | | 34 | | | d=2a | d=3a |
| | D | 420 | 400 | 380 | 360 | 500~680 | 18 | | | 34 | | d=2a | d=3a |
| | E | 420 | 400 | 380 | 360 | 500~680 | 18 | | | | 34 | d=2a | d=3a |
| Q460 | C | 460 | 440 | 420 | 400 | 530~720 | 16 | | 34 | | | d=2a | d=3a |
| | D | 460 | 440 | 420 | 400 | 530~720 | 16 | | | 34 | | d=2a | d=3a |
| | E | 460 | 440 | 420 | 400 | 530~720 | 16 | | | | 34 | d=2a | d=3a |

注：冲击吸收能量是公称厚度为12~150mm时所测得的数据。

由于低合金高强度结构钢具有一系列优良的性能，所以近年来发展极为迅速，有取代碳素结构钢的趋势，已成为我国钢铁生产的方向之一。特别是 Q345A 生产最早，产量最大，低温性能较好，可以在 -40~450℃ 范围内使用。南京长江大桥就是采用 Q345A 建造的。目前，它已在锅炉、高压容器、油管、大型钢结构以及汽车、拖拉机、挖掘机等方面获得广泛应用。

## 第五节 机械结构用的合金钢

机械结构用的合金钢主要用于制造各种机械零件，其质量等级都属于特殊质量等级，大多需经热处理后才能使用。按用途及热处理特点，机械结构用合金钢可分为合金渗碳钢、合金调质钢、合金弹簧钢、滚动轴承钢等。

### 一、合金渗碳钢

渗碳钢通常是指经渗碳淬火、回火后使用的钢。它用以制造表面承受强烈摩擦，并承受动载荷的零件。这类零件要求钢材表面具有高硬度，心部具有较高的强度和韧性。优质碳素结构钢和合金结构钢中的低碳钢均可用作渗碳钢。但前者因淬透性差、心部强度不高等缺点，一般只用来制造承受载荷较低、形状简单、尺寸较小的不重要渗碳零件。要求较高的渗碳零件应采用合金渗碳钢。常用的渗碳钢的牌号、力学性能和应用举例见表5-11。

1. 化学成分 $w(C)$ 在 0.10%~0.25% 之间，加入铬、镍、锰、硼等元素，可提高钢的淬透性，保证渗碳淬火后，心部获得低碳马氏体，从而提高强度及韧性。铬有利于在渗碳层中获得细的碳化物，提高表面硬度。另外，加入钒、钛等细化晶粒的元素，防止渗碳时晶粒粗大。

表 5-11　常用的渗碳钢的牌号、力学性能和应用举例

| 牌　号 | 毛坯尺寸 /mm | $R_m$ | $R_{eL}$ | $A$ | $Z$ | $KU_2$ /J | 应　用　举　例 |
|---|---|---|---|---|---|---|---|
| | | MPa | | % | | | |
| 20Cr | 15 | 835 | 540 | 10 | 40 | 47 | 齿轮、小轴、活塞销 |
| 20Mn2 | 15 | 785 | 590 | 10 | 40 | 47 | 中等负荷齿轮、离合器、主轴、导向板 |
| 20CrMnTi | 15 | 1080 | 850 | 10 | 45 | 55 | 汽车、拖拉机的变速齿轮，传动轴 |
| 20MnVB | 15 | 1080 | 885 | 10 | 45 | 55 | |
| 20Cr2Ni4 | 15 | 1180 | 1080 | 10 | 45 | 63 | 大型渗碳齿轮和轴类 |
| 18Cr2Ni4WA | 15 | 1180 | 835 | 10 | 45 | 78 | |

注：表中数据摘自国家标准 GB/T 3077—1999。

2. 热处理和性能特点　合金渗碳钢的热处理过程是渗碳后淬火加低温回火。热处理后渗碳层组织为高碳回火马氏体和特殊碳化物，表层硬度可达 60 ~ 62HRC；心部组织与钢材淬透性及零件尺寸有关，一般为低碳回火马氏体，具有较好的塑性和韧性以及足够的强度。

20CrMnTi 是应用普遍的一种合金渗碳钢。它的淬透性较高，心部强度较高，加热时晶粒长大倾向小，渗碳速度快，淬火变形小，在低温下的冲击韧度也较好，因此适宜于制造淬硬层深度在 30mm 以下，承受冲击和摩擦的高、中速中等载荷零件，如齿轮、十字头等。近年来，价廉的含硼渗碳钢 20MnVB、20MnTiB 等在汽车、拖拉机制造中正逐渐取代20CrMnTi 钢。

**二、合金调质钢**

调质钢是指经调质处理（淬火加高温回火）后使用的钢，主要用以制造受力情况比较复杂的零件，如机器中传递动力的轴、连杆、齿轮等。这类零件不仅要求有很高的强度，而且要求很好的塑性及韧性，即要求良好的综合力学性能。优质碳素结构钢中 40、45、50 钢是常用的调质钢。这类钢价格便宜，工艺简单，但有淬透性差、调质后综合力学性能不够理想等缺点，仅适用于制造形状简单、尺寸小的零件。许多重要零件必须选用合金调质钢。

常用合金调质钢的牌号、热处理工艺、力学性能和应用举例见表 5-12。

表 5-12　常用合金调质钢的牌号、热处理工艺、力学性能和应用举例

| 牌　号 | 试样尺寸 /mm | 热 处 理 工 艺 | | | 力 学 性 能 ≥ | | | | | 应　用　举　例 |
|---|---|---|---|---|---|---|---|---|---|---|
| | | 淬火温度 /℃ | 淬火冷却介质 | 回火温度 /℃ | $R_m$ /MPa | $R_{eL}$ /MPa | $A$ (%) | $Z$ (%) | $a_K$ /(J/cm²) | |
| 40Cr | 25 | 850 | 油 | 520 | 980 | 785 | 9 | 45 | 60 | 重要调质件,如轴、连杆螺栓、重要齿轮、蜗杆 |
| 40MnVB | 25 | 850 | 油 | 520 | 980 | 785 | 10 | 45 | 60 | |
| 35CrMo | 25 | 850 | 油 | 550 | 980 | 835 | 12 | 45 | 80 | 重要调质件,如主轴、曲轴、连杆、齿轮 |
| 30CrMnSi | 25 | 880 | 油 | 520 | 1080 | 885 | 10 | 45 | 50 | |

（续）

| 牌　号 | 试样尺寸 /mm | 热 处 理 工 艺 | | | 力 学 性 能 ≥ | | | | | 应用举例 |
|---|---|---|---|---|---|---|---|---|---|---|
| | | 淬火温度 /℃ | 淬火冷却介质 | 回火温度 /℃ | $R_m$ /MPa | $R_{eL}$ /MPa | $A$ (%) | $Z$ (%) | $a_K$ /(J/cm²) | |
| 40CrMnMo | 25 | 850 | 油 | 600 | 980 | 785 | 10 | 45 | 80 | 高强度零件,如航空发动机轴 |
| 40CrNiMoA | 25 | 850 | 油 | 600 | 980 | 835 | 12 | 55 | 100 | |
| 30CrMnTi | 试样 | 880 | 油 | 200 | 1470 | — | 9 | 40 | 60 | 重载、大截面重要零件,如汽车、拖拉机的主动锥齿轮 |

注：表中数据摘自国家标准 GB/T 3077—1999。

1. 化学成分　$w(C) = 0.25\% \sim 0.5\%$。加入合金元素，能强化铁素体，细化晶粒及提高耐回火性，特别是提高淬透性，使合金调质钢性能大大提高。

2. 热处理和性能　调质钢最终热处理是淬火加高温回火。合金调质钢的淬透性好，一般采用油淬，调质后组织为回火索氏体。如果零件要求耐磨或高强度而承受冲击载荷不大，则调质后可再进行表面淬火或化学热处理。

40Cr 钢是合金调质钢中最常用的钢种。该钢中 Cr 的质量分数为 1% 左右，提高了钢的淬透性和耐回火性，力学性能也因之而显著提高。40Cr 钢与 45 钢在调质后力学性能的比较见表 5-13。

表 5-13　40Cr 钢与 45 钢调质后力学性能的比较

| 牌号及热处理 | 试样尺寸 /mm | $R_m$ /MPa | $R_{eL}$ /MPa | $A$ (%) | $Z$ (%) | $a_K$ /(J/cm²) |
|---|---|---|---|---|---|---|
| 40Cr　850℃油淬 + 520℃回火 | 25 | 980 | 785 | 9 | 45 | 60 |
| 45　840℃水淬 + 600℃回火 | 25 | 600 | 355 | 16 | 40 | 39 |

### 三、合金弹簧钢

弹簧是一种能够产生大量弹性变形的零件。弹簧通过变形可以吸收冲击能量，缓减机械上的振动，如火车、大炮的缓冲弹簧等；还可以储存能量，用以使机件完成某些动作，如发动机的制动弹簧、钟表发条等。

弹簧一般是在动载荷、交变应力的条件下工作的。弹簧失效是由于疲劳破坏所引起的，因此要求制作弹簧的材料具有高强度、高的疲劳极限，足够的塑性、韧性及良好的表面质量，还要求在冷、热状态下易于成型。

碳素弹簧钢中 $w(C) = 0.6\% \sim 0.9\%$，常用钢有 65、70、75、85 四种，但它们淬透性差，适用直径小于 15mm 的小弹簧。如果弹簧未淬透，将会使弹簧的屈服强度显著降低，以致弹簧在工作时产生塑性变形。因此，较大截面的弹簧必须采用合金钢制作。

1. 化学成分　合金弹簧钢中 $w(C) = 0.45\% \sim 0.7\%$，主要合金元素是硅、锰，用以提高钢的淬透性。硅能显著提高钢的弹性极限，但含量过高时，会使钢在加热时容易脱碳，所以一般不单独加入，而是与锰同时加入。对各项性能要求较高的弹簧钢，还要加入铬、钒等元素，以提高钢的性能。

2. 加工处理特点及性能　弹簧的加工成形方法有两种。

（1）冷成形　适用于小型弹簧（直径小于 10mm），采用冷拔钢丝或冷轧钢带制作。钢材经过冷卷和冷轧，由于冷加工硬化作用，屈服强度大为提高。冷卷成形后的弹簧，只需在 200 ~ 300℃ 进行去应力处理，以稳定弹簧的几何尺寸和消除内应力。

（2）热成形　适用于大型弹簧，热成形后进行淬火及中温（400 ~ 520℃）回火，可获得很高的疲劳极限和弹性极限。例如，解放牌汽车板弹簧及火车缓冲弹簧多采用 60Si2Mn，热成形后经淬火与中温回火制成。

硅锰钢的最高工作温度在 250℃ 以下，含铬、钒、钨的弹簧钢可在 350℃ 以下工作。例如，50CrVA 钢具有高的强度，在 300℃ 以下工作时性能较稳定，并具有良好的低温冲击韧度。常用弹簧钢的牌号、热处理工艺、力学性能及应用举例见表 5-14。

表 5-14　常用弹簧钢的牌号、热处理工艺、力学性能及应用举例

| 牌　号 | | 热处理 | | 力学性能 | | | | 应　用　举　例 |
|---|---|---|---|---|---|---|---|---|
| | | 淬火温度 | 回火温度 | $R_m$ | $R_{eL}$ | $A$ | $Z$ | |
| | | ℃ | | MPa | | % | | |
| 碳素弹簧钢 | 65 | 840 | 500 | 980 | 785 | 9 | 35 | 外径小于 15mm 的小弹簧 |
| | 65Mn | 830 | 540 | 980 | 785 | 8 | 30 | 外径小于 20mm 的冷卷弹簧，以及阀簧、离合器簧片、制动弹簧 |
| 合金弹簧钢 | 60Si2Mn | 870 | 480 | 1275 | 1180 | 5 | 25 | 机车板簧、拖曳弹簧、测力弹簧、250℃ 以下使用的弹簧 |
| | 50CrVA | 850 | 500 | 1275 | 1130 | 10 | 40 | 汽车板簧、300℃ 以下使用的耐热弹簧、安全阀弹簧 |

注：表中数据摘自国家标准 GB/T 1222—2007。

### 四、滚动轴承钢

制造滚动轴承的专用钢叫做滚动轴承钢。轴承在工作时，承受的集中和交变载荷，可达每分钟数万次，因此要求轴承材料具有高的疲劳极限、良好的耐磨性和一定的韧性。一般轴承处于腐蚀性介质中工作，因而还要求其具有耐蚀能力。

1. 化学成分　目前常用的是铬轴承钢，其 $w(C) = 0.95\% ~ 1.15\%$，以保证轴承具有高的强度、硬度和耐磨性。主加元素铬用以提高淬透性，并使钢材在热处理后形成细小且均匀分布的合金渗碳体，提高钢的强度、疲劳极限及耐磨性。当制造大型轴承时，为了进一步提高淬透性，还可加入硅、锰元素。滚动轴承钢是一种高级优质钢，对纯度要求极高，非金属夹杂物及硫、磷杂质的含量很小 $[w(P) < 0.027\%, w(S) < 0.020\%]$。

2. 热处理　滚动轴承钢将球化退火作为预备热处理，以改善切削加工性能，并为淬火作好组织准备，减少淬火的变形和开裂倾向。在进行最终热处理（淬火和低温回火）后，其硬度为 62 ~ 66HRC。滚动轴承钢主要用于制造轴承的滚珠、滚柱和轴承套，也可以作为工具钢使用，用以制造刃具（如丝锥、板牙、铰刀）及量具等。

生产精密轴承或量具时，滚动轴承钢淬火后应立即进行一次冷处理<sup>⊖</sup>，消除残留奥氏

---

⊖　冷处理是将淬火后的钢在 -60 ~ -80℃ 保温一定时间，使残留奥氏体充分转变为马氏体。

体，稳定组织和尺寸。

常用滚动轴承钢的牌号、化学成分、热处理工艺及应用举例见表 5-15。

**表 5-15 常用滚动轴承钢的牌号、化学成分、热处理工艺及应用举例**

| 牌 号 | 化学成分（质量分数，%） | | | | 热处理工艺 | | | 应用举例 |
|---|---|---|---|---|---|---|---|---|
| | C | Cr | Mn | Si | 淬火温度/℃ | 回火温度/℃ | 回火后的硬度 HRC | |
| GCr6 | 1.05~1.15 | 0.4~0.7 | | | 800~820 | | | 用于制造直径小于 10mm 的滚珠或滚针 |
| GCr9 | 1.0~1.1 | 0.9~1.2 | 0.2~0.4 | 0.15~0.35 | 810~830 | 150~160 | 62~64 | 用于制造直径小于 20mm 的滚珠或滚柱 |
| GCr15 | 0.95~1.05 | 1.3~1.65 | | | 820~840 | | | 用于高载荷的钢球、套圈 |
| GCr15SiMn | 0.95~1.05 | 1.3~1.65 | 0.9~1.2 | 0.4~0.65 | 820~840 | 150~170 | >62 | 大型轴承钢球（直径大于 50mm） |

# 第六节 合金工具钢和高速工具钢

工具钢按化学成分可分为非合金工具钢、合金工具钢和高速工具钢三大类。合金工具钢与非合金（碳素）工具钢相比，主要是合金元素提高了钢的淬透性、耐回火性和强韧性，但添加合金元素后，有时也会带来不利影响，如脱碳敏感性、回火脆性等，也可能降低可加工性。

合金工具钢通常以用途分类，按国家标准（GB/T 1299—2000）分成六组，即量具刃具用钢、耐冲击工具用钢、冷作模具钢、热作模具钢、无磁模具钢和塑料模具钢。

**一、量具刃具用钢**

量具刃具用钢中的合金元素总量少，主要有铬、硅、锰等元素。与碳素工具钢相比，量具刃具用钢主要在淬透性方面有明显提高，在热硬性、硬度、耐磨性等方面并无显著改善。因此，从应用方面看，量具刃具用钢主要用于制造形状较复杂、截面尺寸较大的低速切削刃具。

量具是机械制造过程中控制加工精度的测量工具，如卡尺、千分尺、量块、样板等。它们在使用时常与被测工件接触，受到磨损和碰撞。因此，量具应该具有高硬度、高耐磨性、高的尺寸稳定性以及足够的韧性。量具刃具用钢含碳量高，一般为 $w(C)=0.9\%~1.5\%$。为了减少淬火变形，常向量具刃具用钢中加入 Cr、W、Mn 等元素，以提高其淬透性，使淬火时可采用较缓和的淬火冷却介质，减少热应力及变形，以保证高的尺寸精度。简单的量具，如卡尺、样板、钢直尺、量块等，采用 T10A、T11A、T12A、Cr2、9SiCr 等钢制造；形状复杂、对精度要求高的量具，如量块、塞规等，一般采用热处理变形小的冷作模具钢（如 CrWMn）或滚动轴承钢制造；要求耐蚀性的量具，可用马氏体型不锈钢（如 30Cr13、40Cr13、95Cr18 等）制造。

常用量具刃具用钢的牌号、化学成分、热处理工艺和应用举例见表 5-16。

**表 5-16　常用量具刃具用钢的牌号、化学成分、热处理工艺和应用举例**

（摘自 GB/T 1299—2000）

| 牌号 | 化学成分（质量分数,%） | | | | | | 热处理工艺 | | 应 用 举 例 |
|---|---|---|---|---|---|---|---|---|---|
| | C | Si | Mn | Cr | P | S | 淬火温度和淬火冷却介质 | 淬火后的硬度 HRC | |
| | | | | | 不大于 | | | | |
| 9SiCr | 0.85 ~ 0.95 | 1.20 ~ 1.60 | 0.30 ~ 0.60 | 0.95 ~ 1.25 | 0.03 | | 820 ~ 860℃, 油 | ≥62 | 用于制造板牙、丝锥、钻头、铰刀、齿轮铣刀、拉刀等,还可用于制造冷冲模、冷轧辊等 |
| Cr06 | 1.30 ~ 1.45 | ≤0.40 | ≤0.40 | 0.50 ~ 0.70 | 0.03 | | 780 ~ 810℃, 水 | ≥64 | 用于制造剃刀、刀片、手术刀具,以及刮刀、刻刀等 |
| Cr2 | 0.95 ~ 1.10 | ≤0.40 | ≤0.40 | 1.30 ~ 1.65 | 0.03 | | 830 ~ 860℃, 油 | ≥62 | 用于制造低速切削刀具,也可用于制造样板、量规、冷轧辊等 |
| 9Cr2 | 0.80 ~ 0.95 | ≤0.40 | ≤0.40 | 1.30 ~ 1.70 | 0.03 | | 820 ~ 850℃, 油 | ≥62 | 主要用于制造冷轧辊、钢印、冲孔凿、冷冲模、冲头量具及木工工具等 |

### 二、耐冲击工具钢

这类钢是在 CrSi 钢的基础上添加质量分数为 2.0% ~ 2.5% 的 W,以细化晶粒,提高回火后的韧性。例如,5CrW2Si 钢等（GB/T 1299—2000）,主要用于制造风动工具、錾、冲模、冷作模具等。

### 三、合金模具钢

用于制造冲压、锻造和压铸等模具的钢统称为模具钢。按使用状态,模具钢可分为冷作模具钢和热作模具钢,另外还有专用的无磁模具钢和塑料模具钢。

1. **冷作模具钢**　冷作模具的工作温度不超过 300℃,在工作中承受很大的压力、弯曲应力、冲击力和摩擦力。冷作模具正常报废是由于磨损,也有因断裂、崩角和变形超差等而提早报废的。为此,要求冷作模具钢应具有高硬度（一般为 58 ~ 62HRC）、高耐磨性,并要有足够的强度和韧性。冷作模具的精度要求高,因此要求热处理变形小。冷作模具钢也应有较高的含碳量,以保证获得高硬度和高耐磨性。其合金元素的作用与合金刃具钢相似,加入一定量的铬、锰、硅等元素,主要目的是提高淬透性,加入钨、钒等元素是为了提高钢的耐磨性。

工作时受力较轻的小型冷作模具,可采用 9Mn2V 钢制造,而形状复杂、高精度的冷冲模具可用 CrWMn 或 GCr15 等钢制造。

对于承受重负荷、截面较大、形状复杂、要求高耐磨性和高淬透性、变形量小的冷作模具,如螺纹滚模、拉丝模等,采用 Cr12、Cr12MoV 等高碳高铬钢制造。这类钢组织中的碳化物量很多,耐磨性很高,在选用合适的热处理规范时,可以使模具的变形量达到最小,故又称为微变形钢。另外,微变形钢 Cr4W2MoV 的组织中共晶碳化物颗粒细小,分布均匀,具有较高的淬透性、淬硬性和尺寸稳定性,可代替 Cr12、Cr12MoV 钢作硅钢片冲裁模、冷镦模、冷挤压模、拉拔模、搓丝板等。

冷作模具钢的热处理一般采用淬火加低温回火（Cr12 型钢例外⊖）。

---

⊖ Cr12 型钢的热处理工艺同高速钢相似。

2. **热作模具钢** 热作模具用于使加热后的金属或液态金属获得所需的形状。其型腔表面温度可达 600℃ 以上。在繁重的条件下工作，对它有如下要求：

1）由于工作时承受很大的冲击力，因此要求模具具有高的强度，韧性以及一定的耐磨性。

2）由于模具的型腔与热金属接触，因此要求模具在高温下仍能保持高的力学性能，即有高的耐回火性。

3）热作模具工作时反复受热受冷，多数模具是因这种反复冷热的"热疲劳"引起表面裂纹的发展而报废的，因此热作模具还应具有抗热疲劳的能力。

4）热作模具一般是较大型的，为了使整个截面有均匀的力学性能，要求其有高的淬透性。

5）要求热作模具有好的导热性，使型腔的热量迅速散开，从而使温度不致过高。

热作模具钢一般为中碳合金钢。如果碳含量过高，将使其塑性下降，导热性也较差；如果碳含量过低，则其硬度和耐磨性达不到要求。所以，热作模具钢的 $w(C) = 0.3\% \sim 0.6\%$。

锤锻模要求韧性较高，不强调对热硬性的要求，常采用 5CrMnMo 和 5CrNiMo 钢（淬透性好，用于厚度大于 400mm 的大型模具）。

压铸模、热挤压模要求热强度和热硬性较高，常选用 3Cr2W8V 和 4Cr5MoSiV 钢。

热作模具钢的最终热处理一般采用调质或淬火加中温回火，以保证其具有足够的韧性及强度。

**四、高速工具钢**

高速工具钢简称为高速钢。它的热硬性可达 600℃，快速切削时仍能保持刃口锋利，俗称为锋钢。

1. **高速钢的化学成分及其作用** 高速钢中含碳量较高，$w(C) = 0.7\% \sim 1.50\%$，并含有大量的钨、钼、铬、钒等合金元素 $[w(Me) > 10\%]$。较高的含碳量可保证形成足够的碳化物，提高硬度和耐磨性；加入钨与钼是为了保证获得高的热硬性；加入的铬能全部溶入奥氏体中，可增加奥氏体的稳定性，使钢的淬透性大大提高；加入钒能显著提高钢的硬度、耐磨性与热硬性，并能有效地细化晶粒。

常用高速工具钢的牌号、化学成分、热处理工艺及应用举例见表 5-17。

**表 5-17 常用高速工具钢的牌号、化学成分、热处理工艺及应用举例**

| 牌 号 | 化 学 成 分 （质量分数，%） | | | | | | 热处理工艺/℃ | | 硬度 HRC | 应用举例 |
|---|---|---|---|---|---|---|---|---|---|---|
| | C | W | Mo | Cr | V | Al | 淬火（箱式炉） | 回火 | | |
| W18Cr4V | 0.73 ~ 0.83 | 17.20 ~ 18.70 | — | 3.80 ~ 4.50 | 1.00 ~ 1.20 | — | 1260 ~ 1280 | 550 ~ 570 | ≥63 | 600℃ 工作温度下各种复杂刀具，如拉刀、车刀、齿轮刀具、刨刀等 |
| W6Mo5Cr4V2 | 0.80 ~ 0.90 | 5.50 ~ 6.75 | 4.50 ~ 5.50 | 3.80 ~ 4.40 | 1.75 ~ 2.20 | — | 1210 ~ 1230 | 540 ~ 560 | ≥64 | 承受冲击力较大的刀具，如插齿刀、钻头、丝锥等 |
| W6Mo5Cr4V2Al | 1.05 ~ 1.15 | 5.50 ~ 6.75 | 4.50 ~ 5.50 | 3.80 ~ 4.40 | 1.75 ~ 2.20 | 0.80 ~ 1.20 | 1230 ~ 1240 | 550 ~ 570 | ≥65 | 加工碳素钢、合金钢、高速工具钢、不锈钢、高温合金的刀具 |

注：表中数据摘自 GB/T 9943—2008。

2. 高速工具钢的热处理　高速工具钢铸态组织中的莱氏体非常粗大且碳化物分布极不均匀，不能靠热处理来改善。要使高速工具钢具有良好的力学性能，必须经过正确的锻造和热处理。通过反复锻打，将钢中碳化物打碎，使其均匀分布，然后进行球化退火，改善其切削加工性能，制成所需形状、尺寸的刀具，再进行淬火、回火，获得高的硬度和耐磨性。

（1）退火　高速工具钢锻件硬度很高，为便于切削加工，并为淬火作好组织准备，必须进行退火，一般采用球化退火。退火后获得索氏体和颗粒状碳化物组织，硬度为255～285HBW。

（2）淬火和回火　高速工具钢刀具所要求的硬度、强度、热硬性和耐磨性是通过正确的淬火和回火获得的。所以，淬火、回火工艺的好坏，决定刀具的使用性能和寿命。它是热处理的关键。图5-1 所示为 W18Cr4V 钢的最终热处理工艺曲线。

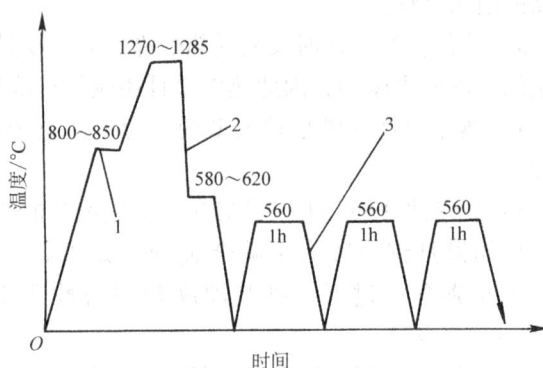

图 5-1　W18Cr4V 钢的最终热处理工艺曲线
1—预热　2—分级淬火　3—三次回火

由该工艺曲线可知，高速工具钢淬火、回火的特点是：淬火加热温度高（一般在 1200～1300℃），淬火后要在 560℃ 三次回火。

高速工具钢含有大量合金元素，塑性低，导热性差，淬火加热时为了避免变形开裂，一定要预热。预热还可以缩短高温加热的时间，有利于防止工件的氧化和脱碳。一次预热在800～850℃进行，两次预热可以分别在 500～600℃ 和 800～850℃ 进行。淬火加热时应保证钨、钼、钒等元素尽可能溶入奥氏体，以提高钢的热硬性。因钨和钒在加热到 1000℃ 以上时，在奥氏体中的溶解量才显著增加，故高速工具钢的淬火加热温度必须很高。

其淬火冷却常用油冷或分级淬火方法。高速工具钢淬火后的组织由马氏体、未溶特殊碳化物与大量残留奥氏体组成。残留奥氏体量多达 20%～30%（体积分数）。为了促使残留奥氏体转变，必须在 550～570℃ 重复进行三次回火，以使残留奥氏体基本消除。在回火过程中，析出细小的特殊碳化物，且残留奥氏体转变为回火马氏体，从而使钢的硬度有所提高。为进一步提高高速工具钢刀具的切削能力，其表面还可进行化学热处理。

高速工具钢的品种较多，主要是钨系高速工具钢和钨钼系高速工具钢，此外还有含钴高速工具钢及含铝超硬型高速工具钢等。

钨系高速工具钢以 W18Cr4V 为代表。其突出的优点是通用性强，有适当的热硬性和良好的耐磨性，脱碳敏感性小而淬透性高（在空气中即可淬硬），并有好的韧性，磨削加工性好。但其碳化物分布不均匀，热塑性低，热导率小。钨系高速工具钢广泛用于制作工作温度在 600℃ 以下的各种复杂刀具，如拉刀、螺纹铣刀、成形车刀、齿轮刀具等，也广泛用于制造麻花钻、铣刀和机用丝锥，适于加工软的或中等硬度的材料。

钨钼系高速工具钢以 W6Mo5Cr4V2 为代表。它的主要特点是热塑性、使用状态的韧性和耐磨性均优于钨系高速工具钢。由于钼的存在，使其碳化物细小、分布均匀，且价格便宜。但它的磨削加工性稍次于 W18Cr4V 钢，脱碳敏感性也较大。钨钼系高速工具钢广泛用于制作承受冲击力较大的刀具，如插齿刀、钻头等。

W6Mo5Cr4V2A1 是我国独创的含铝无钴超硬型高速工具钢。其硬度、热硬性很高，可加工性良好，缺点是过热敏感性较大，氧化脱碳倾向较强。其适于制作各种快速切削刀具，可加工碳素钢、合金钢、高速钢、不锈钢、高温合金等。

高速工具钢除了制作各种刀具外，也用于制作冷挤压模具、冲头以及受热耐磨零件。高速工具钢是贵重的工具钢，使用时应注意节约。

# 第七节 特殊性能钢

特殊性能钢是指用特殊用途和具有特殊的物理、化学性能的钢，如不锈钢、耐热钢、耐磨钢、超高强度钢、低温用钢、电工用钢等。

特殊性能钢在工业上的应用越来越广泛，并且发展十分迅速。这里只就机械工程上最常用的几种钢作一些简单的介绍。

## 一、不锈钢

在化学工业中，一些设备是在化学介质（如酸、碱、盐及活性气体等）中工作的，其失效大都由腐蚀所致。因此，在这些条件下工作的机械零件或工具，要求材料不仅具有一定的力学性能，而且具有高的耐蚀性能。常用的不锈钢主要是铬钢和铬镍钢，以及在此基础上，根据性能要求适当加入其他合金元素的钢。

1. 铬不锈钢 要达到不锈耐蚀目的，钢中 Cr 的质量分数必须大于或等于 13%。这类不锈钢主要用于制造在弱腐蚀介质中工作的机械零件和工具。它具有满意的力学性能和适中的耐蚀性，常用的牌号有 12Cr13、20Cr13、30Cr13、32Cr13Mo、68Cr17、85Cr17 等。

碳的质量分数较低的 12Cr13 钢和 20Cr13 钢具有良好的抗大气、淡水、蒸汽等介质腐蚀的性能，适用于制造在这些腐蚀条件下工作，并要求有较高韧性、受冲击载荷的零件，如汽轮机叶片、蒸汽管附件、水压机阀、结构架、螺栓、螺母等。

30Cr13 和 32Cr13Mo 经淬火、低温回火后，得到回火马氏体组织，有较高硬度（50HRC）、耐磨性，用于制造不锈弹簧、轴承、阀片、阀门、手术刀片、医疗器械、不锈刃具，以及在弱酸腐蚀条件下工作的要求较高强度的耐蚀零件。

68Cr17、85Cr17 钢经淬火回火后，硬度可达 54～56HRC，可以制作不锈切片机械刃具及剪切刃具、手术刀片、滚珠轴承等高耐磨耐蚀的零件。

2. 铬镍不锈钢 在 $w(Cr)=18\%$ 的钢中加入质量分数为 9%～10% 的镍，形成铬镍不锈钢如 12Cr18Ni9 等。这类钢经过热处理后，呈单一奥氏体组织，能获得良好的耐蚀性，并且有良好的焊接性、冷加工性（冷变形、深冲）及低温韧性，用于制造在各种腐蚀介质中（硝酸、大部分有机和无机酸的水溶液、磷酸及碱等）使用的吸收塔、酸槽、管道、储藏及运输酸类用的容器等。常用不锈钢的牌号、化学成分和热处理工艺见表 5-18。

铬不锈钢和铬镍不锈钢具有一定的耐热性，如 1Cr13、2Cr13 等可用于工作温度低于 450℃ 的汽轮机叶片。而在铬镍不锈钢中加入钛、铌，如 1Cr18Ni9Ti、0Cr18Ni11Nb 等，可在 500～700℃ 范围内工作。

## 二、耐热钢

金属材料的耐热性是包括抗氧化性和高温强度的一个综合概念。耐热钢就是在高温下不易发生氧化并具有较高强度的钢。

表 5-18　常用不锈钢的牌号、化学成分和热处理工艺

| 牌号 | 化学成分（质量分数,%) | | | | | | | 热 处 理 工 艺 | | |
| --- | --- | --- | --- | --- | --- | --- | --- | --- | --- | --- |
| | C | Cr | Ni | Mn | Si | P | S | 淬火温度 /℃ | 回火温度 /℃ | 硬度 |
| 12Cr13 | 0.08 ~ 0.15 | 11.50 ~ 13.50 | ≤0.60% | ≤1.00 | ≤1.00 | ≤0.040 | ≤0.030 | 950 ~ 1000 油冷 | 700 ~ 750 快冷 | ≥159HBW |
| 30Cr13 | 0.26 ~ 0.35 | 12.00 ~ 14.00 | ≤0.60% | ≤1.00 | ≤1.00 | ≤0.040 | ≤0.030 | 920 ~ 980 油冷 | 600 ~ 750 快冷 | ≥217HBW |
| 68Cr17 | 0.60 ~ 0.75 | 16.00 ~ 18.00 | ≤0.60% | ≤1.00 | ≤1.00 | ≤0.040 | ≤0.030 | 1010 ~ 1070 油冷 | 100 ~ 180 快冷 | ≥54HRC |
| 12Cr18Ni9 | ≤0.15 | 17.00 ~ 19.00 | 8.00 ~ 10.00 | ≤2.00 | ≤1.00 | ≤0.045 | ≤0.030 | 固溶处理： 1010 ~ 1150℃，快冷 | | ≤187HBW |

注：表中数据摘自 GB/T 1220—2007。

耐热钢之所以能够具有抗高温氧化性和热强性，是因为在钢中加入了一定的铬、铝、硅等元素后，使钢在高温下与氧接触时，表面能生成致密的高熔点氧化膜，严密地覆盖住零件表面，保护钢不受高温气体的继续腐蚀。钢中加入钼、钨、钛等元素则能提高钢的高温强度。

耐热钢可分为抗氧化钢、热强钢和气阀钢。

抗氧化钢（如 3Cr18Mn12Si2N、2Cr20Mn9Ni2Si2N 等）主要用于长期在高温下工作但对强度要求不高的零件，如各种加热炉的构件、渗碳炉构件、加热炉传送带等。

热强钢不仅要求在高温下具有良好的抗氧化性，而且具有较高的高温强度。常用的热强钢，如 15CrMo 钢是典型的锅炉钢，可制造在 350℃ 以下工作的零件；14Cr11MoV、15Cr12WMoV 钢有较高的热强性，良好的减振性及组织稳定性，用于蒸汽机叶片、紧固件等。

气阀钢是热强性较高的钢，主要用于高温下工作的气阀，如 42Cr9Si2 钢用于制造 600℃ 以下工作的汽轮机叶片、发动机排气阀；45Cr14Ni14W2Mo 钢是目前应用最多的气阀钢，用于制造工作温度不小于 650℃ 的内燃机重载荷排气阀。

**三、耐磨钢**

有些零件如拖拉机履带、破碎机牙板、球磨机衬板、铁道道岔等，工作时都受到严重磨损及强烈撞击，因此要求很高的耐磨性。通常，采用高锰耐磨钢 ZGMn13 [ $w(C) = 1.0\%$ ~ $1.3\%$ 、 $w(Mn) = 11\%$ ~ $14\%$ ] 来制造。

ZGMn13 铸态为奥氏体和碳化物组织，有脆性。将钢加热至 1000 ~ 1100℃，保温一段时间，使钢中的碳化物全部溶解到奥氏体中，然后迅速在水中冷却，由于冷却速度快，碳化物来不及从奥氏体中析出，能得到单一的奥氏体组织，此方法即为水韧处理。

水韧处理后，高锰钢的韧性、塑性特别高，但硬度仅为 180 ~ 220HBW。它在大的压应力或冲击力下能迅速加工硬化，使硬度由 220HBW 提高到 450 ~ 550HBW。其耐磨性（指高压下的耐磨性，低压下并不耐磨）变得极好，一般比碳素钢高十几倍。高锰钢在冲击下变得硬而耐磨是表面加工硬化，并发生马氏体转变的结果。

高锰钢不易切削加工，但有良好的铸造性能，可铸造成形状复杂的铸件，故高锰钢一般

是铸造后经热处理才使用。

### 四、超高强度钢

超高强度钢一般是指屈服强度在 1176MPa、抗拉强度在 1372MPa 以上的钢。它的主要特点是具有很高的强度和足够的韧性，能承受很高的应力，同时有很大的比强度，使结构尽可能地减轻自重。目前，这种钢主要用于制造薄壁结构飞行壳体和用作火箭、导弹等的结构材料，近年来在工、模具和机械制造方面也开始应用。例如，在合金调质钢的基础上发展起来的 40CrNiMo 钢，常用于航空工业中，如飞机发动机曲轴、大梁、起落架等，在机械工业中用于制造重载荷、要求高强度的重要零件。从热作模具钢移植过来的 4Cr5MoSiV 钢，适于制作超音速飞机的机体。

## 复 习 题

1. 钢中的硫、磷杂质给钢的性能带来什么危害？原因是什么？
2. 为什么称硅、锰为钢中的有益元素？在碳素钢中它们的质量分数范围是多少？
3. 通常所述的中碳钢的含碳量范围是多少？低碳钢和高碳钢的含碳量范围又是多少？
4. 普通、优质、特殊质量碳素钢是如何划分的？
5. 易切削结构钢中为什么可以适当提高硫、磷的含量？说明易切削结构钢的应用场合。
6. 何谓非合金结构钢？何谓非合金工具钢？它们的含碳量范围如何？
7. 说明下列钢号的含义：45、Y35、12MnG、T10A、ZG 270-500。
8. 举例说明下列各种材料的应用：T7、T10A、T12、65Mn、40、08F、ZG 230-450。
9. 与非合金钢相比，合金钢有哪些优越的性能？
10. 试写出常用合金元素的名称和化学符号。
11. 合金元素对钢的性能有哪些影响？
12. 合金钢的分类方法有哪些？其按钢中合金元素的总量如何分类？其按质量如何分类？
13. 普通低合金高强度结构钢有哪些优良性能？其主要用途有哪些？
14. 合金渗碳钢中合金元素的作用有哪些？简述合金渗碳钢的热处理工艺、力学性能和应用举例。
15. 简述合金调质钢的热处理工艺、力学性能和应用举例。
16. 简述合金弹簧钢的力学性能和用途。热变形弹簧的热处理方法有哪些？
17. 滚动轴承钢有什么特点？它的用途有哪些？
18. 简述高速钢的化学成分和各元素的作用。
19. 简述高速钢的热处理工艺及目的。
20. 不锈钢有哪些种类？它们的化学成分有何特点？有什么用途？
21. 耐热钢有哪些种类？各有何特点？代表的牌号是什么？
22. 常用的耐磨钢是哪一种？它采用何种热处理方法？有何特点？

# 第六章 铸 铁

铸铁是在凝固过程中经历共晶转变,用于生产铸件的铁基合金的总称。在这些合金中,碳当量超过了在共晶温度时能使碳保留在奥氏体固溶体中的量。工业上常用的铸铁,碳的质量分数一般在 2.5% ~ 4.0% 的范围内,此外还有较多的硅、锰、硫、磷等杂质。

铸铁在机械制造业中应用很广。按重量百分数计算,在农业机械中铸铁件占 40% ~ 60%,在汽车制造业中占 50% ~ 70%,而在机床和重型机械制造业中占 60% ~ 90%。它之所以能获得广泛的应用,原因是铸铁具有优良的铸造性能和其他性能。特别是由于成功地运用了球化处理和变质方法,大大改善了铸铁的组织和性能,不少原来采用锻钢、铸钢和有色金属制造的机器零件,目前已被铸铁代替,从而使铸铁的应用更为广泛。

根据碳的存在形态,铸铁可分为下列几种:

**一、白口铸铁**

碳除少量溶于铁素体外,绝大部分以渗碳体的形式存在于铸铁中,其断口呈白亮色,故称为白口铸铁。白口铸铁中由于存在大量的渗碳体,因此变得硬而脆,很难进行切削加工。因此,工业上很少直接应用它来制造各种零件,而主要将其用作炼钢的原料,或用来制造可锻铸铁件。但有些零件,如火车轮圈、轧辊和农具等,为了获得较高的表面硬度和耐磨性,常用快冷的办法使这些铸铁表层获得一定深度的白口铸铁组织,而心部得到灰铸铁组织,这种铸铁称为"冷硬铸铁"。

**二、灰铸铁**

碳大部或全部以自由状态的片状石墨形式存在,断口呈暗灰色,故称为灰铸铁。它是目前工业生产中应用最广泛的一种铸铁。

**三、可锻铸铁**

碳大部分或全部以团絮状石墨存在于铸铁中,使铸铁具有较高韧性。可锻铸铁是由一定化学成分的白口铸铁坯件经长时间的高温退火(又称可锻化退火)处理而获得的。

**四、球墨铸铁**

铁液在浇注前经球化处理,使碳大部或全部以自由状态的球状石墨存在,故称为球墨铸铁。

**五、蠕墨铸铁**

高碳、低硫、低磷及含有一定硅、锰量的铁液,经炉前处理后,可得到一种蠕虫状石墨形态的新型铸铁,即蠕墨铸铁。

## 第一节 铸铁的石墨化及其影响因素

**一、铸铁的石墨化**

在铁碳合金中,碳可能以两种形式存在:一种是化合状态的渗碳体($Fe_3C$),另一种是自由状态的石墨(G)。石墨中 $w(C) = 100\%$,具有特殊的简单六方晶格。它的强度、硬度和韧性都很低。

　　铸铁中碳以石墨状态析出的过程称为石墨化。石墨可从液体和奥氏体中直接析出，也可以从渗碳体的分解（即 $Fe_3C \xrightarrow{高温} 3Fe + C$）中得到。石墨化是一种原子扩散过程。

　　根据石墨化程度的不同，可以获得不同的铸铁组织。

**二、影响铸铁石墨化的因素**

　　生产实践证明，铸铁石墨化受到很多因素的影响，其中主要是化学成分和冷却速度的影响。

　　1. 化学成分　碳、硅、锰、硫、磷是铸铁中的主要元素，它们对铸铁石墨化具有不同的影响。

　　碳、硅是促进石墨化的元素。铸件中碳、硅含量越高，石墨化就越充分，但过高的含碳量会出现粗片状石墨。为了综合考虑碳、硅、磷的影响，引入了碳当量的概念，即将铸件中硅、磷等元素的含量折算成碳量，以估计铸铁成分对共晶成分接近程度的指标。具体来说，碳当量（CE）等于硅、磷等元素的折算碳量与实际的总碳量之和。其近似计算公式为

$$CE = C + (Si + P)/3^{\ominus}$$

　　由于共晶成分的铸铁具有最好的铸造性，因此在灰铸铁中，一般将碳的质量分数控制在4.0% 左右。调整铸铁的碳当量，是控制铸铁组织和性能的主要措施。

　　硫是阻碍石墨化的元素，能量强烈促使铸铁白口化，并降低铸铁的流动性，恶化铸造性能，因此应将硫的质量分数控制在 0.15% 以下。

　　锰也是阻碍石墨化的元素。它能增强铁、碳原子的结合力，并能削弱硫的有害作用，提高铸铁的强度。一般将锰的质量分数控制在 0.6% ~ 1.3%。

　　磷对铸铁石墨化的影响不大。

　　2. 冷却速度　冷却速度对铸铁的石墨化影响很大。冷却速度越大，越容易得到白口组织；冷却速度越小，越有利于石墨化。冷却速度受到造型材料、铸造方法、铸件壁厚等因素的影响。因此，为了保证在一般的冷却速度条件下获得灰铸铁，常采用调整铸铁中碳当量的办法。图 6-1 所示为铸件化学成分和冷却速度对铸铁组织的影响。

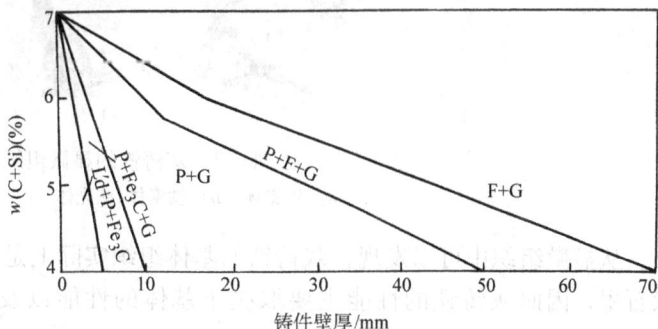

图 6-1　铸件化学成分和冷却速度对铸铁组织的影响

# 第二节　灰　铸　铁

**一、灰铸铁的组织和性能**

　　1. 灰铸铁的化学成分和组织　灰铸铁的化学成分一般为：$w(C) = 2.5\% \sim 4.0\%$，$w(Si) =$

---

　　$\ominus$　碳当量公式中，C、Si、P 的含量均为质量分数。

1.0% ~ 3.0% , $w(Mn) = 0.6\% ~ 1.3\%$ , $w(S) < 0.15\%$ , $w(P) < 0.3\%$ 。

　　根据化学成分和冷却速度对石墨化的影响，灰铸铁可能出现三种不同基体的组织，即铁素体（铁素体 + 石墨）、铁素体-珠光体（铁素体 + 珠光体 + 石墨）、珠光体（珠光体 + 石墨）。灰铸铁的显微组织如图6-2所示。

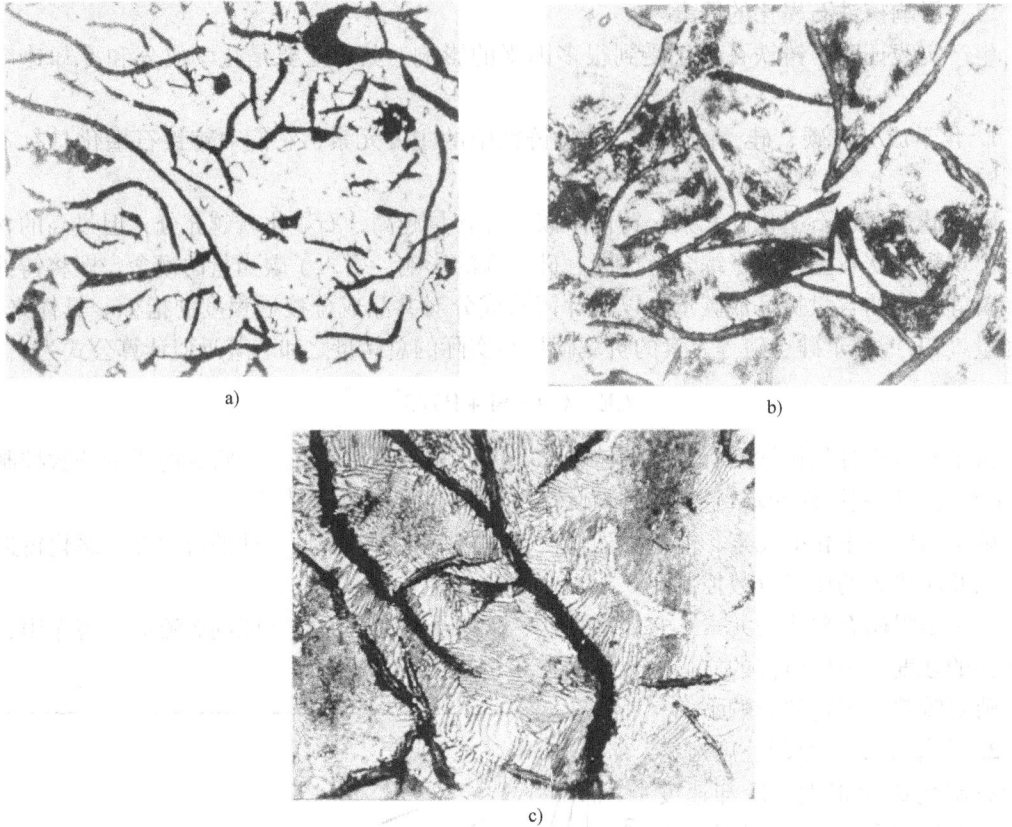

a)

b)

c)

图6-2　灰铸铁的显微组织
a）铁素体　b）铁素体-珠光体　c）珠光体

　　从显微组织中可以发现，灰铸铁的基体组织实际上是在钢的基体组织上分布了大量的片状石墨，因而灰铸铁的性能主要取决于基体的性能以及石墨的数量、形状、大小和分布情况。

　　2. 灰铸铁的性能　　相对钢的基体来说，石墨的强度几乎等于零。所以，灰铸铁中存在石墨，就相当于钢内具有很多细小的孔洞和裂纹，破坏了基体组织的连续性。这些孔洞和裂纹的存在，不仅减少了金属基体承受载荷的面积，而且会在孔洞和裂纹的尖角处引起应力集中，因而使灰铸铁的抗拉强度和塑性大大低于具有相同基体的钢。石墨片越粗大，分布越不均匀，其有害作用就会越大。但石墨片对灰铸铁的抗压强度影响不大，所以灰铸铁的抗压强度与相同基体组织的钢差不多。故铸铁广泛用于制造承受压载荷的零件，如机座、轴承座等。

　　综上所述，灰铸铁的性能主要取决于基体的性能和石墨的数量、形状、大小和分布状况，其中以细晶粒的珠光体基体和细片状石墨组成的灰铸铁的性能最优，应用也最广。

石墨虽然降低了灰铸铁的力学性能，但由于石墨的存在，也使灰铸铁获得了钢所不及的一些优良性能，如石墨片虽破坏了基体的连续性，但使切屑易断，提高了切削加工性能；石墨密度小，比体积大，减少了铸铁凝固时的收缩率，其成分接近共晶成分，流动性又好，使灰铸铁具有良好的铸造性；石墨本身具有润滑作用，硬度低，易剥落，在钢基体上形成空洞，有利于储油，既可起到减摩、减振的作用，又降低了缺口敏感性。

由于灰铸铁具有以上一系列的优良性能而且价廉，易于获得，故目前在工业生产上仍然是应用广泛的金属材料之一。

**二、灰铸铁的孕育处理**

为了提高灰铸铁的力学性能，必须细化和减少石墨片，生产上常采用孕育处理，即往铁液中加入少量的孕育剂，使铁液内同时生成大量均匀分布的石墨晶核，改变铁液的结晶条件，使灰铸铁获得细晶粒的珠光体基体和细片状石墨的组织。经过孕育处理的灰铸铁称为孕育铸铁，又叫变质铸铁。

铸铁的孕育剂采用促进石墨化的物质，如硅铁和硅钙合金。最常用的是 $w(Si)=75\%$ 的硅铁。其加入量一般为铁液总质量的 $0.2\%\sim0.6\%$。

孕育处理时，应适当调整铸铁的化学成分，降低碳、硅含量，以减弱石墨化程度，避免石墨片数量过多和粗大。

经过孕育处理的铸铁，强度有很大提高，并且塑性和韧性也有所提高，因此，常用来制造力学性能要求较高、截面尺寸变化较大的大型铸件。

**三、灰铸铁的牌号及用途**

灰铸铁的牌号用"HT"及数字组成。其中"HT"是"灰铁"两字汉语拼音的第一个字母，其后的数字表示最低的抗拉强度。如 HT200 表示灰铸铁，最低抗拉强度为 200MPa。

灰铸铁的牌号、力学性能及应用举例见表 6-1。

**表 6-1　灰铸铁的牌号、力学性能及应用举例**

| 牌号 | 铸件壁厚 /mm | 最小抗拉强度 /MPa | 应 用 举 例 |
|---|---|---|---|
| HT100 | 5~40 | 100 | 低负荷和不重要的零件，如盖、外罩、手轮、支架、重锤等 |
| HT150 | 5~300 | 150 | 承受中等负荷的零件，如汽轮机泵体、轴承座、齿轮箱、工作台、底座、刀架等 |
| HT200 | 5~300 | 200 | 承受较大负荷的零件，如气缸、齿轮、液压缸、阀壳、飞轮、床身、活塞、制动轮、联轴器、轴承座等 |
| HT250 | | 250 | |
| HT300 | 5~300 | 300 | 承受高负荷的重要零件，如齿轮、凸轮、车床卡盘、剪床、压力机的机身和床身、高压液压筒、滑阀壳体等 |
| HT350 | | 350 | |

注：最小抗拉强度为单铸试棒所测值。

**四、灰铸铁的热处理**

灰铸铁热处理的基本原理和钢相同。用于钢的各种热处理工艺，原则上也可用于灰铸铁。但由于热处理不能改善石墨的形状、分布，对提高力学性能作用不大，因此在灰铸铁生产中，热处理主要用于消除应力和改善切削加工性能等。

1. 去应力退火　目的是消除铸件冷却凝固过程中所产生的内应力，以防止铸件经机械加工后，由于内应力作用而引起铸件变形。

去应力退火是将铸件加热到 500~600℃，保温一段时间，然后随炉缓冷至 150~200℃，出炉空冷。经去应力退火后，铸件内应力基本消除。

2. 降低硬度的退火　铸件的表层及薄壁截面处，由于冷却速度较大，常会产生白口组织，致使切削加工难以进行，所以必须进行退火处理，以降低硬度。

退火方法是将铸件加热到 850~900℃，保温 2~5h，使白口组织中的渗碳体分解为石墨和铁素体，然后随炉冷却至 400~500℃，再出炉空冷。

3. 表面淬火　有些大型铸件的工作表面需要有较高的硬度和耐磨性（如机床导轨表面、内燃机气缸套内壁等），常进行表面淬火处理。其方法有火焰淬火、高频感应淬火、接触电阻加热淬火等多种。

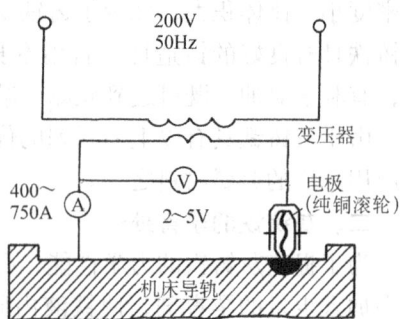

图 6-3　接触电阻加热淬火示意图

图 6-3 是机床导轨的接触电阻加热淬火示意图。它是用一个电极（常用石墨棒或纯铜滚轮）与工件紧密接触，通以低电压、强电流，利用电极与工件接触处的电阻热迅速将工件表面加热至 900~950℃，再将电极以一定的速度移动，已加热的地方便由于工件本身的导热而获得快速冷却，从而达到表面淬硬的目的。淬硬层轨迹如图 6-4 所示。淬火层深度可达 0.2~0.3mm，组织为极细的马氏体加片状石墨，硬度可达 55~61HRC，使用寿命约提高 1.5 倍。

图 6-4　淬硬层轨迹

# 第三节　可锻铸铁

可锻铸铁是由一定化学成分的白口铸铁坯件经可锻化退火，使渗碳体分解而获得团絮状石墨的铸铁。

根据国家标准 GB/T 9440—2010，可锻铸铁按化学成分、热处理工艺以及由此导致的力学性能和金相组织的不同分为三大类，即黑心可锻铸铁、珠光体可锻铸铁、白心可锻铸铁。白心可锻铸铁目前生产中很少应用，下面主要介绍黑心可锻铸铁和珠光体可锻铸铁。

## 一、可锻铸铁的组织和性能

可锻铸铁的显微组织如图 6-5 所示。黑心可锻铸铁主要以铁素体为基体。

可锻铸铁的基体组织不同，其性能也不一样。黑心可锻铸铁具有较高的塑性和韧性，而珠光体可锻铸铁具有较高的强度、硬度和耐磨性。可锻铸铁并不能锻压。

由于可锻铸铁中的石墨呈团絮状存在，割裂金属基体的作用以及应力集中的现象要比片状石墨小得多，因此可锻铸铁的强度比灰铸铁高，塑性和韧性也有很大提高。但由于退火周期长，工艺复杂，成本高，因此可锻铸铁只适用于制造薄壁零件。

## 二、可锻铸铁的牌号和用途

可锻铸铁的牌号由三个字母及两组数字组成。其中，前两个字母"KT"是"可铁"两字汉语拼音的第一个字母，第三个字母代表类别，其后的两组数字分别表示最小的抗拉强度和最小的断后伸长率。可锻铸铁的牌号、力学性能及应用举例见表 6-2。

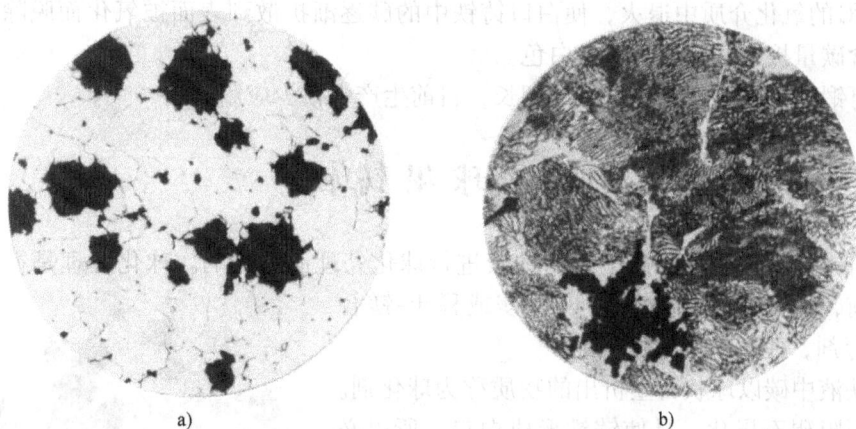

图 6-5 可锻铸铁的显微组织

a) 黑心可锻铸铁 b) 珠光体可锻铸铁

表 6-2 可锻铸铁的牌号、力学性能及应用举例

| 类 别 | 牌 号 | $R_m$/MPa | $A$(%) | 硬度 HBW | 应 用 举 例 |
|---|---|---|---|---|---|
| | | 不小于 | | | |
| 黑心可锻铸铁 | KTH300-06 | 300 | 6 | ≤150 | 汽车和拖拉机的后桥外壳、转向机构、弹簧钢板支座等, 机床上用的扳手, 以及低压阀门、管接头和农具等 |
| | KTH330-08 | 330 | 8 | | |
| | KTH350-10 | 350 | 10 | | |
| | KTH370-12 | 370 | 12 | | |
| 珠光体可锻铸铁 | KTZ450-06 | 450 | 6 | 150~200 | 曲轴、连杆、齿轮、凸轮轴、摇臂、活塞环等 |
| | KTZ550-04 | 550 | 4 | 180~230 | |
| | KTZ650-02 | 650 | 2 | 210~260 | |
| | KTZ700-02 | 700 | 2 | 240~290 | |

注: 表中数据均采用 $\phi$12mm 毛坯试棒测得 (摘自 GB/T 9440—2010)。

## *三、可锻铸铁的生产工艺

生产可锻铸铁的第一步是先铸成白口铸铁件, 不允许有石墨出现; 第二步是进行可锻化退火, 即可获得可锻铸铁组织。要严格控制可锻铸铁铁液的化学成分, 使其碳和硅的含量比灰铸铁中碳和硅的含量要适当低一些。例如, 黑心可锻铸铁的化学成分为: $w(C)$ = 2.3% ~ 3.8%, $w(Si)$ = 1.0% ~ 1.6%, $w(Mn)$ = 0.3% ~ 0.6%, $w(P)$ ≤ 0.1%, $w(S)$ ≤ 0.2%。

黑心可锻铸铁的热处理工艺如图 6-6 所示。其方法是: 将白口铸件在中性介质中加热至高温, 经长时间 (约 15h) 保温后缓慢冷却。在长时间保温过程中, 组织中的渗碳体分解为奥氏体加团絮状石墨。

在缓慢冷却过程中, 奥氏体也将析出团絮状石墨。当冷却到共析转变温度时, 以极缓慢的速度冷却 (如图 6-6 中的①所示), 可获得铁素体基体可锻铸铁。如果在共析转变过程中, 冷却速度较快 (如图 6-6 中的②所示), 使得石墨化来不及进行, 则奥氏体转变为珠光体, 结果获得珠光体可锻铸铁。

生产白心可锻铸铁时, 将白口铸铁在

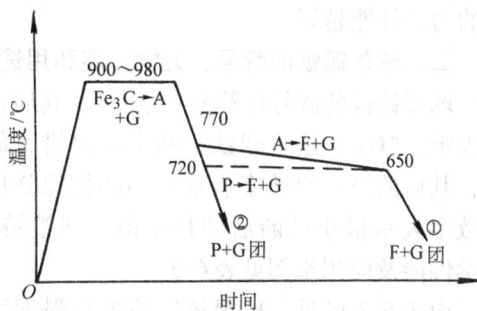

图 6-6 黑心可锻铸铁可锻化退火工艺曲线

900～1000℃的氧化介质中退火，使白口铸铁中的碳逐渐扩散到表面被氧化而脱除，使铸件的组织和含碳量接近于钢，断口呈白色。

白心可锻铸铁的韧性差，退火周期长，目前生产中很少应用。

# 第四节　球墨铸铁

球墨铸铁是将普通灰铸铁熔化的铁液进行球化处理而得到的。球化处理是在铁液出炉后，浇注前，加入少量的球化剂（纯镁或稀土-镁合金）和孕育剂，使石墨呈球状析出。

能使铁液中碳以球状石墨析出的物质称为球化剂。球化剂强烈阻碍石墨化，易使铸铁形成白口，所以必须同时进行孕育处理，使球状石墨数量增加，球径减小，形状圆整，分布均匀。

球墨铸铁的石墨呈球状，因而对基体的割裂作用和造成的应力集中都很小，使球墨铸铁具有很高的强度、较好的塑性和韧性，而且铸造性能好、成本低，在工业上获得了广泛的应用。

## 一、球墨铸铁的组织

球墨铸铁的化学成分一般为：$w(C) = 3.6\% \sim 3.9\%$，$w(Si) = 2.0\% \sim 2.8\%$，$w(Mn) = 0.6\% \sim 0.8\%$，$w(S) < 0.07\%$，$w(P) < 0.1\%$。与灰铸铁相比，它的碳当量较高，有利于石墨球化。

球墨铸铁按其基体组织的不同，可分为铁素体球墨铸铁、铁素体＋珠光体球墨铸铁、珠光体球墨铸铁和贝氏体球墨铸铁等。其显微组织如图 6-7 所示。

不同基体的球墨铸铁，其性能有很大的差别。贝氏体球墨铸铁的抗拉强度最高；珠光体球墨铸铁的抗拉强度比铁素体球墨铸铁的高 50% 以上，而铁素体球墨铸铁的断后伸长率为珠光体球墨铸铁的 3～5 倍。石墨的圆整度越好、球径越小、分布越均匀，则球墨铸铁的力学性能越好。

## 二、球墨铸铁的牌号、力学性能和用途

球墨铸铁的牌号用符号"QT"及其后面的两组数字表示。"QT"是"球铁"两字汉语拼音的第一个字母，其后的第一组数字表示最小的抗拉强度值，第二组数字表示最小的断后伸长率值。球墨铸铁的牌号、力学性能及应用举例见表 6-3。

由表 6-3 可见，球墨铸铁的抗拉强度可以与钢媲美。尤其突出的是它的屈强比（$R_{p0.2}/R_m$）高，为

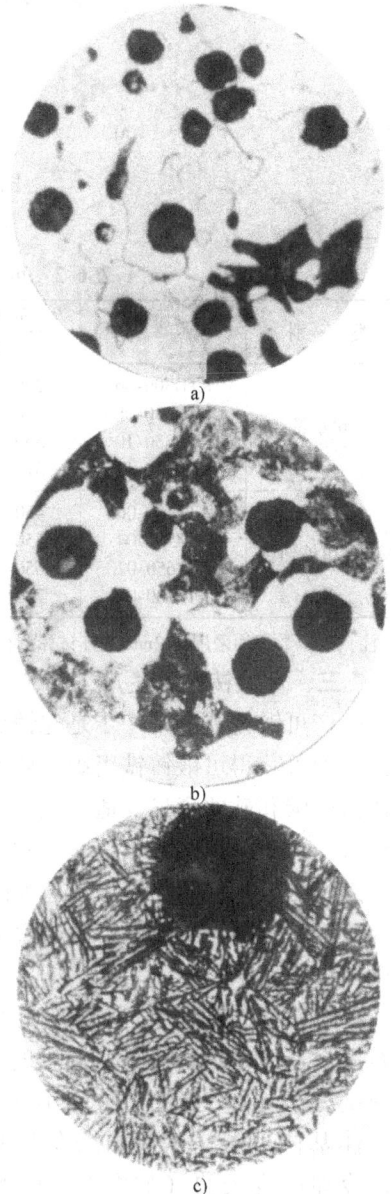

图 6-7　球墨铸铁显微组织
a）铁素体球墨铸铁　b）铁素体＋珠光体球墨铸铁　c）贝氏体球墨铸铁

0.7～0.8，几乎比钢提高1倍。疲劳强度接近中碳钢。因此，对于承受静载荷的零件，用球墨铸铁代替铸钢，可减轻机器重量。它成功地代替了不少碳钢、可锻铸铁、合金钢等，用来制造一些受力复杂，强度、韧性和耐磨性要求高的零件。如柴油机中的曲轴、连杆、凸轮轴；各种齿轮、蜗杆、轧辊、水压机工作缸等。

表6-3 球墨铸铁的牌号、力学性能及应用举例

| 基体类型 | 牌号 | $R_m$/MPa | $R_{p0.2}$/MPa | A（%） | 硬度 HBW | 应用举例 |
|---|---|---|---|---|---|---|
| 铁素体 | QT400-18 | 400 | 250 | ≥18 | 120～175 | 阀体，汽车、内燃机车零件，机床零件、减速器壳 |
| | QT400-15 | 400 | 250 | ≥15 | 120～180 | |
| | QT450-10 | 450 | 310 | ≥10 | 160～210 | |
| 铁素体＋珠光体 | QT500-7 | 500 | 320 | ≥7 | 170～230 | 机油泵齿轮，机车、车辆轴瓦 |
| 珠光体＋铁素体 | QT600-3 | 600 | 370 | ≥3 | 190～270 | |
| 珠光体 | QT700-2 | 700 | 420 | ≥2 | 225～305 | 柴油机曲轴、凸轮轴，气缸体、气缸套，活塞环、部分磨床、铣床、车床的主轴等 |
| 珠光体或索氏体 | QT800-2 | 800 | 480 | ≥2 | 245～335 | |
| 回火马氏体或托氏体＋索氏体 | QT900-2 | 900 | 600 | ≥2 | 280～360 | 汽车的弧齿锥齿轮、拖拉机减速齿轮、柴油机凸轮轴 |

注：表内数据摘自 GB/T 1348—2009 单铸试块力学性能。

球墨铸铁的热处理工艺性能较好，凡是钢可以进行的热处理，一般都适用于球墨铸铁，特别是等温淬火，能够获得下贝氏体基体的球墨铸铁，其抗拉强度达到1000MPa以上，硬度达38～50HRC，冲击韧度为30～38J/cm$^2$。如此优良的综合力学性能，大大扩大了球墨铸铁的使用范围。

# 第五节 蠕墨铸铁

蠕墨铸铁是20世纪60年代发展起来的一种新型高强度铸铁。蠕墨铸铁中的石墨呈蠕虫状，强度比灰铸铁高，且具有良好的热物理性能、铸造性能和较高的力学性能，因此蠕墨铸铁得到了广泛应用。

## 一、蠕墨铸铁的组织

蠕墨铸铁的组织是在金属基体上分布着蠕虫状石墨，且蠕虫状石墨的长宽比一般在2～10范围内。蠕虫状石墨的结构介于片状石墨与球状石墨之间，呈弯曲强烈的厚片状，两端部圆钝，且具有球墨类似的结构。图6-8为蠕虫状石墨示意图。

蠕墨铸铁的基体组织因蠕化剂的加入以及石墨化程度的不同，可得到珠光体、珠光体＋铁素体及铁素体三种类型。

不同的基体对蠕墨铸铁的力学性能有不同的影响。蠕虫状石墨使周围的应力集中现象大为缓和，因而其强度及塑性均有显著的提高。

## 二、蠕墨铸铁的牌号、性能及用途

蠕墨铸铁的牌号用符号"RuT"及其后面的数字表示。"RuT"是"蠕铁"两字汉语拼音的第一个字母，其后的数字表

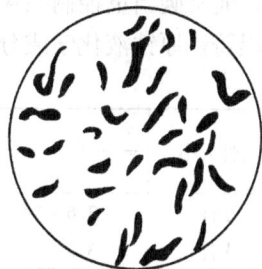

图6-8 蠕虫状石墨示意图

示最小的抗拉强度值。蠕墨铸铁的牌号、力学性能见表 6-4。

**表 6-4　蠕墨铸铁的牌号、力学性能（JB/T 4403—1999）**

| 牌　　　号 | $R_m$ /MPa | $R_{p0.2}$ /MPa | $A(\%)$ | 硬度 HBW | 蠕化率（≥）[①] | 主要基体组织 |
|---|---|---|---|---|---|---|
| | 不　　小　　于 | | | | | |
| RuT420 | 420 | 335 | 0.75 | 200~280 | | 珠光体 |
| RuT380 | 380 | 300 | 0.75 | 193~274 | | 珠光体 |
| RuT340 | 340 | 270 | 1.0 | 170~249 | 50% | 珠光体 + 铁素体 |
| RuT300 | 300 | 240 | 1.5 | 140~217 | | 铁素体 + 珠光体 |
| RuT260 | 260 | 195 | 3.0 | 121~197 | | 铁素体 |

① 蠕化率 = 蠕虫状石墨量/蠕虫状石墨量 + 球状石墨量。

表 6-4 中所列力学性能指标是单铸试块铸态所应达到的指标，必要时也可用热处理的方法来改变基体，以获得所要求的力学性能。

蠕墨铸铁的力学性能优于基体相同的灰铸铁而低于球墨铸铁（见表 6-5）。与灰铸铁相比，蠕墨铸铁不但韧性稍高、耐磨性好、断面敏感性小，而且抗氧化、抗热冲击性均比灰铸铁优越，但切削加工性能较灰铸铁差。

**表 6-5　灰铸铁、蠕墨铸铁、球墨铸铁的力学性能**

| 铸铁类型 | $R_m$ | $R_{p0.2}$ | 对称载荷下的疲劳强度 | $A$ (%) | $a_K$ /(J/cm²) | HBW |
|---|---|---|---|---|---|---|
| | MPa | | | | | |
| 灰铸铁 | 100~300 | — | 100~150 | — | 3~11 | 143~269 |
| 蠕墨铸铁（混合型） | 350~450 | 250~400 | 190~200 | 0.5~1.5 | 11~20 | 180~270 |
| 球墨铸铁（珠光体基） | 600~800 | 400~600 | 220~300 | 2.4~4 | 15~40 | 229~300 |

由于蠕墨铸铁有以上特性，且熔制工艺也较简单，故常用于制造复杂的大型铸件和大型机床零件（如立柱等）特别适宜制造用于抗热冲击的铸件（如大型柴油机的气缸盖、制动盘、制动鼓），也适用于制造耐压气密件（如阀体等）。

### *三、蠕墨铸铁的生产

1. 铁液的化学成分　蠕墨铸铁的原铁液一般要求为高碳、硅的共晶或过共晶成分的铁液，通常碳当量控制在 4.3% ~4.6% 之间时，其蠕化处理的效果最佳。适宜大、小铸件的蠕墨铸铁原铁液化学成分见表 6-6，仅供参考。

**表 6-6　蠕墨铸铁原铁液化学成分**

| 铸件大小 | 化学成分（质量分数，%） | | | | |
|---|---|---|---|---|---|
| | C | Si | Mn | P | S |
| 小件 | 3.6~3.9 | 1.8~2 | 0.5~0.8 | <0.1 | 0.05~0.09 |
| 大件 | 3.6~3.9 | 1.5~2 | 0.9~1.5 | <0.1 | 0.05~0.09 |

一般铁液中的含硫量越低越好，应限制在 0.06%（质量分数）以下，以利于铸铁的变

质处理。

2. 蠕化剂和孕育剂　我国处理蠕墨铸铁用的蠕化剂多为稀土硅铁合金。生产中一般使用 $w(RE)=21\%\sim27\%$ 的稀土硅铁合金作为蠕化剂。蠕化剂的作用有：脱硫、脱氧和石墨变质。因稀土元素有强烈阻碍石墨化的作用，所以必须加入一定量的孕育剂，以促使石墨化。常用的孕育剂是 $w(Si)=75\%$ 的硅铁。

蠕化剂的加入量主要取决于原铁液中的含硫量，一般可在 $1.0\%\sim2.2\%$（质量分数）范围内变动。孕育剂的加入量通常为铁液质量的 $0.4\%\sim0.6\%$，对小而薄的铸件可适当增加。

蠕化剂使用前最好预热至 $200\sim300℃$，粒度为 $3\sim6mm$。必须在加入全部的蠕化剂后才能加入孕育剂，不能将两者同时加入，次序更不能颠倒。要求铁液的处理温度不能低于 $1400℃$，并应在处理时加强搅拌和多次扒清浮渣。

蠕化处理后铸铁的石墨以蠕虫状为主，并夹带少量球状或团状石墨。

近年来，新型蠕化剂和处理工艺不断出现，使蠕墨铸铁生产稳定性大大提高。特别是蠕墨铸铁的合金化和热处理工艺的进展，使蠕墨铸铁的应用前景更为广阔。

## 复习题

1. 何谓铸铁？根据碳在铸铁中存在形态的不同，铸铁可分为哪几类？各有何特征？
2. 何谓铸铁的石墨化？影响石墨化的因素有哪些？
3. 为什么灰铸铁的表面硬度往往比中心硬度高？
4. 同样成分的铁液，在砂型中浇注成厚度不同的铸件时，它们的强度是否一样？为什么？
5. 灰铸铁的组织有哪几种？哪一种组织的强度最高？
6. 何谓孕育铸铁？孕育处理后，它的组织与性能有哪些变化？
7. 为什么球墨铸铁的强度和韧性要比灰铸铁、可锻铸铁的高？
8. 试述灰铸铁、可锻铸铁和球墨铸铁牌号的表示方法，并分别举例说明其用途。
9. 铸铁可以热处理吗？灰铸铁常用的热处理工艺有哪几种？
10. 蠕虫状石墨在结构上有什么特征（与片状石墨、球状石墨比较）？
11. 蠕墨铸铁有哪些优良特性？

# 第七章　非铁金属材料（有色金属）

在工业生产中，通常把铁及其合金称为黑色金属，除黑色金属以外的其他金属称为有色金属，如铝、镁、钛、铜、锡等金属及其合金。有色金属具有许多特殊的性能，是现代工业中不可缺少的金属材料。

本章重点介绍机械制造业广泛使用的铝、铜、钛合金和轴承合金，同时简单介绍一下粉末冶金材料。

## 第一节　铝与铝合金

### 一、工业纯铝

纯铝是银白色的金属，密度为 $2.7 \times 10^3 \text{kg/m}^3$，熔点为660℃，导电、导热性很好（仅次于银、铜），耐大气腐蚀能力强。但纯铝的抗拉强度低（$R_m = 80 \sim 110\text{MPa}$），断面收缩率高（$Z = 70\% \sim 90\%$）。通过加工硬化，纯铝的抗拉强度会有所提高，但塑性下降。

工业纯铝分为铸造纯铝及变形纯铝两种。按 GB/T 8063—1994 的规定，铸造纯铝牌号由"Z"和铝的化学元素符号及表明铝纯度的质量分数数字组成，如 ZAl99.5，表示铝的质量分数不低于99.5%的铸造纯铝。按 GB/T 3190—2008 规定，变形纯铝采用四位字符牌号命名，即用"1×××"表示。牌号中第一位数字"1"表示变形纯铝中铝的质量分数不低于99.00%。牌号中的第二位若为字母 A，则表示为原始纯铝；若为其他字母，则表示为原始纯铝的改型；若为数字，则表示合金元素或杂质含量的控制情况。牌号中的最后两位数字，表示铝的质量分数中小数点后面的两位数字。例如，1A30，即表示铝的质量分数为不低于99.30%的原始纯铝。

根据上述特点，工业用纯铝的主要用途是：代替纯铜制作电线、电缆及强度要求不高的器皿。

### 二、铝合金的分类

纯铝的强度很低，不宜用来制造承受载荷的结构零件。在铝中加入适量的硅、铜、镁、锰等元素，可以得到具有较高强度的铝合金。若再经过冷加工或热处理，其抗拉强度可进一步提高到500MPa以上，可用于制造承受一定载荷的机器零件。

从铝合金一般类型的相图（见图7-1）中，可将其分为变形铝合金和铸造铝合金两类。图7-1中的 DF 线是合金元素在铝中的溶解度变化曲线，D 点合金的含量是合金元素在铝中的最大溶解度。合金元素的含量低于 D 点成分的合金，当加热到 DF 线以上时，能形成单相固溶体组织，因而其塑性较高，适于压力加

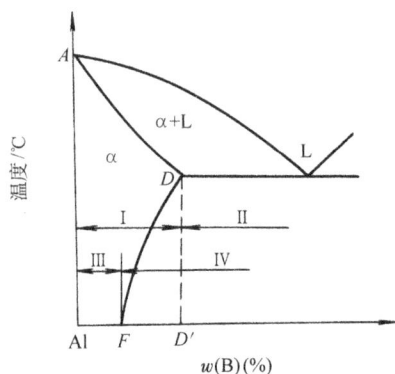

图7-1　铝合金相图的一般类型
Ⅰ—变形合金　Ⅱ—铸造合金　Ⅲ—热处理不能强化的铝合金　Ⅳ—热处理能强化的铝合金

工，故称为变形铝合金。其中，合金元素成分在 F 点以左的合金，由于其固溶体成分不随着温度的变化而变化，即不能进行热处理强化，故称为热处理不能强化的铝合金。合金元素成分在 F 点以右的铝合金（包括铸造铝合金），其固溶体成分随着温度的变化而沿 DF 线变化，可以用热处理的方法使合金强化，称为热处理能强化的铝合金。

合金元素含量超过 D 点成分的合金，具有共晶组织，适于铸造，而不适于压力加工，故称为铸造铝合金。

根据铝合金的成分及其生产工艺特点，常用的铝合金分类如下：

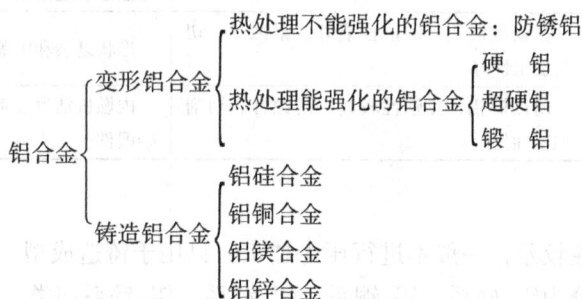

铝合金
- 变形铝合金
  - 热处理不能强化的铝合金：防锈铝
  - 热处理能强化的铝合金
    - 硬　铝
    - 超硬铝
    - 锻　铝
- 铸造铝合金
  - 铝硅合金
  - 铝铜合金
  - 铝镁合金
  - 铝锌合金

### 三、变形铝合金

按 GB/T 3190—2008 的规定，变形铝合金采用四位字符牌号命名，牌号用 2×××～8××× 系列表示，牌号的第一位数字依主要合金元素 Cu、Mn、Si、Mg、Mg + Si、Zn 和其他元素的顺序来表示变形铝合金的组别。牌号第二位的字母表示原始纯铝的改型情况，如果字母为 A，则表示为原始纯铝；若为其他字母，则表示为原始纯铝的改型。牌号的最后两位数字用来区分同一组中不同的铝合金。例如 2A11，表示以铜为主要合金元素的变形铝合金。目前，变形铝合金不再按旧标准 GB 3190—1982 分为防锈铝合金、硬铝合金、超硬铝合金和锻造铝合金等。但目前这些铝合金仍可由冶金厂加工成各种规格的型材、板、带、线、管等供应。为了便于介绍变形铝合金的性能特点和应用举例，本书暂延用这些名称。

常用的变形铝合金有以下四种：

1. 防锈铝合金　属于热处理不能强化的变形铝合金，只能通过冷压力加工提高强度，主要是 Al-Mn 系和 Al-Mg 系合金，具有适中的强度和优良的塑性，并具有很好的抗蚀性，故称为防锈铝合金。其主要用途是制造油罐、各种容器、防锈蒙皮等。

2. 硬铝合金　属于 Al-Cu-Mg 系和 Al-Cu-Mn 系合金。这类铝合金经固溶处理和时效处理后能获得相当高的强度，故称为硬铝合金。但硬铝合金的耐蚀性比纯铝差，更不耐海洋大气的腐蚀，所以有些硬铝的板材在表面包一层纯铝后使用。其主要用途是制造中等强度的构件和零件（如铆钉、螺栓）和航空工业中的一般受力件。

3. 超硬铝合金　属于 Al-Cu-Mg-Zn 系合金。这类铝合金是在硬铝的基础上再加锌而形成，其强度高于硬铝，但耐蚀性较差。超硬铝合金经固溶处理和人工时效后，是室温强度最高的铝合金。其主要用于制造受力大的重要构件及高载荷零件，如飞机大梁、加强框、起落架、螺旋桨叶片等。

4. 锻造铝合金　大多属于 Al-Cu-Mg-Si 系合金。其力学性能与硬铝合金相近，但由于热塑性较好，适于通过压力加工（如锻压、冲压等）制造各种形状复杂的零件。

变形铝合金的主要特性及应用举例见表 7-1。

**表 7-1　变形铝合金的主要特性及应用举例**

| 类别 | 原代号 | 新牌号 | 主　要　特　性 | 应　用　举　例 |
|---|---|---|---|---|
| 防锈铝 | LF2　LF21 | 5A02　3A21 | 热处理不能强化，强度不高，塑性与耐蚀性好，焊接性好 | 在液体介质中工作的零件，如油箱、油管、液体容器、防锈蒙皮 |
| 硬铝 | LY12 | 2A12 | 可热处理强化，力学性能良好，但耐蚀性不高 | 中等强度的零件和构件，如飞机上的骨架零件、蒙皮、铆钉等 |
| 超硬铝 | LC4 | 7A04 | 室温强度最高，塑性较低，耐蚀性不高 | 高载荷零件，如飞机上的大梁、桁条、加强框、起落架等 |
| 锻铝 | LD5 | 2A50 | 高强度锻铝，锻造性能好，耐蚀性、切削加工性好 | 形状复杂和中等强度的锻件、冲压件 |
| | LD7 | 2A70 | 耐热锻铝，热强性较高，耐蚀性、切削加工性好 | 内燃机活塞、叶轮，在高温下工作的复杂锻件 |

### 四、铸造铝合金

　　铸造铝合金的塑性较差，一般不进行压力加工，只用于铸造成型。按照主要合金元素的不同，铸造铝合金可分为铝-硅系、铝-铜系、铝-镁系、铝-锌系四类。

　　铸造铝合金的代号用"ZL"和三位数字表示。ZL 是"铸铝"两字的汉语拼音首字母；第一位数字表示合金类别，如 1 为铝-硅系，2 为铝-铜系，3 为铝-镁系，4 为铝-锌系；第二、三位数字表示合金的顺序号。例如，ZL102 表示 2 号铝-硅系铸造铝合金。

　　常用铸造铝合金的牌号（代号）、力学性能和特点见表 7-2。

**表 7-2　常用铸造铝合金的牌号（代号）、力学性能和特点**

| 合金类别 | | 合金牌号 | 合金代号 | 铸造方法 | 热处理 | $R_m$/MPa | $A$（%） | HBW 10/3000 | 特　点 |
|---|---|---|---|---|---|---|---|---|---|
| 铝硅合金 | 简单硅铝明 | ZAlSi12 | ZL102 | J | ① | 143 | 3 | 50 | 铸造性好，力学性能低 |
| | 特殊硅铝明 | ZAlSi7Mg | ZL101 | J | ② | 202 | 2 | 60 | 兼有良好的铸造性能和力学性能 |
| | | ZAlSi7Cu4 | ZL107 | J | ③ | 271 | 3 | 100 | |
| | | ZAlSi5Cu1Mg | ZL105 | J | ② | 231 | 0.5 | 70 | |
| | | ZAlSi12Cu1Mg1Ni1 | ZL109 | J | ③ | 241 | — | 100 | |
| 铝铜合金 | | ZAlCu5Mn | ZL201 | S | ④ | 290 | 8 | 70 | 耐热性好，铸造性及耐蚀性差 |
| 铝镁合金 | | ZAlMg10 | ZL301 | S | ④ | 280 | 9 | 60 | 力学性能较高，耐蚀性好 |
| 铝锌合金 | | ZAlZn11Si7 | ZL401 | J | | 241 | 1.5 | 90 | 力学性能较高，宜于压铸 |

　　注：1. J、S 为铸造方法符号，J 代表金属型铸造，S 代表砂型铸造。
　　　　2. 热处理方法中，①表示退火，②表示淬火加不完全时效，③表示淬火加完全时效，④表示淬火加自然时效。

　　1. 铝-硅系　铝硅合金又称为硅铝明，由铝、硅两种元素组成的合金称为简单硅铝明，除铝、硅外还加入其他元素的合金称特殊硅铝明。简单硅铝明为热处理不能强化的铝合金，故强度不高。特殊硅铝明因加入铜、镁、锰等元素而使合金强化，并可通过热处理进一步提高力学性能。该组合金有良好的铸造性能，可用于制造内燃机活塞、气缸体、水冷的气缸头、气缸套、风扇叶片、形状复杂的薄壁零件，以及电机、仪表的外壳等。

2. 铝-铜系　铝铜合金强度较高，加入镍、锰更可提高其耐热性，用于制造高强度或高温条件下工作的零件。

3. 铝-镁系　铝镁合金有良好的耐蚀性，可用于制造在腐蚀介质条件下工作的铸件，如氨用泵体、泵盖及轮船配件等。

4. 铝-锌系　铝锌合金有较高的强度，价格便宜，用于制造医疗器械零件、仪表零件和日用品等。

铸造铝合金可采用变质处理细化晶粒，即在液态合金液中加入氟化钠和氯化钠的混合盐（2/3NaF +1/3NaCl），加入量为合金质量的 1% ~3%。这些盐和液态铝相互作用，因变质作用而细化晶粒，从而提高力学性能（抗拉强度可提高30% ~40%，断后伸长率可提高1% ~2%）。

### 五、铝合金的固溶-时效处理

铝合金的热处理与钢不同。一般钢经淬火后，可立即获得较高的强度和硬度。能热处理强化的铝合金是通过将合金加热到 α 相区，获得均匀的 α 固溶体后，在水中急冷，把高温状态的 α 固溶体固定下来，获得过饱和的不稳定的单相固溶体组织，称为固溶处理。固溶处理后的铝合金的强度和硬度并不高，塑性却较好，而在室温下放置一段时间，或在一定温度下保持足够时间后，才出现强度增大、硬度升高的强化现象，如图 7-2 所示。这种固溶处理后合金随时间变化而强化的现象称为时效硬化。在室温下产生的时效称为自然时效；在加热时所产生的时效称为人工时效。时效温度越高，时效进行得越快。

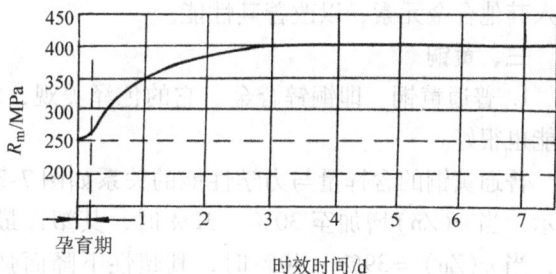

图 7-2　$w(Cu) = 4\%$ 的铝合金自然时效曲线

由图 7-2 还可以看出，自然时效不是一开始就发生的，在最初的几个小时（约2h）内，铝合金的强度变化不大，这段时间称为孕育期。不同类型的铝合金，其孕育期不同。在孕育期内，铝合金具有较高的塑性，可进行各种冷加工（如铆接、弯曲、卷边等）。超过孕育期后，合金强化速度加快，上述操作就不宜进行了。

为了加速时效进程，可采用人工时效，即把固溶处理后的铝合金加热到一定温度，使之加速产生时效硬化。

# 第二节　铜与铜合金

## 一、纯铜

纯铜呈玫瑰红色，表面形成氧化铜膜后，外观为紫红色，故俗称紫铜。由于纯铜是用电解方法制造出来的，因此又称为电解铜。

纯铜具有很高的导电性、导热性和耐蚀性（抗大气和海水腐蚀），但在含 $CO_2$ 的湿空气中，表面会生成碱性碳酸盐类的绿色薄膜[$CuCO_3 \cdot Cu(OH)_2$]，在日常生活中习惯将其称为铜绿。

纯铜的抗拉强度不高（$R_m = 200 \sim 240\text{MPa}$），硬度很低，但塑性很好（$A = 45\% \sim 50\%$），易于热压或冷压加工。纯铜经冷塑性变形后，可使强度提高，但塑性下降。

根据杂质含量的不同，工业纯铜可分为 T1、T2、T3 三种，铜的质量分数为 99.95% ~ 99.7%，编号越大，质量分数越小。

由于纯铜的强度低，不宜作为结构材料使用，而广泛地用于制造电线、电缆、电刷、铜管以及作为配制合金的原料。

**二、铜合金的分类**

工业上广泛使用的是铜合金。按照化学成分，铜合金可分为黄铜、白铜和青铜三大类。

1. 黄铜　指以铜和锌为主的合金。普通黄铜是铜锌二元合金；在铜锌合金中加入其他元素时称为特殊黄铜，如铅黄铜等。

2. 白铜　指以铜和镍为主的合金。普通白铜是铜镍二元合金；在铜镍合金中又加入其他元素时称为特殊白铜，如锌白铜等。

3. 青铜　指以除黄铜和白铜以外的铜合金，如铜和锡的合金称为锡青铜，铜和铝的合金称为铝青铜，此外还有铍青铜、硅青铜、锰青铜等。与黄铜、白铜一样，各种青铜中还可加入其他合金元素，以改善其性能。

**三、黄铜**

1. 普通黄铜　即铜锌合金。它的色泽美观，对海水和大气腐蚀有相当好的抗力，加工性能也很好。

普通黄铜的含锌量与力学性能的关系如图 7-3 所示。当 $w(\text{Zn})$ 增加至 30% ~ 32% 时，其塑性最大；当 $w(\text{Zn}) = 39\% \sim 40\%$ 时，其塑性下降而强度增高；但当 $w(\text{Zn}) > 45\%$ 以后，其强度和塑性开始急剧下降，在生产中已无实用价值。

压力加工用普通黄铜的代号用"H"与数字表示。"H"是"黄"字的汉语拼音首字母，数字表示铜的平均质量分数（%）。例如，H68 即为铜的平均质量分数为 68% [$w(\text{Zn}) \approx 32\%$] 的普通黄铜。如果是铸造用黄铜，其牌号用"ZCuZn"和

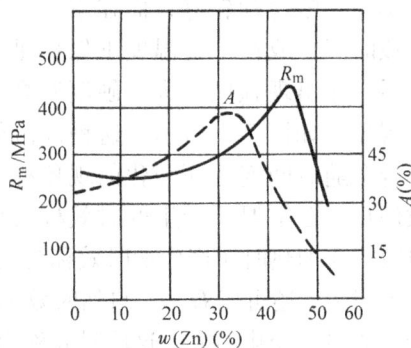

图 7-3　普通黄铜的含锌量与力学性能的关系

数字表示。ZCuZn 表示铸造铜锌合金，数字表示锌的平均质量分数（%）。例如，ZCuZn38 即为锌的平均质量分数为 38% 的铸造铜锌合金（亦称 38 黄铜）。

常用普通黄铜有：

（1）H80　颜色呈美丽的金黄色，可以用来制作装饰品，有金色黄铜之称。它有较好的力学性能和冷、热压力加工性能，在大气和海水中具有较高的耐蚀性。

（2）H70　强度高，塑性好，冷成形性能好，可用深冲压的方法制造弹壳、散热器、垫片等零件，故有弹壳黄铜之称。因其铜与锌之比为 7:3（质量比），亦称为七三黄铜。

（3）H62　有较高的强度，热状态下塑性良好，切削加工性能好，故又称快削黄铜。此外，它还具有易焊接、耐腐蚀、价格较低等优点。它在工业上应用较多，如用于制造散热器、油管、垫片、螺钉等。常用普通黄铜的牌号、化学成分、主要特性和应用举例见表 7-3。

**表7-3　常用普通黄铜的牌号、化学成分、主要特性和应用举例**（GB/T 5231—2001）

| 合金代号 | 名称 | 化学成分（质量分数,%） | | | 主 要 特 性 | 应 用 举 例 |
|---|---|---|---|---|---|---|
| | | Cu | 杂质总和 | Zn | | |
| H80 | 80黄铜 | 79.0~81.0 | 0.3 | 余量 | 强度较高，塑性较好，在大气、淡水及海水中有较高的耐蚀性 | 造纸网、薄壁管、波纹管及装饰品 |
| H70 | 70黄铜 | 68.5~71.5 | 0.3 | 余量 | 塑性极好，强度较高，能进行冷、热加工，易焊接 | 弹壳、冷凝器管、雷管、散热器外壳等冷冲件和深冲件 |
| H62 | 62黄铜 | 60.5~63.5 | 0.5 | 余量 | 良好的力学性能，热态下塑性良好，切削加工性好，易焊接，耐腐蚀 | 散热器零件、垫圈、螺母、铆钉、导管、弹簧、气压表零件 |

2. **特殊黄铜**　在铜锌合金中加入铝、锰、锡、铅、铁、镍、硅等元素的铜合金称为特殊黄铜。这些元素的加入都能提高黄铜的强度。其中，铝、镍、锡、锰还能提高黄铜的耐蚀性和耐磨性。

特殊黄铜可分为压力加工用与铸造用两种。压力加工用黄铜加入的合金元素较少，使其溶入固溶体，保证具有足够的变形能力。铸造用黄铜不要求很高的塑性，为了提高强度和铸造性能，可加入较多的合金元素。

压力加工用特殊黄铜的代号用"H" + 主加元素化学符号 + 数字表示，数字依次表示铜和加入元素平均质量分数（%）。例如，HPb59-1即为铜的平均质量分数为59%，$w(Pb)$ = 1%，其余为锌的铅黄铜。

铸造用特殊黄铜的牌号与铸造用普通黄铜相同，在牌号后面依次加上加入元素的化学符号及其平均质量分数（%）。例如，ZCuZn40Pb2表示锌的平均质量分数为40%，$w(Pb)$ = 2%，其余为铜的铸造黄铜。

常用特殊黄铜的牌号、化学成分、主要特性及应用举例见表7-4。

**表7-4　常用特殊黄铜的牌号、化学成分、主要特性及应用举例**

| 合金名称 | 牌　号 | | 化学成分（质量分数,%） | | | 主 要 特 性 | 应 用 举 例 |
|---|---|---|---|---|---|---|---|
| | 名称 | 代号 | Cu | 杂质总和 | 其他 | | |
| 铅黄铜 | 59-1铅黄铜 | HPb59-1 | 57.0~60.0 | 1.0 | Pb0.8~1.9,其余为Zn | 切削加工性好，有良好的力学性能，能承受冷热压力加工 | 以热冲压和切削加工制作的各种结构零件，如销、螺钉、螺母、衬套 |
| 铝黄铜 | 59-3-2铝黄铜 | HAl59-3-2 | 57.0~60.0 | 0.9 | Al2.5~3.5,Ni2.0~3.0,其余为Zn | 高的强度，耐蚀性好，热态压力加工性好 | 常温下工作的高强度零件和化学性能稳定的零件 |
| 锰黄铜 | 58-2锰黄铜 | HMn58-2 | 57.0~60.0 | 1.2 | Mn1.0~2.0,其余为Zn | 耐蚀性好，力学性能良好，导热导电性低，热态下压力加工性好 | 腐蚀条件下工作的重要零件和弱电流工业用零件 |
| 铸造黄铜 | | ZCuZn16Si4 | 79.0~81.0 | — | Si2.5~4.5,其余为Zn | 较高的力学性能和良好的耐蚀性，铸造性能好 | 在海水、淡水、蒸汽（<265℃）条件下工作的铸件及船舶零件 |
| | | ZCuZn31Al2 | 66.0~68.0 | — | Al2.0~3.0,其余为Zn | 铸造性能良好，在空气、淡水、海水中耐蚀性较好，易切削，可以焊接 | 适用于压力铸造件（如电机、仪表等压铸零件）以及造船和机械制造业的耐蚀零件 |

黄铜的耐蚀性比较好，但 $w(Zn)>20\%$ 的黄铜（如 H62、HPb60-2 等），在冷加工后，由于内应力的存在，在潮湿的空气中或在含有微量氨或氨盐的大气中，很容易被腐蚀造成破裂。所以冷加工后的黄铜应进行低温退火（260～300℃ 加热，保温数小时），消除内应力，可显著降低应力腐蚀破裂的倾向。

### 四、白铜

1. 普通白铜　通常把 $w(Ni)<50\%$ 的铜镍合金称为普通白铜。由于铜和镍的晶格类型相同，在固态时能无限互溶，因而它具有优良的塑性，还具有很好的耐蚀性、耐热性和特殊的电性能。因此，白铜是制造精密机械零件和电器元件不可缺少的材料。

普通白铜的代号用"B"和数字表示。"B"是"白"字的汉语拼音首字母，数字表示镍的平均质量分数（%）。例如，B19 表示镍的平均质量分数为 19%，$w(Cu)=81\%$ 的普通白铜。

2. 特殊白铜　特殊白铜是在普通白铜中加入锌、铝、铁、锰等元素而形成的。合金元素的加入改善了白铜的力学性能、工艺性能和电热性能，并使其获得某些特殊性能。

特殊白铜的代号用"B"和主加元素符号以及数字表示，数字依次表示镍和加入元素的平均质量分数（%）。例如，BMn3-12 表示镍的平均质量分数为 3%，$w(Mn)=12\%$，其余为铜的锰白铜。

常用白铜的牌号、化学成分、主要特性和应用举例见表 7-5。

表 7-5　常用白铜的牌号、化学成分、主要特性和应用举例

| 组别 | 牌号 | | 化学成分（质量分数，%） | | | | | | 主要特性 | 应用举例 |
|---|---|---|---|---|---|---|---|---|---|---|
| | 名称 | 代号 | Ni+Co | Mn | Fe | 杂质总和 | 其他 | Cu | | |
| 普通白铜 | 5 白铜 | B5 | 4.4～5.0 | — | 0.2 | 0.5 | — | 余量 | 强度、耐蚀性比铜高 | 船舶耐蚀零件 |
| | 19 白铜 | B19 | 18.0～20.0 | 0.5 | 0.5 | 1.8 | — | 余量 | 高的耐蚀性，良好的力学性能，高温和低温下具有高强度和塑性 | 在蒸汽、海水中工作的耐蚀零件 |
| 锌白铜 | 15-20 锌白铜 | BZn15-20 | 13.5～16.5 | 0.3 | 0.5 | 0.9 | Zn 余量 | 62.0～65.0 | 银白色，具有高的强度和耐蚀性，可塑性好 | 仪表零件，医疗器械、电信零件，弹簧管、片等 |
| 铝白铜 | 6-1.5 铝白铜 | BAl6-1.5 | 5.5～6.5 | 0.2 | 0.5 | 1.1 | Al 1.2～1.8 | 余量 | 可热处理强化，有较高的强度和良好的弹性 | 重要用途的弹簧 |
| 铁白铜 | 30-1-1 铁白铜 | BFe30-1-1 | 29.0～32.0 | 0.5～1.2 | 0.5～1.0 | 0.7 | Zn 0.3 | 余量 | 良好的力学性能，在海水、淡水、蒸汽中有高的耐蚀性 | 高温、高压和高速条件下工作的零件 |
| 锰白铜 | 3-12 锰白铜 | BMn3-12 | 2.0～3.5 | 11.5～13.5 | 0.2～0.5 | 0.5 | — | 余量 | 高的电阻率，低的电阻温度系数，电阻长期稳定性高 | 工作温度在 100℃ 以下的电阻仪器、精密电工测量仪器 |
| | 40-1.5 锰白铜 | BMn40-1.5 | 39.0～41.0 | 1.0～2.0 | 0.5 | 0.9 | — | 余量 | 有不随着温度改变的高电阻率，耐热性、耐蚀性好，具有高的力学性能和变形能力 | 工作温度在 900℃ 以下的热电偶，工作温度在 500℃ 以下的加热器、变阻器 |
| | 43-0.5 锰白铜 | BMn43-0.5 | 42.0～44.0 | 0.1～1.0 | 0.15 | 0.6 | — | 余量 | 高的电阻率，耐蚀耐热性好，高的力学性能和变形能力 | 补偿导线，热电偶，工作温度在 600℃ 以下的电热仪器 |

注：表中数据摘自国家标准 GB/T 5231—2001。

**五、青铜**

青铜是人类历史上应用最早的合金，因铜与锡的合金呈青黑色而得名。近几十年来，工业上应用了大量的不含锡而含铝、硅、铅、铍、锰的铜基合金，通常称为青铜，或称为无锡青铜。

青铜分为压力加工用和铸造用两种。压力加工用青铜的代号用"Q"和主加元素符号以及数字表示。其中，"Q"是"青"字的汉语拼音首字母，主加元素符号表明是何种青铜，数字依次表示主加元素和其他加入元素的平均质量分数（%）。例如，QSn4-3即为锡的平均质量分数为4%，锌的平均质量分数为3%，其余为铜的锡青铜。铸造青铜的牌号用"ZCu"＋主加元素符号＋数字＋其他加入元素符号＋数字表示。例如，ZCuSn3Zn8Pb6Ni1表示锡的平均质量分数为3%，$w(Zn)=8\%$，$w(Pb)=6\%$，$w(Ni)=1\%$，其余为铜的铸造锡青铜。

1. **锡青铜**　由铜和锡为主所组成的铜合金。锡青铜具有良好的强度、硬度、耐蚀性和铸造性。

锡青铜的含锡量与力学性能的关系。如图7-4所示。

锡青铜中，$w(Sn)<6\%$时，锡溶于铜中形成 $\alpha$ 固溶体，合金的强度随着 $w(Sn)$ 增加而升高。当 $w(Sn)>6\%$ 时，合金组织中出现脆性相，塑性急剧下降，但强度还继续升高；当 $w(Sn)>20\%$ 时，强度也显著下降。故工业用锡青铜的 $w(Sn)=3\%\sim14\%$。

$w(Sn)<8\%$ 的青铜具有较好的塑性和适宜的强度，适用于压力加工，而 $w(Sn)>10\%$ 的青铜塑性差，只适于铸造。

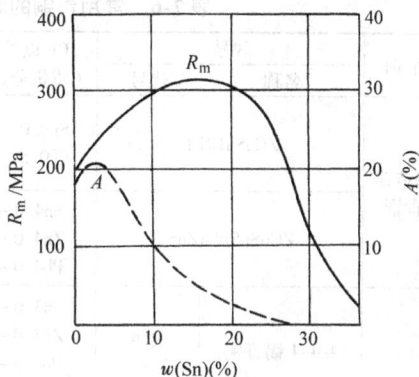

图7-4　锡青铜的含锡量与力学性能的关系

锡青铜结晶温度区间大，流动性较差，不易形成集中性缩孔，而易形成分散的微缩孔，使其成为有色合金中铸造收缩率最小的合金，适于铸造对外形及尺寸要求较严的铸件，以及形状复杂、壁厚较大的零件。因而，锡青铜成为自古至今制作艺术品的铸造合金。但锡青铜的致密度较低，不宜用于制造要求高密度和高密封性的铸件。

锡青铜的耐蚀性比纯铜和黄铜都高，耐磨性能也很好，多用来制造耐磨零件（如轴瓦、轴套、蜗轮）和与酸、碱、蒸汽等接触的零件。

2. **铝青铜**　与锡青铜和黄铜相比，铝青铜具有更高的强度，更好的耐蚀性和耐磨性。它具有良好的流动性，无偏析倾向，可得到致密的铸件，还能进行热处理强化。由于它的价格低廉，性能优良，使其成为铜合金中最值得注意的材料。

铝青铜的缺点是铸件中极易形成粗大组织，使合金变脆；在过热蒸汽中不太稳定；熔炼和铸造时易生产 $Al_2O_3$ 氧化膜，引起片层状断口，以致报废。这些缺点，通过加入铁、镍、锰等元素可以得到消除或改善。

铝青铜作为价格昂贵的锡青铜的代用品，常用来铸造承受重载的耐磨、耐蚀件，如齿轮、轴套、船舶零件。目前，最常用的铸造铝青铜是ZCuAl10Fe3。

3. **铍青铜和钛青铜**　铍青铜有很好的综合性能，即不仅有高的强度、硬度、弹性、耐磨性、耐蚀性和耐疲劳性，而且有高的导电性、导热性、耐寒性、无铁磁性以及被撞击不产生火花的特性。铍青铜通过淬火和时效，其抗拉强度为 1176 ~ 1470MPa，硬度为 350 ~ 400HBW，远远超过其他所有的铜合金，甚至可与高强度钢相媲美。铍青铜在工业上主要用来制造重要用途的弹性元件、耐磨零件和其他重要零件，如钟表齿轮、弹簧、电接触器、电焊机电极、航海罗盘，以及在高温、高速下工作的轴承和轴套等。

铍是稀有金属，价格高昂。铍青铜的生产工艺较复杂，成本很高，而且有毒，因而在应用上受到了限制。在铍青铜中加入钛元素，可减少铍的含量，降低成本，改善工艺性能。

钛青铜的物理性能、化学性能和力学性能都与铍青铜相似，生产工艺简单、无毒、价格便宜，是一种很有前途的新型高强度合金。

常用青铜的牌号、化学成分、主要特性及应用举例见表 7-6。

表 7-6　常用青铜的牌号、化学成分、主要特性及应用举例

| 组别 | 牌号 | | Cu 以外成分（质量分数,%） | 主要特性 | 应用举例 |
|---|---|---|---|---|---|
| | 名称 | 代号 | | | |
| 铸造锡青铜 | ZCuSn10P1 | | Sn9.0 ~ 11.5<br>P0.5 ~ 1.0 | 硬度高,耐磨性极好,有较好的铸造性能、切削加工性能、耐蚀性 | 耐磨零件,如连杆、衬套、轴瓦、齿轮、蜗轮等 |
| | ZCuSn5Pb5Zn5 | | Sn4.0 ~ 6.0<br>Zn4.0 ~ 6.0<br>Pb4.0 ~ 6.0 | 耐磨性、耐蚀性好,易加工,铸造性能和气密性较好 | 耐磨、耐蚀零件,如轴瓦、衬套、缸套、活塞、蜗轮等 |
| 加工锡青铜 | 4-4-4 锡青铜 | QSn 4-4-4 | Sn3.0 ~ 5.0<br>Zn3.0 ~ 5.0<br>Pb3.5 ~ 4.5<br>杂质总和 0.2 | 高的减摩性,良好的切削加工性,在大气、淡水中有良好的耐蚀性,工作温度小于 300℃ | 汽车、拖拉机用的轴承轴套的衬垫,航空仪表材料 |
| | 6.5-0.1 锡青铜 | QSn 6.5-0.1 | Sn6.0 ~ 7.0<br>P0.10 ~ 0.25<br>杂质总和 0.1 | 高的强度、弹性、耐磨性、抗磁性,压力加工性良好,切削加工性好 | 耐磨零件、抗磁零件、弹簧等 |
| 铸造铝青铜 | ZCuAl10Fe3 | | Al8.5 ~ 11.0<br>Fe2.0 ~ 4.0 | 高的力学性能、耐磨性和耐蚀性,可以焊接,不易钎焊 | 要求强度高、耐磨、耐蚀的重型铸件,如轴套、螺母、蜗轮等 |
| 铍青铜 | 2 铍青铜 | QBe2 | Be1.80 ~ 2.10<br>Ni0.2 ~ 0.5<br>杂质总和 0.5 | 高的力学性能、耐磨性、耐蚀性和耐热性 | 重要用途的弹簧、弹性元件,高速、高温、高压下工作的齿轮,以及轴承、轴套 |

注：表中数据摘自国家标准 GB/T 5231—2001 和 GB/T 1176—1987。

# *第三节　钛与钛合金

钛的应用历史不长，在 20 世纪 50 年代才开始投入工业生产，但发展非常迅速。钛的主要特点是密度小而强度高（钛合金的比强度比目前任何其他材料都大），耐蚀性与铬镍不锈钢相当，高温和低温性能均好，适于航空、宇航、化工、造船、国防等工业部门用作重要结构材料。

## 一、纯钛

钛是暗灰色金属，密度为 $4.51 \times 10^3 \mathrm{kg/m^3}$，熔点为 1677℃，电阻率很高，耐蚀能力很强。纯钛在大多数介质中，特别是在中性介质、氧化性介质和海水中有高的耐蚀性。钛在海

水中的耐蚀性比铝合金、不锈钢和镍合金还高，在工业、农业和海洋环境的大气中，虽经数年，但其表面也不变色。氢氟酸、硫酸、盐酸、正磷酸对钛有一定的腐蚀作用，特别是氢氟酸对钛的腐蚀作用较大。钛合金的耐蚀性与工业纯钛相近，这对化工和造船工业来说是其突出的优点。

钛具有同素异构转变现象，在882℃以下是密排六方晶格，称为 α-Ti，在882℃以上为体心立方晶格，称为 β-Ti。钛的同素异构转变温度因添加合金元素的种类和数量的不同而发生变化。

纯钛的塑性好、强度低，易于加工成形。其退火状态的 $R_m = 380MPa$，$A = 36\%$，$Z = 64\%$，布氏硬度为115HBW。

工业纯钛具有较高的强度和较好的塑性。其退火状态的 $R_m = 343 \sim 686MPa$，$A = 15\% \sim 40\%$。钛的性能与其纯度有很大关系，微量的杂质即能使钛的强度增加，而塑性下降。

工业纯钛的牌号用"TA"和顺序号表示。例如，TA3 表示 3 号工业纯钛。根据国家标准GB/T 3620.1—2007，工业纯钛的牌号有 TA1ELI、TA1、TA1-1、TA2ELI、TA2、TA3ELI、TA3、TA4ELI、TA4 九种。工业纯钛及钛合金的牌号、力学性能及应用举例见表7-7。

表7-7　工业纯钛及钛合金的牌号、力学性能及应用举例

| 组别 | 合金牌号 | 化学成分组 | 供应状态 | 室温力学性能(不小于) | | | 应　用　举　例 |
| | | | | $R_m$/MPa | $A(\%)$ | 弯曲角 $\alpha(°)$ | |
|---|---|---|---|---|---|---|---|
| 工业纯钛 | TA1 | 工业纯钛 | 退火 | 280~420 | 30 | ≥140 | 机械:在350℃以下工作的受力较小的零件及冲压件,以及压缩机气阀、造纸混合器<br>造船:耐海水腐蚀的管道,阀门、泵、水翼,柴油发动机活塞、连杆、叶簧<br>化工:热交换器、泵体、蒸馏塔、搅拌器<br>航空:飞机骨架、蒙皮、发动机部件等 |
| | TA2 | 工业纯钛 | 退火 | 343~490 | 30~40 | 130~140 | |
| | TA3 | 工业纯钛 | 退火 | 441~588 | 25~35 | 90~100 | |
| | TA4 | 工业纯钛 | 退火 | 539~686 | 20~30 | 80~90 | |
| α型钛合金 | TA5 | Ti-4Al-0.005B | 退火 | 686 | 12~20 | 60 | 在400℃以下工作的零件,如飞机蒙皮、骨架零件、压气机壳体、叶片等 |
| | TA6 | Ti-5Al | 退火 | 686 | 12~20 | 40~50 | |
| | TA7 | Ti-5Al-2.5Sn | 退火 | 735~931 | 12~20 | 40~50 | 在500℃以下长期工作的结构件和各种模锻件 |
| β型钛合金 | TB2 | Ti-5Mo-5V-8Cr-3Al | 淬火 | ≤980 | 20 | 120 | 在350℃以下工作的零件,如压气机叶片、轴、轮盘等重载旋转件,以及飞机的构件等 |
| | | | 淬火+时效 | 1324 | 8 | — | |
| α+β型钛合金 | TC1 | Ti-2Al-1.5Mn | 退火 | 588~735 | 20~25 | 60~100 | 在400℃以下工作的板材、冲压件和焊接零件 |
| | TC2 | Ti-4Al-1.5Mn | 退火 | 686 | 12~15 | 50~70 | 在500℃以下工作的焊接件,以及模锻件和经弯曲加工的零件 |
| | TC4 | Ti-6Al-4V | 退火 | 902 | 10~12 | 30~35 | 在400℃以下长期工作的零件,结构用的锻件,各种容器、泵、低温部件、舰艇耐压壳体、坦克履带等 |
| | TC10 | Ti-6Al-6V-2Sn-0.5Cu-0.5Fe | 退火 | 1059 | 8~10 | 25 | 在450℃以下长期工作的零件,如飞机结构零件、起落架、导弹发动机外壳、武器结构件等 |

注：1. 表中数据摘自国家标准 GB/T 3620.1—2007。

2. 材料状态均为板材。

### 二、钛合金

钛合金是指以钛为基加入铝、锡、铬、锰、钒、钼等元素所组成的合金。按合金的组织状态，钛合金可分为 α 型、β 型和 α + β 型三类。

钛合金的牌号用"T" + 合金类别代号 + 顺序号表示。"T"是"钛"字汉语拼音的首字母，合金类别代号用 A、B、C 分别表示 α 型、β 型、α + β 型钛合金。例如，TA6 表示 6 号 α 型钛合金，TC4 表示 4 号 α + β 型钛合金。

1. α 型钛合金　主要合金元素为铝和锡。α 钛合金从 α 晶格转向 β 晶格的相变温度较高，因而在室温和加热到实际应用的温度下均为单相 α 组织，不能热处理强化。退火是 α 钛合金唯一的热处理形式。低温退火和再结晶退火可消除内应力和加工硬化，回复塑性和成型能力。

虽然 α 钛合金的室温强度较其他两类钛合金的低，但是其高温强度（500 ~ 600℃）和蠕变极限是三类钛合金中最好的一种。α 钛合金的焊接性能和压力加工性能好，焊缝韧性高。

2. β 型钛合金　这类合金只有在加热到 β 相区淬火后，才能保持 β 固溶体的组织。为了得到室温下的 β 相，需要在合金中加入一定数量的 β 相稳定元素，如锰、铬、钼、钒、铌、钽，都有一个稳定 β 相的最小数值。β 钛合金可热处理强化，焊接和压力加工性能良好。一般可通过淬火和时效来强化钛合金。β 钛合金的缺点是性能不太稳定，熔炼工艺较复杂，目前应用较少。

3. α + β 型钛合金　这类合金含有 β 相稳定元素锰、铬、钒、铌等，也含有 α 相稳定元素铝。该类钛合金在高温下的组织为 β 相或 α + β 相。快速冷却（淬火）时，由于 β 相中溶解的 α 相来不及析出，成为过饱和固溶体 β′相，即马氏体。但钛合金马氏体和钢的马氏体性能不同，其硬度低，塑性高，随后回火或时效时过饱和固溶体发生分解，析出细针状的 α 相，均匀分布在 β 相基体上，使合金强化。

α + β 型钛合金的力学性能范围较宽，可适应各种不同用途。其中，钛铝钒合金（TC4）应用最广，用量约占现有钛合金的 1/2。α + β 型钛合金可以热处理强化，室温强度高，150 ~ 500℃下有较好的耐热性、可锻性、冲压性及焊接性能，有的（如 TC4、TC1）还具有良好的低温韧性。

## 第四节　轴承合金

轴承可分为滚动轴承和滑动轴承两种。在滑动轴承中，用来制造轴瓦及其内衬的合金称为轴承合金。与滚动轴承相比，滑动轴承具有承压面积大、工作平稳、无噪声和装拆方便等优点，所以滑动轴承目前仍被广泛应用。例如，磨床的主轴轴承、连杆轴承、发动机轴承等大多使用滑动轴承。

### 一、对轴承合金性能的要求

滑动轴承由轴承体和轴瓦组成。轴瓦直接与轴颈相接触，在转动中，轴瓦和轴之间存在不可避免的磨损，而轴是机器上重要和昂贵的部件，更换也比较困难，所以最好使轴的磨损最小，而让轴瓦磨损。为此，轴瓦材料应满足以下要求：

1）具有足够的强度和塑性、韧性，以抵抗冲击和振动。

2）具有适当的硬度，以免轴被磨损。

3）具有较小的摩擦因数和良好的磨合性（指轴和轴瓦在运转时互相配合的性能），并能保存润滑油，以保持正常的润滑。

4）良好的导热性与耐蚀性。

5）良好的工艺性，即易于浇注且易与瓦底焊合。

6）成本低廉。

轴承合金的组织一般是由软的基体和均匀分布在基体上的硬质点构成，如图 7-5 所示。当轴承工作时，轴瓦表面形成了显微起伏，软的基体因磨损较快而形成了许多微小的沟道。润滑油沿着这些沟道循环，形成连续的油膜，并把磨损下来的金属微粒带走。分布在基体上的硬质点，则承受轴的压力，并支持轴继续工作。这样，保证了近乎理想的摩擦条件和极低的摩擦因数。

另外，若轴承合金的组织由硬基体加软质点构成，则同样可以形成较理想的摩擦条件。此时，软质点的数量要多一些，这样磨损后也可以构成油路，储存一定数量的润滑油。

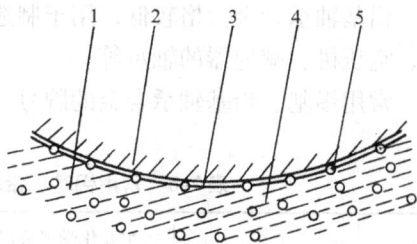

图 7-5　轴承合金结构示意图
1—轴瓦　2—轴　3—润滑油空间
4—软基体　5—硬质点

工业上应用的轴承合金种类很多，但应用最广的是锡基轴承合金和铅基轴承合金（又称为巴氏合金），其代号表示方法是"Z"（"铸"字汉语拼音的首字母）+元素（基体金属）符号＋其余元素符号＋数字 [该元素的平均质量分数（%）]。例如，ZSnSb12Pb10Cu4 表示平均 $w(Sb)=12\%$，$w(Cu)=4\%$，$w(Pb)=10\%$，其余为锡的铸造锡基轴承合金。

**二、常用的轴承合金**

常用的轴承合金除锡基、铅基轴承合金外，还有铜基、铝基轴承合金。

1. 锡基轴承合金　它是一种以锡锑为基础的典型轴承合金，几乎能满足轴承合金的所有要求，可用来浇注承受大负荷、高转速机器设备的轴承，如用于汽轮机、电动机、汽车发动机等。

这种合金的软基体是锑在锡中的 α 固溶体，硬质点为化合物 SnSb，均匀分布在软基体之上，如图 7-6 所示。合金中的铜形成 $Cu_6Sn_5$，浇注时首先从液体中呈树枝状结晶出来，阻碍 SnSb 在结晶时由于密度小而浮集，使硬质点获得均匀分布。图 7-6 中的白亮小针状及小粒状物是化合物 $Cu_6Sn_5$，亮的方块是硬质点 SnSb，暗底为 α 固溶体。

锡基轴承合金虽然具有一系列

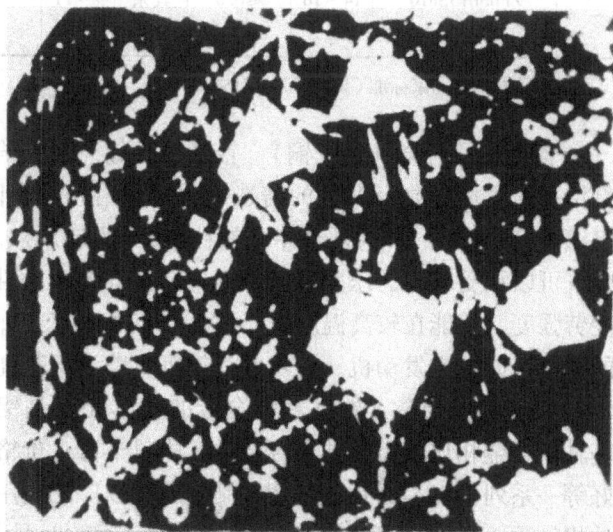

图 7-6　锡基轴承合金显微组织

优点，但是由于锡在国际市场上是稀缺昂贵的金属，妨碍了它的广泛应用，故大多被铅基轴承合金替代。

2. 铅基轴承合金　在铅基合金中，铅锑轴承合金获得广泛的应用。纯铅强度、硬度很低，需加入锑，但锑加入过多会使其韧性下降，因此还需附加锡、铜、镍、砷、镉等元素，以改善合金的性能。其中，锡的作用是主要的，与锑形成化合物 SnSb 的硬质点，而软基体则是 PbSnSb 的共晶体。加入铜是为了阻止密度偏析，镍能细化合金的组织，砷、镉可使合金具有良好的高温硬度。

铅基轴承合金价格较低，用于制造中等负荷的轴承，如汽车、拖拉机的曲柄轴承，电动机、空压机、减速器的轴承等。

常用锡基、铅基轴承合金的牌号、化学成分及应用举例见表 7-8。

表 7-8　常用锡基、铅基轴承合金的牌号、化学成分及应用举例

| 组别 | 合金牌号 | 主要化学成分（质量分数，%） | | | | 硬度 HBW 大于或等于 | 应用举例 |
|---|---|---|---|---|---|---|---|
| | | Sb | Cu | Pb | Sn | | |
| 锡基轴承合金 | ZSnSb8Cu4 | 7 ~ 8 | 3 ~ 4 | — | 其余 | 24 | 用于一般大型机器轴承及轴衬 |
| | ZSnSb12Pb10Cu4 | 11 ~ 13 | 2.5 ~ 5.0 | 9 ~ 11 | 其余 | 29 | 适用于中等速度和受压的机器主轴衬，但不适用于高温部分 |
| | ZSnSb11Cu6 | 10 ~ 12 | 5.5 ~ 6.5 | — | 其余 | 27 | 适用于 1471kW 以上的高速蒸汽机和 368kW 的涡轮压缩机、涡轮泵及高速内燃机等轴承 |
| 铅基轴承合金 | ZPbSb16Sn16Cu2 | 15 ~ 17 | 1.5 ~ 2.0 | 其余 | 15 ~ 17 | 30 | 工作温度低于 120℃，无显著冲击载荷、重载、高速的轴承，如汽车拖拉机曲柄轴承、750kW 以内的电动机轴承 |
| | ZPbSb15Sn10 | 14 ~ 16 | ≤0.5 | 其余 | 9 ~ 11 | 24 | 中等载荷、中速、冲击载荷的机械轴承，如汽车、拖拉机的曲轴轴承和连杆轴承，也适用于高温轴承 |

注：表中数据摘自国家标准 GB/T 1174—1992。

3. 铜基轴承合金（铅青铜）　铅青铜是锡基轴承合金的代用品，常用牌号有 ZCuPb30。它是铅平均质量分数为 30% 的铸造铅青铜，铅和铜在固态时互不溶解，因此，它的室温显微组织是 Cu + Pb。Cu 为硬基体，颗粒状 Pb 为软质点。这是一种硬基体软质点类型的轴承合金，可以承受较大的压力。铅青铜具有良好的耐磨性、高的导热性（为锡基的 6 倍）、高的疲劳强度，并能在较高温度下（300 ~ 320℃）工作，可广泛用于制造高速、重负荷下工作的轴承，如航空发动机、大功率汽轮机、柴油机等高速机器的主轴承和连杆轴承。

4. 铝基轴承合金　铝基轴承合金的基本元素是铝，加入元素有锡、铜、镍。与锡基、铅基轴承合金相比，铝基轴承合金具有原料丰富、价格低廉、导热性好、疲劳强度高和耐蚀性好等一系列优点，而且能连续轧制生产，故广泛应用于高速重载下工作的汽车、拖拉机及柴油机轴承。它的主要缺点是线胀系数大，运转时易与轴咬合，尤其在冷起动时危险性更大。又因它本身硬度高，轴易磨损，故需相应提高轴的硬度。

国标 GB/T 1174—1992 只规定了 ZAlSn6Cu1Ni1 一种铝基轴承合金的牌号。

## 第五节　粉末冶金材料

粉末冶金是指将金属粉末（或掺入部分非金属粉末）经过压制成型和烧结，以获得金属零件或金属材料的生产方法。它既是制取用普通冶炼方法难以得到的金属材料的一种特殊冶金工艺，又是制造各种精密机器零件的一种加工方法。

近年来，粉末冶金材料应用很广，常用作减摩材料、结构材料和硬质合金刀具材料，也用来制造难熔金属材料（如灯泡钨丝）、复合材料和各种多孔材料等。用粉末冶金制造机械零件，是一种无切削或少切削的新工艺。

然而，粉末冶金在应用上也有不足之处，如成本高，在压制时受到设备吨位及模具制造的限制，只能生产尺寸较小及形状比较简单的工件。

下面仅介绍常用的粉末冶金材料。

### 一、含油轴承

采用粉末冶金工艺制取的多种用途的减摩材料，可以作为滑动轴承的材料使用。例如，利用材料的多孔性，用以浸渍多种润滑剂（润滑油、硫黄及聚四氟乙烯或二硫化钼的分散液等），使材料具有自润滑性；也可以在混料时掺入各种固体润滑剂，如石墨、铅、硫等，改善材料的减摩性能。

含油轴承材料是一种利用材料的多孔性浸渗润滑油的减磨材料，用作轴承、衬套、轴瓦、滑板等。常用的基体金属有铁基和青铜基两种，通常添加的固体润滑剂是石墨。

含油轴承工作时，由于摩擦生热，使润滑油膨胀而从合金孔隙中压到工作表面，起到润滑作用。运转停止后，轴承冷却，表面上的润滑油在毛细现象作用下，大部分被吸回孔隙，少部分留在摩擦表面，使工件再次运转时避免发生干摩擦，这就保证了轴承能在相当长的时间内不必加油而能有效地工作。

含油轴承的孔隙度通常是 18% ~ 25%。孔隙度高，说明含油率高，自润滑性能好，但强度较低，适于在低负荷中速的条件下工作；孔隙度低于 15% 时，强度较高，但需补加润滑油，适于中、高负荷低速自润滑或中速补加润滑油的工作条件下工作。

含油轴承已在汽车、拖拉机、农机、纺织机上得到了广泛使用。

### 二、硬质合金

硬质合金是以高硬度的难熔金属碳化物和金属粘结剂，用粉末冶金工艺制成的工具材料。根据国家标准 GB/T 18376.1—2008，可将硬质合金分为切削刀具用硬质合金、地质和矿山工具用硬质合金、耐磨零件用硬质合金三大类。目前硬质合金主要用于制造金属切削刀具，常用的碳化物是碳化钨（WC）、碳化钛（TiC）、碳化钽（TaC）、碳化铌（NbC）等，粘结剂以钴（Co）为主。

硬质合金刀具的主要特点是具有很高的热硬性，即使温度在 1000℃ 左右，刀具的硬度仍无明显下降。因而，硬质合金刀具可比各种合金钢刀具成倍地提高切削速度，可延长刀具寿命几倍到几十倍。但因其硬度高，脆性大，很难整体加工成复杂形状的刀具。通常，都把它做成不同形状的刀头（刀片），再用焊接或机械夹固的方法，固定在刀杆的刀片槽中使用。

在组成硬质合金的金属碳化物和粘结剂中，金属碳化物起坚硬耐磨的作用，而粘结剂则起韧性的作用。所以，粘结剂（Co）越多，合金的强度、韧性越高，而硬度、耐磨性则降低。

国际标准化组织对切削刀具用的硬质合金制订了国际标准（ISO）分类，将其分成 K、P、M 三大类。

1. K 类硬质合金（WC-Co）　这类硬质合金中，WC 的质量分数为 90%～97%，Co 的质量分数为 3%～10%，个别牌号的合金中含质量分数约为 2% 的稀有金属 TaC（NbC）。其硬度一般为 74～80HRC，抗弯强度为 1.0～1.5GPa，耐热温度为 800～900℃。由于其韧性、磨削性能和导热性较好，主要用于加工脆性材料（如铸铁）、有色金属及其合金等。旧牌号有 YG3、YG6、YG6X、YG8 和 YG8C。牌号中 Y 表示硬质合金，G 表示钴，G 后面的数字表示钴的质量分数（%）。合金中钴的质量分数越高，韧性越好，适用于粗加工；反之，当切削较平稳，要求硬度和耐磨性较高时，应选用钴含量较低的合金。牌号中 X 表示细晶粒。因此，YG6X 要比 YG6 硬度高，耐磨性好，但抗弯强度略有降低。此外，由于 K 类硬质合金与钢发生粘结的温度较低，所以不宜用于切削钢材。

2. P 类硬质合金（WC-TiC-Co）　这类硬质合金中 TiC 的质量分数为 5%～40%，其余为 WC 和 Co。由于 TiC 可提高与钢的粘结温度及防扩散性能，并使其耐磨性提高，但抗弯强度、磨削性能和导热系数下降，其低温脆性较大，因此，P 类硬质合金不适宜加工脆性材料，而适用于高速切削一般钢材。旧牌号有 YT5、YT14、YT15 和 YT30。牌号中的 Y 表示硬质合金，T 表示 TiC。T 后面的质量分数越大的合金，其硬度和耐磨性就越高，而抗弯强度和导热系数则越低，故适用于精加工；反之，当碳化钛含量少，钴含量多时，其强度和韧性也就越高，故适用于粗加工。

当加工含钛的不锈钢和钛合金时，不宜选用 P 类合金，这是因为 P 类合金与加工材料中的钛元素之间的化学惰性较大，严重地发生粘结现象，加剧刀具磨损。

3. M 类硬质合金（WC-TiC-TaC（NbC）-Co）　这类硬质合金中 TiC 和 TaC（NbC）的质量分数为 5%～10%，其余为 WC 和 Co。由于加入一定数量的稀有金属 TaC（NbC），能使硬质合金的晶粒细化，从而提高了抗弯强度、疲劳强度和冲击韧度，也提高了耐磨性、高温硬度和抗氧化能力。总之，这类合金具有较好的综合切削加工性能，适用于加工铸铁和有色金属，也可加工钢，故有"通用合金"之称。但其由于价格较贵，因此主要用于切削难加工材料。旧牌号有 YW1 和 YW2 等。

常用硬质合金的牌号及用途见表 7-9。

4. 其他硬质合金

（1）TiC、TiN 基硬质合金（金属陶瓷）　以 TiC、TiN、TiCN 为基本成分，镍、钼作粘结剂，相当于 P 类硬质合金，旧牌号有 YN05、YN10 等。其硬度高于 WC 基硬质合金，为 90～93HRA，有较好的耐磨性，化学稳定性好，抗粘结、抗氧化能力强，摩擦因数较小，耐磨性高，但冲击韧度较差，主要用于对合金钢、淬硬钢进行精加工和半精加工。

（2）超细晶粒硬质合金　普通硬质合金的 WC 粒度为几个微米，若用细化晶粒的方法使其晶粒达到 0.2～1μm（大部分在 0.5μm 以下），则成为超细晶粒硬质合金。由于其硬质相和粘结剂高度分散，所以提高了硬度和耐磨性，同时也增加了强度和韧性。由于晶粒细，可磨出锋利的切削刃，因此具有良好的切削加工性能，适用于不锈钢、钛合金等难加工材料的断续加工，并允许选用较低的速度进行切削加工。

表7-9　常用硬质合金牌号及用途

| 类别号 | 组别号 | 旧牌号 | 用　　途 |
|---|---|---|---|
| K | K01 | YG3 | 铸铁、有色金属及其合金的精加工、半精加工,要求无冲击 |
| | K10 | YG6X | 铸铁、冷硬铸铁高温合金的精加工和半精加工 |
| | K20 | YG6 | 铸铁、有色金属及其合金的半精加工和粗加工 |
| | K30 | YG8 | 铸铁、有色金属及其合金的粗加工,也可用于断续切削 |
| P | P01 | YT30 | 碳素钢、合金钢的精加工 |
| | P10 | YT15 | 碳素钢和合金钢连续切削时的粗加工、半精加工、精加工,也可用于断续精加工 |
| | P20 | YT14 | |
| | P30 | YT5 | 碳素钢、合金钢的粗加工,可用于断续切削 |
| M | M10 | YW1 | 不锈钢、高强度钢与铸铁的半精加工与精加工 |
| | M20 | YW2 | 不锈钢、高强度钢与铸铁的粗加工与半精加工 |

# 复　习　题

1. 非铁金属材料（有色金属）与钢铁材料（黑色金属）相比较,具有哪些优良的性能？工业上常用的非铁金属材料有哪几种？

2. 试述纯铝的特性和用途。

3. 铝合金如何分类？

4. 简述常用硬铝的新旧牌号、主要特性与用途。

5. 铸造铝合金有哪几类？说明 ZAlSi7Cu4、ZAlCu5Mn 合金牌号的含义、力学性能和特点。

6. 纯铜的特性和用途怎样？

7. 铜合金如何分类？

8. 黄铜是何种合金？普通黄铜、特殊黄铜是何种合金？特殊黄铜与普通黄铜相比有何特点？

9. 说明 H62、HPb59-1 合金的化学成分、主要特性与用途。

10. 白铜是何种合金？说明 B19、BMn3-12 合金的化学成分、主要特性和用途。

11. 锡青铜与无锡青铜的成分有何不同？

12. 说明 ZCuSn10Pb1、ZCuAl10Fe3 合金牌号的含义、主要特性和用途。

13. 说明 QSn4-4-4、QBe2 合金的化学成分、主要特性和用途。

14. 分别举一个工业纯钛及一个钛合金的牌号,简述其力学性能和应用实例。

15. 钛合金是怎样分类的？常用的是哪几类？举例说明其牌号及用途。

16. 轴承合金应具备什么条件？常用的轴承合金有哪几种？

17. 锡基、铅基和铜基轴承合金在组织和性能方面各有哪些不同？

18. 含油轴承材料有什么特点？

19. 什么是硬质合金？硬质合金分为哪几大类？

20. 用于金属切削刀具的硬质合金有哪几类？说明其牌号、力学性能与用途。

# 第八章 金属的腐蚀及防护方法

金属和周围介质相接触时，由于发生化学作用或电化学作用而引起的破坏叫做金属的腐蚀。当金属在空气、海水、土壤、高温中工作或与酸、碱、盐等化学介质接触时，都会产生不同程度的腐蚀。

腐蚀的危害性很大，它不但使金属的外形、色泽和力学性能发生变化，而且还损失大量的金属材料。据统计，全世界每年由于腐蚀而报废的金属设备和材料，约相当于全年金属产量的1/3。在这些报废的金属中，除有2/3可以回炉重炼外，另外1/3则完全损失。除此之外，因腐蚀而需要进行检修的费用、采取各种防腐措施的费用以及设备因腐蚀而停工减产的损失等就更为可观了。因此，研究腐蚀的基本过程，从而采取适当的防止措施，有非常重大的意义。

## 第一节 金属的腐蚀

根据金属腐蚀过程的不同特点，金属的腐蚀可分为化学腐蚀和电化学腐蚀两类。

### 一、化学腐蚀

金属与周围介质（非电解质）接触时单纯由化学作用而引起的腐蚀叫做化学腐蚀。化学腐蚀一般发生在干燥的气体或不导电的液体（润滑油或汽油）中。例如，金属和干燥气体（如 $O_2$、$H_2S$、$SO_2$、$Cl_2$ 等）相接触时，在金属表面上生成相应的化合物（如氧化物、硫化物、氯化物等），从而使金属零件因腐蚀而损坏。

氧化是最常见的化学腐蚀，形成的氧化膜通过扩散逐渐加厚。如果能形成致密的氧化膜（如铝和铬）并具有防护作用，则能阻止氧化继续向金属内部发展。

温度对化学腐蚀的影响很大，随着温度的升高，金属材料更容易产生化学腐蚀。以钢材为例，在加热至高温时，表面极易生成一层氧化皮（由 $FeO$、$Fe_2O_3$ 和 $Fe_3O_4$ 组成），通过扩散，使氧化皮逐渐加厚，造成损耗。高温下加热时间越长，氧化损耗越严重。

在实际生产中，由单纯的化学腐蚀引起金属的损耗较少，更多的是电化学腐蚀。

### 二、电化学腐蚀

当金属和电解液接触时，由电化学作用而引起的腐蚀叫做电化学腐蚀。例如，金属在电解质溶液（酸、碱、盐溶液）以及海水中发生的腐蚀，地下金属管道在土壤中的腐蚀，以及在潮湿空气中的腐蚀等，均属于电化学腐蚀。电化学腐蚀过程中有电流产生。

电化学腐蚀的发生主要是由于金属具有一定的电极电位，而不同的金属有不同的电极电位（见表8-1）。例如，当铜和锌浸入电解液中（见图8-1）并用导线相连时，由于铜的电极电位高于锌的电极电位，就产生了电位差。电位较低的锌片容易失去电子，电子流便从锌片流向电位较高的铜片，这样就形成了一个微小的原电池，锌片成了阳极，铜片成了阴极。同时，在溶液中存在着因硫酸电离而产生的氢离子，即

$$H_2SO_4 = 2H^+ + SO_4^{2-}$$

**表 8-1　常用金属的标准电极电位**

| 金属 | Al | Zn | Cr | Fe | Ni | Sn | H | Cu | Ag |
|---|---|---|---|---|---|---|---|---|---|
| 标准电极电位/V | −1.706 | −0.762 | −0.56 | −0.409 | −0.23 | −0.136 | 0 | +0.3402 | +0.7996 |

氢离子在阴极（铜片）上集中，得到电子后在铜片附近不断逸出，即

$$2H^+ + 2e = H_2 \uparrow$$

而在阳极（锌片）上，由于锌原子不断失去电子而变成锌离子进入溶液，即

$$Zn - 2e = Zn^{2+}$$

这样，就造成了锌的损耗。这就是电化学腐蚀的过程。

根据原电池原理可知，两种不同的金属相接触并存在电解液时，电位较低的金属将被腐蚀。它们之间的电极电位相差越大，则腐蚀得越快。

工程上使用的金属或合金的组织一般是不均匀的，当它们与电解液接触时，不均一的晶体或组织将具有不同的电极电位，结果在金属或合金中形成大量的微小原电池，就产生了电化学腐蚀。例如，碳素钢的组织是由铁素体和渗碳体两相组成的，铁素体的电极电位比渗碳体的低，当有电解液（如潮湿空气）存在时，即可形成原电池，铁素体成为阳极而被腐蚀，如图 8-2 所示。

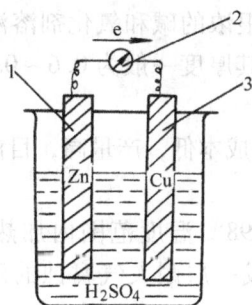

图 8-1　电化学腐蚀示意图
1—锌片　2—电流表　3—铜片

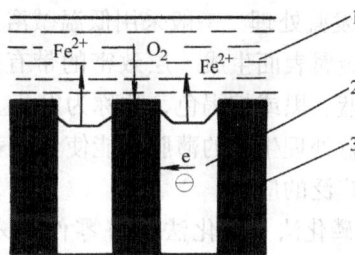

图 8-2　碳素钢电化学腐蚀示意图
1—电解液　2—铁素体　3—渗碳体

从以上分析可见，金属的腐蚀绝大多数是由电化学腐蚀引起的，因此，在生产实践中电化学腐蚀的危害性最大。

# 第二节　防护方法

从形成原电池的基本原理可知，产生电化学腐蚀有两个必备条件：①存在电极电位差；②存在电解液。防止电化学腐蚀的一切方法都是使上述两个条件不同时存在。因此，为提高金属的耐蚀能力，原则上可采用以下方法：

1）尽可能使金属保持均匀单相组织，即无电极电位差，并使金属具有较高的电极电位。

2）尽量减少两极之间的电极电位差，并提高阳极的电极电位，以降低腐蚀速度。

3）尽量不与电解液接触，减小甚至隔绝腐蚀电流。

常用的方法有以下几种：

### 一、提高金属本身的耐蚀能力

不锈钢是一个典型的例子。在炼钢时加入一定量的合金元素（常用 Cr），使钢基体的电极电位提高（见图 8-3），从而提高其抵抗电化学腐蚀的能力。同时，不锈钢中大量的铬和镍，不仅使钢表面能形成钝化膜，而且使内部组织成为单相，消除电极电位差，从而显著提高钢的耐蚀性。

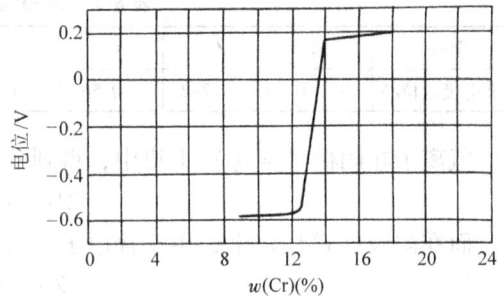

图 8-3　铁铬合金电极电位与含铬量的关系

### 二、覆蔽法

在需要保护的金属表面，覆盖一层极薄的且耐蚀性很高的金属或非金属物质，使金属与腐蚀介质隔离开来。常用的方法很多，如热浸镀、电镀、涂装、搪瓷、包塑料薄膜等。例如，在铁皮、钢丝、管子表面热浸镀锌，在制件表层电镀铜和铬，不仅能防锈，而且美观。

### 三、化学保护法

这种方法主要是使金属表面形成一层坚固而致密、稳定的薄膜，以防止金属腐蚀。

常用的化学保护法有发蓝处理和磷化法。

1. 发蓝处理　一般采用低温碱浴发蓝，即将金属零件放在很浓的碱和氧化剂溶液中加热，使金属表面生成一层致密的带有磁性的四氧化三铁薄膜，其厚度一般为 $0.6 \sim 0.8\mu m$，颜色呈蓝、黑或棕褐色，故称为发蓝。

发蓝处理生成的薄膜，能使金属表面具有防锈作用。此方法成本低，产量高，目前得到了比较广泛的应用。

2. 磷化法　磷化法是将零件放入磷酸盐溶液中，在 $96 \sim 98℃$ 温度范围内加热 $40 \sim 80min$，然后清洗，并用机油擦拭，经处理后，在零件表面形成一层耐大气腐蚀的磷酸盐薄膜。

磷化法常用来处理汽车零件、垫圈及螺母等。

### 四、电化学保护法

此方法适用于在电解液中工作的零件。它是将被保护的金属作为原电池的阴极，从而使其不受腐蚀的方法，所以又叫阴极保护法。

阴极保护法有两种：一种是牺牲阳极保护法，另一种是外加电流法。

1. 牺牲阳极保护法　它是将被保护的金属与另一电极电位较低的金属紧密接触，形成一个原电池，使被保护金属作为原电池的阴极而受到保护，电极电位较小的金属作为原电池的阳极而被腐蚀。例如，锅炉及轮船水底部分都用牺牲锌的方法来防腐蚀。

2. 外加电流法　它是将保护的金属与一直流电源的阴极相连，而将另一金属片与被保护金属隔绝并与直流电源的阳极相连，从而达到防腐蚀的目的。这种方法常用于土壤、海水及河水中金属设备的防腐蚀。

## 复 习 题

1. 什么叫金属的腐蚀？它有哪些形式？哪一种腐蚀形式的危害性最大？
2. 金属的防护方法有哪些？

# 第三篇 热加工工艺

# 第九章 铸 造

　　熔炼金属，制造铸型，并将熔融金属浇入铸型，凝固后获得一定形状和性能铸件的成型方法称为铸造。

　　在铸造生产中，基本方法是砂型铸造。砂型铸造的生产过程（见图9-1），可以归纳以下六点：

　　1）根据零件图制造模样和芯盒。

　　2）制备型砂及芯砂。

　　3）利用模样及芯盒进行造型及造芯。

　　4）烘干型芯（或铸型）。

　　5）合型浇注。

　　6）出砂和清理铸件。

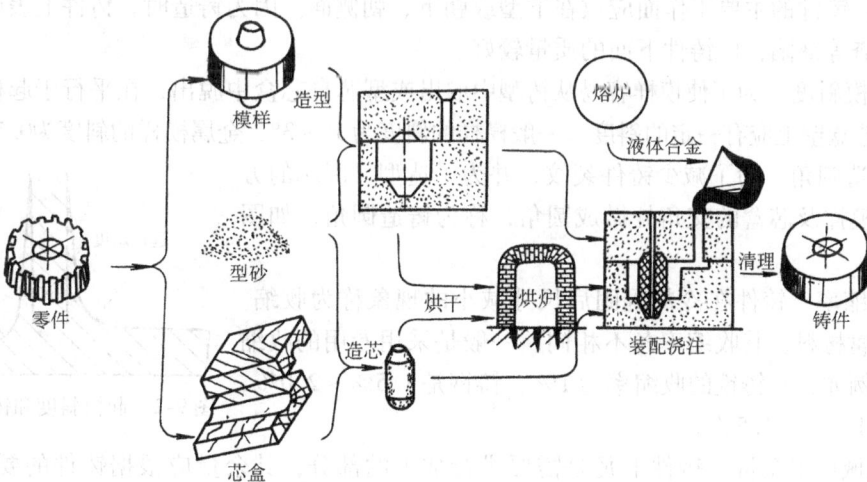

图9-1 砂型铸造的生产过程

　　除了砂型铸造外，还有特种铸造方法，如金属型铸造、冷硬铸造、压力铸造、离心铸造、熔模铸造、壳型铸造和陶瓷型铸造等。

　　铸造生产具有以下优点：

　　1）可以铸成外形和内腔十分复杂的毛坯，如各种箱体、床身、机架等。

　　2）适用范围较广，工业上常用的金属材料都可用来铸造，有些材料（如铸铁）只能用铸造方法来制取零件；铸件的质量可以从几克到200t以上。

3）原材料来源广泛，还可将报废的机件或切屑作为原材料；工艺设备费用少，成本较低。

4）铸件的形状与零件尺寸较接近，可节省金属的消耗，减少切削加工工作量。

近年来，由于铸造合金、铸造工艺技术的发展，特别是精密铸造技术的发展和稀土的应用等，使铸件的表面质量、力学性能都有显著的提高，铸件的使用范围日益扩大。但目前，铸造生产尚存在一些问题，如铸件中常出现缩松和气孔等缺陷，使其性能不如锻件；铸造生产的工序较多，一些工艺过程难以控制，质量不稳定等。因此，对于承受动载荷的重要零件一般不采用铸件作为毛坯。

# 第一节　砂型的制造

## 一、模样和芯盒的制造

模样是用来形成铸件外部轮廓的。芯盒是用来制造型芯的。型芯用于形成铸件内部轮廓。

制造模样和芯盒的材料可用木材或金属（如铝合金）。用木材制造的模样称为木模，用金属制造的模样称为金属模。

为了保证铸件质量，在设计和制造模样及芯盒时，应考虑以下几点：

1. 选择分型面　分型面是铸型组之间的接合面，一般情况下，也就是模样的分模面。选择分型面时，应考虑铸件上的主要工作面、大平面、整个铸件的加工基准面等的合理安置。例如，铸件的主要工作面应放在下型或朝下、朝侧面。因为铸造时，铸件上表面易产生气孔、夹渣等缺陷，而铸件下面的质量较好。

2. 起模斜度　为了使模样容易从铸型中取出或型芯自芯盒中脱出，在平行于起模方向的模样上或芯盒壁上应有一定的斜度，一般模样的斜度为1°~3°，金属模样的斜度为0.5°~1°。

3. 铸造圆角　为了减少铸件裂纹，并为了造型、制芯的方便，应将模样及芯盒的交角处做成圆角，称为铸造圆角，如图9-2所示。

4. 收缩率　铸件在冷却凝固后尺寸减小的现象称为收缩。不同的金属材料，其收缩率各不相同，一般是采用专用的收缩尺计量。例如，灰铸铁的收缩率为1%，铸钢是1.5%~2.0%，铝合金是1.0%~1.5%。

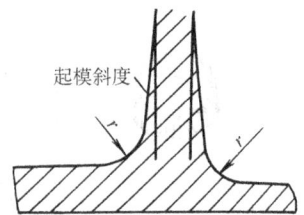
图9-2　起模斜度和铸造圆角

5. 机械加工余量　铸件上凡是需要进行加工的部分，其余量应根据铸件的要求来定。凡需进行机械加工的部分，都应在模样上增加加工余量。

6. 芯头　型腔中需要安放型芯时，为了便于安置，模样和芯盒上都需要考虑设置芯头。

## 二、造型材料

制造砂型的材料包括型砂、芯砂及涂料等。造型材料质量对铸件质量具有决定性的影响。为此，应合理地选用和配制造型材料。

1. 型砂和芯砂应具备的性能　砂型在浇注凝固过程中要承受液体金属的冲刷、静压力和高温的作用，要排除大量气体，砂芯还要受到铸件凝固时的收缩压力等，因而对型砂和芯砂的性能提出了下列要求：

（1）可塑性 为了在砂型中得到清晰的模样印迹，以便得到合格的铸件，型砂必须具有良好的可塑性。砂子本身几乎是不可塑的，但粘土却有很好的可塑性，所以型砂中粘土的含量越多，可塑性越高，一般型砂中水的质量分数为8%时，可塑性也较好。

（2）强度 型砂承受外力作用而不易破坏的性能称为强度。砂型必须具有足够的强度，以便在修整、搬运及液体金属浇注时受冲击和压力作用下，不致变形或毁坏。若型砂强度不足，则会造成塌箱、冲砂和砂眼等缺陷。

（3）耐火度 型砂在高温液体金属注入时，不软化、不易熔融烧结并粘附在铸件表面上的性能，称为耐火度。若型砂耐火度不足，则会造成粘砂，使切削加工困难。粘砂严重难以清理的铸件，可能成为废品。

（4）透气性 型砂由于内部砂粒之间存在空隙，能够通过气体的能力，称为透气性。在高温液体金属注入铸型后，会产生气体，砂型和砂芯中也会产生大量气体。若型砂透气性差，则会使部分气体留在铸件内部不能排出，于是造成气孔等缺陷。

（5）退让性 铸件冷却收缩时，砂型和砂芯的体积可以被压缩的性能，称为退让性。砂型和砂芯退让性差，会阻碍金属收缩，使铸件产生内应力，甚至造成裂纹等缺陷。为了提高退让性，在型砂中加入附加物，如草灰和木屑等，可使砂粒之间的空隙增加，从而提高其退让性。

2. 型砂的组成 型砂是由原砂、粘结剂、附加材料、旧砂和水等混合搅拌而成的。

（1）原砂（$SiO_2$） 采自山地、海滨或河滨，要求 $SiO_2$ 含量高，砂粒大小均匀，形状以球形为佳。$SiO_2$ 的含量与型砂耐火度有直接关系，$SiO_2$ 的含量越高，其耐火度越好。

（2）粘结剂 一般为粘土和膨润土两种，有时也用水玻璃、植物油或合脂（合成脂肪酸的副产品）作粘结剂。在型砂中加入粘结剂的目的是使型砂具有一定的强度和可塑性。膨润土质点比普通粘土更为细小，粘结性更好。

（3）附加材料 煤粉和锯木屑是常用的廉价附加材料。加入煤粉是为了防止铸件表面粘砂，因为煤粉在浇注时能燃烧，产生还原性气体，形成薄膜，将金属与砂型隔开。加入锯木屑可改善型砂的退让性。

（4）旧砂 已用过的型砂，经过适当处理后仍可掺在型砂中使用，以节约新砂。

3. 型砂的种类 型砂按照不同用途可以分为面砂、背砂、单一砂以及芯砂四种。

（1）面砂 砂型表面直接与液体金属接触的一层型砂，要求其具有较高的耐火度、可塑性和强度。面砂厚度一般为 20～30mm。

（2）背砂 用来填充砂箱中除面砂以外的其余部分的砂，称为背砂。除透气性外，对它的其他性能要求不高。

（3）单一砂 在机械化车间里，若使用面砂和背砂并将其分开，则将使型砂的处理和运输复杂化，所以大多采用单一砂，而不分面砂和背砂。

（4）芯砂 由于砂芯置于铸型型腔内部，浇注后，砂芯四周被高温金属包围，因此要求芯砂具有更高的强度、耐火度、透气性和退让性，而且还要便于清理。制作形状复杂或较重要的砂芯时，需向芯砂中加桐油、亚麻仁油等作粘结剂。

4. 涂料 为防止液态金属与砂型表面相互作用而产生粘砂等缺陷，需在型腔表面涂覆一薄层涂料。常用的涂料是石墨粉。石墨粉熔点大于3000℃，在高温下与少量氧气化合而燃烧产生气体，使液态金属与铸型不直接接触。同时，在型砂内还需混入一些煤粉，浇注时煤粉燃烧产生的气层可防止铸件粘砂。

### 三、造型

造型就是用型砂和模样制造铸型的过程。造型方法分为手工造型和机器造型两大类。一般单件和小批量生产都用手工造型。在大量生产时，主要采用机器造型。

1. **手工造型**　在实际生产中，由于铸件的大小、形状、铸造合金、生产批量、铸件的技术要求等不同，手工造型的方法也不同。手工造型常用工具如图9-3所示。手工造型方法有以下几种：

（1）整模造型　整模造型是用整体模样造型，模样只在一个砂箱内（下箱），分型面是平面。整模造型操作方便，铸件不会由于上下铸型错位而产生错型缺陷，用于制造形状比较简单的铸件。

（2）分模造型　将模样沿最大截面处分成两部分，并用销钉定位，该模样称为分模。模样上分开的平面常常作为造型时的分型面。分模造型将模样分别放置在上、下砂型中。分模造型在生产上应用最广。图9-4所示为套管铸件的分模造型过程。

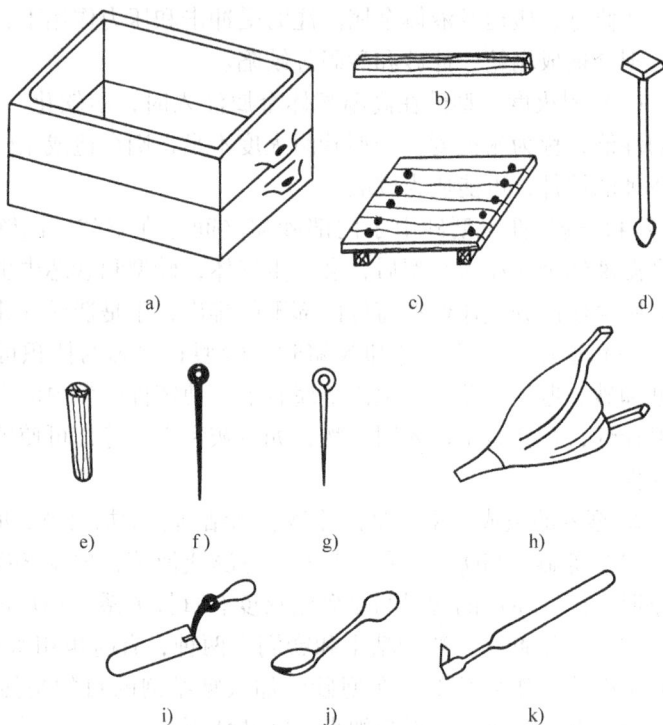

图9-3　手工造型工具

a）砂箱　b）刮砂板　c）模底板　d）舂砂锤　e）浇口棒　f）通气针
g）起模针　h）皮老虎　i）镘刀　j）秋叶铲　k）砂钩

（3）刮板造型　造型时用一个与铸件截面形状相应的刮板代替模样，来刮出所需铸型的型腔。图9-5所示为一圆盖铸件的刮板造型过程：刮板绕轴线旋转造出上、下型，最后合型浇注。刮板造型适用于等截面的大、中型回转体铸件的单件、小批量生产，如带轮、大齿轮、飞轮、弯管等。

其他造型方法还有活块造型、挖砂造型、假箱造型、三箱造型等。这些造型方法比较复杂，要求工人技术水平较高，仅适用于特殊的场合。

2. **型芯的制造**　用芯盒制造型芯的工艺与造型过程相似。为了增加型芯强度，在型芯中应放置型芯骨（可用铁丝或铁钉作型芯骨）。为增强其透气性，需在型芯内扎通气孔。型芯一般要涂上涂料和烘干，以提高它的耐火度、强度和透气性。

3. **机器造型**　用机器全部完成或至少完成紧砂操作的造型工序。机器造型改善了劳动条件，提高了生产率，而且铸件尺寸精确，表面光洁，加工余量少，适用于大批量生产。随着铸造生产向着集中和专业化方向发展，机器造型的比重将日益增加。

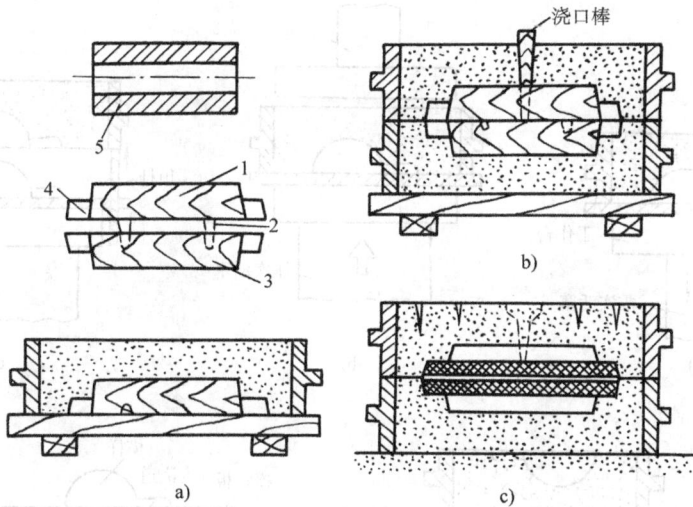

图 9-4 分模造型过程

a) 造下型  b) 造上型  c) 合型

1—上半模  2—销钉  3—下半模  4—型芯头  5—零件

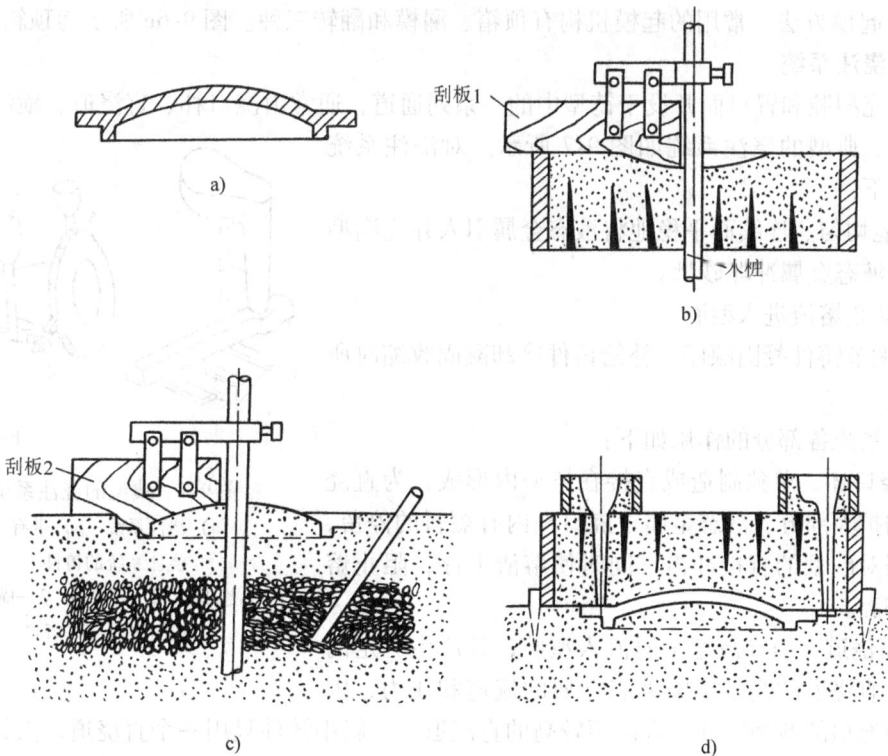

图 9-5 刮板造型过程

a) 零件  b) 造上型  c) 造下型  d) 合型

（1）紧砂方法  常用的紧砂方法有压实、震实、震压、抛砂和射砂等几种方式。其中，震压方式应用最广。图 9-6 为震压造型机原理图。

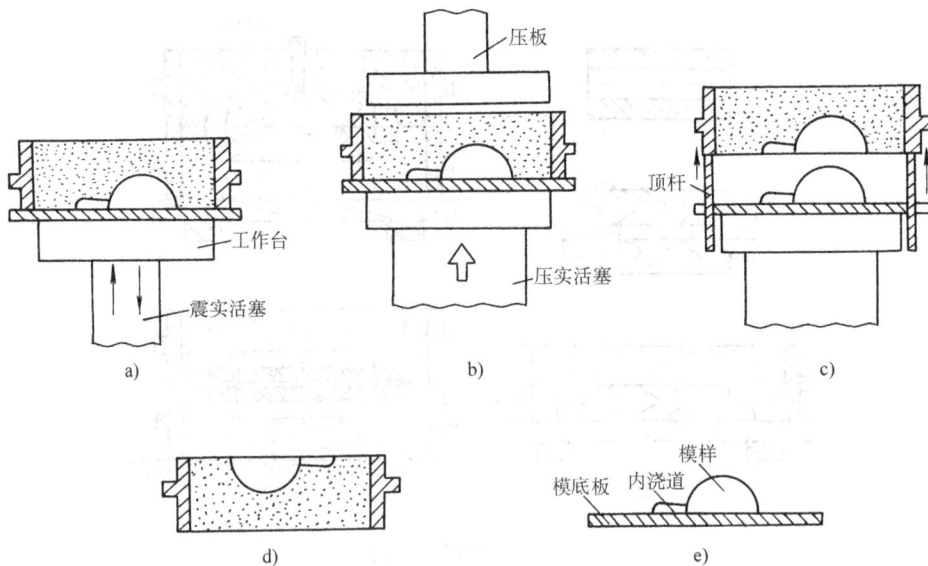

图 9-6　震压造型机原理示意图

a）先震实　b）后压实　c）起模　d）造好下型　e）下模板

（2）起模方法　常用的起模机构有顶箱、漏模和翻转三种。图 9-6c 所示为顶箱起模。

**四、浇注系统**

为填充型腔和冒口而开设于铸型中的一系列通道，通常由浇口杯、直浇道、横浇道和内浇道组成。典型的浇注系统如图 9-7 所示。对浇注系统的要求如下：

1）能均匀、连续而平稳地将液态金属引入并充满型腔，防止液态金属冲坏砂型。

2）防止熔渣进入型腔。

3）调节铸件凝固顺序，补给铸件冷却凝固收缩时所需的金属。

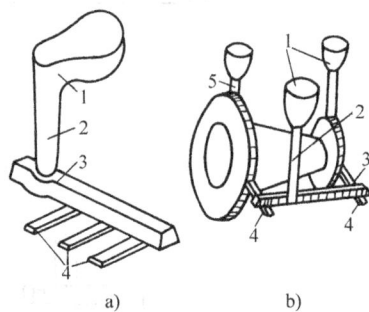

图 9-7　典型的浇注系统

a）浇注系统　b）带有
浇注系统的铸件

1—浇口杯　2—直浇道　3—横浇道
4—内浇道　5—冒口

浇注系统各部分的作用如下：

1. 浇口杯　单独制造或直接在铸型内形成，为直浇道顶部的扩大部分。液态金属在浇口杯内有短暂的停留，可以减弱对砂型的直接冲击，同时使熔渣上浮，阻止熔渣进入型腔。

2. 直浇道　引导液态金属流入型腔，并产生一定的静压力。直浇道的高度影响液态金属的流速和压力，因而对较难充填的薄型铸件，应该用较高的直浇道。一般小铸件只用一个直浇道，大铸件可用几个直浇道。

3. 横浇道　横浇道是具有梯形截面的水平通道，其作用是阻挡熔渣流入型腔，并分配液态金属流入内浇道。

4. 内浇道　它与型腔直接相连，截面为矩形、扁梯形或三角形，位于下型的分型面上。内浇道的尺寸和数量要根据金属的种类，以及铸件的重量、壁厚及外形而决定。

一般情况下，直浇道的横截面积应大于横浇道的横截面积，横浇道的横截面积要大于内浇道的横截面积，以保证金属液充满浇道，并使熔渣浮集在横浇道上部，起集渣作用。

5. 冒口与出气孔 如图9-7中5所示，它的作用是排出型腔内的气体，还可以在金属凝固时把金属液补给铸件。冒口一般设在铸件的最高处或最厚处。

### 五、合型与铸件检查

铸型的装配工序简称合型。合型要保证砂型型腔的几何形状和尺寸的准确性，并检查型芯的安放是否稳固。在型芯放好后，必须详细检查各个部分，才能扣上上型（扣型时应防止偏差或错型），然后放置浇口杯。合型后，应将上、下两型紧扣或放上压铁，以防浇注时上砂型被金属液抬起，造成抬型、射箱（铁液流出箱外）或跑火（着火的气体窜出箱外）事故。

## 第二节 浇注、落砂和清理

### 一、浇注

金属熔化后，用浇包把金属液注入铸型内，称为浇注。浇包分为人力式与起重吊式两种，如图9-8所示。

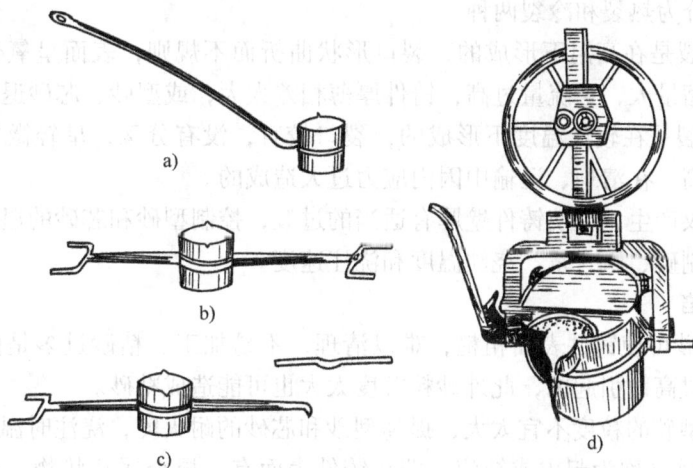

图9-8 浇包
a)、b)、c) 人力式 d) 起重吊式

浇注前，应把浇包中金属液表面上飘浮的熔渣除去。在浇注过程中，不允许断流注入或飞溅。

### 二、落砂和清理

从砂型中取出铸件称为落砂。铸件浇注后，必须在铸型中经过充分的凝固和冷却，不能取出过早，否则会因冷速过大、冷却不匀而产生内应力，甚至变形开裂。一般10kg左右的铸件需冷却1~2h才能开型，上百吨的大型铸件则需冷却十几天之久。落砂过程还包括清除铸件表面和孔穴中的浮砂和芯砂。

清理工作主要是去除铸件的浇注系统和冒口以及粘砂和粗糙部分。灰铸铁件上的浇注系统和冒口可用铁锤打掉，钢铸件的用气割除去，但不能损伤铸件；有色金属铸件的浇注系统和冒口可用锯割除去。粘附在铸件表面的浮砂可用压缩空气吹掉。铸件表面熔结的砂粒，必须用砂轮机打磨除去。

## 第三节　铸件常见缺陷和防止方法

铸件缺陷的种类较多，常见的有以下四种类型。

### 一、孔洞类缺陷

1. 气孔　它的特征是在铸件内部或表面有大小不等的光滑孔眼。其产生的原因是砂型透气性差，型砂含水过多，或金属中溶解气体太多。

防止方法：应控制型砂含水量和透气性，浇注温度不宜过高。

2. 缩孔和缩松　其特征是孔的内壁粗糙，形状不规则，或有分散细小的孔洞。这是由于铸件凝固过程中，补缩不良而产生的。

3. 疏松　铸件缓慢凝固区出现的很细小的孔洞。

要防止产生缩孔、缩松及疏松，应改进浇注系统和冒口设置，使其有利于金属液的补缩，并适当控制浇注温度不要过高。

### 二、裂纹类缺陷

这种缺陷可分为热裂和冷裂两种。

1. 热裂　热裂是在高温下形成的，裂口形状曲折而不规则，表面呈氧化色。其产生原因主要是金属收缩量大，含硫量过高，铸件厚薄相差太大，或型砂、芯砂退让性差。

2. 冷裂　冷裂是在较低温度下形成的，裂口较直，没有分叉，呈轻微氧化色。其一般是由于含磷量过高，在清理、运输中因内应力过大造成的。

为了防止裂纹产生，应使铸件壁厚有适当的过渡，控制型砂和芯砂的退让性，设置合理的浇注系统，控制硫、磷含量、浇注温度和浇注速度。

### 三、表面缺陷

1. 粘砂　粘砂可使铸件表面粗糙，难以清理，不易加工。粘砂过多是由于型砂耐火度不足和浇注温度过高而引起的，此外砂粒粒度太大也可能造成粘砂。

防止方法：型砂的粒度不宜太大，提高型砂和芯砂的耐火度，浇注时温度不宜过高。

2. 夹砂　夹砂又称为起皮或结疤，即在铸件表面有一层金属片状物，在金属片和铸件之间夹有一层型砂。它是由于铸型表面砂层受热发生开裂翘起，铁液渗入开裂的砂层而造成的。

防止方法：可适当控制浇注温度，加快浇注速度；型砂不宜太湿，并减少混砂时粘土的加入量。

3. 冷隔　铸件上有未完全融合的接缝，交接处多存在圆形的疤痕。其产生原因是金属液浇注时温度太低，两股金属流汇合时，表面层受氧化而不能融熔成一体。

防止措施：应注意浇注时的流动性，浇注不可中断，适当提高浇注温度和设计合适的浇注系统。

### 四、夹杂类缺陷

渣孔、砂眼和冷豆是常见的夹杂类缺陷。其产生原因分别是：金属液体中的熔渣进入型腔造成渣孔；砂型被破坏，型砂卷入金属液造成砂眼；冷豆是金属液飞溅造成的。

防止措施：应提高砂型和砂芯的紧实度，以加强型砂和芯砂的强度；起模和合型时防止砂粒落入型腔；正确设计浇注系统，并控制浇注速度，不要太快。

**五、残缺类缺陷**

铸件上出现的浇不到、未浇满、型漏、变形、错型和偏芯等均属于残缺类缺陷。这些缺陷大多因造型及熔化、浇注等操作不当而引起的。

总之，发生以上铸件缺陷时，都要经过详细分析，找出原因并采取相应措施，予以解决。某些表面上存在不严重缺陷的铸件，可在修补后使用，以减少不必要的浪费。

# 第四节　铸造合金及其性能

**一、合金的铸造性能**

合金在铸造生产中，所呈现的工艺性能称为铸造性能。它是保证铸件质量的重要因素。合金的铸造性能主要有流动性、收缩性、偏析倾向等。

1. 流动性　熔融金属的流动能力称为流动性。流动性好的金属液，充填铸型能力强，易于获得外形完整、尺寸准确、轮廓清晰或壁薄而复杂的铸件。

影响金属流动性的因素很多，如浇注温度高，可使金属在液态下保持较长的时间，但过高的浇注温度反而会导致金属总收缩量增加和吸收气体过多，造成缩孔和气孔等缺陷。总之，浇注温度不宜过高和过低。合金成分对流动性也有较大影响，如共晶合金的熔点低，流动性好。

2. 收缩性　金属在冷却时体积缩小的性能称为收缩性。金属的收缩可分为液态收缩、凝固收缩和固态收缩三部分。其中，液态收缩是在高温状态产生的，只造成铸型冒口部分金属液面的降低；凝固收缩会造成缩松、缩孔等现象；固态收缩受到阻碍时，则产生铸造内应力。为防止缩松或缩孔，应扩大内浇道，利用浇道直接补缩，或在壁厚处设置冒口，由冒口中的金属液补充壁厚处的凝固收缩。

3. 偏析倾向　金属或合金在凝固过程中形成的化学成分不均匀现象称为偏析。它与合金的液相线和固相线温度间隔有关，凝固温度区间越大，则偏析越显著。另外，灰铸铁中含硫、磷和碳量较高时，容易产生偏析。浇注温度高和冷却速度慢也能造成偏析。铸件偏析不太严重时，可以通过退火处理来消除偏析现象。

**二、常用合金的铸造性能**

常用的铸造合金有铸铁、碳钢、铜合金、铝合金等。各种合金和铸铁，由于化学成分不同而在铸造工艺中表现出不同的特性。

1. 铸铁的铸造特性　铸铁具有良好的铸造性。它的熔点较低，对砂型的耐火度要求不高；流动性良好，可浇注形状复杂的薄壁铸件；由于熔点低和良好的流动性，可以减少气孔、渣眼、冷隔和浇不足等缺陷。此外，由于铸铁中析出石墨，凝固收缩量小，因此产生缩孔和裂纹的倾向也比较小。

在常用的各种铸铁中，灰铸铁的铸造性能最好，几乎集中了上述全部优点。因此，灰铸铁件的铸型对型砂要求不高，很少设置冒口（只要出气冒口即可）。除大型铸件外，一般的灰铸铁件都可用湿型浇注，设备简单，操作方便，生产率很高。

球墨铸铁液通过球化处理后，温度下降，流动性也有所降低。球墨铸铁的液态收缩量和凝固收缩量较大，容易形成缩孔和缩松，因而在铸造工艺上应采用快速浇注，定向凝固，加大浇道和增设冒口等措施。由于球墨铸铁液中的硫化镁（MgS）与砂型中的水分作用生成硫化氢（$H_2S$）气体，易产生气孔，因此必须严格控制含硫量及型砂中的水分。

可锻铸铁是由白口铸铁经石墨化退火而形成。由于白口铸铁中碳、硅含量较低，熔点高（约1300℃），流动性差，收缩大，易产生冷隔、浇不足、缩孔、缩松及裂纹等缺陷，因此对形状复杂的薄壁铸件，应采用高温浇注，定向凝固，增设冒口和提高砂型的退让性等措施。

2. 碳钢的铸造特性　碳钢的综合铸造性能低于铸铁。碳钢的流动性差，为防止浇不足等缺陷，铸钢件壁厚不能小于8mm，浇注系统的断面尺寸必须大于相应的铸铁件。其铸型常采用干砂型或热型。

碳钢的熔点较高，浇注温度相应也提高，一般为1520~1600℃。它的收缩率也比较大，因而极易产生粘砂、缩孔、裂纹等缺陷。为此，铸钢的型砂需采用耐火度较高的硅砂。铸钢件的壁厚要均匀，要提高砂型和砂芯的退让性，并在厚壁处多设冒口以利于补缩等。

3. 非铁合金的铸造特性　铸造铜合金常在电热炉或坩埚炉中熔化。铜合金的熔点一般在1200℃上下，流动性好，可浇注最小壁厚约为3mm的复杂铸件。其浇注温度低，对型砂和芯砂的耐火度要求不高，因此可采用细砂造型，以提高铸件表面质量，并可减少机械加工余量。铜合金易氧化，常用玻璃、食盐、氟石和硼砂等作熔剂，使氧化物和非金属夹杂物浮于金属液表面。铜合金凝固时收缩量较大，易形成集中缩孔，需在壁厚部位设置冒口进行补缩。

铸造铝合金也在电热炉或坩埚炉内熔化。铝合金熔点低，一般在660℃上下，流动性好，可浇注最小壁厚为2.5mm的铸件。铝合金在高温下的氧化吸气能力很强，为避免氧化和吸气，熔炼时应采用NaCl、KCl等作熔剂覆盖在铝合金液表面，使金属与炉气隔绝。设计浇注系统时应在横浇道上多设内浇道，以使铝合金液平稳并较快地充满型腔，以防止氧化吸气和浇不足等缺陷。

# 第五节　特种铸造

砂型铸造存在某些不足之处，例如每个砂型只能浇注一次，生产率低；铸件的外部质量（尺寸、公差等级、表面粗糙度）和内在质量较差；型砂需要量大，导致生产组织工作复杂；劳动条件较差等。采用特种铸造，可以大大弥补上述不足。

除砂型铸造以外的铸造方法统称为特种铸造，如金属型铸造、压力铸造、离心铸造、熔模铸造、真空吸铸等。与砂型铸造相比，特种铸造能避免砂型起模时的型腔扩大和损伤，合型时定位的偏差，砂粒造成的铸件表面粗糙和粘砂，从而使铸件的质量大大提高。一般特种铸造所得到的铸件都与成品零件的尺寸十分接近，可以减少切削加工余量，甚至无需切削加工即能作为成品使用。

## 一、金属型铸造

在重力作用下将熔融金属浇入金属型获得铸件的方法，称为金属型铸造。金属型可以经过几百次至几万次浇注而不致损坏，既能节省造型时间和材料，提高生产率，又能改善劳动条件，并且所得到的铸件尺寸精确，表面光洁，机械加工余量小，结晶颗粒细，力学性能较高。图9-9 所示为垂直分型式金属型。

金属型热导率高、退让性差，浇注前必须先进行预热。连续浇注时，金属型因吸热而使温度升高，需要设置冷却装置。

金属型主要用于生产非铁合金（铝合金、铜合金或镁合金）铸件，如活塞、气缸体、气缸盖、液压泵壳体等；也可用于生产铸铁件，如碾压用的各种铸铁轧辊，其工作表面采用金属型铸造，可以得到坚硬耐磨的白口铸铁层，称为冷硬铸造。金属型用于铸钢件较少，一般仅作钢锭模使用。

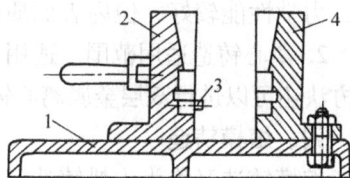

图9-9 垂直分型式金属型
1—底座 2—活动半型 3—定位销
4—固定半型

### 二、压力铸造

将熔融金属在高压下高速充型，并在压力下凝固而获得铸件的方法，称为压力铸造。

压力铸造是在压铸机上进行的。压铸机可分为热压室式和冷压室式两类。热压室式压铸机将储存金属液的坩埚炉作为压射机构的一部分，压室在金属液中工作，常用于压制低熔点金属。冷压室式压铸机则在压铸机内不储存金属。图9-10 所示为立式冷压室式压铸机工作原理。

压力铸造保留了金属型铸造的一些特点。金属型铸造是依靠金属液的重力充填铸型的，浇注薄壁件较为困难，并且为了保护型壁，需涂上较厚的涂料，所以影响了铸件的公差等级。而压力铸造是在高压高速下注入金属液的，故可得到形状复杂的薄壁件。高的压力可保证金属液的流动性，因而可以适当降低浇注温度，不必使用涂料（或涂得很

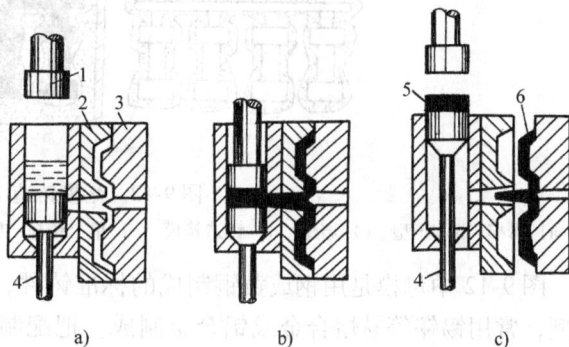

图9-10 立式冷压室式压铸机工作原理
a）浇注 b）压射 c）开型
1—压铸活塞 2、3—压型 4—下活塞 5—余料 6—铸件

薄），可提高铸件的公差等级，所以各种孔眼、螺纹、精细的花纹图案，都可采用压力铸造直接得到。

压力铸造产品质量好，生产率高，适用于大批量生产。目前，压铸合金除了非铁合金外，已扩大到铸铁、碳钢和合金钢。压力铸造是实现少切削和无削加工的有效途径之一。

### 三、离心铸造

将金属液浇入绕水平、倾斜或立式旋转的铸型，在离心力作用下凝固成铸件的方法，称为离心铸造。

离心铸造可以采用金属型或砂型。离心铸造机可分为立式和卧式两种，如图9-11 所示。

1. 离心铸造的特点 由于离心作用，铸造圆形内腔时不需型芯和浇注系统，所含熔渣和气体都集中

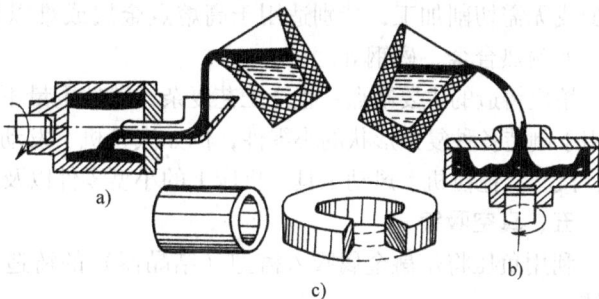

图9-11 离心铸造示意图
a）绕水平轴旋转 b）绕垂直轴旋转 c）铸件

在内表面上，使金属呈方向性结晶，所以铸件结晶细密，可防止产生缩孔、气孔、渣眼等缺陷，力学性能较好，但内表面质量较差，因而此处加工余量应大一些。

2. 离心铸造适用范围　适用于制造空心旋转体铸件，如各种管道、汽车和拖拉机缸套等。此方法还可以进行双层金属离心铸造，如用于机床主轴的封闭式钢套、钢套镶铜轴承等。

**四、熔模铸造**

熔模铸造又称为失蜡铸造。它是用易熔材料（如蜡料）制成模样，在模样上包覆若干层耐火涂料，制成型壳，熔出模样后经高温焙烧，即可浇注的铸造方法。熔模铸造工艺过程如图 9-12 所示。

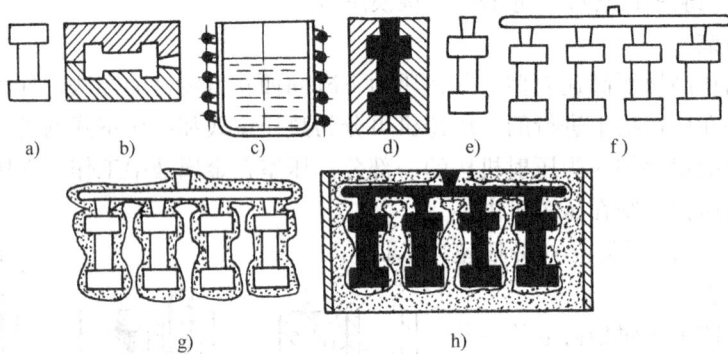

图 9-12　熔模铸造工艺过程

a) 母模　b) 压型　c) 熔蜡　d) 铸造蜡模　e) 单个蜡模　f) 组合蜡模　g) 结壳熔出蜡模　h) 填砂、浇注

图 9-12 中母模是用钢或黄铜制成的标准铸件，用来制造压型。压型是制造蜡模的特殊铸型，常用锡铋等易熔合金或铝合金制成。把配制熔化的蜡（一般用石蜡、硬脂酸等）浇注入压型内，便成为蜡模。蜡模连接在浇注系统上，成为蜡模组，然后结壳。熔模铸造方法为：用水玻璃作粘结剂与石英粉配成涂料，将蜡模组浸以涂料，取出后撒上石英粉，然后放入氯化铵溶液中进行硬化处理，如此重复，结成厚度为 5 ~ 10mm 的硬壳为止，即为铸型，加热铸型使蜡熔化流出，形成铸型空腔（见图 9-12g），再经焙烧后，将铸型放置在容器内，周围填砂，即可进行浇注。

熔模铸造的优点：铸型是一个整体，不受分型面的限制，可以制作任何种类复杂形状的铸件；所得铸件尺寸精确，表面光洁，能减少或无需切削加工，特别适用于高熔点金属或难以切削加工的铸件，如耐热合金、磁钢等。

熔模铸造的主要缺点：生产工艺复杂，铸件重量不能太大，因而多用于制造各种复杂形状的小零件，例如汽轮机、发动机的叶片或叶轮，汽车、拖拉机、风动工具、机床上的小型零件以及刀具等。

**五、真空吸铸**

利用负压将熔融金属吸入铸型（结晶器）的铸造方法称为真空吸铸。

真空吸铸结晶器如图 9-13 所示。图 9-14 为真空吸铸示意图。

真空吸铸特点是：组织致密，金属工艺出品率高，设备简单，

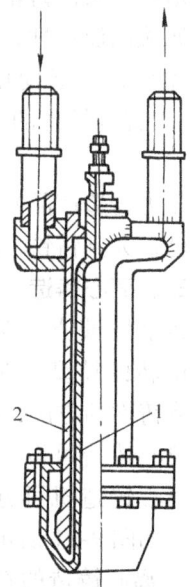

图 9-13　真空吸铸结晶器

1—内套　2—外套

省略了造型、清理工序，生产率高，易于实现机械化、自动化，适用于生产铝合金、铜合金铸件。

### 六、挤压铸造

金属液在高挤压压力作用下充填金属型型腔，形成高致密度铸件的铸造方法称为挤压铸造。图9-15为挤压铸造示意图。

挤压铸造的特点是：铸件晶粒细化，组织致密均匀，节约金属，但不宜用于生产小而薄或多型芯的复杂铸件。

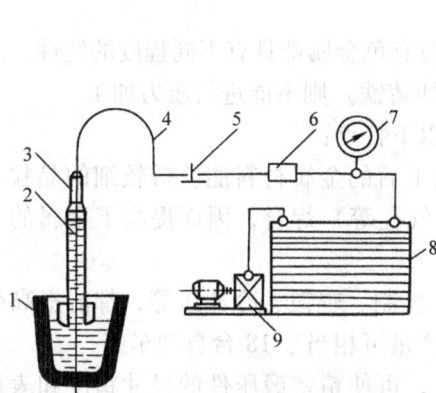

图9-14　真空吸铸示意图
1—石墨坩埚　2—液体金属　3—结晶器　4—软管
5—三通阀　6—真空调解器　7—真空表
8—真空罐　9—真空泵

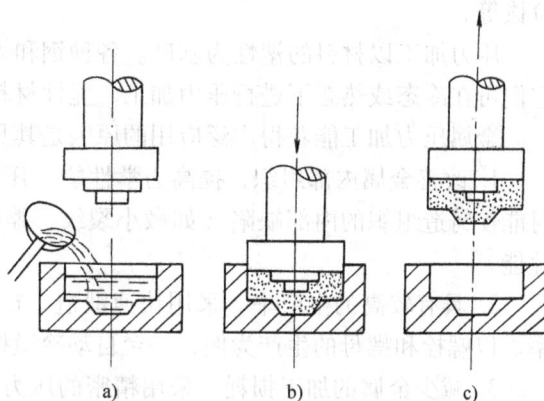

图9-15　挤压铸造示意图
a）浇注　b）施压成形　c）开型

## 复　习　题

1. 铸造生产有哪些优缺点？
2. 型砂和芯砂的主要组成是什么？它们应具有哪几种性能？
3. 什么叫浇注系统？浇注系统各部分的作用如何？
4. 试述整模造型、分模造型方法的特点及应用场合。
5. 铸件一般有哪些缺陷？如何防止这些缺陷？
6. 金属型铸造有什么优缺点？其适用范围如何？
7. 试说明压力铸造的特点和适用范围。
8. 离心铸造、熔模铸造、压力铸造各有哪些特点？它们应用在哪些场合？
9. 金属的铸造性能有哪些？铸造性能好的金属为什么能铸造出高质量的铸件？
10. 灰铸铁和球墨铸铁的铸造性能如何？
11. 什么叫真空吸铸？它有什么特点？

# 第十章 金属压力加工

金属压力加工（又称为金属塑性加工）是利用金属的塑性，使其改变形状、尺寸，改善性能，获得型材、棒材、板材、线材或锻压件等的加工方法。它包括锻造、冲压、挤压、拉拔等。

压力加工以材料的塑性为基础。各种钢和大多数有色金属都具有不同程度的塑性，因此它们可在冷态或热态下进行压力加工。脆性材料（如铸铁）则不能进行压力加工。

金属压力加工能获得广泛应用的原因是其具有以下特点：

1. 改善金属内部组织，提高力学性能  压力加工后的金属材料能获得较细的晶粒，同时能使铸造组织的内部缺陷（如微小裂纹、缩松、气孔等）焊合，因而提高了金属的力学性能。

2. 具有较高的生产率  采用快速锻造、挤压、轧制、辊锻、冷冲压等，都能提高生产率。以螺栓和螺母的生产为例，一台自动冷镦机的产量可相当于 18 台自动车床。

3. 减少金属的加工损耗  采用精密的压力加工，可使精密锻压件的尺寸精度和表面粗糙度接近成品，经少量切削（或无切削）加工即可得到成品零件。

4. 适用范围广  能适应各种形状及质量的需要，从简单形状的螺钉到形状复杂的多拐曲轴，从质量不及 1g 的表针到数百吨的大轴都可制造。

与铸造、焊接等加工方法相比较，压力加工生产的零件的形状比较简单，除使用新工艺外，其生产外形和内腔复杂的零件较为困难。

## 第一节 金属的加热和锻造温度范围

为了提高金属的塑性，降低其变形抗力，改善金属的锻造性，以便对金属进行热压力加工，其中一个重要环节就是金属的加热。

### 一、金属的加热

金属的压力加工最好是在单相固溶体时进行。单相固溶体不仅塑性较好，而且可以避免因组织不同而造成不均匀变形。为此，碳素钢的加热温度应超过 $Fe$-$Fe_3C$ 相图上的 $Ac_3$ 和 $Ac_{cm}$，使组织全部转变为奥氏体。

### 二、锻造温度范围

锻造时由始锻温度到终锻温度的间隔，称为锻造温度范围。确定锻造温度范围，主要是定出始锻温度和终锻温度。

1. 始锻温度  是开始锻造的温度，也是允许的最高加热温度。这一温度不宜过高，否则可能造成过热和过烧；但始锻温度也不宜过低，因为过低会使锻造温度范围缩小，缩短锻造操作时间，使锻造变得困难。碳素钢的始锻温度应比固相线低 200℃ 左右，如图 10-1 所示。

2. 终锻温度  是停止锻造的温度。这一温度如果过高，停锻后晶粒在高温下继续长大，使锻件组织晶粒粗大；终锻温度过低时，锻件塑性不良，变形困难，甚至产生加工硬化。碳素钢的终锻温度常取 800℃ 左右，如图 10-1 所示。

常用金属材料的锻造温度范围见表 10-1。

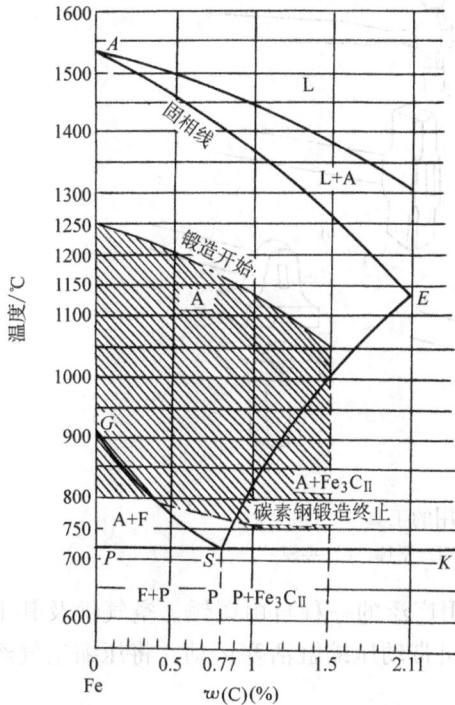

图 10-1　碳素钢的锻造温度范围

表 10-1　常用金属材料的锻造温度范围

| 合金种类 | 温度/℃ | |
|---|---|---|
| | 始　锻 | 终　锻 |
| $w(C) < 0.3\%$ 的碳素钢 | 1200 ~ 1250 | 800 |
| $w(C) = 0.3\% ~ 0.5\%$ 的碳素钢 | 1150 ~ 1200 | 800 |
| $w(C) = 0.5\% ~ 0.9\%$ 的碳素钢 | 1100 ~ 1150 | 800 |
| $w(C) = 0.9\% ~ 1.5\%$ 的碳素钢 | 1050 ~ 1100 | 800 |
| 合金结构钢 | 1150 ~ 1200 | 850 |
| 低合金工具钢 | 1100 ~ 1150 | 850 |
| 高速工具钢 | 1100 ~ 1150 | 900 ~ 950 |
| QAl9-4 铝铁青铜 QAl10-4-4 铝铁镍青铜 | 850 | 700 |
| 硬　　铝(2A01 ~ 2A12) | 470 | 350 |

# 第二节　自由锻和模锻

在压力设备及工（模）具的作用下，使坯料或铸锭产生局部或全部塑性变形，以获得一定几何尺寸、形状和质量的锻件的加工方法称为锻造。锻造时工（模）具一般作直线运动。

锻造可分为自由锻、胎模锻和模锻等。

**一、自由锻**

自由锻只用简单的通用性工具，或在锻造设备的上、下砧间直接对坯料施加外力，使坯料产生变形而获得所需的几何形状及内部质量的锻件的加工方法。

自由锻的优点是工艺灵活，所用工具简单，设备与工具通用性大，成本低，可以锻造小至几克，大至数百吨的锻件，一般是生产大件的主要方法。其缺点是加工余量大，生产率低，劳动强度大，要求工人技术水平较高。自由锻造用于单件小批量生产。

1. 自由锻的工具和设备　自由锻包括手工锻造和机器锻造两部分。

手工锻造是由人力锤击金属而使其产生变形的。手工锻造只能锻制小锻件，生产率很低，目前在小修理厂尚有应用，在机器制造工厂只能作为机器锻造的辅助操作。图 10-2 所示为手工锻造用的工具。

机器自由锻造在锻造设备上进行，常用的设备有锻锤或水压机。锻锤有空气锤、蒸汽锤等。锻锤靠冲击力使坯料变形，水压机则用静压力使坯料变形。

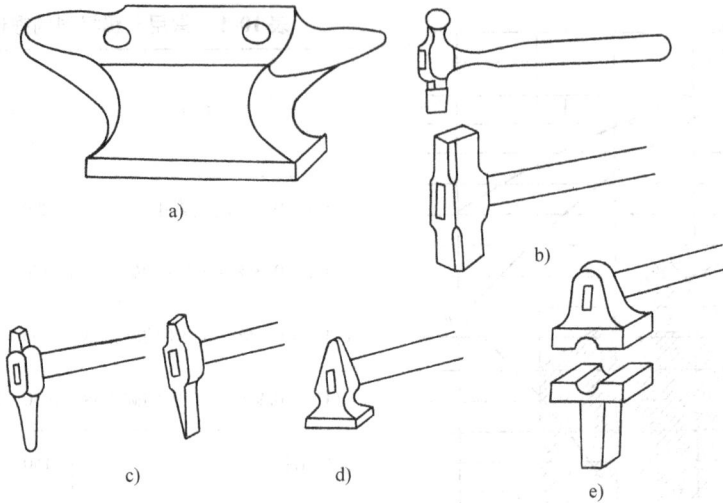

图 10-2　手工锻造用的工具

a）铁砧　b）锤子　c）冲头　d）平锤　e）夹模

（1）空气锤　空气锤是中、小型锻造车间应用广泛的一种自由锻锤。空气锤及其工作原理如图 10-3 所示。它有压缩缸和工作缸，电动机带动压缩缸活塞运动，将压缩空气经旋

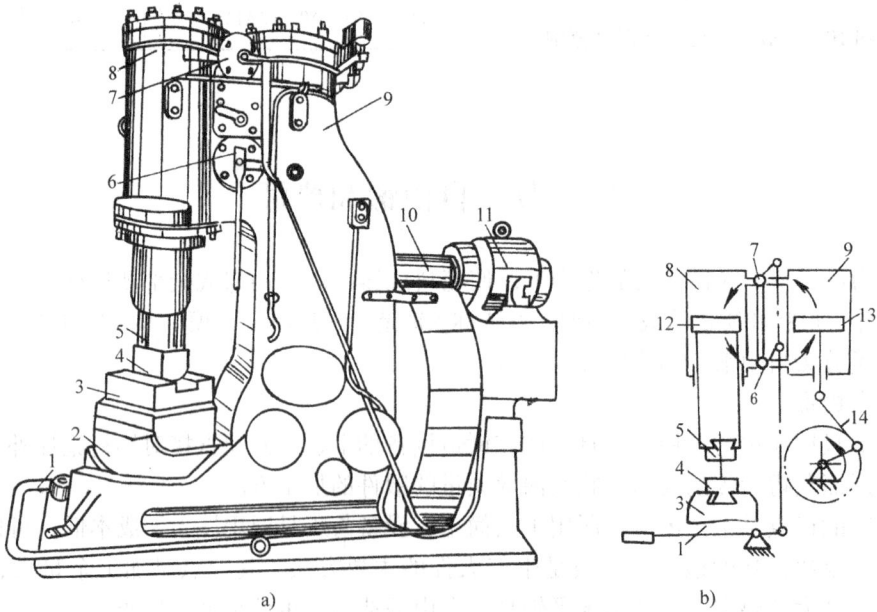

图 10-3　空气锤及其工作原理

a）外形图　b）工作原理图

1—踏杆　2—砧座　3—砧垫　4—下砧铁　5—上砧铁　6、7—旋转气阀　8—工作缸
9—压缩缸　10—减速器　11—电动机　12、13—活塞　14—连杆

阀送入工作缸下腔或上腔，驱使锤头向上运动或向下运动并进行打击。

在空气锤上调节两旋转阀的位置，还可以得到锤头上悬、下压和连锤或单次轻重锤击等动作。

空气锤的吨位以它落下部分的质量来表示。常用空气锤落下部分的质量为 50kg ~ 1t。

（2）蒸汽—空气自由锻锤　它是利用蒸汽或压缩空气为工作介质，驱使锤头上、下运动进行打击，并适应自由锻工艺需要的锻锤。

常用的蒸汽—空气自由锻锤吨位为 0.25 ~ 0.5t，用以锻造中小型锻件。

按机架的形式，蒸汽—空气自由锻锤可分为单臂式、拱式和桥式三种。图 10-4 所示为拱式蒸汽—空气自由锻锤。锤头的两侧都有机架，所以刚性较好。由于拱式锤头两旁都有导轨，锤头运动准确，打击时较为稳固，锤杆可以较细一些。拱式锤的缺点是操作空间较小，使操作工人的站立位置受到限制，工作起来不太方便。

（3）水压机　水压机是以静压力作用于坯料而进行锻造的。水压机的规格以上砧铁下压时的总压力来表示，压力可达 5 ~ 120MN。其所锻锻件的质量为 1 ~ 300t，适用于锻造大型锻件。

水压机与锻锤相比，工作时振动小，锤头运动速度小，工作平稳，容易将锻件内部锻透，使锻件的整个截面都能较充分地变形，得到细晶粒的组织。

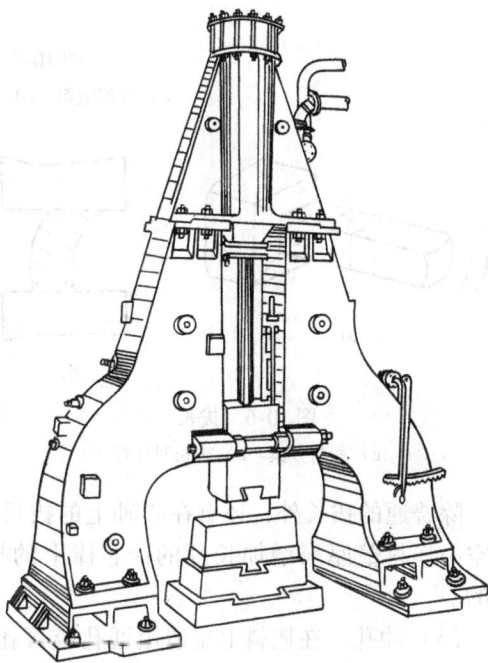

图 10-4　拱式蒸汽—空气自由锻锤

2. 自由锻造的基本工序　自由锻造的基本工序包括：镦粗、拔长、冲孔、切割、弯曲、扭转及锻接等。下面简述生产中最常用的镦粗、拔长和冲孔三种工序。

（1）镦粗　使坯料高度减小，横断面增大的锻造工序称为镦粗。锻造高度小、截面积大的工件（如齿轮、圆盘等）时，必须经过镦粗工序。

镦粗可分为全部镦粗和局部镦粗。局部镦粗又分端部镦粗与中部镦粗。局部镦粗通常需要在垫环上进行。图 10-5 为镦粗示意图。

（2）拔长　使坯料横断面积减小、长度增加的锻造工序称为拔长。锻造外形长而截面小或空心的工件（如轴、曲轴、空心轴、套筒、圆环、炮筒等）时，需经拔长工序。

拔长操作的主要要点是：

1）拔长时，根据坯料形状，经常将其正转或反转 90°，否则当高宽比大于 2.5 时，剖面轴线容易压弯，如图 10-6 所示。

2）每次拔长时，送进量 $L$ 必须大于压缩量 $h$，否则会发生折叠，如图 10-7 所示。

3）拔长时一般先将坯料锻成方形截面，待拔长到所需长度后，再将其锻成需要的形状和尺寸，这样拔长效果较好。

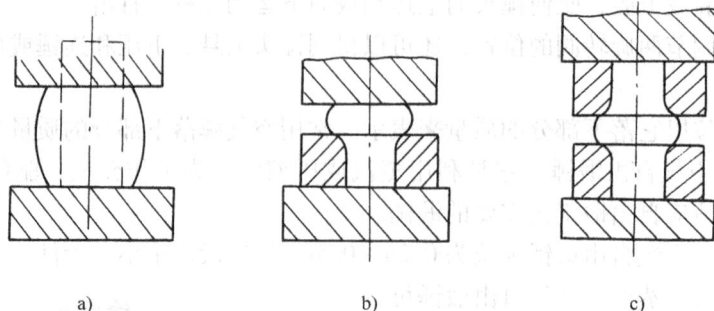

图 10-5　镦粗示意图

a）全部镦粗　b）端部镦粗　c）中部镦粗

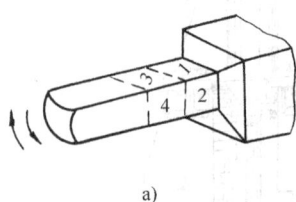

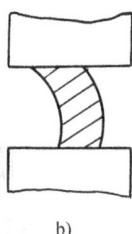

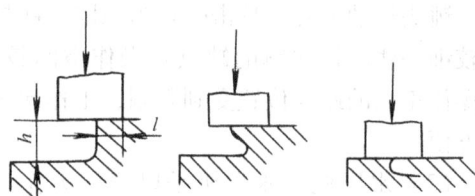

图 10-6　拔长　　　　　　　　　　　　图 10-7　拔长时的折叠

a）翻料方案　b）拔长时压弯

除普通的拔长外，还有在心轴上的拔长（见图 10-8）和扩孔。芯棒上的拔长是通过减少空心坯料壁厚来增加长度的；芯棒上的扩孔是通过减少空心坯料的壁厚来增加锻件直径的。

（3）冲孔　在坯料上制造出通孔或盲孔的锻造工序称为冲孔。冲孔可采用实心冲子冲孔、空心冲子冲孔和漏孔等方法。图 10-9 所示为三种冲孔的加工方式。

冲孔用于制造齿轮坯、套筒、圆环等空心工件。冲孔前将坯料镦粗成近似扁平状态。

一般在冲孔时，孔径 $d < 450\text{mm}$ 时用实心冲子，$d > 450\text{mm}$ 时用空心冲子，$d < 25\text{mm}$ 的孔不予冲出，而留待切削加工时钻出。

图 10-9c 中，冲穿前所留的 $\Delta h = (15\% \sim 20\%)h$。

**二、胎模锻**

胎模锻是在自由锻设备上使用可移动模具生产模锻件的一种锻造方法。胎模不固定在锤头或砧座上，只是在用时才放上去。

如图 10-10 所示，胎模由上下模组成。下模有两个导销，上模有两个导销孔，借以套在导销上，保证上下模对准。工作时，下模放在锻锤的下砧铁上，把经过自由锻初步成型的锻件坯料置于模膛中，然后合上上模进行锻压，使坯料在模膛内变形。

胎模锻不需要较贵重的专用模锻设备，在普通自由锻锤上即可工作；锻模制造容易，因此在小批生产中应用广泛。与模锻比较，胎模锻的缺点是工人劳动强度较高，生产效率较低，锻件精度及表面质量较差。

**三、模锻**

利用模具使坯料变形而获得锻件的锻造方法称为模锻。按所用设备的不同，模锻可分为

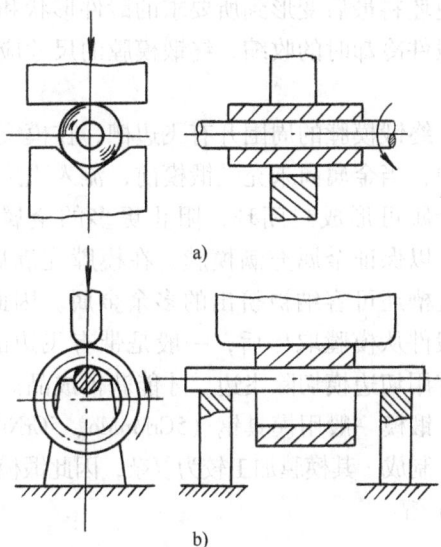

图 10-8 芯棒上的拔长
a) 拔长 b) 扩孔

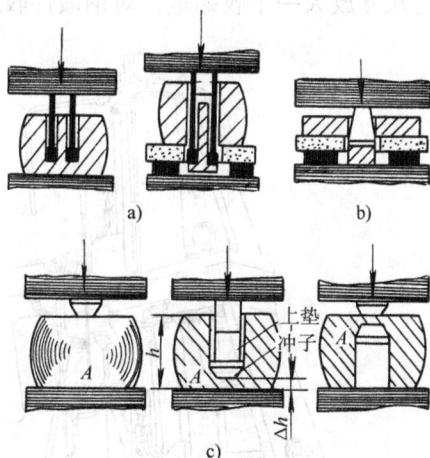

图 10-9 冲孔
a) 空心冲子冲孔 b) 板料冲孔 c) 实心冲子冲孔

锤上模锻、热模锻压力机上模锻、平锻机上模锻、摩擦压力机上模锻、水压机上模锻和高速锤上模锻等。图 10-11 所示为锤上模锻。锻模 5 由上模和下模两部分组成，分别安装在锤头 7 和模垫 3 上，工作时上模随着锤头一起上下运动，冲击模膛中的坯料，使之充满模膛。

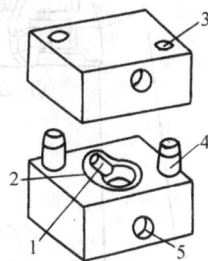

图 10-10 胎模
1—模腔 2—飞边槽
3—导销孔 4—导销
5—小孔

模锻与自由锻、胎模锻比较有很多优点，如模锻生产率高，有时可比自由锻高几十倍；锻件尺寸比较精确，切削加工余量少，因而节约金属，减少了切削加工工作量；能锻制形状比较复杂的零件；操作简单，工人劳动强度低。但模锻受到设备能力的限制，模锻件重量一般在 150kg 以下，且锻模制造成本高，需要专门设备。所以，模锻主要适用于中、小型锻件的成批量生产和大量生产。

1. 模锻设备 图 10-12 所示为蒸汽—空气模锻锤外形。模锻锤的原理与空气锤、蒸汽锤基本相同，只是其锤头与导轨之间的间隙较小，机架直接和砧座相连。这些都保证了模锻锤在进行锤击时上下模对准，从而保证锻件形状和尺寸的准确性。

图 10-13 和 10-14 所示分别为摩擦压力机和热模锻压力机的外形。

2. 锻模 模锻时一种能使坯料成形为模锻件的工具称为锻模。

锻模的模膛是坯料借以成型的凹槽部分。模膛结构直接关系到锻件的质量、锻模的寿命。

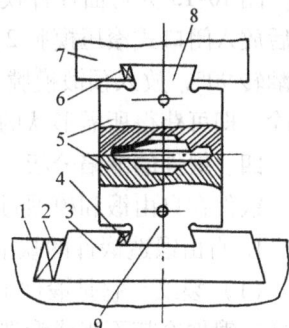

图 10-11 锤上模锻
1—模座 2、4、6—楔子 3—模垫
5—锻模 7—锤头 8、9—燕尾

模膛分为终锻模膛及预锻模膛。预锻模膛的作用是使坯料变形到接近于锻件的形状和尺寸，为终锻做好准备。一般对形状简单的锻件，不必采用预锻。终锻模膛的作用是使坯料最后变形到所要求的锻件形状和尺寸，因此它的形状应和锻件的形状相同。但考虑到锻件冷却时的收缩，终锻模膛的尺寸应比锻件尺寸放大一个收缩量，对钢锻件收缩量取 1.5%。

终锻模膛的周围开有飞边槽，在模锻过程中，当金属尚未充满锻模前，流入飞边槽的金属可形成封闭环，阻止更多的金属外流，以保证金属充满模膛。在模膛充满后，飞边槽还可容纳被挤出的多余金属。因此，模锻件从模膛取出后，一般是带有飞边的，只有用切边模切除飞边，才能获得成品。

锻模一般用模具钢（5CrMnMo、5CrNiMo等）制成。其模膛加工较为复杂，因此锻模的价格较高。

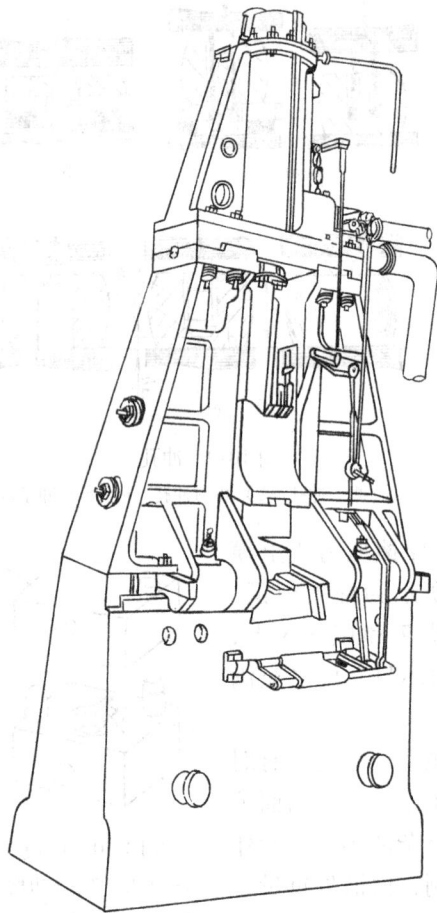

图 10-12　蒸汽—空气模锻锤外形

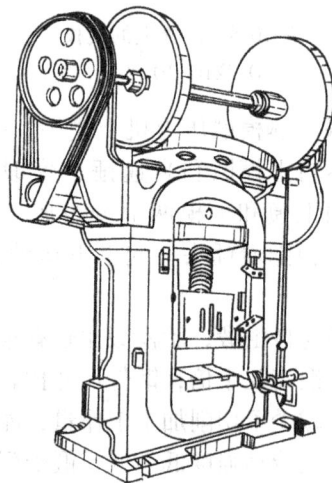

图 10-13　摩擦压力机外形

图 10-15 为弯曲连杆模锻过程。坯料在加热后首先放入拔长模膛 1，将坯料中部延伸；然后放入闭口式滚压模膛 2，使金属向两端集聚；再将坯料放入弯曲模膛 5 压弯；最后将坯料翻转 90°，放入预锻模膛 4 锻压和终锻模膛 3 成形。锻完后，在压力机上用切边模将飞边切除，即可获得所需形状的锻件。

**四、锻件的缺陷分析**

锻件在自由锻和模锻过程中都可能产生缺陷。

1. 自由锻造锻件的缺陷

（1）裂纹　它是锻件上经常出现的缺陷。当坯料的质量不好，加热不正确，锻造温度过低，锻件冷却不当或锻造方法错误时，都会产生裂纹。如果在锻造过程中发现细裂纹，应该在锻造时当即将其凿掉，或用气割、砂轮将其除去；如果有深裂纹而无法补焊，该锻件就只能报废了。

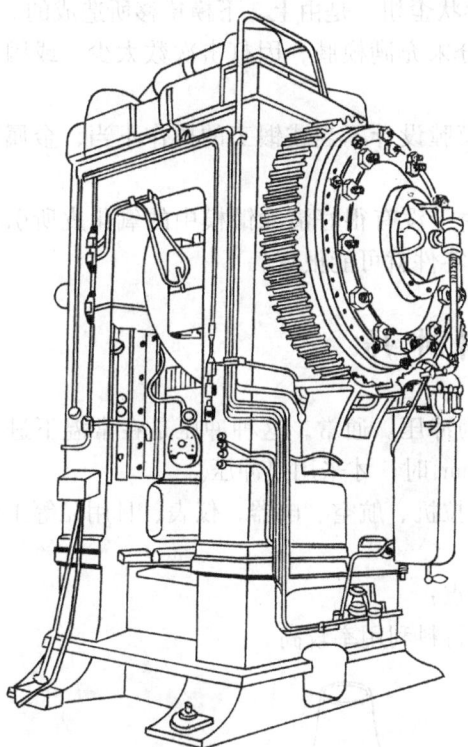

图 10-14　热模锻压力机外形

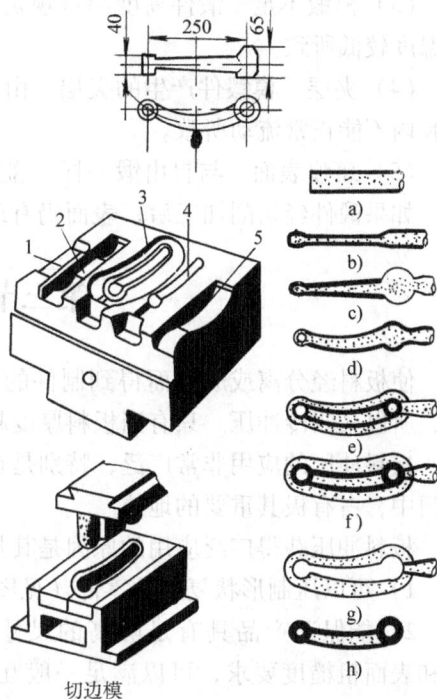

切边模

图 10-15　弯曲连杆模锻过程

a）原料坯　b）拔长　c）滚压　d）弯曲　e）预锻
f）终锻　g）飞边　h）锻件

1—拔长模膛　2—滚压模膛　3—终锻模膛
4—预锻模膛　5—弯曲模膛

（2）发裂　它是极细的裂纹，宽度不超过十分之几毫米。产生发裂的原因是钢锭有缺陷或锻件冷却过快。

（3）夹渣、砂粒　锻件表面的夹渣、砂粒，一般是由钢锭本身带来的缺陷所致，或由于钢锭冒口部分切除量太少，带入了锻件。

图 10-16　末端凹陷和轴心裂纹

（4）末端凹陷和轴心裂纹　如图 10-16 所示，它是在坯料内部未热透或坯料整个截面未锻透，变形只产生在表面时造成的。在平砧铁拔长圆形锻件时，如果不采用先锻成方形再拔长的方法，而直接从圆形拔长，也会造成这种缺陷。

（5）折叠和夹层　如图 10-7 所示，拔长时的送进量太小，就会把一部分金属压入另一部分中，压入量小的称为折叠，压入量大的称为夹层。

（6）斑痕表面　通常是由于残留在砧铁上的氧化皮压入锻件所造成的，故在锻造过程中应随时清除氧化皮。

2．模锻锻件的缺陷

（1）锻件尺寸和锻件图不符　主要是由锻模在工作时磨损所引起的。锻模磨损后，锻件尺寸增加，可使切削余量比标准增大 1 ~ 2 倍。

（2）错移　锻件的上部和下部轴线不一致，形状歪扭，是由上、下模错移所造成的。

（3）模锻不足　锻件高度超过规定，有些部分未充满模膛，因打击次数太少，或因终锻温度较低所致。

（4）夹层　模锻件产生的夹层，由于锻模的模膛设计不当或锻工的操作不当，金属在模膛内不能正常流动所致。

（5）斑痕表面　与自由锻一样，斑痕表面是由于没有很好清除锻模中的氧化皮所引起的。如果锻件经切削加工后，表面仍有斑痕，则该零件就可能报废。

# 第三节　板料冲压

使板料经分离或成形而得到制件的工艺统称为冲压。通常，这种冲压是在常温下进行的，所以又叫冷冲压。只有当板料厚度超过 8~10mm 时，才采用热冲压。

板料冲压的应用非常广泛，特别是在汽车、拖拉机、航空、电器、仪表、日用品等工业部门中，占有极其重要的地位。

板料冲压获得广泛应用的原因是其具有下列特点：

1）可以压制形状复杂的零件（见图10-17），材料利用率较高。

2）能保证产品具有足够高的尺寸精度和表面粗糙度要求，可以满足一般互换性的要求，不需再作切削加工即能装配使用。

3）能制造出强度高、刚度大、重量轻的零件。

4）冲压操作简单，生产率高，成本较低，工艺过程便于机械化、自动化。

板料冲压所用的原材料必须具有足够的塑性，特别是制造中空杯状和钩环状零件时，更需要具有高的塑性变形能力。常用的金属材料有低碳钢，铜、铝及镁合金，

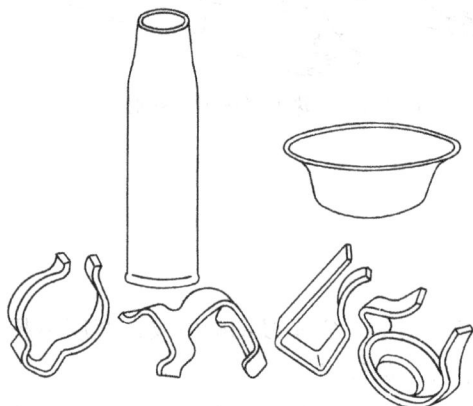

图 10-17　冲压零件的形状

以及低碳合金钢。非金属板料如石棉板、硬橡皮、纸板及皮革等也可广泛采用冲压加工。

## 一、冲压设备

冲压设备主要是剪床和压力机（冲床）。

1. 剪床　剪床的用途是把板料切成一定宽度的条料，可以为冲压准备毛坯或用于切断。

剪床的传动机构如图10-18所示。电动机2带动带轮使轴3转动，再通过齿轮传动及牙嵌式离合器1使曲轴4转动，带刀片的滑块5便上下运动，进行剪切工作。刀口的刃口斜度 $\alpha = 2° ~ 8°$。

2. 压力机　除剪切工作外，板料冲压的基本工序都是在压力机上进行的。

压力机分单柱式和双柱式两种。图10-19为单柱压力机的传动简图。电动机5带动飞轮4转动，当踩下踏板6时，离合器3使飞轮4与曲轴2连接，因而曲轴随着飞轮一起转动，通过连杆8带动滑块7作上下运动，从而进行冲压工作。当松开踏板时，离合器脱开，曲轴

不随着飞轮转动，同时制动器1使曲轴停止转动，并使滑块7停留在上死点位置。

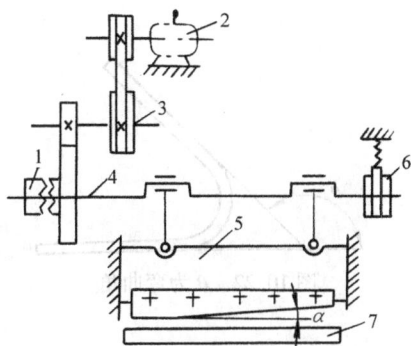

图 10-18　剪床的传动机构

1—牙嵌式离合器　2—电动机　3—轴　4—曲轴
5—滑块　6—制动器（用于控制滑块）　7—工作台

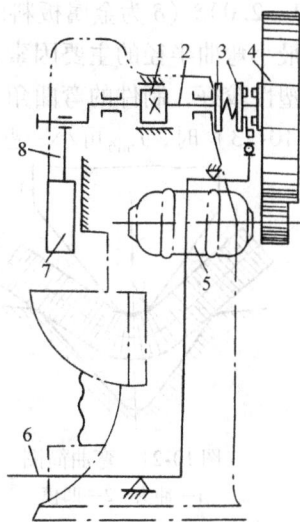

图 10-19　单柱压力机的传动简图

1—制动器　2—曲轴　3—离合器　4—飞轮
5—电动机　6—踏板　7—滑块　8—连杆

### 二、板料冲压的基本工序

板料冲压的基本工序可分为两大类：

分离工序：使冲压件与板料沿一定的轮廓线相分离的冲压工序称为分离工序，如剪切、冲裁等。

成形工序：除分离工序外，使坯料塑性变形，获得所需形状尺寸的制件的冲压工序称为成形工序，如弯曲、拉深和翻边等。

下面以冲裁、弯曲和拉深为例，说明板料冲压的基本过程。

1. 冲裁　利用冲模使板料以封闭的轮廓线与坯料分离的一种冲压方法称为冲裁。

图 10-20 所示为利用简单的冲裁模进行冲裁。冲裁间隙（z）是一个重要的工艺参数，其除对冲裁件的断面质量和尺寸精度有重要影响外，还对冲裁力和模具使用寿命有显著影响。

合理的冲裁间隙主要取决于材料的力学性能和板料厚度。在生产实践中，常用查表法确定冲裁间隙。

2. 弯曲　将板料、型材或管材在弯矩作用下弯成具有一定曲率和角度的制件的成形方法称为弯曲。

如图 10-21 所示，坯料在弯曲成形过程中，弯曲变形区的外层受拉伸而内层受压缩，在弯曲变形区内切向应力或切向应变为零的金属层相应地称为应力中性层或应变中性层，统称为中性层。中性层是用来确定弯曲件弯曲部分毛坯长度的依据。

在弯曲时，为防止弯曲件断裂，必须限制弯曲半径。

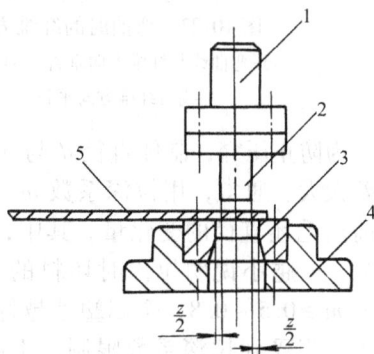

图 10-20　简单冲裁模

1—模柄　2—凸模　3—凹模
4—下模座　5—板料

弯曲时最外层纤维濒于拉裂时内表面的弯曲半径称为最小弯曲半径。最小弯曲半径 $r_{\min} \approx (0.1 \sim 2.0)\delta$（$\delta$ 为金属板料的厚度）。

影响最小弯曲半径的主要因素是材料的力学性能、制件的弯曲角度和弯曲线的方向等。当材料的塑性较好，制件的弯曲角（见图 10-22）较小，弯曲线的方向垂直于材料的纤维方向（见图 10-23）时，$r_{\min}$ 可小一些，反之应适当增大。

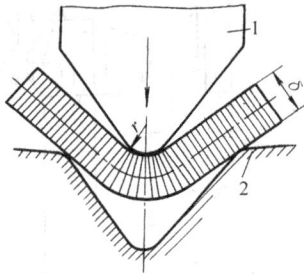

图 10-21　弯曲简图

1—冲头　2—凹模

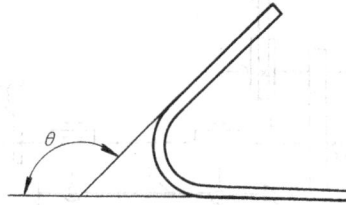

图 10-22　$\theta$ 为弯曲角

3. 拉深（又称拉延）　变形区在一拉一压的应力作用下，使板料（浅的空心坯）成形为空心件（深的空心件）而厚度基本不变的加工方法，称为拉深。

拉深过程如图 10-24 所示。坯料在凸模的作用下被压入凹模。为减小坯料被压裂的可能性，凸模与凹模转角处都应制成圆角。其 $r_凸 \geq r_{\min}$，$r_凸 \leq r_凹 = (3 \sim 6)\delta$，同时，规定凸模与凹模间的间隙 $z = (1.1 \sim 1.3)\delta$。

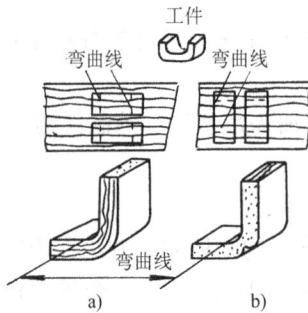

图 10-23　弯曲时的纤维方向

a) 弯曲线与纤维方向垂直　b) 弯曲线与纤维方向平行

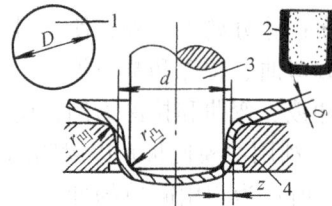

图 10-24　拉深过程

1—坯料　2—成品　3—凸模　4—凹模

为防止压穿，制件直径 $d$ 与坯料直径 $D$ 不能相差太大。通常，用拉深系数 $m = d/D$ 来表示拉深前后毛坯直径的变化量。其中，$m$ 是小于 1 的系数，$m$ 越小说明拉深时坯料的变形程度越大，一般 $m \geq 0.5 \sim 0.8$，金属塑性越好，则 $m$ 可选得越小。当受到拉深系数限制，不能一次拉成时，可进行多次拉深。为了消除加工硬化，在多次拉深过程中往往要进行再结晶退火。

在拉深过程中，当拉深变形区的毛坯相对厚度（$\delta/D$）较小时，在切向应力作用下，会引起

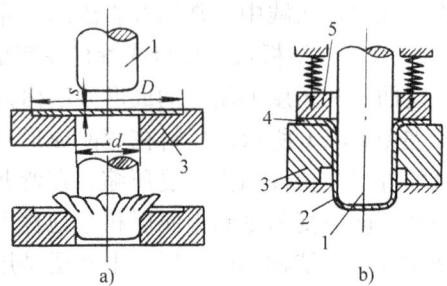

图 10-25　拉深时产生折皱及其防止措施

a) 折皱　b) 采用压边圈

1—凸模　2—板料　3—凹模　4—边缘　5—压边圈

毛坯失稳而形成折皱。为防止制件边缘产生折皱（见图 10-25a），其有效方法是采用压边圈，如图 10-25b 所示。一般认为：当 $m > 0.6$，毛坯相对厚度$(\delta/D) \times 100 > 2.0$ 时不采用压边圈；当 $m \leqslant 0.6$，$(\delta/D) \times 100 < 1.5$ 时采用压边圈；当 $m = 0.6$，$(\delta'/D) \times 100 = 1.5 \sim 2$ 时可根据具体情况确定。

# 第四节　轧制和拉拔

## 一、轧制

金属材料在旋转轧辊的压力作用下，产生连续塑性变形，获得要求的截面形状并改变其性能的方法，称为轧制。

金属坯料在轧制时通过两个回转的轧辊之间的孔隙，受到轧辊的压力作用而产生变形，坯料的断面缩小而长度增加，同时借坯料表面与轧辊间摩擦力的作用而使金属通过轧辊连续前进，完成变形过程，如图 10-26 所示。

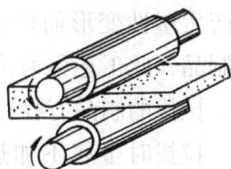

图 10-26　轧制示意图

轧制一般都是热轧，冷轧通常只在轧制薄板时使用。轧制用来加工型材、板材、钢管等产品。图 10-27 所示为轧制的型钢。

轧制除了能获得以上产品外，还可以直接制造机械零件成品，如车轮和轮缘、齿轮、圆环、钢球等。

1. 钢板的轧制　钢板有厚板及薄板两种。厚度大于 4mm 的为厚钢板，厚度小于 4mm 的为薄钢板。薄板的种类较多，常见的有镀锌板、抛光黑铁皮、酸洗钢板等。

钢板轧制是在具有平轧辊的轧钢机上进行的。钢板在轧制过程中要通过数道不同空隙的轧辊，逐渐获得规定的厚度。

有些钢板，特别是薄板，为了获得准确的厚度，改善表面质量和提高钢板强度，常采用冷轧的方法生产。

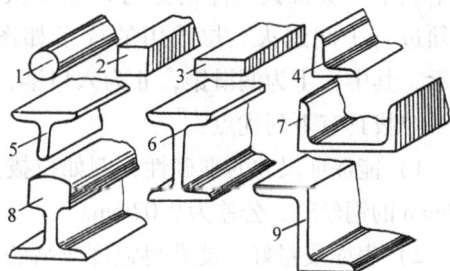

图 10-27　轧制的型钢
1—圆钢　2—方钢　3—扁钢　4—角钢
5—T字钢　6—工字钢　7—槽钢
8—钢轨　9—Z字钢

2. 型钢的轧制　型钢轧制所采用的轧辊是带有一定型槽的轧辊。

轧辊的凹入部分叫轧槽，两个轧辊的轧槽合起来叫孔型。钢坯就是经过这一系列孔型轧成型材的。图 10-28 为工字钢孔型系统图。

钢坯与成品的截面积相差越大，需要通过的孔型就越多。有些轧材往往要经过十几道孔型，才能轧成最后的截面尺寸。轧出成品后还要将其截成规定长度，并在冷却后矫直。

3. 钢管的轧制　钢管可分为无缝钢管和有缝钢管两种。

无缝钢管的轧制过程分为两个阶段：先从圆钢坯料获得空心的荒管，再由荒管获得管子成品。

荒管穿孔是靠两个互成一定角度且同向旋转的鼓形轧辊，使坯料产生既回转又沿轴线前进的运动来实现的，如图 10-29 所示。在轧制过程中，坯料内部处于十分复杂的塑性变形状态，致使轧压部分的中心区产生松裂，所以当已松裂的坯料中心遇到"心头"3阻挡时，便很快地被穿成孔，并扩展成管状。

　　荒管制成后，还要经过轧管、整径和定径等工序才能得到一定规格的钢管。

　　有缝钢管的原始材料是条状或成卷的板坯，先用卷合方法使坯料卷成管坯，然后焊接、定径、修饰和矫正。

　　**二、拉拔**

　　坯料在牵引力的作用下通过模孔拉出，使之产生塑性变形而得到截面积减小、长度增加的制品，此工艺称为拉拔。

　　拉拔的制品有线材、棒材、异型管材等。

　　拉拔时金属不加热，一次变形量很小，需进行多次拉拔。它属于冷变形加工，因此会引起加工硬化。加工硬化一方面有助于拉拔过程的顺利进行，并可提高金属的强度；另一方面却不利于多次拉拔工序的进行，在多次拉拔时必须进行中间退火。拉拔用的模子如图10-30所示。其中，Ⅰ为润滑锥，Ⅱ为入口锥，Ⅲ为定径带，Ⅳ为出口锥。

　　拉拔具有下列优点：

　　1）能保证尺寸的准确性，例如拉拔直径为1.0～1.6mm的钢丝时，公差为0.02mm。

　　2）表面质量好，能获得强度较高的硬化表面。

　　3）能获得各种断面形状和极细的线材以及薄壁管件。

　　拉拔主要用来生产各种杆件、线材和薄壁管等，如图10-31所示。

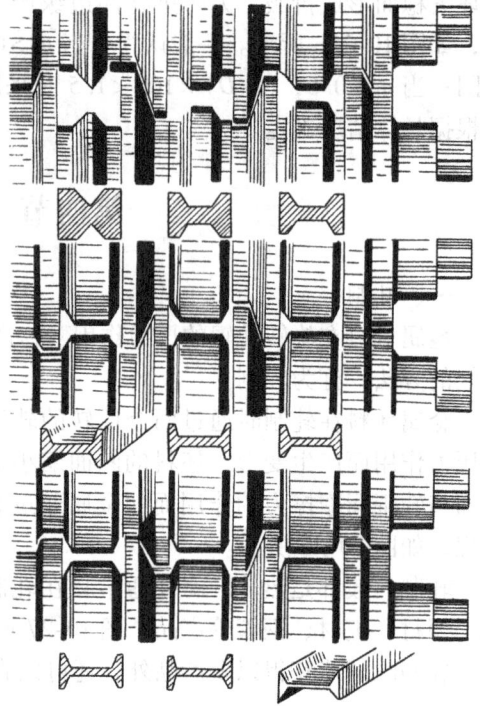

图 10-28　工字钢孔型系统图

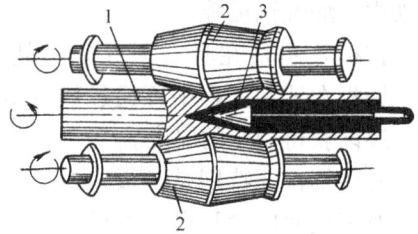

图 10-29　荒管穿孔简图
1—坯料　2—轧辊　3—心头

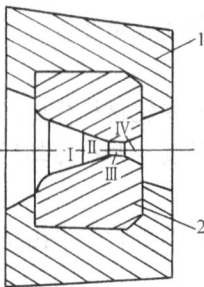

图 10-30　拉拔用的模子
1—模套　2—模子

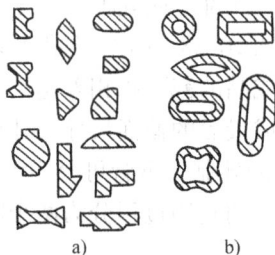

图 10-31　拉拔产品的断面形状
a）各种制件断面形状　b）薄壁管件断面形状

# 第五节　少无切削加工工艺

金属压力加工发展的基本趋势是不断提高生产率，提高机械化、自动化的程度，力求零件的精度、表面粗糙度接近成品，以实现少无切削加工。我国锻压生产中已经广泛采用各种锻压新工艺，如精密模锻、轧制、挤压以及粉末压制等。这些锻压新工艺的特点是：

1）尽量使锻压件的形状接近零件的形状，以达到少无切削加工的目的。这样，可以节省原材料，减少切削加工工作量，同时得到合理分布的纤维组织，进而提高零件的力学性能。

2）具有更高的生产率。

3）采用较简单的专用设备（如扩孔机、电热顶镦机、高速锤等），为一些零件的大量生产创造了条件。

4）广泛采用电加热和少氧化、无氧化加热，以提高锻件的表面质量，改善劳动条件。

## 一、精密模锻

精密模锻是一项高产、优质、低消耗的先进工艺。采用精密模锻可以大量生产高精度的锻件。锻件的公差小，可以完全不用切削加工（或只经磨削加工），表面粗糙度可达 $Ra3.2$ ~ $1.6\mu m$，相当于车削和铣削。采用精密模锻生产的零件，结晶组织细密，金属流线连续，其力学性能比切削加工的零件好。锥齿轮、直齿轮、离合器零件、变速器零件等常用此方法制造。图 10-32 所示为精密模锻零件。

精密模锻时，为了保证达到预期的效果，应采取以下措施：

1. 保证毛坯重量　毛坯的重量必须经过严格的计算，以保证锻件的精度。

2. 加热和清除氧化皮　坯料的少无氧化加热问题是精密模锻的关键。一般可将清除氧化皮的坯料放进敞焰无氧化煤气加热炉或电炉内快速加热，达到要求的温度后取出模锻。

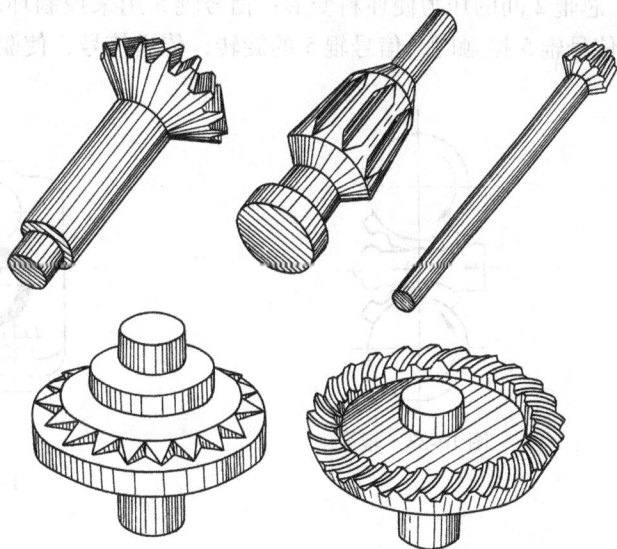

图 10-32　精密模锻零件

3. 保证锻模精度　精密模锻件的精度主要取决于模具的精度，因而对锻模的要求较高。锻模模膛大多采用电火花加工制造。

模具的结构也与一般锻模稍有不同。为使锻件成形时的高压气体得以顺利排出，在凹模膛中开有小孔，以保证得到轮廓清晰的精密模锻件。

通常，采用摩擦压力机、热模锻曲柄压力机和高速锤进行精密模锻。

热模锻曲柄压力机锻压速度较快，并且可以进行多工序模锻。

高速锤锻造是一种比较先进的精密模锻工艺。常用的空气锤、蒸汽锤等设备打击速度只有 5～7m/s，最大到 9m/s，而高速锤的打击速度为 18～25m/s，最高速度可达 100m/s 以上。由于高速锤的打击速度大，使金属在模具内的流动速度也非常高，能均匀地充满模腔，所以高速锤可以锻造形状复杂，具有薄壁和薄筋的零件。这在普通模锻锤上往往是不可能的。如果与少无氧化加热炉相配合，在高速锤上可以锻出精度达到 0.02mm，表面粗糙度值可达 $Ra6.3～1.6\mu m$ 的精密模锻件。

**二、零件的轧制**

轧制法除了能生产型材、板材和管材外，还能直接将坯料轧制成各种机器零件，也是少无切削加工方法之一，因而获得了日益广泛的应用。

轧制零件常用的方法有辊锻、辗环、斜轧等。

1. 辊锻　用一对相向旋转的扇形模具使坯料产生塑性变形，从而获得所需锻件或锻坯的锻造工艺称为辊锻，如图 10-33 所示。

各类扳手、剪刀、锄头、柴油机连杆、履带拖拉机链轨节、涡轮机叶片等，都可用辊锻方法生产。

2. 辗环　环形毛坯在旋转的轧辊中进行轧制的方法称为辗环。

图 10-34 为扩环辗制的示意图。驱动辊 1 靠摩擦力带动坯料 3 及芯辊 2 转动，靠驱动辊 1、芯辊 2 间的压力使坯料变形；信号辊 5 用来控制环坯的直径，当环坯直径已达需要值而与信号辊 5 接触时，信号辊 5 的旋转，传递信号，使驱动辊 1 停止工作。

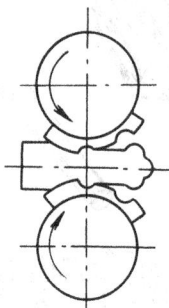

图 10-33　辊锻

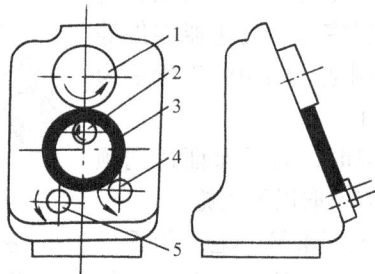

图 10-34　扩环辗制
1—驱动辊　2—芯辊　3—坯料
4—导向辊　5—信号辊

采用扩环辗制的环形零件，外径可为 40～500mm，甚至更大，如火车轮箍、轴承座圈、齿圈及法兰等零件都可生产。用该方法替代锻造，可减少金属消耗 15%～20%。

3. 斜轧　轧辊相互倾斜配置，以相同方向旋转，轧件在轧辊的作用下反向旋转，同时还作轴向运动，即螺旋运动，这种轧制称为斜轧，又称为螺旋轧制或横向螺旋轧制。图 10-35 为斜轧钢球的示意图。

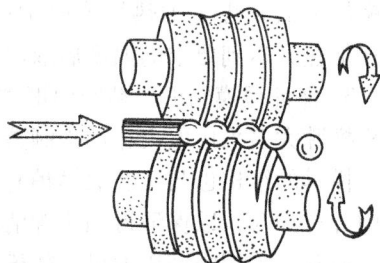

图 10-35　斜轧钢球

棒料在轧辊间受到轧制，并在螺旋槽里分离成单个钢球。与压力机压制相比，轧制的钢球没有飞边，可节约金属，并能提高生产率 2~3 倍。

斜轧还可以直接热轧出带螺旋线的高速钢滚刀体，也可以冷轧丝杠等。

4.齿轮轧制　带齿的工具（轧辊）边旋转边进给，使毛坯在旋转过程中形成齿的成形方法称为齿轮轧制，如图 10-36 所示。

除了轧辊径向进给法外，采用坯料轴向进给法也可轧出齿轮，此时轧辊中心距不变。

冷轧齿轮的表面粗糙度值可达到 $Ra0.4\mu m$ 或更高，精度最高可达 6 级。由

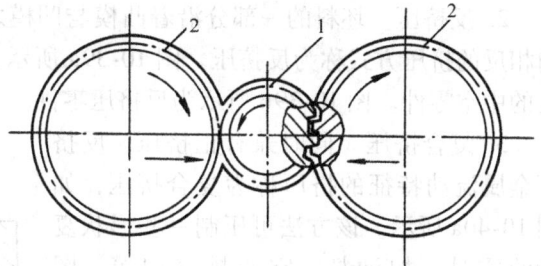

图 10-36　齿轮轧制
1—毛坯　2—轧辊

于金属纤维流向大体沿齿形连续分布，以及冷作硬化的作用，与切削齿轮相比，其强度大约可提高 15%。

冷轧齿轮工艺加工时间短，加工精度高，是适合大量生产的加工工艺。但该工艺受到坯料塑性的限制和轧轮强度的限制，因而主要用来轧制小模数（$m\leqslant2.5mm$）的传动齿轮和细齿零件。

含碳量较高的钢材及大模数的传动齿轮，可用热轧法轧制。热轧齿轮一般采用高频感应加热或中频感应加热，图 10-37 为热轧齿轮示意图。

热轧可以获得 8 级精度的齿轮，表面粗糙度值可达 $Ra3.2$~$1.6\mu m$，一般机械工业设备的齿轮可以不再精加工而直接使用。

三、挤压

坯料在三向不均匀压应力作用下，从模具的孔口或缝隙挤出，使之横断面减小，长度增

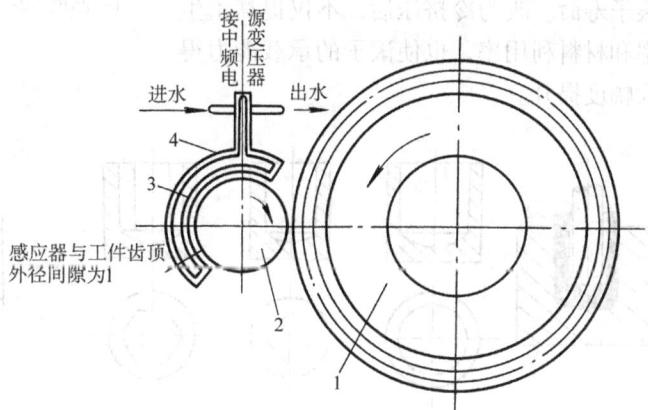

图 10-37　热轧齿轮示意图
1—滚轧工具　2—齿坯　3—导磁体组　4—感应器总成

加，成为所需制品的加工方法称为挤压。挤压按温度可分为冷挤、温挤、热挤。

为了提高金属的流动能力，将金属加热后挤压，称为热挤压；在冷态挤压（多用于有色金属）称冷挤压。

用挤压法加工零件的优点为：能一次挤压成形，工艺简单，加工工序少，生产率高；零件的精度和表面质量高，能实现少无切削加工；挤压件的纤维组织沿零件轮廓分布；挤压时坯料是三向受压，这种应力状态能提高金属的塑性，有利于加工低塑性金属；挤压后还能获得细晶组织，使零件的力学性能得到提高。

根据挤压过程中挤压力的方向与金属变形时流动方向的相互关系，挤压可分为以下三种形式：

1.正挤压　坯料从模孔中流出部分的运动方向与凸模运动方向相同的挤压方式称为正

挤压，如图 10-38a 所示。用正挤压方法可以制造带头部的圆杆或异形零件，也可以制造带凸缘的中空零件。图 10-38b 所示为正挤压零件。

2. 反挤压　坯料的一部分沿着凸模与凹模之间的间隙流出，其运动方向与凸模运动方向相反的挤压方式称为反挤压。图 10-39a 所示为用反挤压方法制造的具有各种异形孔、圆孔的中空零件。图 10-39b 所示为反挤压零件。

3. 复合挤压　同时兼有正挤压、反挤压金属流动特征的挤压称为复合挤压，如图 10-40a 所示。该方法可压制一些形状复杂的零件，如油杯、空心排气门等。图 10-40b 所示为复合挤压零件。

挤压工艺的应用已从有色金属的加工扩大到黑色金属的加工，如氧气瓶即用热挤压方法制造。黑色金属冷挤压也已用于生产，如石油钻机动力链上的滚子（20CrMo 钢），原工艺为板料冲压成形，由于深冲需要中间处理，不仅工序多，而且造成脱碳现象，影响滚子寿命。改为冷挤压后，不仅提高了生产率和材料利用率，也使滚子的承载能力得到大幅度提升。

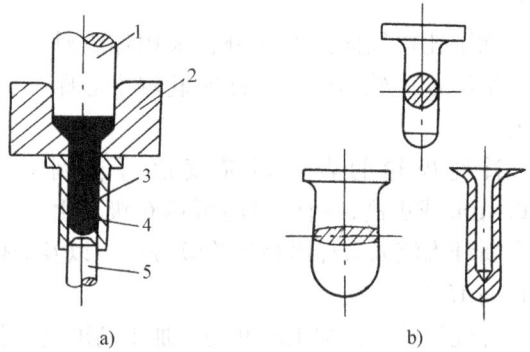

图 10-38　正挤压及其生产的零件
a）正挤压　b）正挤压零件
1—凸模　2—凹模　3—导向套　4—金属　5—顶杆

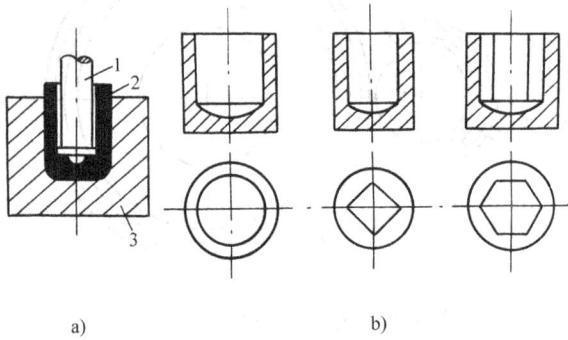

图 10-39　反挤压及其生产的零件
a）反挤压　b）反挤压零件
1—凸模　2—金属　3—凹模

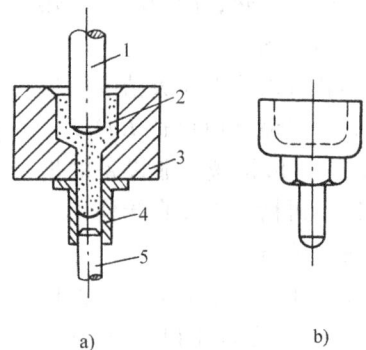

图 10-40　复合挤压及其生产的零件
a）复合挤压　b）复合挤压零件
1—凸模　2—金属　3—凹模　4—导向套　5—顶杆

# 复 习 题

1. 为什么压力加工在机械工业中能获得广泛应用？

2. 在压力加工前，坯料加热的目的是什么？

3. 何谓始锻温度和终锻温度？始锻温度或终锻温度过高或过低对锻造有什么影响？

4. 何谓自由锻、模锻？比较它们的优缺点。

5. 锻锤和水压机的作用力的性质有什么区别？

6. 自由锻造的基本工序有哪几种？它们可完成哪些工作？

7. 模锻的锻件为什么带有飞边？飞边有什么作用？

8. 简述自由锻和模锻锻件可能产生的缺陷。

9. 板料冲压有哪些基本工序？为什么板料冲压能获得广泛应用？

10. 何谓中性层？中性层有什么意义？

11. 何谓最小弯曲半径？影响最小弯曲半径的主要因素是什么？

12. 为什么零件在拉深时会形成折皱？在实际生产中如何防止零件产生折皱？

13. 轧制和拉制有什么区别？它们各能生产哪些产品？

14. 精密锻造与普通模锻相比有什么不同之处？

15. 常用的零件轧制方法有哪几种？它们的应用范围是什么？

16. 挤压可分为哪几种？它们有哪些区别？

# 第十一章 焊　　接

焊接就是通过加热或加压，或两者并用，并且用或不用填充材料，使工件达到结合的一种方法。

焊接在工程上占有很重要的地位，广泛应用于建筑、造船、化工、机械制造、航空、航天等部门。目前，冲压机床和部分切削加工机床的设计亦趋向于采用焊接结构。焊接的特点如下：

1）减轻结构重量，节约大量金属材料。

2）生产率高，生产周期短，劳动强度低。

3）可以保证高的气密性，提高产品质量。

4）可以制造双金属结构。

5）产品成本低。

6）便于实现机械化、自动化。

焊接方法的种类很多，按照焊接过程的特点，可以归纳为熔焊、压焊和钎焊三大类。

将待焊处的母材金属熔化以形成焊缝的方法称为熔焊。

焊接过程中对焊件施加压力（加热或不加热），以完成焊接的方法称为压焊。

采用比母材熔点低的金属材料作钎料，将焊件和钎料加热到温度高于钎料熔点，低于母材熔化温度，利用液态钎料润湿母材，填充接头间隙并与母材相互扩散实现连接焊件的方法称为钎焊。

常用的焊接方法分类如下：

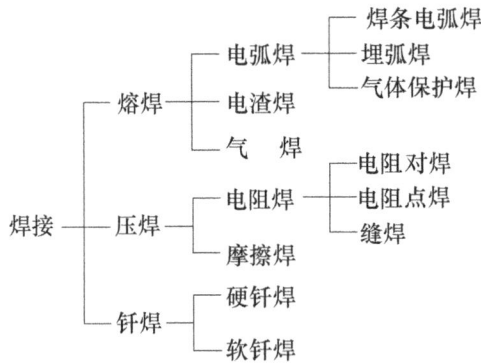

## 第一节　焊条电弧焊

焊条电弧焊是应用最广泛的焊接方法。它是用手工操纵焊条进行焊接的方法。图 11-1 所示为焊条电弧焊。焊缝形成过程如图 11-2 所示。

### 一、焊接电弧

焊接电弧是在电极与焊件之间的气体介质中强烈持久的放电现象。为了产生电弧，必须使气体介质电离成为电导体。

焊接时，先使电极与焊件瞬时接触，由于短路产生高热，使接触处的金属很快熔化，并产生金属蒸气。当电极迅速提起，离开焊件2~4mm时，电极与焊件之间充满了高热的气体与金属蒸气，由于质点的热碰撞以及焊接电压的作用，高温金属从阴极表面发射出电子并撞击气体分子，使气体介质电离成正离子和电子。正离子流向阴极，电子流向阳极，这样就形成了焊接电弧，如图11-3所示。由于电子和正离子冲击的动能变为热能，使两极表面温度升高，并达到熔化状态。

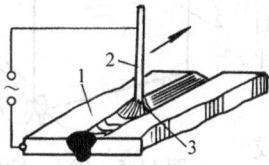

图 11-1 焊条电弧焊
1—焊件 2—焊条 3—电弧

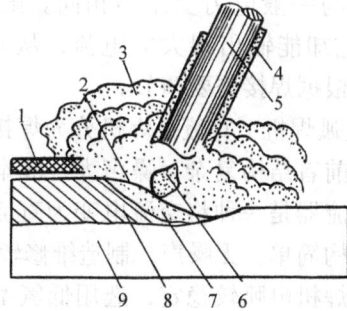

图 11-2 焊缝形成过程
1—焊渣 2—熔渣 3—气体 4—药皮 5—焊芯
6—金属熔滴 7—熔池 8—焊缝 9—焊件

为了保持电弧的稳定，在电弧中间需不断发生电离作用，这种电离作用是由高温的阴极表面不断逸出电子和电弧区的高温状态而得到的。

焊接电弧可分为三个区域，即阴极区、弧柱区和阳极区，如图11-4所示。用钢焊条焊接时，阳极区的温度可达2600℃左右，放出的热量占电弧总热量的42%；阴极区的温度可达2400℃，热量占总热量的38%；弧柱区的中心温度可达5000~8000℃，热量占总热量的20%。

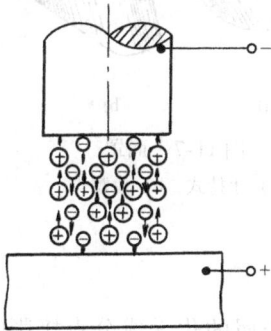

图 11-3 两极间的离子运动示意图
⊖—电子 ⊕—正离子

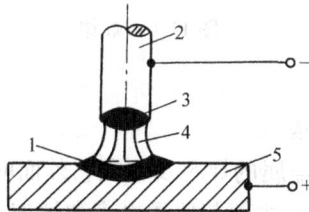

图 11-4 焊接电弧的组成
1—阳极区 2—焊条 3—阴极区
4—弧柱压 5—焊件

用直流电进行焊接时，由于正极与负极上的热量不同，电极的接法有正接和反接两种。正接法是正极接焊件，负极接焊条，如图11-4所示。这时，在焊件上的热量较大，可保证有较大的熔深。反接法是正极接焊条，负极接焊件。一般高熔点、尺寸较大的焊件焊接时采用正接法，而薄件、有色金属、不锈钢及铸铁等的焊接则采用反接法。

当用交流电进行焊接时，因极性周期地变换，不存在正接和反接，所以两极的温度相等。

电弧除了产生大量的热能和放出强烈的弧光外，还放出大量的紫外线，易灼伤眼睛及皮肤。因此，在焊接时必须使用面罩、手套等防护用具。

**二、焊接设备**

焊条电弧焊的主要设备是弧焊机，按产生电流的不同可分为交流弧焊机和直流弧焊机。

1. 交流弧焊机　交流弧焊机实际上是符合焊接要求的降压变压器。图11-5所示为BXI—330型交流弧焊机外形。其基本原理与一般电力变压器相同。虽然其工作电压为30V，但是它却能输出很大的电流，从几十安到几百安，电流的大小根据焊接需要调节。

2. 直流弧焊机　直流弧焊机分为焊接发电机和弧焊整流器两种。前者结构复杂，噪声大，成本高，并且维修困难。弧焊整流器是一种将交流电变为直流电的电焊机，其重量轻，结构简单，无噪声，制造维修较为方便。

直流弧焊机电弧较稳定，选用低氢型焊条及不锈钢或有色金属焊条，可焊接合金结构钢及有色金属。

3. 焊接用具　焊接用具有焊钳（见图11-6）、面罩（见图11-7）、焊接电缆、焊条保温筒、敲渣锤、钢丝刷和錾子等。另外，焊工必须戴皮革手套，穿帆布工作服，戴护脚及穿绝缘胶鞋，以防触电和烧伤。

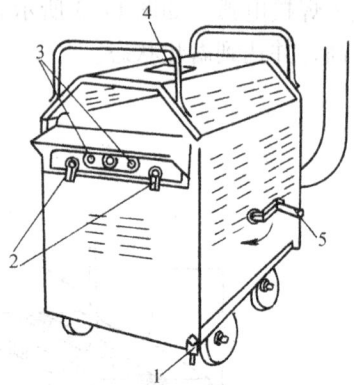

图11-5　BXI—330型交流
弧焊机外形
1—接地螺钉　2—焊接电源两极
（接焊件和焊条）　3—线圈抽头
（粗调电流）　4—电流指示盘
5—调节手柄（细调电流）

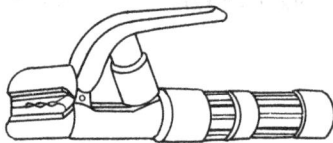

图11-6　焊钳

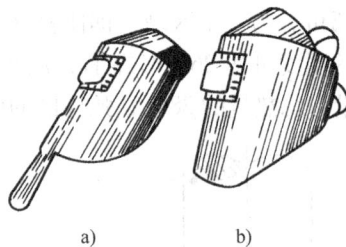

a)　　　　　b)

图11-7　面罩
a) 手持式　b) 头戴式

**三、焊条**

焊条由金属的焊芯及包在它外面的药皮组成。

1. 焊芯　主要起传导电流和填充焊缝的作用。焊芯金属的化学成分直接影响焊缝的质量。常用的焊芯直径为1.6~6mm，长度为300~450mm。

2. 药皮　药皮的作用是使电弧容易引燃并且稳定燃烧，保护熔池内金属不被氧化，保证焊缝金属具有合乎要求的化学成分和力学性能。

药皮的化学成分较为复杂，一般由矿石粉、铁合金粉和水玻璃配制而成，粘涂在焊芯外面。

3. 焊条的型号及牌号　根据焊条的不同用途，焊条共分十类，即结构钢焊条、钼和铬钼耐热钢焊条、不锈钢焊条、堆焊焊条、低温钢焊条、铸铁焊条、镍及镍合金焊条、铜及铜合金焊条、铝及铝合金焊条、特殊用途焊条。

焊条型号按国家标准统一编制。下面以碳钢焊条为例（GB/T 5117—2012），其型号用

E 及四位数字（E××××）表示，E 表示焊条，其后紧邻的两位数字表示熔敷金属最小抗拉强度代号，E 后面的第三、四两位数字表示药皮类型、焊接位置和电流类型。例如：

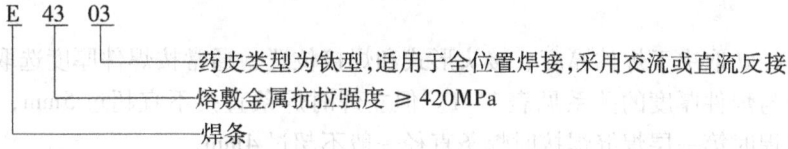

$$E \quad 43 \quad 03$$

——药皮类型为钛型，适用于全位置焊接，采用交流或直流反接
——熔敷金属抗拉强度 ≥420MPa
——焊条

下面以结构钢焊条为例，介绍焊条牌号的编制方法。它是采用字母 J 及三位数字表示（J×××）。"J" 表示结构钢焊条，也可用中文"结"字表示，前两位数字表示熔敷金属抗拉强度的最小值，第三位数字表示焊条药皮类型和焊接电源的种类。这种焊条牌号表示方法也适用于低合金钢焊条和低合金高强度钢焊条。例如 J421 表示熔敷金属抗拉强度为 420MPa 的氧化钛型药皮的直流或交流的结构钢焊条。

**四、焊接工艺**

1. 焊接接头、坡口及焊接位置　在焊条电弧焊中，由于产品结构形状、材料厚度和焊缝质量要求不同，需要采用不同形式的接头和坡口进行焊接。接头形式有对接接头、搭接接头、T 形接头和角接接头等，如图 11-8 所示。

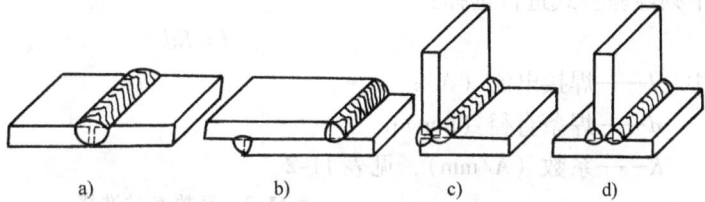

图 11-8　接头形式

a）对接接头　b）搭接接头　c）角接接头　d）T 形接头

对接接头是常用的接头形式，当工件厚度 $\delta \leqslant 6\text{mm}$ 时，一般可开 I 形坡口，且工件接头间留有一定间隙即可；当工件厚度 $\delta > 6\text{mm}$ 时，为保证焊透需开出各种形式的坡口，如图 11-9 所示。

焊接位置：根据焊接操作时焊缝的空间位置不同，焊接位置可分为平焊、横焊、立焊和仰焊四种，如图 11-10 所示。其中，平焊操作最为方便，生产率高，并且容易保证质量，所

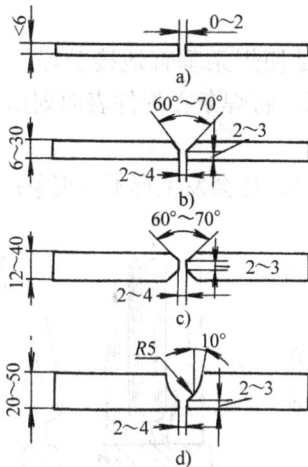

图 11-9　对接接头的坡口

a）I 形坡口　b）V 形坡口（带钝边）
c）X 形坡口（带钝边）　d）U 形坡口（带钝边）

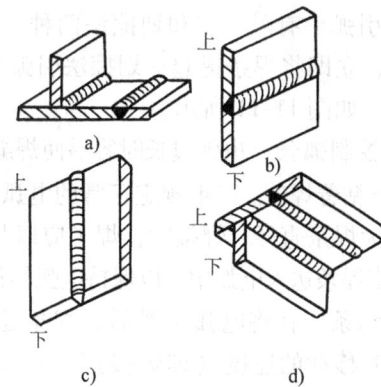

图 11-10　各种焊接位置的焊缝

a）平焊　b）横焊　c）立焊　d）仰焊

以焊接时尽量使焊缝处于平焊位置。

2. 焊条直径和焊接电流的选择　　焊条直径和焊接电流是影响焊接质量和生产率的重要因素。

焊条直径 d 取决于焊件厚度、接头形式和焊接位置，通常按焊件厚度选取。低碳钢平焊时焊条直径与焊件厚度的关系见表 11-1。但立焊时焊条直接不宜超过 5mm，仰焊、横焊以及厚板多层焊时第一层焊缝焊接时焊条直径一般不超过 4mm。

表 11-1　低碳钢平焊时焊条直径与焊件厚度的关系

| 焊件厚度/mm | 2 | 3 | 4 ~ 5 | 6 ~ 12 | >12 |
|---|---|---|---|---|---|
| 焊条直径/mm | 2 | 3. 2 | 3. 2 ~ 4 | 4 ~ 5 | 4 ~ 6 |

焊接电流一般按焊条直径选取。增大焊接电流能提高生产率，增加熔深，适用于厚板焊接。但当电流太大时，会造成焊缝咬边、烧穿、飞溅和焊缝成形不良等缺陷。电流太小，则电弧燃烧不稳定，并易造成夹渣、未焊透等缺陷，且生产率低。焊接电流可结合具体情况参考下列经验公式进行选择：

$$I = Kd$$

式中　$I$——焊接电流（A）；

　　　$d$——焊条直径（mm）；

　　　$K$——系数（A/mm），见表 11-2。

表 11-2　系数 $K$ 的选择

| 焊条直径 $d$/mm | 1. 6 | 2 ~ 2.5 | 3. 2 | 4 ~ 6 |
|---|---|---|---|---|
| 系数 $K$/（A/mm） | 15 ~ 25 | 20 ~ 30 | 30 ~ 40 | 40 ~ 50 |

此外，在焊条电弧焊时，焊接电流选择是否恰当还可凭操作者的经验来判别。当焊接电流适当时，电弧燃烧稳定，噪声小，飞溅少，钢液流动好，焊缝成形美观。

通常，横焊和立焊时，焊接电流应减少 10% ~ 15%，仰焊时应减少 15% ~ 20%。当采用碱性焊条时，焊接电流要比采用酸性焊条时小一些。

3. 操作方法

（1）引弧　有敲击法和划擦法两种。敲击法引弧是使焊条垂直地接触焊件表面，当形成短路后，立即将焊条提起；划擦法引弧与擦火柴相似，将焊条在焊件表面划动一下，即可引燃电弧，如图 11-11 所示。

（2）控制弧长　电弧过长时容易使焊缝吸收有害气体，还会发生焊不透现象；电弧过短时又会使焊条粘着焊件。一般规定正常的电弧长度 $L = (0.3 ~ 1.1)d$，$d$ 为焊条直径。焊接时，焊工应以与焊条熔化相同的速度，将焊条送入电弧中，以保持电弧的长度不变。

（3）运条　在将电弧引燃后，焊条还要沿着焊接方向移动，其移动的速度（即焊接速度）应适当，太快时焊不透，太慢时则使焊缝过高，甚至产生焊穿等缺陷。

为了获得所需宽度的焊缝，焊接时焊条还必须作横向摆动，而且力求均匀一致，以获得同样宽度的整齐焊缝。

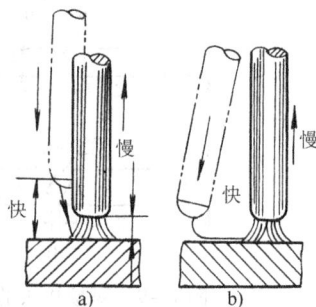

图 11-11　引弧方法

a）敲击法　b）划擦法

## 第二节 气焊和气割

气焊是利用气体火焰作热源的焊接法。气焊的特点是加热过程比较稳定,且加热缓慢。

气焊的应用不如电弧焊广泛,主要原因是气焊火焰温度低,热量不够集中,故生产率不高。此外,气焊的热影响区大,易使焊件产生较大的变形。工业上气焊常用于焊接厚度小于3mm 的薄钢板、有色金属及其合金,以及焊补铸铁零件等。

**一、氧乙炔焰的构造及性质**

气焊使用的可燃气体通常是乙炔。氧气和乙炔混合燃烧的火焰即为氧乙炔焰。

1. 氧气　氧气不能自燃,但能助燃。它与乙炔混合燃烧时,可产生大量的热。工业用氧气是采用液化空气的方法取得的,焊接应用的氧气纯度应不低于98.5% (体积分数)。

2. 乙炔　工业用乙炔是具有特殊气味的无色可燃气体。它的密度比空气的密度小,其化学式为 $C_2H_2$。乙炔是一种有爆炸危险的气体,当压力超过 147kPa 或温度达到300℃以上时,遇火就会爆炸,当压力超过 196kPa 时就会自行爆炸。

3. 氧乙炔焰的构造及其性质　焊接火焰是由氧气与乙炔气体混合燃烧而形成的。氧乙炔焰由焰心、内焰和外焰三部分组成,如图 11-12 所示。

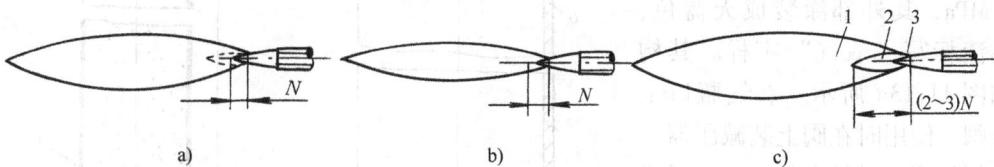

图 11-12　氧乙炔焰的构造
a) 中性焰　b) 氧化焰　c) 碳化焰
1—外焰　2—内焰　3—焰心

火焰内部为焰心,氧气和乙炔的混合气体在焰心内部被加热至着火温度,并且在焰心的外层,乙炔发生局部分解,即 $C_2H_2 = 2C + H_2$,分解形成的炭粒呈白热状态,发出强烈的白光。所以,焰心也是火焰中最明亮的部分,焰心最外层的温度可达 1000℃左右。

火焰中间部分称为内焰,呈蓝色。在此区域内,氧气与乙炔发生第一阶段的燃烧 $(2C + H_2 + O_2 = 2CO + H_2)$。这一区域的温度最高,距内焰末端 $2 \sim 4mm$ 处的温度可达3150℃,而且 CO 及 $H_2$ 能起还原作用,故气焊时一般都在此区域内进行。

火焰的最外层称为外焰,呈桔红色。在此区域内,依靠大气中的氧气进行第二阶段的燃烧:$4CO + 2H_2 + 3O_2 = 4CO_2 + 2H_2O$。这一区域的温度为 1200 ~ 2500℃。

根据氧气和乙炔的比例不同,气焊火焰可分为中性焰、氧化焰和碳化焰三种。

(1) 中性焰　当氧气与乙炔的体积比为 1.1 ~ 1.2 时,称为中性焰,其构造与形状如图 11-12a。这种火焰燃烧后的气体中既无过剩的氧气,又无游离碳,所以没有氧化及碳化作用。中性焰是应用最广泛的一种火焰,常用来进行低碳钢、中碳钢、纯铜及低合金钢的焊接。

(2) 氧化焰　当氧气与乙炔的体积比大于 1.2 时,称为氧化焰,如图 11-12b 所示。由于火焰中供氧较多,从而使氧化反应剧烈,因此整个火焰都缩短,并发生"嘶嘶"的响声。

另外，火焰中有剩余的氧气存在，使整个火焰具有氧化性，影响焊缝质量，因此这种火焰较少采用。但是焊接黄铜时要利用这一特点，使熔池表面生成一层氧化薄膜，防止锌的进一步蒸发。

（3）碳化焰　当氧气与乙炔的体积比小于 1 时，称为碳化焰，如图 11-12c 所示。由于乙炔过剩，燃烧不完全，整个火焰增长并失去明显的轮廓。由于火焰中有过剩的乙炔分解为氢气和碳，焊接时，易使焊缝金属增碳，这会改变焊缝金属的力学性能，使硬度提高，塑性降低。碳化焰常用于焊接高碳钢、铸铁及硬质合金等材料。

**二、气焊设备**

1. 氧气瓶　氧气瓶是储运氧气的一种高压容器，容积一般为 $0.04m^3$，储氧的最高压力为 14.7MPa，其外部涂装成天蓝色，用黑漆标写"氧气"字样。其构造如图 11-13a 所示。氧气瓶口上装有阀，使用时在阀上装减压器。

氧气使用量较大的工厂，通常采用管道输送氧气。

2. 乙炔瓶[⊖]　乙炔瓶是储运乙炔气体的压力容器，外形与氧气瓶相同。乙炔瓶要填满吸足丙酮的多孔石棉和硅藻土材料。乙炔非常容易溶解于丙酮中（在常温下 1 体积丙酮能溶解 23 体积乙炔），硅藻土多孔材料则用于吸收丙酮和乙炔的溶液，可抗振动，防止爆炸。乙炔瓶表面涂装成白色，用红漆标写"乙炔"字样，乙炔瓶容积为 $0.04m^3$。储乙炔气最高压力为 1.5MPa。图 11-13b 所示为乙炔瓶构造。

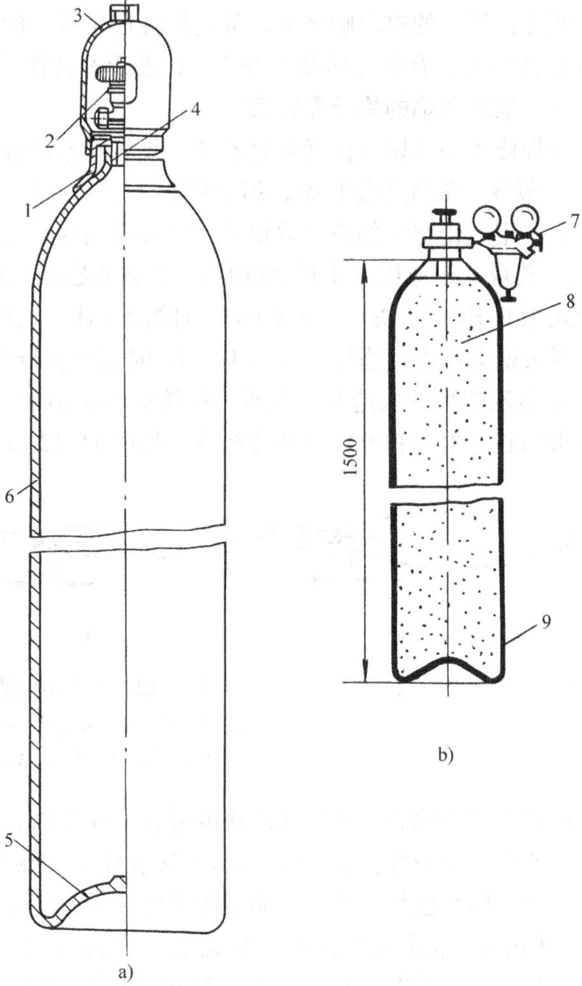

图 11-13　氧气瓶和乙炔瓶
a）氧气瓶　b）乙炔瓶
1—瓶箍　2—氧气瓶阀　3—瓶帽
4—瓶头　5—瓶底　6—瓶体
7—减压阀　8—含丙酮的多孔材料　9—瓶体

乙炔使用量较大的工厂，通常采用管道输送乙炔。

3. 减压器　它的作用是将瓶内气压降至工作压力，并尽量保持不变。图 11-14 为减压器

---

⊖　目前某些工厂将乙炔发生器和回火保险器配套使用，但这种装置必须远离明火。而乙炔瓶则安全、方便，被广泛使用。本书所述的是大多数工厂采用的气焊装备。

工作原理图。

4. 焊炬 将乙炔和氧气按需要的比例混合，并造成稳定而集中的焊接火焰的器具叫做焊炬。常用的焊炬多属射吸式，如图 11-15 所示。具有一定压力的氧气从喷嘴口快速射出，致使射吸管里产生负压，强制地把乙炔吸入射吸管内与氧气混合，由焊嘴喷出。焊炬的焊嘴是可以更换的，每把焊炬备有五个大小不同的焊嘴，供焊接不同厚度的焊件时选用。

### 三、气焊工艺

1. 接头形式 气焊也可以进行各种焊接位置的焊接。气焊时主要采用对接接头，而角接接头和卷边接头只在焊接薄板时使用，很少采用搭接接头和 T 形接头。

在对接接头中，焊件厚度小于 5mm 时，可以不开坡口，只留 1～4mm 的间隙；当焊件厚度大于 5mm 时，必须开坡口。其坡口形式、角度、间隙及钝边与焊条电弧焊基本相似。

2. 焊丝和气焊熔剂 焊丝的成分通常与焊件的成分基本相符。焊丝的直径应根据焊件的厚度及坡口形式等进行选择。

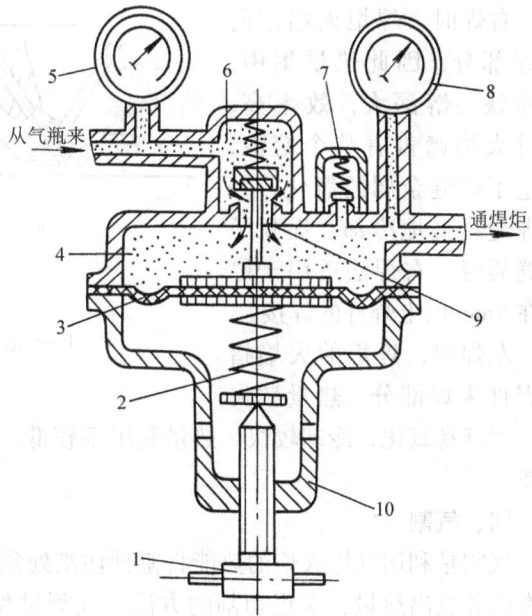

图 11-14 减压器工作原理图
1—调压手柄 2—调压弹簧 3—薄膜 4—低压室
5—高压表 6—高压室 7—溢流阀 8—低压表
9—通道 10—外壳

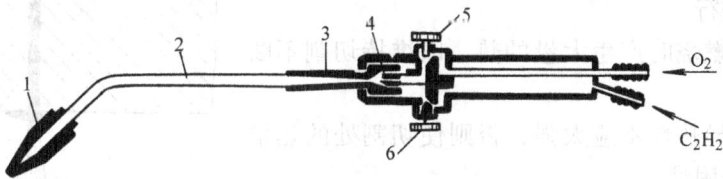

图 11-15 射吸式焊炬
1—焊嘴 2—混合气管 3—射吸管 4—喷嘴 5—氧气调节阀 6—乙炔调节阀

低碳钢的焊丝直径通常为 1～8mm。焊件厚度与焊丝直径的关系见表 11-3。

为了防止金属的氧化，便于消除已经形成的氧化物，在焊接有色金属、铸铁以及不锈钢等材料时，必须采用气焊熔剂。目前，常用的气焊熔剂有不锈钢熔剂、铸铁熔剂、铜的熔剂及铝的熔剂等。低碳钢气焊时不必使用气焊熔剂。

表 11-3 焊件厚度与焊丝直径的关系

| 焊件厚度/mm | 1～2 | 2～3 | 3～5 | 5～10 | 10～15 | >15 |
|---|---|---|---|---|---|---|
| 焊丝直径/mm | 1～2 或不用焊丝 | 2 | 2～3 | 3～5 | 4～6 | 6～8 |

3. 操作方法 气焊时，根据焊炬的运作方向，可分为左焊法和右焊法两种，如图 11-16

所示。

右焊时，焊炬火焰指向已焊部分，因此热量集中，焊速快，熔深大，效率高，同时火焰遮盖着整个熔池，防止了焊缝金属的氧化，并使焊缝缓慢地冷却，提高了焊缝质量。右焊法适用于厚度在5mm以上焊件的焊接。

左焊时，焊炬的火焰指向焊件未焊部分，热量散失

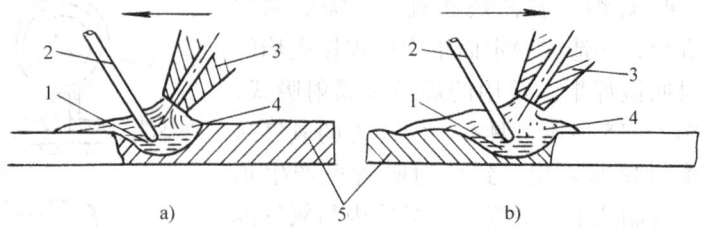

图 11-16　左焊法和右焊法
a）左焊法　b）右焊法
1—熔池　2—焊丝　3—喷嘴　4—火焰　5—焊件

大，焊缝易氧化，冷却较快，热量利用率较低，适于焊接厚度在5mm以下的薄板和低熔点金属。

**四、气割**

气割是利用气体火焰的热能将割件切割处预热到一定温度后，喷出高速切割氧气流，使其燃烧并放出热量，实现切割的方法。气割过程示意图如图 11-17 所示。

1. 气割金属应具备的条件

1）金属在氧气中的燃点应低于金属本身的熔点，否则变为熔割，使切割质量降低，甚至不能切割。

2）金属氧化物的熔点应低于金属本身的熔点，否则高熔点的氧化物会阻碍下层金属与氧气流接触，而使切割无法继续进行。

3）金属在燃烧时产生大量的热，以维持切割不断进行。

4）金属的导热性不应太强，否则使切割处的热量不足，造成切割困难。

$w(C) < 0.4\%$ 的碳素钢以及 $w(C) < 0.25\%$ 的低合金钢都能用氧气切割。因为它们在氧气中的燃点（1350℃左右）低于熔点（1500℃左右），氧化铁的熔点（1370℃左右）低于金属本身的熔点，在燃烧时能放出大量的热。当 $w(C) = 0.4\% \sim 0.7\%$ 时，切口表面容易

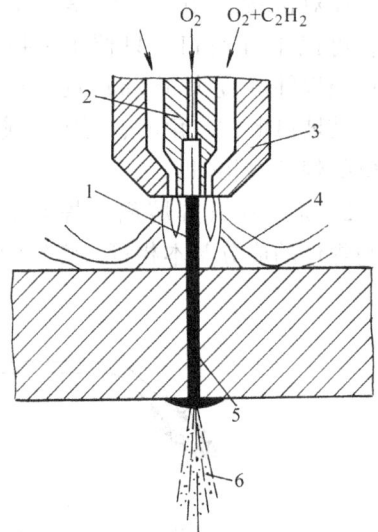

图 11-17　气割过程示意图
1—切割氧　2—割嘴　3—预热嘴
4—预热焰　5—切口　6—氧化渣

产生裂纹，这时应将被切割的钢板预热到 250~300℃再进行气割。$w(C) > 0.7\%$ 的高碳钢，由于燃点与熔点接近（高铬钢、不锈钢因生成熔点高的 $Cr_2O_3$，而铜、铝及其他的合金钢生成氧化物的熔点都高于本身的熔点），因此都不能气割。

2. 气割设备　气割设备除割炬外，其他都与气焊设备相同。

割炬（割枪）由形成预热火焰的部分和送入切割氧气的部分组成。预热部分与气焊用的焊炬构造相同，所不同的是多了一根氧气通道，高压纯氧由此进入割嘴内，将燃烧的氧化物吹掉，形成切口。G01—300 型割炬如图 11-18 所示。

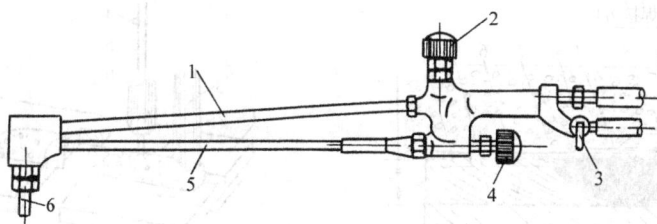

图 11-18 G01—300 型割炬
1—切割氧气管 2—切割氧气阀 3—乙炔阀门 4—预热氧气阀
5—预热焰混合气管 6—割嘴

割炬的割嘴可以更换，每个割炬都带有三四个流量不同的割嘴，以供气割不同厚度的材料时选用。

3. 气割工艺 气割前，首先应根据切割金属的厚度选择适当的割嘴，并进行清理工作及划出割线。割件下面应垫空，不要在水泥地上进行气割。

气割时，火焰的点燃方法与气焊时相同，火焰应调整为中性焰或轻微氧化焰，并垂直于切割金属的表面进行加热。待加热到金属表层即将氧化燃烧时，再以一定压力的氧气流，喷射入切割层，已预热的金属便在氧气流中燃烧，被氧化的熔渣被一层层吹掉，最后金属被切断。喷嘴与割件表面间的距离为 2.5～5mm，割距移动的速度应适当，移动得过快，吹不走熔渣，割不透；移动得过慢，切口不平滑而且宽大，同时切口两旁受高热和氧化作用的影响也较大。

当气割比较薄（厚度为 1.5～2mm）的钢板时，可采用多层切割法，就是将许多薄钢板叠在一起，两边用夹具夹紧，使各层钢板之间相互贴合好，一次将其切割开。

## 第三节 其他焊接方法

### 一、埋弧焊

电弧在焊剂层下燃烧所进行焊接的方法称为埋弧焊。

埋弧焊的焊缝形成过程如图 11-19 所示。电弧在焊剂层下燃烧，能防止空气对焊接熔池的不良影响；焊丝连续送进，焊缝的连续性好，消除了焊条电弧焊时因更换焊条而引起的缺陷；焊剂的覆盖，减少了金属烧损和飞溅，可节省焊接材料。所以，埋弧焊与焊条电弧焊相比，具有生产率高、节约金属、提高焊缝质量和改善劳动条件等优点，在造船、锅炉、车辆等工业部门获得了广泛的应用。

在埋弧焊过程中，电弧的引燃、焊丝的送进和沿焊接方向的移动等全部自动进行。埋弧焊的焊接过程如图 11-20 所示。

图 11-21 为 MZ—1—100 型自动埋弧焊机外形图。

半自动化埋弧焊只自动完成送进焊丝和保持电弧稳定燃烧，沿焊接方向的移动则要靠人工来完成。

### 二、气体保护电弧焊

气体保护电弧焊简称为气体保护焊。它是利用外加气体作为电弧介质并保护电弧和焊接区的电弧焊方法。

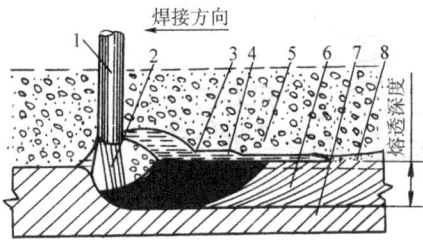

图 11-19　埋弧焊时焊缝的形成过程
1—焊丝　2—电弧　3—熔池金属　4—熔渣
5—焊剂　6—焊缝　7—焊件　8—焊渣

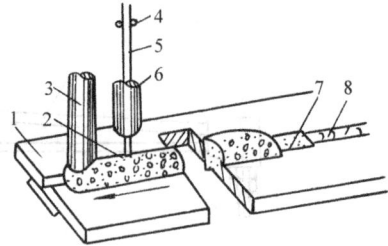

图 11-20　埋弧焊的焊接过程
1—焊件　2—焊剂　3—焊剂漏斗　4—送丝轮
5—焊丝　6—导电嘴　7—焊渣　8—焊缝

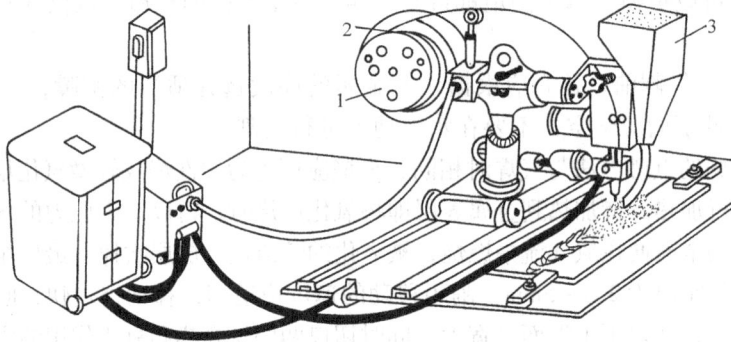

图 11-21　MZ—1—100 型自动埋弧焊机示意图
1—焊丝盘　2—焊丝　3—焊剂漏斗

根据气体种类的不同，目前常用的气体保护焊主要有氩弧焊及二氧化碳气体保护焊两种。

1. 氩弧焊　氩弧焊是以氩气作为保护气体的一种气体保护焊方法。氩弧焊按照电极的不同可分为熔化电极（金属极）和钨极两种，如图 11-22 所示。

氩气是惰性气体，既能保护熔池不被氧化，也不与熔化金属起作用。所以，氩弧焊的主要优点是：对易氧化金属的保护作用强、焊接质量高、焊件变形小、操作简便以及容易实现机械化和自动化。因而，氩弧焊广泛应用于造船、航空、化工、机械以及电子等工业部门，进行高强度合金钢、高合金钢、铝、镁、铜及其合金和稀有金属等材料的焊接。

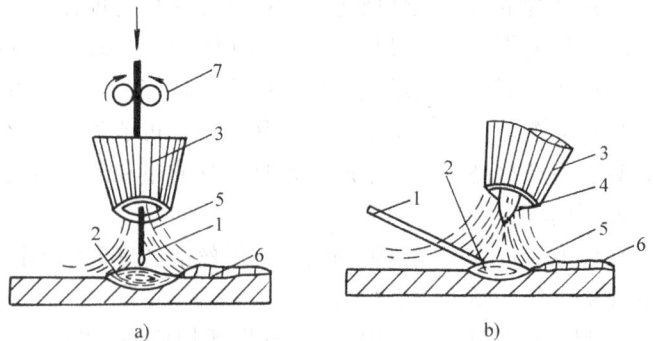

图 11-22　氩弧焊示意图
a）熔化极氩弧焊　b）钨极氩弧焊
1—焊丝　2—熔池　3—喷嘴　4—钨极　5—气流　6—焊缝　7—送丝滚轮

2. 二氧化碳气体保护焊　它是以二氧化碳气体作为保护气体的气体保护焊。二氧化碳气体保护焊的焊接过程如图 11-23 所示。二氧化碳气体经供气系统从焊枪喷出，在焊丝与焊件接触引燃电弧后，连续送给的焊丝末端和熔池被二氧化碳气流所保护，防止空气对熔化金属的有害作用，从而保证获得高质量的焊缝。

二氧化碳气体保护焊由于采用廉价的二氧化碳气体和焊丝来代替焊剂和焊条，加上电能消耗又小，所以成本很低，一般仅为埋弧焊的40%，为焊条电弧焊的37%~42%。同时，由于二氧化碳气体保护焊采用高硅高锰型焊丝，具有较强的脱氧还原和耐蚀能力，因此焊缝不易产生气孔，力学性能较好。

由于二氧化碳气体保护焊具有成本低、生产率高、焊接质量好、耐蚀力强及操作方便等优点，所以已普遍用于汽车、机车、造船及航空等工业部门，用来焊接低碳钢、低合金结构钢和高合金钢。

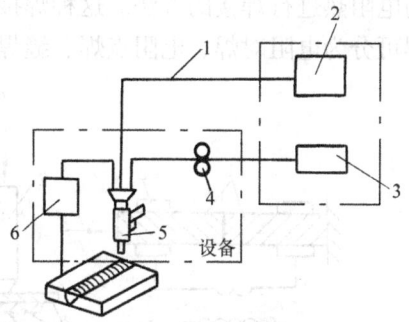

图 11-23 二氧化碳气体保护焊的焊接过程示意图
1—供气系统 2—二氧化碳气体 3—焊丝材料
4—送丝机构 5—焊枪 6—电源

### 三、电渣焊

电渣焊是利用电流通过液体熔渣所产生的电阻热进行焊接的方法。其焊接过程示意图如图 11-24 所示。

电渣焊开始时，一般是先在焊丝 5 与引弧板之间产生电弧，使电弧周围的焊剂熔化变为液体熔渣，待形成熔渣池 4 后，电弧熄灭，此时焊接电流通过渣池而产生的电阻热能，使电极和焊件熔化。被熔化的金属（即熔滴 8）沉积在渣池下面形成液态金属熔池 3，随着电极的熔化和不断地向渣池内送给，金属熔池便逐渐升高，而渣本身因密度小而浮在熔池上面，也随着熔池一起上升，这时远离热源的熔池金属逐渐冷却，形成焊缝 7。

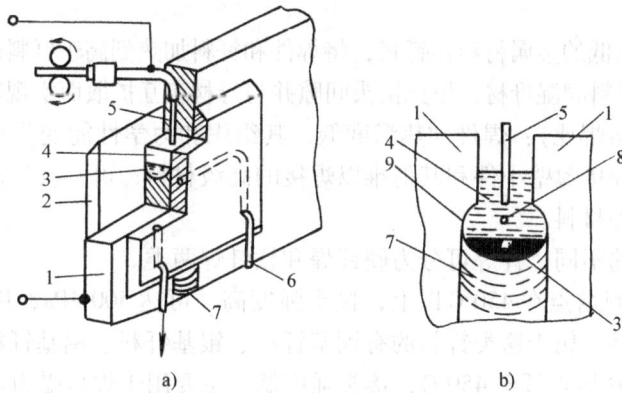

图 11-24 电渣焊过程示意图
a) 电渣焊过程 b) 熔渣池的形成
1—焊件 2—冷却滑块 3—金属熔池 4—熔渣池 5—焊丝
6—冷却水管 7—焊缝 8—熔滴 9—焊件熔化金属

电渣焊的主要特点是大厚度焊件可以不开坡口一次焊成，并且成本低，生产率高，技术比较简单，工艺方法容易掌握，焊缝质量良好。因此，电渣焊主要用于厚壁压力容器纵缝的焊接，在大型机械的制造中（如水轮机组、水压机、汽轮机、轧钢机、高压锅炉和石油化工等）得到了广泛的作用。

### 四、电阻焊

电阻焊是焊件组合后通过电极施加压力，利用电流通过接头的接触面及邻近区域时产生的电阻热进行焊接的方法。这种焊接不需要外加填充金属和焊剂。根据焊接接头形式，电阻焊可分为电阻对焊、电阻点焊、缝焊三种，如图 11-25 所示。

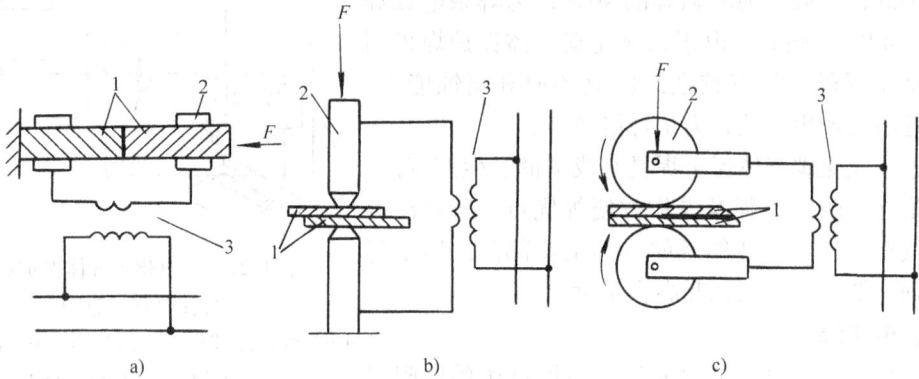

图 11-25　电阻焊原理示意图
a) 电阻对焊　b) 电阻点焊　c) 缝焊
1—焊件　2—电极　3—变压器

电阻焊是生产率很高的一种焊接方法，而且焊接过程容易实现机械化和自动化，故适宜于成批量生产。但是它所允许采用的接头形式有限制，主要是棒、管的对接接头和薄板的搭接接头。电阻焊一般应用于汽车、飞机制造、刀具制造、仪表、建筑等工业部门。

### 五、钎焊

采用比母材熔点低的金属材料作钎料，将焊件和钎料加热到高于钎料熔点，低于母材熔化的温度，利用液态钎料润湿母材，填充接头间隙并与母材相互扩散而实现连接焊件的方法。

钎焊特点（与熔焊比）：焊件加热温度低，其组织和力学性能变化小；变形较小，焊件尺寸精度高；可以焊接薄壁小件和其他难以焊接的高级材料；可一次焊多件、多接头，生产率高；可以焊接异种材料。

根据钎料熔点的不同，钎焊可分为硬钎焊和软钎焊两类。

1. 硬钎焊　钎料熔点在 450℃ 以上，接头强度高，可达 500MPa，用于焊接受力较大或工作温度较高的焊件。属于这类钎料的有铜基钎料、银基钎料、铝基钎料等。

2. 软钎焊　钎料熔点低于 450℃，接头强度低，主要用于焊接受力不大或工作强度较低的焊件，常用的为锡、铅钎料。

钎焊时一般需要使用钎剂。钎剂的作用是清除焊件表面的氧化膜及其他杂质，保护钎料和焊件不被氧化。常用的钎剂有松香、硼砂等。

钎料的种类很多，从合金成分来说，有一百几十种。只要选择的钎料适当，就可以焊接几乎所有的金属和大量的陶瓷。如果焊接方法得当，还可得到高强度的钎焊焊缝。

钎焊加热方法很多，有烙铁加热、火焰加热、感应加热、电阻加热等。

钎焊是一种既古老又新颖的焊接技术，从日常生活物品（例眼镜、项链、假牙等）的生产到现代尖端技术产品的生产，都广泛地被采用。例如，在喷气式发动机、火箭发动机、飞机部件、原子反应堆构件及电器仪表的生产中，钎焊是必不可少的一种焊接技术。

# *第四节　常用金属材料的焊接

## 一、金属材料的焊接性

焊接性是指金属材料是否容易用一定的焊接方法获得优良焊接接头的能力。不同的金属材料具有不同的焊接性，但它不是一成不变的，可以通过改变工艺条件使之改变。

钢材的焊接性好坏，主要取决于钢材的化学成分。碳对钢材的焊接性影响很大，随着钢中含碳量的增加，其焊接性逐步下降。

碳当量：把钢中合金元素（包括碳）的含量按其作用换算成碳的相当含量，称为碳当量。这种换算方法称为碳当量法。例如，对于普通低合金高强度结构钢，国际焊接学会推荐的碳当量经验公式为

$$CE = w(C) + \frac{1}{6}w(Mn) + \frac{1}{5}[w(Mo) + w(Cr) + w(V)] + \frac{1}{15}[w(Ni) + w(Cu)]$$

根据碳当量的大小，可以初步决定钢材的焊接性。碳当量的总和越小，钢材的焊接性越好。

根据经验，当 CE < 0.4% 时，钢的淬硬倾向不明显，焊接性优良，焊接时不必预热；当 CE = 0.4% ~ 0.6% 时，钢的淬硬倾向逐渐明显，需要采用适当预热和一定的工艺措施；当 CE > 0.6% 时，钢的淬硬倾向强，属于较难焊的钢，需采用较高的预热温度和严格的工艺措施。

## 二、碳素钢的焊接

1. 低碳钢　低碳钢因为 $w(C) \leq 0.25\%$，所以具有良好的焊接性，在遵守正常操作规程的情况下，可以获得良好的焊接接头，而无需采用特殊的工艺措施。

2. 中碳钢　它的焊接性较低碳钢差。焊接中碳钢时容易产生低塑性的淬硬组织，且含碳量越高，焊件越厚，淬硬倾向越大。另外，焊接中碳钢时容易在焊缝中引起裂纹，特别是收尾处，裂纹倾向更为敏感。

为了获得优质焊缝，应将焊件预热到 150 ~ 250℃，避免采用宽焊缝，应选用较小的焊条直径和焊接电流，并采用分段或多层焊接，最好采用直流反接法，以减少金属的飞溅及焊缝中的气孔。

3. 高碳钢　高碳钢焊件由于含碳量高，所以淬硬倾向比中碳钢还要大。同时，由于导热性差，焊接区与未加热部分之间产生显著的温差，造成大的内应力，所以更容易产生裂纹。

高碳钢焊接时，一般选用含碳量低而直径小的焊条，并且焊接电流比低碳钢焊接小10% 左右，用直流反接法；焊件要进行 300 ~ 500℃ 的预热，焊接时要降低焊接速度使溶池缓冷；焊后进行热处理，以消除应力，稳定组织。

## 三、低合金结构钢的焊接

这类钢含有一定数量的合金元素，按照碳当量的计算方法，其碳当量的总和增大，因而焊接性变坏，尤其在焊件厚度较大时，更易产生裂纹，通常需在预热后进行焊接。例如，Q345（16Mn）钢是常用的低合金结构钢，其焊条电弧焊工艺与低碳钢的相似，即使焊前不预热也不会出现裂纹。但当钢板的厚度很大（大于32mm），施工温度较低（零下10℃）以

及结构的刚度较大时，需在焊前进行 100 ～ 150℃的预热后再进行焊接，以避免产生裂纹。

**四、铸铁的焊补**

铸铁的焊接主要用于修补铸件的缺陷或局部破裂。铸铁的焊接性较差，焊接时主要的困难是碳、硅等元素容易烧损，在焊后冷却时极易使焊缝产生脆硬的白口组织，并且铸铁本身塑性差，抗拉强度低，在焊接应力作用下，容易产生裂纹。因此，焊接铸铁时，只有合理地选用焊接规范和工艺措施，才能获得质量良好的焊缝。

目前，常用的铸铁焊接方法有热焊法和冷焊法两种。

1. 热焊法　焊前将铸件整体（或局部）加热到 500 ～ 700℃，然后进行焊接，焊后缓慢冷却。热焊法能有效地防止白口组织和裂纹的产生，因而能获得良好的焊补质量。但是热焊法生产率低，成本高，劳动条件差。

2. 冷焊法　焊接前铸件不预热或只进行 400℃以下的预热。与热焊法相比，冷焊法生产率高，成本低，劳动条件好，尤其是在焊接时不受焊接位置的影响（热焊时只能进行平焊位置焊接），故得到广泛应用。但由于冷焊时整个铸件处于冷状态，焊接处的金属加热熔化和冷却均在极短时间内完成，故易使焊缝产生白口组织和裂纹。

冷焊时，应尽量用小电流断续焊，每次焊缝长度一般不超过 50mm，焊后立即用锤轻轻敲击焊缝，以减少内应力，待冷后再继续焊接。根据铸件的工作要求，可选用钢芯铸铁焊条、铜基铸铁焊条及镍基铸铁焊条。

**五、有色金属及其合金的焊接**

1. 铜及铜合金的焊接　纯铜焊接时容易出现下列缺陷：高温下氧化生成 $Cu_2O$；近焊缝区晶粒易长大；高温时对氢的溶解度很大，冷却时氢析出造成气孔，称为氢病；因铜的膨胀系数大，冷却后产生较大的收缩应力和变形。

铜及铜合金可用氩弧焊、气焊、钎焊等方法焊接。氩弧焊是保证纯铜和青铜焊接质量的有效方法，焊丝可用特制的纯铜焊丝；气焊纯铜和青铜时应采用中性焰；气焊黄铜一般用轻微的氧化焰。

焊接铜合金时除上述问题外，还需防止合金元素的氧化和蒸发。

2. 铝及铝合金的焊接　铝及铝合金焊接的主要困难是：熔池表面极易氧化生成 $Al_2O_3$，在焊缝中形成夹渣；熔化时颜色变化不明显，操作较难控制；高温强度低，高温下容易因自重而产生弯曲和碎裂；同样存在氢病等。进行气焊时，通常采用中性焰，焊前预热（200 ～ 300℃），选用适当的焊剂，焊后进行热处理，以消除内应力。

# 第五节　焊接缺陷及焊缝质量的分析与检查

**一、焊接应力与变形**

焊接时，焊件受热是不均匀的，由此而产生热应力。另外，金属在加热和冷却过程中还发生内部组织的变化，产生组织应力。当这些应力之和超过焊件的屈服极限时，就会产生变形；超过焊件的抗拉强度时，就会产生裂纹。

减少焊接应力和防止焊件变形的方法有以下几种：

1. 预热和缓冷　生产中常用焊前预热和焊后缓冷的方法减小焊接应力，防止焊件产生变形和裂纹。

2. 反变形法  根据焊件的结构特点，预先估计焊接后的变形方向和收缩量。在焊前预先将焊件放成与变形相反的位置，图 11-26 所示。焊后由于焊件本身的收缩变形，从而得到所需的正常状态。

3. 采用合理的焊接顺序的填敷方法  合理的焊接顺序对减小焊件变形具有重大意义。图 11-27a 所示是双 V 形坡口的对接接头。当焊接顺序合理时，焊后正反两个方向的角变形能互相抵消；当焊接顺序不合理时，会造成正反两条焊缝的横向收缩不相等，产生图 11-27b 所示的角变形。

另外，焊接长焊缝时，不能按一个方向连续焊接，要采用分段反焊、逆向分段反焊等方法，以减少焊件的变形。

当焊接较厚的焊件时，应采用多层焊，以减小内应力。

4. 锤击法  用小锤敲击焊缝的方法可使焊缝适当延伸，以减小接头应力和变形。

5. 水冷法  在焊修焊件时最常见的是把焊件浸在冷水中，使要焊的部分露出水面，以缩小主体金属受热的范围，减少焊接变形。

6. 刚性固定法  焊前先将焊件用夹具固定，以增加其刚性，焊后可减小变形，但会增加焊接应力。

生产中，防止焊件变形和减少焊接应力的方法很多，以上仅是主要的几种，在实际应用中应根据焊件的具体情况灵活选用。

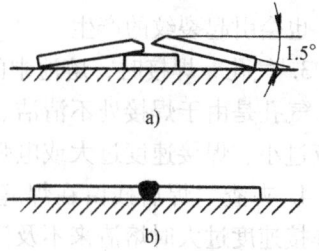

图 11-26  反变形法
a）焊前  b）焊后

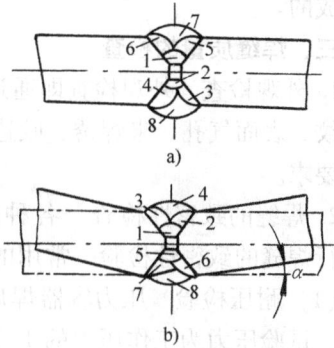

图 11-27  双 V 形坡口对接
接头的角变形
a）合理的焊接顺序  b）不合理的焊接顺序
注：图中数字为焊接顺序。

**二、焊缝的缺陷分析**

常用的焊缝缺陷有下列几种：

1. 未焊透  焊接时接头根部未完全熔透的现象，对于对接焊缝，指焊缝深度未达到设计要求的现象，称为未焊透，如图 11-28 中箭头所指处所示。未焊透会引起应力集中，削弱焊接接头的强度，对重要的结构零件来说是不允许的。

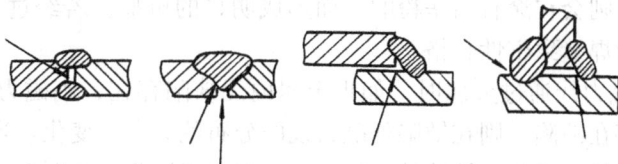

图 11-28  未焊透

产生这种缺陷的主要原因是接头表面不清洁、坡口角度或间隙太小、填充金属熔化过早或焊接速度太大、焊接电流过小、气焊时焊嘴不合适等。

2. 裂纹  在焊缝或热影响区内所出现的金属局部破裂现象称为裂纹。一般焊件中不允许有裂纹存在。

裂纹产生的原因主要是焊接工艺不当以及焊接顺序不正确。焊接时加热或冷却速度过快，也会引起裂纹的产生。

3. 气孔　焊接时，熔池中的气泡在凝固时未能逸出而残留下来所形成的空穴，称为气孔。气孔是由于焊接处不清洁、焊条受潮、焊条或焊丝质量不好、主体金属脱氧不良、焊接电流过小、焊接速度过大或电弧太长等造成的。

4. 夹渣　焊后残留在焊缝中的焊渣称为夹渣。它是由于主体金属或填充金属不清洁，在焊接速度过大时熔渣来不及浮到焊缝表面而形成的。

5. 咬边和烧穿　咬边是熔敷金属与主体金属的过渡区所形成的凹陷，如图 11-29 所示。烧穿是主体金属被熔化而穿透的现象。这些缺陷的发生主要是焊接时电流过大或焊嘴过大、焊接速度太小、填充金属供给不足、焊条或焊嘴角度不合适等原因造成的。

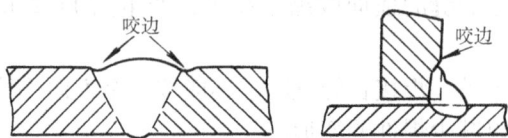

图 11-29　咬边

### 三、焊缝质量的检查

1. 外观检查　外观检查即通过目视或用放大镜对焊缝进行检查。它可以检查焊缝的表面裂纹、表面气孔、未焊透、咬边和烧穿等缺陷，此外，还可以检查焊缝的形状和尺寸是否符合要求。

2. 焊缝的致密性检查　各种储藏液体或气体用的容器及压力容器，如锅炉、管道等，要进行焊缝的致密性检验。常用的方法有耐压检验、气密性检验和密封性检验。

（1）耐压检验　压力容器焊后必须进行耐压检验。其方法是：将焊好的容器充满水并加压，试验压力为工作压力的 1.5 倍，在此压力下维持 5min，然后再降至工作压力，并用锤子轻敲焊缝周围，若焊缝表面发现水滴或渗漏，则证明焊缝不致密。

（2）气密性检验　气密性检验可用来检查高压气体容器和输送压缩气体的导管上焊缝的致密性。因为气密性检验较危险，所以一般都在耐压检验后进行。在检验时，不得敲击和振动容器。其方法是：将压缩空气通入容器内，在焊缝表面涂抹肥皂水，焊缝上有肥皂泡出现之处，即为缺陷所在。

（3）密封性检验　大部分开口容器，储存煤油、柴油、汽油的固定容器以及其他需要保证不渗漏的容器，一般都采用煤油检查焊缝的致密性。其检查方法是：将白垩粉与水调成糊糊状，涂在焊缝上，待干燥后，再于焊缝的另一面涂煤油。由于煤油有极强的渗透能力，因此若焊缝有缺陷，则会在涂有白垩粉的一面形成明显的斑痕，若经过 5min 左右仍未发现煤油的斑痕，则认为焊缝致密性合格。

3. 磁粉探伤　磁力线通过金属时，如果金属内无缺陷存在，则磁力线在金属截面上均匀分布；如果内部存在缺陷，则在缺陷处磁力线的分布就会发生变化。当将细的铁粉撒在焊缝金属表面上时，铁粉全吸附在缺陷处，以此可发现焊缝缺陷，如图 11-30 所示。此方法不适用于检查埋藏较深及尺寸较小的缺陷。

4. 超声波探伤　它是利用超声波（频率大于 20000Hz）能在金属材料中传播，在通过两种介质的界面时将发生反射的特点来检查焊缝中缺陷的一种方法。超声波自焊件表面由探头发射至金属内

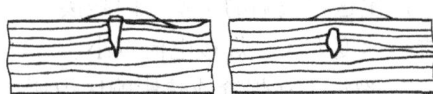

图 11-30　磁力探伤

部，遇到缺陷和焊件底面时就分别发生反射，在荧光屏上形成脉冲波形，根据这些脉冲波形就可以判断缺陷的位置和大小。

5. X射线、γ射线探伤　X射线和γ射线的波长较短，能穿透金属，而且当它们经过不同物质时会引起不同程度的衰减，并将这种衰减的变化在照相底片上反映出来。利用这一特性，X射线和γ射线可用以检查焊缝内部的夹渣、气孔、未焊透、裂纹等缺陷，如图11-31和图11-32所示。

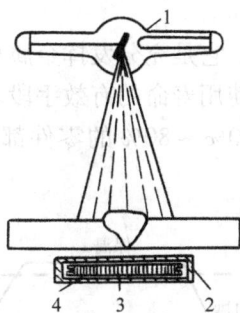

图 11-31　X射线探伤
1—X射线发生器　2—底片盒
3—底片　4—增感板（屏板）

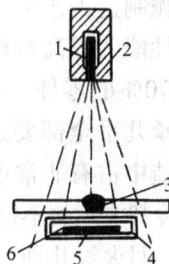

图 11-32　γ射线探伤
1—放射性元素　2—铅制容器　3—焊件
4—盒子　5—底片　6—增感板（屏板）

## 复 习 题

1. 什么是金属的焊接？它有何特点？
2. 电弧由哪几部分组成？何谓正接法？何谓反接法？
3. 焊条由哪些组成部分？它们各有什么作用？
4. 试述焊条型号和牌号的表示方法，并举例说明。
5. 选择焊条与焊接电流的主要依据是什么？当焊接位置发生变化时，对焊条与焊接电流的选择有何影响？
6. 何谓右焊法和左焊法？它们各有何特点？它们的应用有什么不同？
7. 何谓气焊？它有何特点？其应用如何？
8. 气焊火焰分为哪几种？它们常用于何种材料的焊接？
9. 气焊、气割需用哪些设备？它们的作用如何？
10. 试述气割的原理及气割金属应具备的条件及气割的适用范围。
11. 埋弧焊有哪些优点？它与焊条电弧焊比较主要的区别在哪里？
12. 试述电阻焊、电渣焊和气体保护焊的焊接特点和应用。
13. 何谓钎焊？它分为哪两类？它们的区别及应用场合如何？
14. 含碳量对碳素钢的焊接性能有何影响？
15. 焊接时为什么会产生应力和变形？
16. 怎样减少焊接变形？
17. 焊接的缺陷有哪些？它们是如何产生的？

# 第十二章　钢的热处理

钢的热处理是采用适当的方法，将钢材或工件进行加热、保温和冷却，以获得预期的组织结构与性能的工艺。

热处理是机械制造工艺中一个不可缺少的组成部分。它是充分发挥金属材料潜力，改善零件的加工工艺性能，提高材料的使用性能，延长零件使用寿命的有效手段。据统计，机床制造中有 60% ~70% 的零件，汽车、拖拉机制造中有 70% ~80% 的零件都要进行热处理，各种工模具和轴承几乎全部要进行热处理。可见，热处理在机械制造中占有非常重要的地位。

根据加热和冷却方式的不同，热处理可分为退火、正火、淬火、回火等几种。根据热处理的目的和工序位置的不同，热处理也可分为预备热处理（一般指退火、正火等）和最终热处理两大类。

任何一种热处理工艺都包括加热、保温和冷却三个阶段。它可以用温度-时间坐标图形来表示，称为热处理工艺曲线，如图 12-1 所示。

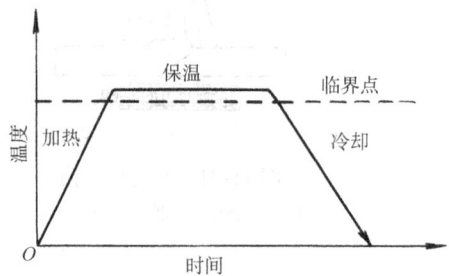

图 12-1　热处理工艺曲线

## 第一节　钢在加热时的组织转变

Fe-Fe₃C 相图是研究钢热处理的依据。Fe-Fe₃C 相图是在极其缓慢加热或冷却条件下得到的，这一条件在实际生产中难以达到。在实际生产时，其临界点、相区等都有所偏离，如图 12-2 所示。通常把加热时的实际临界点标为 $Ac_1$、$Ac_3$、$Ac_{cm}$，把冷却时的实际临界点标为 $Ar_1$、$Ar_3$、$Ar_{cm}$。在实际加热、冷却过程中，各临界点是随着加热、冷却速度的变化而变化的。加热速度越大，其临界温度升高越多；反之，冷却速度越大，其临界温度也将降低得越多。

钢进行热处理时，首先要加热，任何钢加热到 $A_1$ 线以上时，都要发生珠光体向奥氏体的转变。这种加热时获得奥氏体的组织转变称为奥氏体化。下面以共析钢为例来分析奥氏体化的过程。

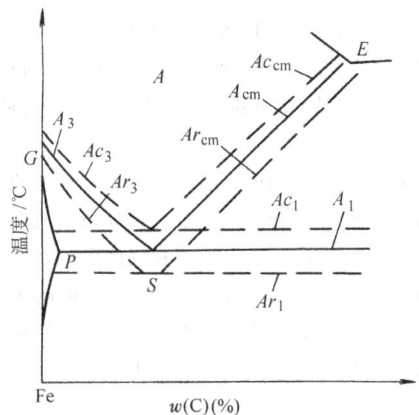

图 12-2　实际加热（冷却）时各临界点的位置

### 一、共析钢的奥氏体化过程

珠光体是铁素体和渗碳体的两相机械混合物。铁素体具有体心立方晶格，在 $A_1$ 时，$w(C)0.02\%$。渗碳体具有复杂晶格，$w(C) = 6.69\%$；转变完成的奥氏体为面心立方晶格，$w(C) = 0.77\%$。可见，珠光体转变为奥氏体时，必然伴随着铁原子晶格的改组和碳原子重新分布的扩散过程。因此，奥氏体化是一种原子扩散型转变。珠光体向奥氏体转变实质上是固态下的重结晶过程。它也遵循结晶的普遍规律——形核及长大。具体转变过程通过图 12-3 所示的四个步骤来完成。

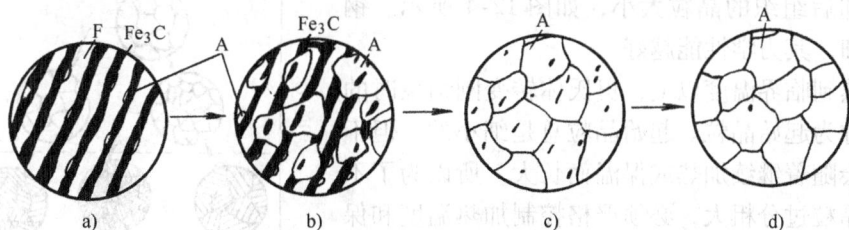

图 12-3　共析钢的奥氏体化过程示意图
a）A形核　b）A长大　c）残留 Fe₃C 溶解　d）A 均匀化

1. 奥氏体晶核的产生　在铁素体与渗碳体的交界处，首先形成奥氏体的晶核。这是因为在交界处原子排列比较紊乱，且奥氏体中碳的质量分数介于铁素体和渗碳体之间，故在两相的交界处为奥氏体的形核提供了良好的条件。

2. 奥氏体的长大　奥氏体晶核形成后逐渐长大，由于它一面与渗碳体相接，另一面与铁素体相接，因此奥氏体晶核的长大是新相奥氏体的相界面同时往渗碳体与铁素体方向推移的过程。它是依靠铁、碳原子的扩散，使其邻近的渗碳体不断溶解和邻近的铁素体晶格改组为面心立方晶格来完成的。

3. 残留渗碳体的溶解　由于渗碳体的晶格和碳的质量分数都与奥氏体的差别很大，所以在奥氏体形成过程中，铁素体比渗碳体先消失，残留的渗碳体需要一段时间继续向 $\gamma$-Fe 内溶解。

4. 奥氏体成分的均匀化　在刚形成的奥氏体晶粒中，原来是渗碳体片层的地方比原来是铁素体片层的地方的碳的质量分数要大一些，碳原子的扩散就需要一定的时间，最后才能得到成分均匀的奥氏体晶粒。

因此，钢在加热时需要一定的保温时间，这不仅是为了使工件热透（心部和表面温度趋于一致），而且是为了获得成分均匀的奥氏体晶粒，以便在冷却时得到良好的组织与性能。

亚共析钢加热到 $Ac_1$ 时，其室温组织中的珠光体首先转变成奥氏体，其余的铁素体随着加热温度继续升高而不断向奥氏体转变，直至加热温度超过 $Ac_3$ 后，铁素体才全部消失，钢处于奥氏体状态。过共析钢的室温组织是珠光体加二次渗碳体。当加热到 $Ac_1$ 时，首先珠光体转变为奥氏体，继续升高温度，渗碳体将逐渐溶解，直至超过 $Ac_{cm}$ 后，才全部转变为奥氏体状态。但过剩渗碳体的全部溶解，会促使奥氏体晶粒迅速长大，组织粗化，脆性增加，故在实际热处理时，大多不把过共析钢加热到 $Ac_{cm}$ 以上。

**二、奥氏体晶粒的长大**

在奥氏体化完成后，继续在较高温度下加热或进行长时间保温，奥氏体的晶粒容易长大。因为在较高温度下，原子扩散速度快，相邻的晶粒互相吞并，晶粒随之长大，其结果使钢冷却后的力学性能降低，特别是使冲击韧度降低。奥氏体晶粒长大也是淬火变形与开裂的重要原因。所以在加热时，如何获得细小均匀的奥氏体晶粒，是保证热处理质量的关键问题之一。

### 三、奥氏体晶粒度及其影响

所谓奥氏体晶粒度，就是奥氏体晶粒的大小。对钢来说，奥氏体晶粒度一般是指钢在某一温度下得到的奥氏体晶粒大小。奥氏体晶粒的大小决定了冷却后组织的晶粒大小，如图12-4所示。钢的晶粒越细，其力学性能越好。

钢加热到临界温度以上，奥氏体转变刚结束时的晶粒大小称为起始晶粒。起始晶粒总是细小的，但不能持久，会随着继续加热或保温而长大。所以为了不使奥氏体晶粒过分粗大，必须严格控制加热温度和保温时间。

奥氏体晶粒度可按钢的标准晶粒号（见图12-5）用比较法确定其等级。1～4级为粗晶粒，5～8级为细晶粒。

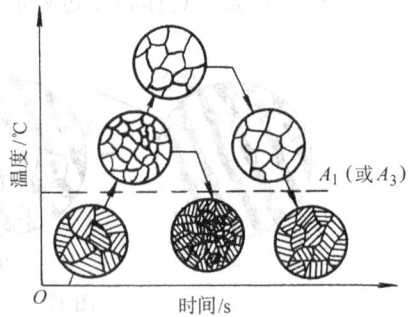

图 12-4　奥氏体晶粒对冷却后晶粒大小的影响示意图

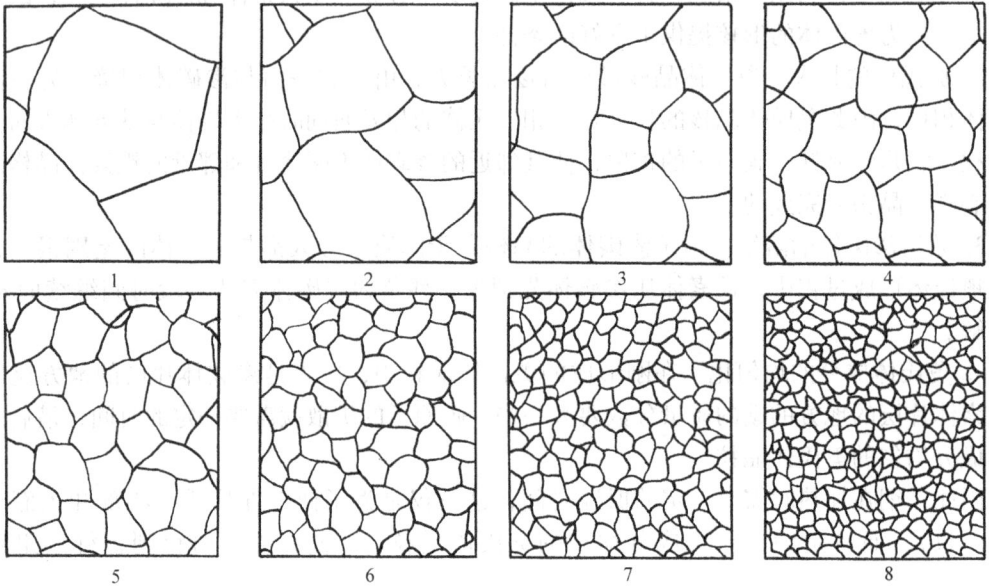

图 12-5　钢的标准晶粒号

## 第二节　钢在冷却时的组织转变

实践表明，虽然同一钢种在相同加热条件下获得了奥氏体组织，但是以不同的冷却条件冷却后，钢的力学性能有着明显的不同，见表12-1。

表 12-1　45钢经840℃加热后，不同条件冷却后的力学性能

| 冷却方式 | $R_m$/MPa | $R_{eL}$/MPa | A(%) | Z(%) | 硬度　HRC |
|---|---|---|---|---|---|
| 随炉冷却 | 519 | 274 | 32.5 | 49.3 | 15～18 |
| 空气冷却 | 657～706 | 333 | 15～18 | 45～50 | 18～24 |
| 油中冷却 | 882 | 608 | 18～20 | 48 | 40～50 |
| 水中冷却 | 1078 | 706 | 7～8 | 12～14 | 52～60 |

显然，上述以不同冷却速度冷却后钢性能上的差异，是由于获得不同的内部组织所造成的。由于 Fe-Fe₃C 相图是在极缓慢加热、冷却条件下建立的，没有标明在不同过冷度情况下对组织的影响，故以上现象不能用相图来解释。为了更好地了解钢热处理后组织与性能的变化规律，必须掌握奥氏体在冷却过程中的变化规律。

在热处理生产中，常用的冷却方式有等温冷却和连续冷却两种，如图 12-6 所示。

等温冷却是将奥氏体迅速冷却到 $A_1$ 以下某一温度进行保温，使奥氏体发生转变，然后再冷却到室温（图 12-6 中的曲线 1）；连续冷却是将奥氏体自高温连续冷却到室温（图 12-6 中的曲线 2）。

下面以共析钢为例来说明钢在等温冷却时的组织转变。

### 一、过冷奥氏体等温转变

1. 奥氏体等温转变图的建立　过冷奥氏体就是在共析温度以下存在的奥氏体，它处于不稳定状态。

过冷奥氏体等温转变图是用来分析过冷奥氏体的转变温度、转变时间和转变后组织之间关系的图形，它可以用试验方法求得。

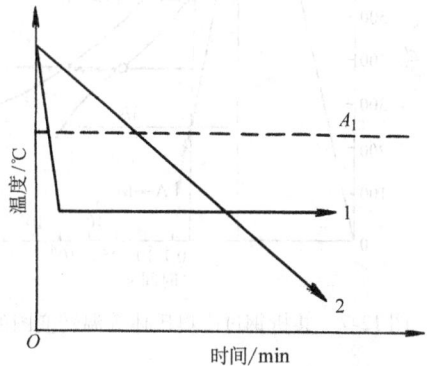

图 12-6　过冷奥氏体等温冷却
和连续冷却曲线
1—等温冷却　2—连续冷却

把共析钢制成若干个尺寸相同的薄片试样，加热到 $Ac_1$ 温度以上，使其转变为均匀的奥氏体，然后分别迅速放入低于 $A_1$ 的不同温度（如 700℃、650℃、550℃、500℃、450℃、350℃等）的盐浴炉中，使过冷奥氏体发生转变，再在不同的等温过程中，测出过冷奥氏体转变开始和终了的时间，把它们按相应的位置标记在温度-时间坐标图上，然后将所有的开始转变点和终止转变点分别连成光滑的曲线，便可得到过冷奥氏体等温转变图，如图 12-7 所示。如果把加热到奥氏体的共析钢试样迅速冷却到 230℃ 以下，过冷奥氏体将发生马氏体转变，即在下部有两条水平线，一条是过冷奥氏体向马氏体转变的开始温度线（$Ms$ 线），另一条为过冷奥氏体向马氏体转变的终止温度线（$Mf$ 线）。图 12-8 为共析钢过冷奥氏体等温转变图。从图 12-8 可以看出，$A_1$ 以上是奥氏体稳定区域；在 $A_1$ 以下，转变开始线以左，由于过冷现象，奥氏体仍能存在一段时间，这段时间称为孕育期，孕育期的长短标志着过冷奥氏体的稳定性大小；曲线的拐弯处（550℃ 左右）俗称"鼻尖"，孕育期最短（约为 1s），过冷奥氏体稳定性最小。"鼻尖"将曲线分为上下两部分，上部称为高温转变区，下部称为中温转变区。

2. 过冷奥氏体等温转变产物的组织和性能

（1）高温转变　在温度为 $A_1$ ~550℃ 时，转变产物为珠光体。珠光体是铁素体和渗碳体的机械混合物。渗碳体呈片层状分布在铁素体基体上，等温温度越低，所得珠光体越细。按片层粗细，珠光体又可分为粗片状珠光体、细片状珠光体（又称为索氏体[⊖]）和极细片状珠光体（又称为托氏体）三种，如图 12-9 所示。它们没有本质的区别，只是珠光体越细，强度和硬度越高，见表 12-2。

---

⊖　索氏体和托氏体的片层只有在电镜下才能分辨清楚。

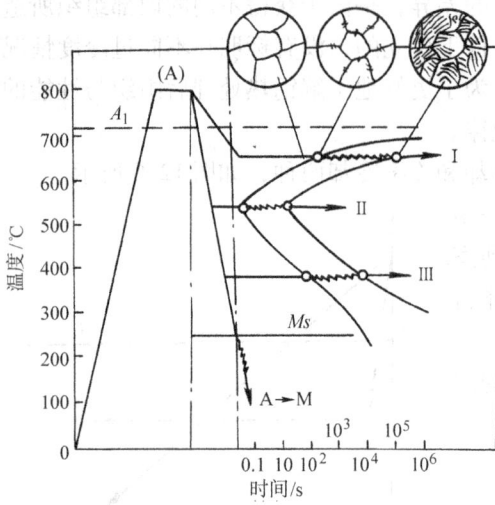

图 12-7 共析钢过冷奥氏体等温转变图的建立

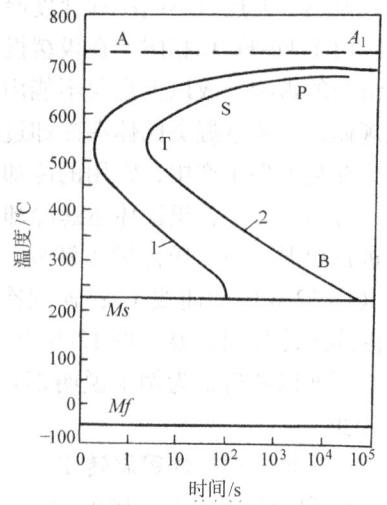

图 12-8 共析钢过冷奥氏体等温转变图
1—转变开始线 2—转变终了线

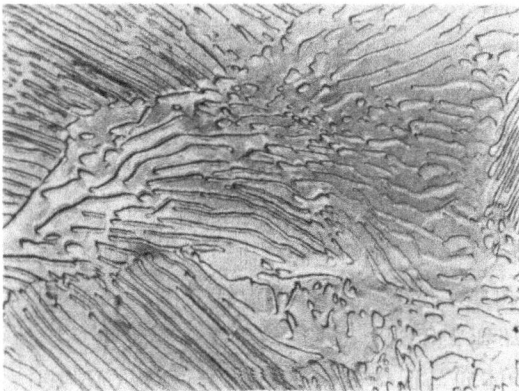

a)

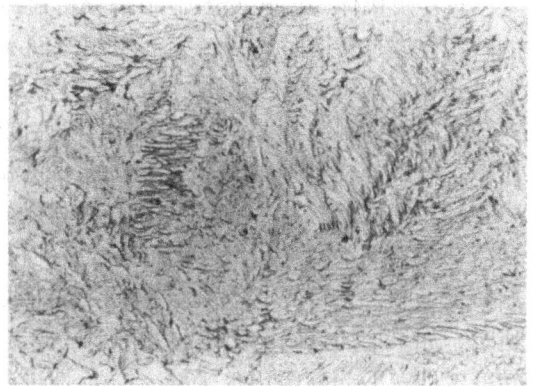

b)

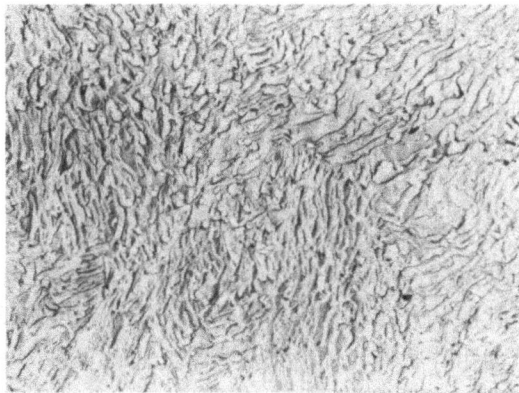

c)

图 12-9 共析钢过冷奥氏体高温转变组织
a）珠光体（400×） b）索氏体（1500×） c）托氏体（15000×）

（2）中温转变 在550℃~Ms温度范围，转变产物为贝氏体。贝氏体是铁素体和渗碳体的混合物。由于过冷度较大，碳的扩散速度受到极大的限制，有部分碳在铁素体中已不可能析出，故形成过饱和的铁素体和细小渗碳体组成的机械混合物，称为贝氏体。转变温度不同，形成的贝氏体形态也不相同。

在550~350℃范围内，转变的产物呈密集平行的白亮条状组织，形似羽毛，这种组织称为上贝氏体，如图12-10所示。上贝氏体的硬度为40~45HRC，但塑性很差。

在350~230℃范围内，转变产物呈黑色竹叶状，这种组织称为下贝氏体，如图12-11所示。下贝氏体硬度为45~55HRC，韧性也好。

表12-2 共析钢过冷奥氏体等温转变产物的组织及硬度

| 组织名称 | 符 号 | 形成温度范围/℃ | 显微组织特征 | 硬度 HRC |
|---|---|---|---|---|
| 珠光体 | P | $A_1$~650 | 粗片状混合物 | <25 |
| 索氏体 | S | 650~600 | 细片状混合物 | 25~35 |
| 托氏体 | T | 600~550 | 极细片状混合物 | 35~40 |
| 上贝氏体 | $B_上$ | 550~350 | 羽毛状 | 40~45 |
| 下贝氏体 | $B_下$ | 350~Ms | 黑色竹叶状 | 45~55 |

亚共析钢自奥氏体状态冷却转变时，应比共析钢增加先析出铁素体的转变过程，过共析钢则比共析钢增加先析出二次渗碳体的转变过程。

3. 过冷奥氏体等温转变图的实际应用 奥氏体等温转变图是选择热处理冷却规范的重要依据。在实际生产中，热处理冷却多数是连续冷却。它与等温冷却有一定的区别，但转变规律并无根本改变。因此，可以利用等温转变图近似地分析连续冷却时的组织转变。通常把代表连续冷却的冷却速度（如图12-12中 $v_1$、$v_2$、$v_3$ 等）叠画在等温转变图上，根据它与等温转变图相交的位置，便可估计出得到的组织及其性能。

图12-12中的冷却速度 $v_1$ 相当于随炉缓冷时的情况。根据它与等温转变图相交的位置，可以判断转变产物为珠光体。冷却速

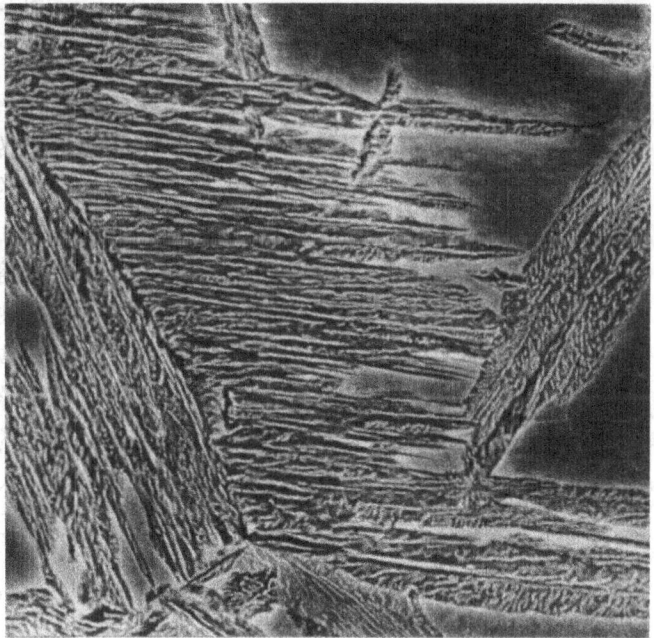

图12-10 上贝氏体

度 $v_2$ 相当于空冷时的情况，可判断在此冷却速度下的转变产物为细珠光体。冷却速度 $v_4$ 相当于水中冷却时的情况，它不与等温转变图相交，说明由于冷却快，奥氏体还来不及发生分解，便被过冷到 Ms 线（230℃）以下，发生马氏体转变。冷却速度 $v_3$ 相当于油中冷却时的情况，它与等温转变图的开始转变线相交于鼻部附近，所以有一部分过冷奥氏体转变成极细

珠光体，而另一部分奥氏体来不及分解，便被过冷到 $Ms$ 线以下向马氏体转变，结果得到极细珠光体与马氏体的混合组织。

马氏体临界冷却速度：冷却速度 $v_K$ 与等温转变图鼻尖相切，表示钢中奥氏体在连续冷却时，为抑制非马氏体转变所需要的最小冷却速度，称为马氏体临界冷却速度。

### 二、马氏体转变

当钢加热到奥氏体化温度后以大于 $v_K$ 的冷却速度冷却时，奥氏体的高温及中温转变将被抑制而使之过冷到 $Ms$ 以下，发生马氏体转变。这时 $\gamma$-Fe 晶格开始向 $\alpha$-Fe 晶格转变，但由于此时温度较低，奥氏体中的碳原子不能扩散，仍全部保留在 $\alpha$-Fe 晶格中，这就大大超过了碳在 $\alpha$-Fe 中的溶解度。这种碳溶于 $\alpha$-Fe 中的过饱和固溶体称为马氏体，用符号 M 表示。

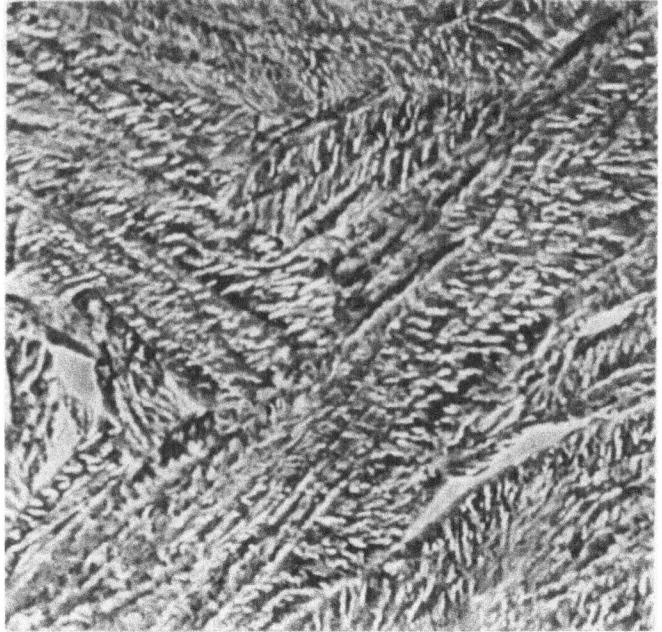

图 12-11　下贝氏体

1. 马氏体的结构、组织与性能　过冷奥氏体转变为马氏体，只是结构的改变而没有成分的变化，即奥氏体中固溶的碳全部保留在新相马氏体中，形成碳在 $\alpha$-Fe 中的过饱和固溶体。碳原子处于 $\alpha$-Fe 体心立方晶格的 $c$ 轴上，使 $c$ 轴伸长。碳原子过饱和的结果造成晶格畸变，使马氏体晶格成为体心正方晶格，如图 12-13 所示。$c/a$ 之值称为马氏体的正方度。含碳量越高，马氏体的正方度越大。低碳马氏体的正方度很小，甚至不显示正方度，这主要是含碳量低的缘故。

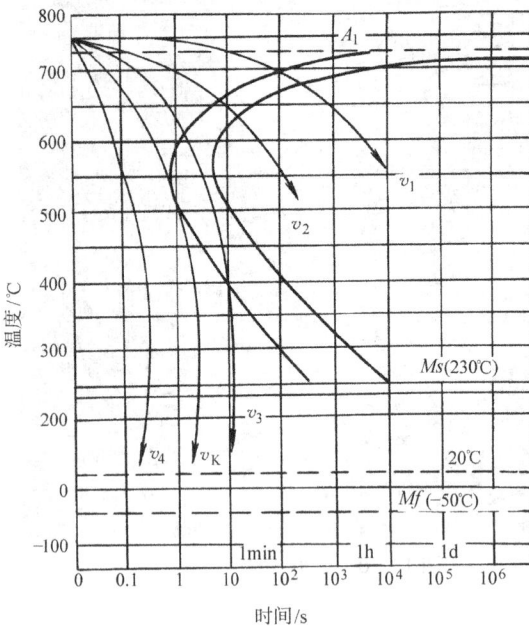

图 12-12　在等温转变图上估计连续冷却时的组织转变
$v_1$—转变产物为珠光体（190HBW）时的冷却速度
$v_2$—转变产物为细珠光体（30HRC）时的冷却速度
$v_3$—转变产物为马氏体+细珠光体（45~55HRC）时的冷却速度
$v_4$—转变产物为马氏体+残留奥氏体（55~65HRC）时的冷却速度

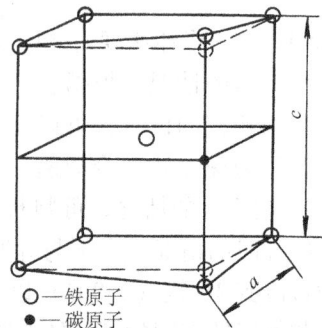

○—铁原子
●—碳原子

图 12-13　马氏体晶格示意图

　　马氏体的显微组织如图 12-14 所示。图 12-14a 所示为 $w(C) = 1.2\%$ 时的马氏体，一般呈片状，称为片状马氏体。其性能特点为硬度高而脆性大。图 12-14b 所示为 $w(C) = 0.2\%$ 时的马氏体，为一束束相互平行的细条状，称为板条马氏体。其性能特点是具有良好的强度及较好的韧性。

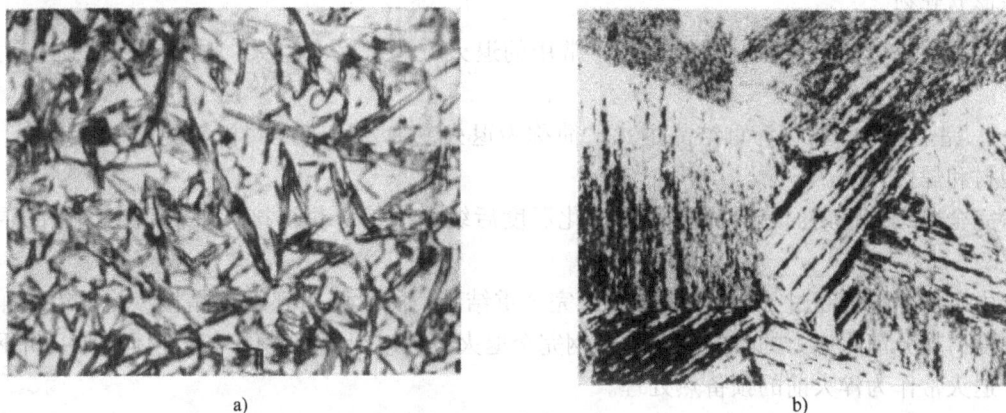

图 12-14　马氏体的显微组织
a) 片状马氏体　b) 板条马氏体

　　马氏体的力学性能主要取决于含碳量。例如，强度、硬度随着含碳量的增加而提高（见图 12-15），但含碳量大于 0.6% 后，硬度增加就趋于平缓，这一现象与钢淬火时残留奥氏体的数量有关。此外，马氏体的组织形态对力学性能也有影响：低碳板条马氏体兼有很高的强度和良好的韧性，而高碳片状马氏体硬度虽高，但韧性差。因此，在保证足够强度和硬度的情况下，尽可能获得较多的板条马氏体，将是进一步提高钢的韧性，充分发挥其潜力的有效手段，也是近年来所谓"强韧化"处理的方法之一。

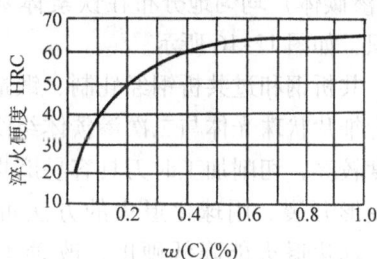

图 12-15　含碳量与马
氏体硬度的关系

　　2. 马氏体转变的规律　马氏体转变仅仅是晶格的改组而没有成分的变化，是无扩散型转变。马氏体转变需要很大的过冷度，必须过冷到一定温度范围内（$Ms \sim Mf$）才能形成。马氏体转变速度极快，一般不需要孕育期。马氏体形成时，总有一小部分奥氏体未能转变而被残留下来，这就是马氏体转变的不完全性。

# 第三节　钢的退火与正火

　　退火和正火一般是工件整个加工过程的中间热处理，以消除前一道工序（如铸造、锻造、轧制、焊接等）所带来的各种组织或性能上的缺陷，并为后一道工序（如切削加工、最终热处理）作组织准备，故也称为预备热处理。但其对于少数要求不高的铸、锻件来说，也可作为最终热处理。

**一、退火**

将钢加热到适当温度，保持一定时间，然后缓慢冷却的热处理工艺称为退火。

退火的目的为：降低钢的硬度，提高塑性，以利于切削加工及冷变形加工；细化晶粒，均匀钢的组织及成分，改善钢的性能，为以后的热处理作准备；消除钢中的残留应力，以防止变形及开裂。

按钢的成分和热处理目的的不同，常用的退火方法有完全退火、球化退火和去应力退火等。

1. 完全退火　又称为重结晶退火，简称为退火，主要用于亚共析钢的铸件、锻件、热轧型材和焊接件等。

完全退火是将钢加热到完全奥氏体化温度后缓慢冷却，获得接近平衡状态组织的退火工艺。

由于加热温度超过 $Ac_3$，使钢的组织完全重结晶，所以可达到细化晶粒、均匀组织、降低硬度、充分消除应力的目的。亚共析钢完全退火后的组织为铁素体＋珠光体。亚共析钢的完全退火常作为淬火前的预备热处理。

过共析钢不宜采用完全退火，因为过共析钢完全退火需加热到 $Ac_{cm}$ 以上，在缓慢冷却时，钢中将析出网状渗碳体，使钢的力学性能和切削加工性变坏。

2. 球化退火　使钢中碳化物球状化而进行的退火工艺称为球化退火。

球化退火组织是呈球状小颗粒的碳化物（或渗碳体）均匀地分布在铁素体基体中的显微组织，如图 12-16 所示。

共析钢和过共析钢经轧制、锻造后空冷，一般为细片状珠光体与二次渗碳体组织。这种组织硬度较高，切削加工时刀具容易磨损，淬火时易于变形开裂。用球化退火的方法可克服这一缺点。球化退火能降低硬度，改善工件切削加工性，减少淬火时变形、开裂倾向，淬火后能获得细针马氏体加粒状渗碳体，提高零件力学性能，延长零件使用寿命。因此，工具钢、轴承钢等锻轧后必须进行球化退火。

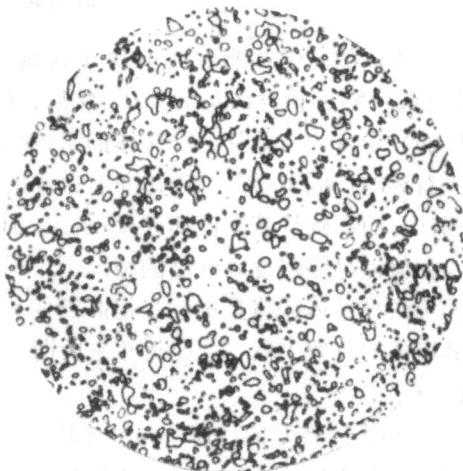

图 12-16　碳素钢的球化组织（500×）

球化退火的加热温度只比 $Ac_1$ 略高 20～30℃。例如，T8、T9、T10、T11、T12、T13 钢的球化退火加热温度为 750～770℃，保温足够的时间后缓慢冷却至 500℃ 以下再出炉空冷。

球化退火前，若钢中存在严重网状渗碳体，则应先进行一次正火，以消除网状渗碳体。

3. 去应力退火　为了去除工件因塑性变形加工、切削加工或焊接造成的内应力及铸件内存在的残留应力而进行的退火，称为去应力退火。

内应力是指在无外力作用时，存在于物体内部的应力。一般当加热、冷却不均匀及冷加工变形时，都能产生内应力。

零件在铸造、焊接或切削加工等生产过程中，都会造成内应力。例如，机床床身、导轨铸造后，如果不消除内应力就进行切削加工，则加工后会由于内应力重新分布而发生变形，将严重影响机床的精度。精密零件加工后也需要消除内应力，以防止变形。

去应力退火的工艺是将钢加热到 $A_1$ 以下，一般是 $500\sim650℃$，保温一段时间后缓慢冷却，待冷至 $300℃$ 以下出炉。由于去应力退火温度低于 $A_1$，所以钢件在去应力退火过程中，不发生相变。钢件的内应力主要是在 $500\sim650℃$ 加热和保温过程中消除的。

## 二、正火

将工件加热到奥氏体化温度后在空气中冷却的热处理工艺称为正火。正火的目的和退火的目的相类似，但正火的冷却速度比退火的快（即过冷度大），所以得到的珠光体组织较细。正火后钢的硬度、强度较退火钢的高。

正火工艺简单、经济，应用很广，例如：

1）$w(C)<0.5\%$ 的锻件常用正火代替退火，以改善组织结构和切削加工性能。

2）对力学性能要求不高的零件，常用正火作为最终热处理。

3）过共析钢常用正火来消除网状渗碳体，为球化退火作组织准备。

4）亚共析钢在淬火前先进行正火，可使组织细化，能减少淬火的变形和开裂倾向。

各种退火、正火工艺的加热温度范围如图 12-17 所示。

## 三、退火与正火的选择

退火与正火的目的大致相似，在实际选用中可从以下三方面考虑：

**1. 从切削加工性方面考虑**　一般来说，金属硬度在 $170\sim230HBW$ 范围内，切削性能比较良好。所以，低碳钢宜采用正火提高硬度，高碳钢宜采用退火降低硬度。

**2. 从使用性能上考虑**　若对零件性能要求不高，则可用正火作为最终热处理；但当零件形状复杂，正火的冷却速度较快，有造成变形

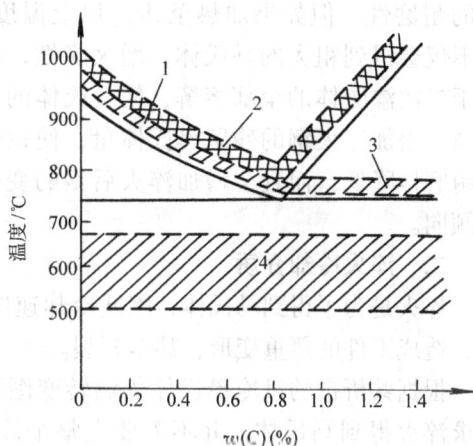

图 12-17　各种退火、正火工艺的加热温度范围
1—完全退火　2—正火　3—球化退火　4—去应力退火

或开裂的危险时，则采用退火。对于亚共析钢来说，正火处理比退火处理具有较好的力学性能，见表 12-3。

表 12-3　45 钢正火、退火状态的力学性能

| 状　　态 | $R_m/MPa$ | $A(\%)$ | $a_{KU}/(J/cm^2)$ | HBW |
|---|---|---|---|---|
| 退火 | $637\sim686$ | $15\sim20$ | $39\sim59$ | $\approx180$ |
| 正火 | $686\sim784$ | $15\sim20$ | $49\sim78$ | $\approx220$ |

**3. 从经济上考虑**　正火比退火生产周期短，生产效率高，成本低，操作方便，故在可能条件下，应优先采用正火。

# 第四节　钢的淬火

淬火是将钢加热到 $Ac_3$ 或 $Ac_1$ 以上某一温度，保持一定时间，然后以适当速度冷却，获

得马氏体或下贝氏体组织的热处理工艺。

淬火是强化钢材最重要的热处理方法。

**一、淬火加热温度的选择**

各种钢的淬火加热温度主要由其组织的类型及临界点来确定。图 12-18 所示为各种碳素钢的淬火加热温度范围。

亚共析钢的淬火加热温度一般为 $Ac_3 + 30 \sim 50℃$，淬火后的组织为均匀的马氏体。如果淬火加热温度低（低于 $Ac_3$），则淬火后组织中将保留原始组织中的铁素体，造成淬火硬度不足；反之，若加热温度过高，则又会使奥氏体的晶粒粗大。

过共析钢的淬火加热温度一般为 $Ac_1 + 30 \sim 50℃$，淬火后的组织为马氏体及球状二次渗碳体。有渗碳体存在不但不降低钢的硬度，而且能增加钢的耐磨性。但如果加热至 $Ac_{cm}$ 以上温度淬火，则不仅会得到粗大的马氏体，增大脆性，而且会由于二次渗碳体的全部溶解，使奥氏体的含碳量过高，增加淬火钢的残留奥氏体量，使钢的硬度和耐磨性降低，而且会增加淬火后钢的变形与开裂倾向。

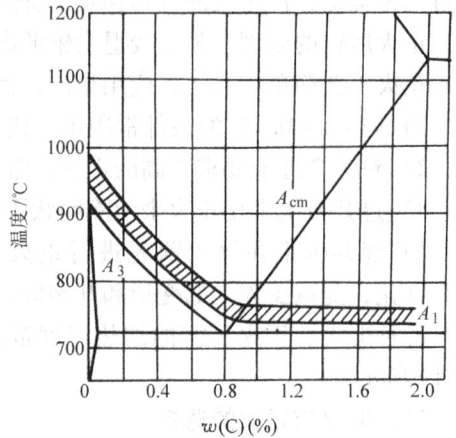

图 12-18　碳素钢淬火加热温度范围

**二、淬火冷却介质**

淬火是为了得到马氏体，因此冷却速度必须大于 $v_K$，而过快冷却又会引起很大的内应力，造成工件的严重变形，甚至开裂。

根据共析钢的过冷奥氏体等温转变图可以知道，要求淬火得到马氏体，并不需要在整个冷却过程中都进行快速冷却，其关键是在奥氏体等温转变图的鼻尖部，即在 650 ~ 500℃ 范围内需要快冷，从淬火温度到 650℃ 之间以及 400℃ 以下，并不需要快冷，特别是在 300 ~ 200℃ 以下发生马氏体转变时，更不希望快速冷却，否则容易引起变形、开裂。图 12-19 所示为钢的理想淬火冷却速度曲线。

工件进行淬火所使用的介质叫做淬火冷却介质。常用的淬火冷却介质有水、盐的水溶液、碱类、有机物水溶液、油、熔盐、空气等。常用淬火冷却介质及其冷却特性见表 12-4。

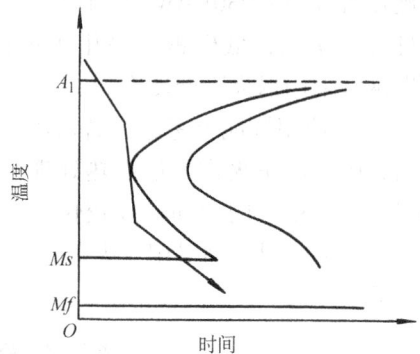

图 12-19　钢的理想淬火冷却速度曲线

表 12-4　常用淬火冷却介质及其冷却特性

| 序号 | 淬火冷却介质（20℃） | 平均冷却速度/（℃/s） | |
| --- | --- | --- | --- |
| | | 650 ~ 500℃ | 300 ~ 200℃ |
| 1 | 静止自来水 | 130 | 480 |
| 2 | 静止自来水（60℃） | 75 | 210 |
| 3 | 质量分数为 10% 的 NaCl 水溶液 | 1900 | 1000 |
| 4 | 质量分数为 15% 的 NaOH 水溶液 | 2750 | 775 |
| 5 | L—AN15 全损耗系统用油 | 60 | 65 |
| 6 | L—AN32 全损耗系统用油 | 100 | 50 |

由表12-4可见，水的冷却特性很不理想，而且水温的变化对其冷却能力影响很大。食盐水溶液的优点在于650～500℃范围内冷却速度大，缺点是300～200℃范围内的冷却速度仍然很大，容易引起变形开裂，但比静止自来水的冷却性能好，故工厂里将其广泛用于形状简单的碳素钢零件的淬火冷却。油在300～200℃的温度范围内的冷却速度比较小。这是它的优点，但在650～500℃范围内的冷却速度太小。油一般用于 $v_K$ 小的合金钢淬火，但油价格较高，易燃且不易清洗。

显然，上述常用淬火冷却介质都不理想，食盐水溶液在低温时冷却得太快；油在高温时的冷却速度不够。理想的淬火冷却介质是冷却能力介于水与油之间，冷却速度能加以调节的水基介质，目前工厂中使用较多的有过饱和硝盐水溶液、饱和氯化钙水溶液、聚乙烯醇水溶液等。

**三、常用的淬火方法**

在实际生产中，目前还没有一种淬火冷却介质能完全满足理想淬火冷却的要求，所以还需考虑淬火方法。常用的淬火方法有以下几种：

1. 单液淬火法　淬火时将加热的零件投入一种淬火冷却介质中冷却至转变结束，称为单液淬火，如图12-20中的曲线1所示。

水淬、油淬都属于单液淬火法，操作方便，容易实现机械化、自动化，然而都存在一定的局限性。水淬可得到较深的淬硬层与高的硬度，但变形和开裂倾向大。油淬的淬硬层薄。在一般情况下，碳素钢采用水淬，合金钢用油淬。

2. 双介质淬火法　为了克服单液淬火法的缺点，常用双介质淬火法，如图12-20中的曲线2所示。

钢件奥氏体化后，先淬入一种冷却能力强的淬火冷却介质中，在钢件还未达到该淬火冷却介质温度之

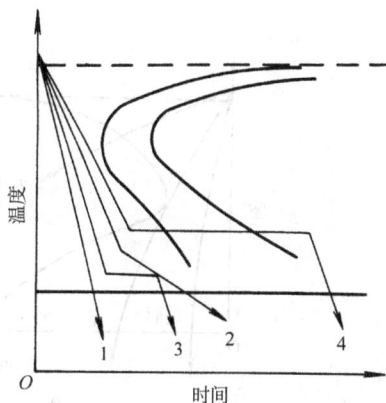

图12-20　各种淬火方法冷却示意图

前取出，马上浸入另一种冷却能力弱的淬火冷却介质中冷却。例如，先水冷后油冷，先水冷后空气冷等。这样，使钢件既能淬硬，又可显著减小淬火应力。这种淬火法常用于淬透性不高的碳素钢所制成工模具，以及要求得到较厚淬硬层的合金钢大件。

3. 马氏体分级淬火　钢材奥氏体化后，随之投入温度在钢的 $Ms$ 点左右的液态介质（盐浴或碱浴）中，保持适当的时间，待钢件的内外层都达到介质温度后取出空冷，以获得马氏体组织的淬火方法，如图12-20中的曲线3所示。

马氏体分级淬火既能避免高温时奥氏体分解，又能达到低温时缓慢冷却的目的，减小了淬火应力，且硬度均匀。马氏体分级淬火是防止变形和开裂的有效淬火方法。

马氏体分级淬火法在工艺上虽然比较理想，操作容易，但是由于它在盐浴或碱浴中的冷却速度较小，故只适用于过冷奥氏体比较稳定的合金钢或尺寸较小的零件。

4. 贝氏体等温淬火　钢件加热奥氏体化后，随之快冷到贝氏体转变温度区间（260～240℃）等温冷却，使奥氏体转变为下贝氏体的淬火方法，如图12-20中的曲线4所示。

下贝氏体组织中的碳化物弥散度大，具有高硬度和良好的韧性。等温淬火处理的内应力显著下降，变形量小，适于处理小型的精密零件，例如冷、热冲模，精密齿轮等。另外，由于下贝氏体组织结构均匀，产生微裂纹的可能性很小，因此各种弹簧经等温淬火处理后，疲

劳抗力大为增加，能显著延长弹簧的寿命。

**四、淬透性**

钢件淬火时，整个截面上的冷却速度是不同的，表面冷却得快，越往心部冷却得越慢如图 12-21a 所示。冷却速度大于临界冷却速度的表层部分，淬火后得到马氏体，见图 12-21b 中的网线部分。表面层被淬硬了，而心部（小于 $v_K$ 的冷却速度）则得到非马氏体组织，硬度较低。

淬透性是指在规定条件下，决定钢材淬硬深度和硬度分布的特性。它是重要的热处理工艺性能。淬透性高低表示了钢接受淬火的能力，常用淬硬层深度表示。淬硬层深度是指钢表面到半马氏体（50% 马氏体）组织的深度。

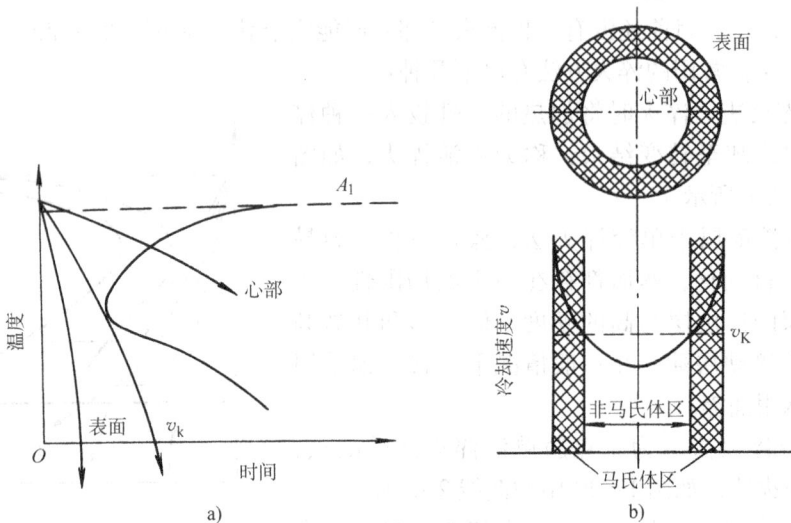

图 12-21　零件截面冷速与淬硬层的关系

淬透性不同的钢材，淬火后得到的淬硬层深度也不同，沿截面的组织与性能差别很大。未淬透部分不但硬度低，特别是韧性及屈强比也差。因此，在机械制造中，截面较大，形状复杂或受力较大的重要零件应选用淬透性高的钢材。

钢的淬透性主要取决于钢本身的内在因素，即钢的化学成分和奥氏体的状态（均匀化程度、晶粒大小）。凡是能增加过冷奥氏体稳定性的因素都能提高钢的淬透性。例如，钢中加入合金元素 Mn、Cr、Si、Ni 等，在它们溶入 $\gamma$-Fe 后，都能增加过冷奥氏体的稳定性，降低 $v_K$，从而使钢的淬透性提高。

钢的淬透性和淬硬性是具有不同含义的两个概念。淬硬性是指钢在理想条件下进行淬火硬化所能达到的最高硬度的能力。钢的淬硬性主要取决于钢中的含碳量。更确切地说，它取决于淬火加热时固溶在奥氏体中的碳量。固溶在奥氏体中的碳量越多，淬火后钢的硬度就越高。

**五、淬火缺陷及防止措施**

常见的淬火缺陷有硬度不足、过热和过烧、氧化和脱碳以及变形和开裂等。

1. 硬度不足　这是由于加热温度低，保温时间不足或冷却速度不够大造成的。它可经过重新热处理而予以消除。如果在工件的局部区域产生硬度不足缺陷，则称为软点。

2. 过热和过烧 过热就是钢的加热温度过高或在该温度下保温时间太长，引起了奥氏体晶粒显著长大，冷却后的强度降低，塑性、韧性变差。已经造成过热的钢可以采用正火或退火来重新细化晶粒。

如果钢的加热温度太高，甚至接近钢的熔化温度，这时不但奥氏体晶粒很粗大，并且沿奥氏体晶界面上会发生氧化或熔化的现象，称为过烧。产生过烧的钢，强度很低，极脆，无法挽救，只能报废。

3. 氧化和脱碳 工件在加热时，若所用的加热炉炉气性质不良（例如采用箱式或井式电阻炉加热，炉气是热空气，含有大量的氧气），则使工件的表面产生氧化和脱碳现象。氧化、脱碳影响工件的淬火质量，降低工件的硬度、强度（特别是疲劳强度）、耐磨性，缩短其使用寿命。它对工具和弹簧的危害更大。钢件表面脱碳后的显微组织如图 12-22 所示。

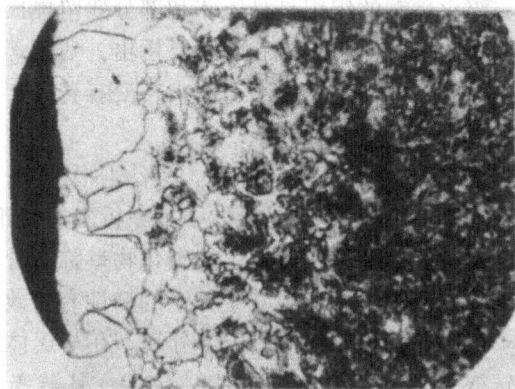

图 12-22 钢件表面脱碳后的显微组织

为防止氧化和脱碳，把工件放在可控气氛炉或真空炉中加热，使工件在加热过程中不氧化、不脱碳。另外，在工件表面涂覆硼砂溶液和其他保护剂，或向空气介质加热炉内加入适量的木炭或滴入煤油，也可减少氧化和脱碳。

4. 变形和开裂 淬火内应力是造成变形和开裂的原因。当其内应力超过了钢材的屈服强度时，会引起变形；当内应力超过钢材的抗拉强度时，会导致零件开裂。图 12-23 所示为淬火裂纹。

为了防止变形和开裂的产生，从零件本身考虑，应力求结构对称，截面均匀，以免工件淬火时，造成各部分冷却不均匀。在加热过程中，要注意材料的导热性。例如，导热性差的合金钢工件，应先行预热，

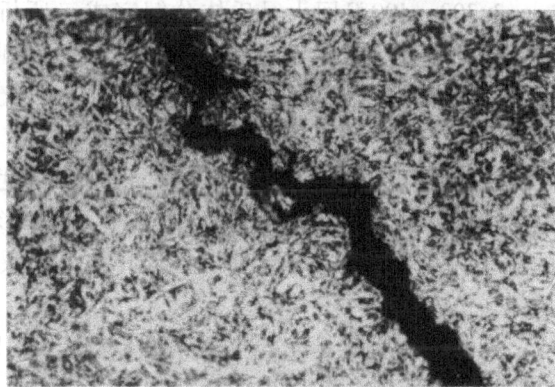

图 12-23 淬火裂纹

适当控制加热速度，冷却时在马氏体转变区域内要缓慢冷却等，以减少内应力的产生。

对于变形不大的零件，可采取一定的措施予以矫正，但若变形太大或产生裂纹，则往往无法补救而只能报废。

# 第五节 钢 的 回 火

工件淬硬后重新加热到 $Ac_1$ 以下的某一温度，保温一定时间，然后冷却到室温的热处理工艺称为回火。回火的目的在于：

（1）获得所需要的力学性能 在通常情况下，工件淬火后强度和硬度有很大的提高，

但塑性和韧性却有明显降低，而工件的实际工作条件要求有良好的强度和韧性。选择适当的温度进行回火后，可以获得所需要的力学性能。

（2）稳定组织、稳定尺寸　淬火后钢组织中的马氏体和残留奥氏体有自发转变的趋势，只有回火后才能稳定组织，使工件在使用过程中的性能与尺寸得到稳定。

（3）消除内应力　一般淬火后钢的内部存在很大的内应力，若不及时消除，则也将引起工件的变形和开裂。因此，回火是淬火后的钢不可缺少的后续热处理工艺。

## 一、钢淬火后回火时组织和性能的变化

淬火后钢的组织是马氏体和部分残留奥氏体。它们是不稳定的组织，有变为稳定状态的趋势，如马氏体中过饱和的碳要析出，残留奥氏体要分解等。钢淬火后回火时的组织和性能有明显变化，而加热温度对回火转变有着决定性的意义。按回火温度的不同，回火时的组织转变可分为四个阶段：

1. 200℃以下马氏体分解　淬火马氏体是含碳量过饱和的 α 固溶体。将淬火钢加热到200℃以下回火时，从马氏体中不断析出极微细的碳化物。由于部分碳化物析出，马氏体中过饱和含碳量降低，所析出的碳化物呈弥散分布，对基体的强化作用比较大，而钢的硬度稍有下降。但由于内应力减小，钢的韧性有所改善。此时的马氏体称为回火马氏体。

2. 200 ~ 300℃残留奥氏体分解　在马氏体继续分解的同时，残留奥氏体自200℃左右开始转变，至300℃左右转变基本完成。其转变产物类同于过冷奥氏体在该温度范围内的等温转变产物，一般多为下贝氏体。

3. 300 ~ 400℃回火马氏体分解完成　所析出的碳化物转变为极微细的粒状渗碳体，即得到铁素体加微粒状渗碳体的回火组织，称为回火托氏体。

4. 400℃以上渗碳体聚集长大　回火温度越高，渗碳体颗粒越粗。通常把在 500 ~ 650℃形成的粒状碳化物加铁素体的回火组织称为回火索氏体。

回火的本质就是使淬火后钢的不稳定组织转变为比较稳定的组织。由于组织发生了变化，因而其性能也随之改变。图 12-24 说明了随回火温度的上升，淬火钢马氏体中的内应力、残留奥氏体量和渗碳体颗粒大小的变化情况。

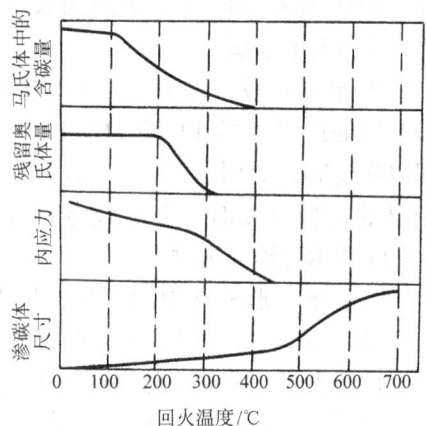

图 12-24　钢在回火时变化的示意图

各种含碳量的淬火钢回火时，随着回火温度的升高，硬度和强度总的趋势是逐渐下降，而塑性和韧性的趋势是提高的。

低碳钢淬火后得到板条马氏体，在回火时其硬度随着温度的升高而逐渐下降。经实践证实：低碳马氏体在小于250℃的温度回火后具有最优良的力学性能。高碳钢淬火后得到片状马氏体和残留奥氏体，在300℃以下回火时，由于钢中残留奥氏体在回火时转变为下贝氏体，故硬度下降缓慢，钢的硬度仍可保持在60HRC左右；在300℃以上回火时，随着温度的升高，其强度不断下降，而塑性、韧性得到改善。中碳钢回火时力学性能的变化介于低碳钢与高碳钢之间。图 12-25 所示为 45 钢力学性能与回火温度的关系。

## 二、回火的分类及其应用

1. 低温回火    在 150～250℃ 进行的回火，所得组织为回火马氏体，如图 12-26 所示。回火降低了淬火钢的内应力和脆性，保持钢的高硬度和高耐磨性的特点，但韧性不高。这种回火主要用于要求硬度在 55～62HRC 的各类高碳钢工具、模具、滚动轴承、渗碳或表面淬火的零件。

图 12-25    45 钢力学性能与回火温度的关系

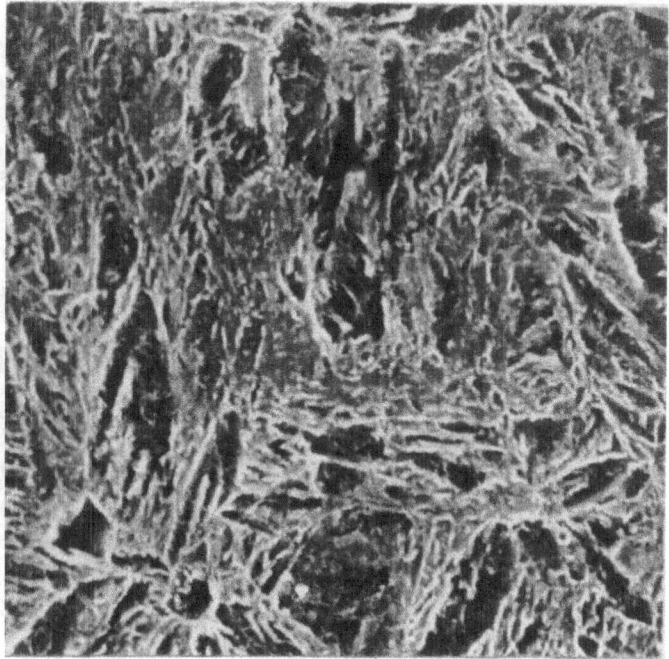

2. 中温回火    在 300～500℃ 进行的回火，所得的组织为回火托氏体，硬度为 35～45HRC，如图 12-27 所示。钢在中温回火后具有高的弹性极限和屈服强度，同时有较好的韧性，其淬火应力也进一步得到消除。中温回火主要用于各种弹簧、弹簧夹头及某些要求较高强度的零件，如刀杆、轴套等。

3. 高温回火    在 550～650℃进行的回火，所得组织为回火索氏体，如图 12-28 所示。其硬度在 200～300HBW 之间。高温回火后钢具有一定的强度、硬度，而又有较好的塑性、韧性。淬火及高温回火的复合工艺称为调质处理。

经调质处理的钢与正火钢相比，不仅强度高，而且塑性、韧性也高，见表 12-5。这主要是因为调质后的回火索氏体组织是铁素体基体加上弥散分布的细粒状渗碳体，而正火所得的索氏体是铁素体和渗碳体的层片状组织。当工件受到载荷作用时，正火的索氏体组织中的片状渗碳体尖端会引起应力集中，影响钢的力学性能。

图 12-26    回火马氏体（6000×）

调质处理主要用于各种重要的结构零件，特别是在交变载荷下工作的连杆、螺栓、齿轮及轴类零件。调质处理还可作为某些精密零件（如丝杠、量具、模具等）的预备热处理，使之获得均匀细小的回火索氏体组织，以减少最终热处理时的变形量，为获得较好的最终性能作组织准备。

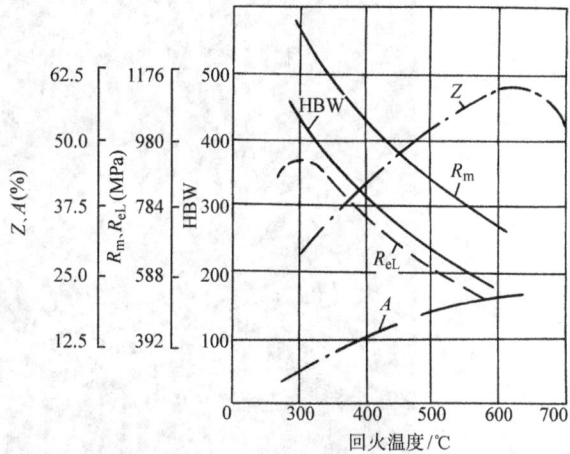

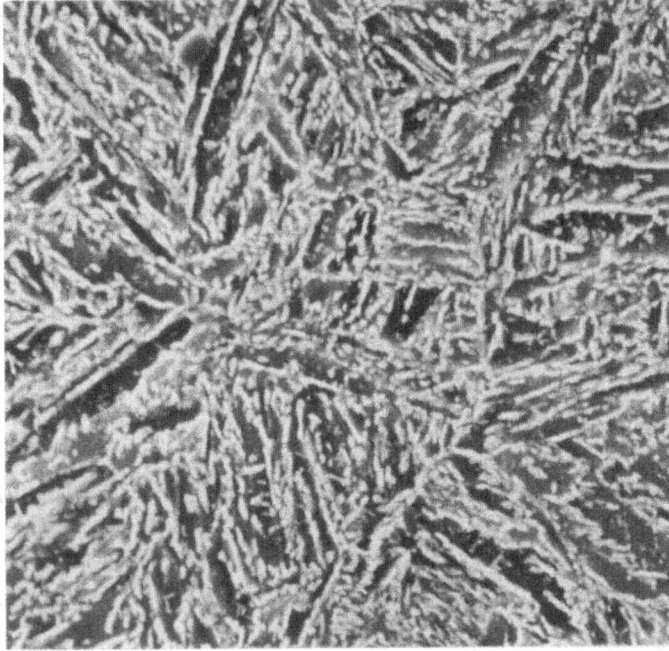

图 12-27　回火托氏体（6000×）

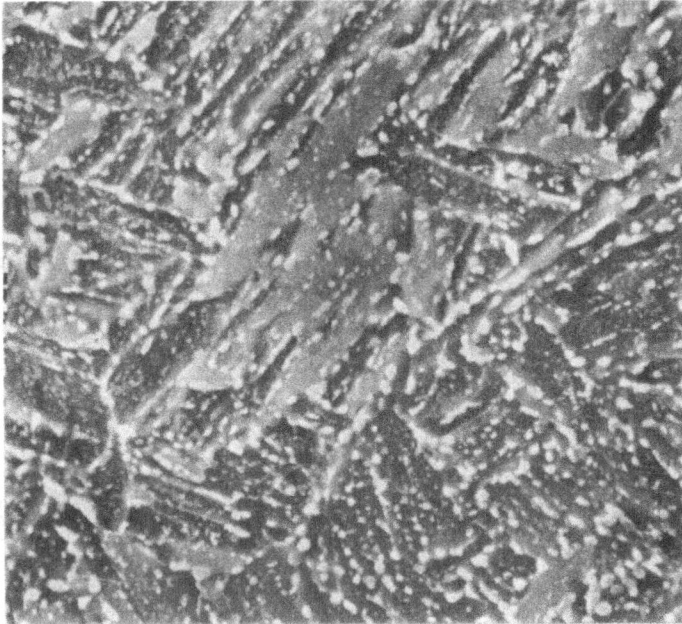

图 12-28　回火索氏体（6000×）

表 12-5　40 钢正火及调质后的力学性能比较

| 热处理工艺 | $R_m$/MPa | $A(\%)$ | $a_{KU}$/(J/cm²) | HBW |
|---|---|---|---|---|
| 正火 | 686~740 | 12~20 | 49~78 | 160~220 |
| 调质 | 735~833 | 20~25 | 78~118 | 210~250 |

附录 B 列举了一些淬火钢回火温度与硬度的关系。

## 第六节 钢的表面热处理

在冲击载荷、交变载荷及摩擦条件下工作的齿轮、曲轴等零件，要求表面具有高硬度和耐磨性，而心部具有足够的塑性和韧性。例如，汽车、拖拉机的传动齿轮，为了保证具有高的耐磨性，一般要求表面硬度为 58 ~ 64HRC，而为了使心部有足够的屈服强度和韧性，一般要求硬度为 40HRC 左右。要达到上述要求，如果仅从选材方面考虑是很困难的。因为，高碳钢的硬度虽高，但其心部韧性不足；低碳钢的心部韧性虽好，但其表面硬度低，不耐磨。对此，工业上广泛采用表面热处理来使工件达到使用要求。

表面热处理是仅对工件表层进行热处理，以改变其组织和性能的工艺。它包括表面淬火和化学热处理两类。

### 一、表面淬火

仅对工件表层进行的淬火称为表面淬火，包括感应淬火、接触电阻加热淬火、火焰淬火、激光淬火、电子束淬火等。表面淬火适用于 $w(C) = 0.3\% ~ 0.7\%$ 的钢，常用的有 35 钢、45 钢以及合金结构钢（合金元素的质量分数小于 3%），如 40Cr、40MnB 等。如果含碳量太低，则淬火后硬度低；若碳和合金元素含量过高，则容易淬裂。

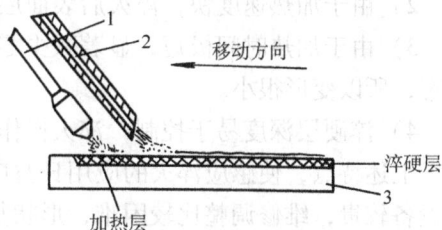

图 12-29　火焰淬火示意图
1—烧嘴　2—喷水管　3—工件

1. 火焰淬火　火焰淬火是应用氧乙炔（或其他可燃气体）焰对零件表面进行快速加热，随之快速冷却的工艺，如图 12-29 所示。

火焰淬火的淬硬层深度一般为 2 ~ 6mm。火焰淬火的设备简单，淬硬速度快，变形小，适用于局部磨损的工件，如轴、齿轮、导轨、起重机行走轮等，用作特大件更为经济有利。但火焰淬火容易过热，淬火质量不稳定，因而使用上有一定的局限性。

2. 感应淬火　它是利用感应电流通过工件时所产生的热效应，使工件表面、局部或整体加热并进行快速冷却的淬火工艺。它是目前应用较为广泛的表面淬火方法。图 12-30 是感应淬火示意图。

感应加热原理是：在一个感应线圈中，通过一定频率的交流电，在线圈内外将产生一个频率相同的交变磁场。若将工件放入线圈（感应器）内，则工件上就会产生与线圈电流频率相同、方向相反的感应电流，并由于工件电阻的作用而被加热。感应电流在工件截面上的分布是不均匀

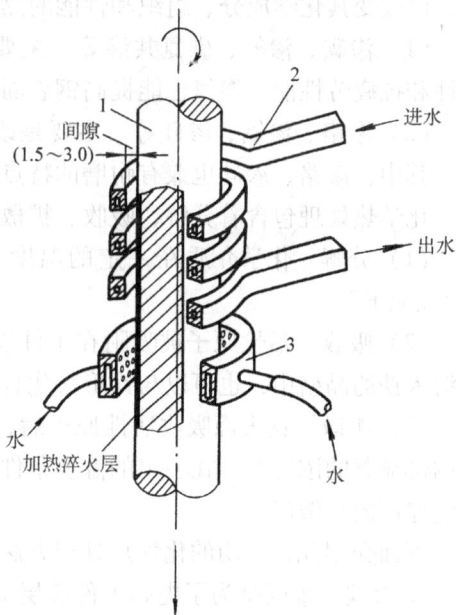

图 12-30　感应淬火示意图
1—工件　2—感应器（接电源）
3—淬火喷水套

的，靠近表面的电流密度最大。频率越高，电流集中的表面层越薄，这种现象称为趋肤效应。因此，只要调整通入感应器中电流的频率，即可获得所需淬硬层的深度。电流频率与淬硬层深度的关系见表12-6。

表12-6　电流频率与淬硬层深度的关系

| 类　　别 | 频率范围 | 淬硬层深度/mm | 应用举例 |
|---|---|---|---|
| 高频感应加热 | 200～300kHz | 0.5～2 | 摩擦条件下工作的零件，如小齿轮、轴类零件 |
| 中频感应加热 | 1～10kHz | 2～8 | 承受扭曲、压力载荷的零件，如轴、大齿轮、主轴等 |
| 工频感应加热 | 50Hz | 10～15 | 承受扭曲、压力载荷的大型零件，如冷轧辊 |

感应加热的速度快，通常工件由室温加热至淬火温度只需要几秒或几十秒。它与其他表面淬火相比，有如下特点：

1）由于加热速度快，组织转变只能在更高的温度下进行，一般感应淬火温度需要比$Ac_3$高80～150℃。

2）由于加热速度快，淬火后表面层能获得细小的针状马氏体，其力学性能良好。

3）由于加热时间极短，显著减少零件的氧化和脱碳。另外，由于心部仍保持冷的刚性状态，所以变形很小。

4）淬硬层深度易于控制，淬火操作容易实现机械化、自动化。

上述特点，使感应淬火的应用日益广泛，对大批量的流水线生产极为有利。但该方法所用设备较贵，维修调整比较困难，形状复杂零件的感应器不易制造，也不适宜单件生产。

**二、钢的化学热处理**

化学热处理是将工件置于适当的活性介质中加热、保温，使一种或几种元素渗入它的表层，以改变其化学成分、组织和性能的热处理工艺。常用的化学热处理有以下几种：

（1）渗碳、渗氮、碳氮共渗等　主要以表面强化为主，目的是提高钢的表面硬度、耐磨性和抗疲劳性能。渗氮也能提高钢表面的热硬性和耐蚀性。

（2）渗铬、渗铝、渗硅等　主要是改善钢件表面的物理化学性能，如抗氧化、耐酸蚀等。其中，渗铬、渗硅也兼有耐磨的特点。

化学热处理包含着分解、吸收、扩散三个基本过程：

（1）分解　化学介质在一定的温度下，发生化学分解反应，生成能够渗入钢表面的"活性原子"。

（2）吸收　活性原子被吸附在工件表面并渗入表层的过程。吸收方式：活性原子既可以溶入铁的晶格中，也可以与铁形成化合物。

（3）扩散　钢表面吸收活性原子后，使渗入元素的浓度大大提高，这样就形成了表面和内部显著的浓度差。在一定的温度条件下，原子沿着浓度下降的方向扩散，结果便会得到一定厚度的扩散层。

下面介绍几种常用的化学热处理方法。

1. 渗碳　渗碳是为了提高工件表层的含碳量和一定的碳含量梯度，将工件在渗碳介质中加热、保温，使碳原子渗入的化学热处理工艺。渗碳零件常采用$w(C)=0.15\%～0.25\%$的钢，经过渗碳处理使钢表层的$w(C)=0.7\%～1.5\%$。

渗碳后，进行适当的淬火和低温回火处理，可提高工件表面硬度、耐磨性及疲劳强度，

而使其心部仍保持良好的韧性及塑性。因此，渗碳主
要用于表面承受严重磨损并受较大冲击载荷的零件，
例如汽车齿轮、活塞销、套筒等。

　　按照使用的渗碳剂的不同，渗碳方法可分为气体
渗碳、固体渗碳和液体渗碳三种。当前生产中广泛应
用的是气体渗碳法。

　　气体渗碳法是工件在气体渗碳剂中进行的渗碳。

　　将工件放在密封的渗碳炉中（见图 12-31）加热
到 900 ~ 950℃，向炉内滴入易分解的有机液体（如煤
油、苯、甲醇等），或直接通入渗碳气体（如煤气、
石油液化气等），进行以下系列反应：

$$2CO = CO_2 + [C]$$
$$CO + H_2 = H_2O + [C]$$
$$C_nH_{2n} = nH_2 + n[C]$$

产生的活性碳原子 [C] 渗入钢中，使钢的表面
渗碳。

图 12-31　滴注渗碳法示意图
1—风扇电动机　2—废气火焰　3—炉盖
4—砂封　5—电阻丝　6—耐热罐
7—工件　8—炉体

　　渗碳层厚度由保温时间来决定，一般情况下每保温 1h，渗碳厚度增加 0.2 ~ 0.3mm。渗
碳零件所要求的渗碳层厚度，由它的尺寸及工作条件来确定，一般为 0.5 ~ 2.5mm。

　　气体渗碳的优点是生产率高，劳动条件好，渗碳过程容易控制，渗碳层质量和零件的力
学性能也较好。

　　2. 渗氮　在一定温度下，于一定介质中，使活性氮原子 [N] 渗入工件表面的化学热
处理工艺，称为渗氮。渗氮能使工件获得比渗碳更高的表面硬度、耐磨性、热硬性和疲劳强
度，同时还提高工件的耐蚀性。目前，常用的渗氮方法是气体渗氮。

　　气体渗氮是指在气体介质中渗氮。它利用氨气在加热（500 ~ 600℃）时，分解出活性
氮原子，被零件表面吸收，并向中心部扩散，形成渗氮层。气体渗氮可以在气体渗碳炉中进
行。氨的分解反应式为

$$2NH_3 = 3H_2 + 2[N]$$

气体渗氮的特点为

　　1）钢在渗氮后，不进行淬火便具有很高的表层硬度。如典型渗氮用钢 38CrMoAlA 钢，
渗氮后硬度为 950 ~ 1200HV（相当于 68 ~ 72HRC）。工件渗氮后的高硬度和高耐磨性可保持
到 500 ~ 600℃，而渗碳件的硬度在高于 200℃时，即逐渐失去其耐磨性。

　　2）渗氮处理温度较低（一般为 570℃左右），而且渗层的高硬度可以通过渗氮直接得
到，避免了淬火变形，因此渗氮变形很小，可用于处理精密零件，如精密齿轮、磨床主轴、
精密丝杠等。

　　3）工件经渗氮后，疲劳强度可提高 15% ~ 35%，所以常用以提高弹簧的抗疲劳能力。

　　4）由于表面形成致密的化学稳定性较高的合金氮化物层，因此在过热蒸汽以及碱性溶
液中具有高的耐蚀性。

　　此外，有些模具经过渗氮，可以提高热硬性、耐磨性，并减少模具与零件的粘合现象，
延长模具的工作寿命。

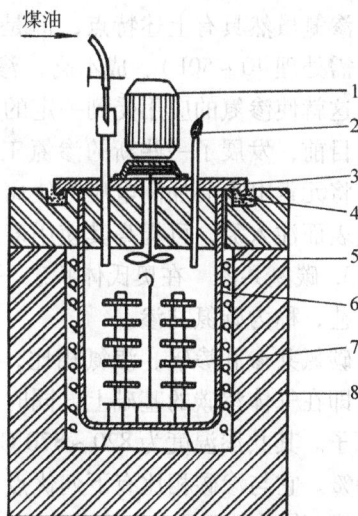

渗氮虽然具有上述特点，但是它的生产周期长（如要得到厚度为 0.4 ~ 0.5mm 的渗氮层，需处理 40 ~ 50h）、成本高，渗氮层薄而脆，不宜承受集中的重负荷，并需要专用渗氮钢，这就使渗氮的应用受到一定的限制。

目前，发展了一些新的渗氮工艺，如离子渗氮和离子注入法。离子注入法是指在真空中，将元素电离后加高电压，使离子以很高的速度硬挤入工件表面。例如，在工具钢及硬质合金表面注入氮，可提高其使用寿命。利用离子注入法也可以注入其他元素，如 Cr、Al 等。

3. 碳氮共渗　在奥氏体状态下同时将碳、氮渗入工件表层，并以渗碳为主的化学热处理工艺，称为碳氮共渗。

碳氮共渗和渗碳、渗氮相比，既具有共同点，又具有其特殊性。常用的气体碳氮共渗法，即在气体渗碳的基础上，同时向炉内送入定量的氨气，使它们分解为活性碳原子和活性氮原子。其共渗温度为 820 ~ 870℃，共渗层表面 $w(C) = 0.7\% ~ 1.0\%$，$w(N) = 0.15\% ~ 0.50\%$。它与渗碳相比有下列优点：

1）渗层表面具有比渗碳略高的硬度，较高的耐磨性和疲劳强度。

2）由于氮的渗入，降低了奥氏体组织的存在温度，使碳氮共渗可在较低温度下进行，工件不易过热。

3）在同样的条件下，共渗层深度比渗碳层厚，能缩短生产周期。

4）氮的渗入，增加了渗层的淬透性，所以可用普通碳素钢代替合金钢，或采用冷却能力较弱的淬火冷却介质，有利于减少工件的变形和开裂倾向。

碳氮共渗后只有进行淬火及低温回火，才能获得高硬度的耐磨表层。以上所述的是中温碳氮共渗，主要应用于结构零件的表面热处理。

4. 氮碳共渗　目前，生产上广泛应用一种氮碳共渗低温工艺，亦称软氮化，是在含有活性碳、氮原子的介质中，以渗氮为主的氮碳共渗。氮碳共渗能大幅度地提高零件的耐磨损、抗疲劳和抗咬合的性能。氮碳共渗的处理周期短，成本低，变形小，不受钢种的限制。各种碳素钢、低合金钢、高合金钢、铸铁和粉末冶金制成的零件，以及刃具、工模具等，都能通过氮碳共渗提高使用寿命。

氮碳共渗的常用介质有尿素、甲酰胺、三乙醇胺等。这些介质在渗氮温度下将同时分解出活性氮、碳原子，起到共渗的作用。

氮碳共渗工艺，温度在 540 ~ 570℃范围内，时间为 1 ~ 3h。共渗后的组织由氮碳化合物和扩散层组成。该化合物层的突出优点是硬而不脆，具有一定的韧性，能起耐磨和抗咬合的作用。但氮碳共渗所得的渗层较薄，不宜在重载条件下工作。

上述的渗碳、渗氮、碳氮共渗、氮碳共渗等只是钢化学热处理中的一小部分，也是工厂中应用较广泛的化学热处理工艺。随着科学技术的发展，化学热处理的应用领域不断扩大，例如真空渗碳、流态床渗碳或渗氮、超声波化学热处理、气相沉积氮化钛或碳化钛等，都给化学热处理的发展赋予强大的生命力。

# 第七节　热处理新工艺简介

## 一、亚温淬火

亚温淬火是亚共析钢制工件在 $Ac_1 ~ Ac_3$ 温度区间奥氏体化后淬火冷却，获得马氏体及铁素体组织的淬火工艺。结构钢进行亚温淬火，可以获得在马氏体的基体上保留少量弥散分布的铁素体的组织，能不同程度地提高结构钢的室温和低温冲击韧度。其原因是亚温淬火时加热温度低，在两相区加热时晶粒长大倾向较小，淬火组织晶粒细化，使冲击韧度得以提高。

亚温淬火时的淬火温度很重要，它显著影响亚温淬火的效果，以略低于 $Ac_3$ 为最佳，一般比 $Ac_3$ 低 $10 \sim 15℃$。但亚温淬火对钢的原始组织有一定要求，必须保证有一定取向的细针状铁素体析出物，故在亚温淬火前必须进行一次调质处理。

例如，45 钢螺钉的亚温淬火，原工艺为 840℃ ± 10℃ 时水淬油冷，240℃ ± 10℃ 时回火，有 20% 的螺钉出现脆性断裂，改为经调质处理后再进行 750℃ ± 10℃ 油淬的亚温淬火和 250℃ 回火处理，使表面硬度为 49 ~ 51HRC，心部硬度为 40 ~ 42HRC，塑性、韧性提高 3 倍，螺钉的合格率大为提高。

**二、激光热处理**

激光淬火是以激光作为能源，以极快的速度加热工件的自冷淬火工艺。目前激光淬火时使用最多的激光器是 $CO_2$ 激光器，它的功率可达几十千瓦，效率较高。

激光淬火后硬度较常规淬火提高 10% ~ 20%，可解决复杂件、易变形件难淬火的问题；激光淬火后可不进行精加工，节省工时；可在表面涂敷合金化合物后，用激光对其轰击，使钢表面渗入各种元素，以获得各种物理、化学等特殊性能，但激光淬火前，工件应进行预备热处理。例如，40 钢制的轴，应用矩形激光斑（尺寸为 10mm × 17.8mm），扫描速度为 305cm/min，淬火后得到 0.3mm 的淬硬层深度，硬度可达 57HRC。又如，美国在高速工具钢刀头敷 WC 粉，经激光照射扩散后，使其局部合金化，从而使刀具使用寿命提高了 2 ~ 3 倍。

**三、形变热处理**

形变热处理是将塑性变形和热处理相结合，以提高工件力学性能的复合工艺。它比单一强化具有更高的综合力学性能，且能节省工序、能源，减少消耗、热处理缺陷等，从而提高产品性能。形变热处理可应用于各种钢及有色金属。下面以高温形变淬火为例进行介绍。高温形变淬火是将工件加热到奥氏体化温度以上，保温后进行形变，然后淬火的过程。碳素钢及合金钢均可进行高温形变淬火。由于高温处于锻轧温度，所以也可利用锻轧余热进行淬火。高温形变淬火后，能将强度提高 10% ~ 30%，将塑性提高 40% ~ 50%，取得强韧化的效果。

# *第八节　典型零件的热处理分析

**一、热处理的技术条件**

设计者根据零件的工作特点提出热处理技术条件，其内容包括最后热处理方法及热处理后应达到的力学性能指标，一般仅标出硬度值。对于化学热处理零件，还应标注渗层深度、渗层部位，重要零件在需要时也应标出强度、塑性、韧性指标或金相组织要求。

标注热处理技术条件时，可用文字在图样上作扼要说明，也可用附录 C 所规定的热处理工艺代号表示。

## 二、热处理工序位置的安排

根据热处理的目的和工序位置的不同，热处理可分为预备热处理和最终热处理两大类。其工序安排的一般规律如下：

1. 预备热处理　预备热处理包括退火、正火、调质等。这类热处理工艺的作用是消除前一道工序所造成的某些缺陷，或为以后工序作准备。一般将其安排在毛坯生产之后，机械加工之前，或粗加工之后，精加工之前。例如，调质零件的加工路线一般为：下料→锻造→正火（或退火）→粗加工→调质处理→精加工。

2. 最终热处理　最终热处理包括各种淬火、回火及化学热处理等。零件经这类热处理后硬度较高，除磨削外，不适宜用其他切削加工。故其工序位置一般安排在半精加工之后，磨削之前。例如，渗碳零件的加工路线一般为：下料→锻造→正火→粗加工、半精加工→渗碳→淬火、回火→磨削。

在生产过程中，由于零件选用的毛坯与工艺过程的需要不同，在制订具体工艺路线时，热处理工序还可能有所增减，因此工序位置的安排必须根据具体情况灵活运用。

## 三、典型零件的热处理工序分析

1. 机床齿轮　机床齿轮属于运转平稳，载荷不大的一类工件，一般可选用中碳钢制造，并经高频感应淬火，所得到的硬度、耐磨性、强度及韧性均能满足其性能要求，而且高频感应淬火的变形小，生产率高。下面以某车床主轴箱直齿圆柱齿轮（见图 12-32）为例来进行分析。该齿轮选用 45 钢，热处理条件为：齿部高频感应淬火，硬度为 54HRC。

（1）齿轮高频感应淬火的工艺路线　按以下工艺路线进行：下料→锻造→正火→粗加工→调质处理→精加工→高频感应淬火及回火→精磨。
拉孔

（2）热处理各工序的作用　正火处理对锻造毛坯是必需的工序。它可使同批坯料具有相同的硬度，便于切削加工，并使组织均匀，消除锻件应力。调质后获得回火索氏体，可以使齿轮具有较高的综合力学性能，提高齿轮心部强度，使其能承受较大载荷，并能减小随后的淬火变形。高频感应淬火是为了使齿轮表面得到高硬度和耐磨性，并使齿轮表面具有压应力而提高疲劳抗力。高频感应淬火后的低温回火，可消除淬火应力，防止精磨时产生裂纹，并提高齿轮承受冲击的能力。

2. 手用丝锥　手用丝锥是加工金属内螺纹的刀具。由于手动攻螺纹时手用丝锥的受力不大，切削速度极小，不要求有高的热硬性，因此可选用 T12A 钢制造。下面以 M8 × 1. 25 手用丝锥为例（见图 12-33）来进行分析。它的热处理要求为：齿部硬度为 60 ~ 62HRC，柄部硬度（方柄）为 30 ~ 45HRC。

（1）手用丝锥的热处理工艺路线　下料→球化退火→机械加工→淬火、低温回火→柄部处理→清洗→发蓝处理→检验。

（2）热处理各工序的作用　球化退火的目的使原材料获得优良的球状珠光体组织，便于机械加工，并为以后的淬火作好组织准备。进行淬火和低温回火的目的是使刃部达到硬度要求。为减少变形，淬火采用硝盐等温淬火（其目的是使钢内产生部分下贝氏体），使丝锥的强度和韧性有所提高。在淬火时，因丝锥的柄部也已一起硬化，故丝锥柄部必须进行退软处理。一般采用 600℃ 盐浴快速加热（时间约为 30s），加热后迅速入水冷却，可使柄部硬度

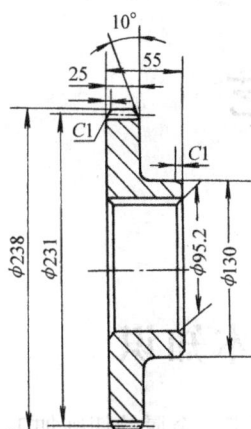

图 12-32　直齿圆柱齿轮

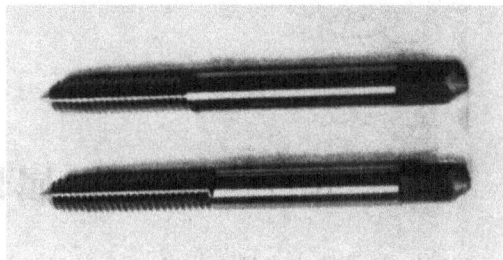

图 12-33　手用丝锥

下降到要求的硬度。

## 复　习　题

1. 何谓钢的热处理？热处理分为哪几类？

2. 共析钢加热时组织结构怎样变化？

3. 热处理加热后保温的目的是什么？

4. 奥氏体等温转变时，按过冷度的不同，能得到哪几种组织？

5. 奥氏体连续冷却时的临界冷却速度表示什么意义？

6. 何谓退火？它分为哪几类？

7. 完全退火的目的是什么？为什么完全退火不宜用于过共析钢？

8. 去应力退火时钢中有无相的变化？为什么？

9. 何谓正火？正火的目的是什么？

10. 为什么低碳钢进行正火比进行退火更为合适？

11. 何谓淬火？其目的是什么？

12. 何谓马氏体？马氏体的性能如何？

13. 如何选择淬火加热温度？为什么？

14. 淬火方法分为哪几类？它们各有何特点？

15. 什么叫回火？试述回火的分类及其目的。

16. 说明不同温度下回火的组织变化？

17. 试述淬透性的含义及其影响因素。

18. 试述淬火缺陷。

19. 说明火焰淬火的特点及其应用。

20. 说明感应淬火的特点及其应用。

21. 什么叫钢的化学热处理？常用的化学热处理方法有哪几种？

22. 试述化学热处理的基本过程。

23. 有一传动齿轮，用 20 钢制作，要求齿表面具有高的硬度（60HRC）和耐磨性，心部具有良好的韧性。试编制其热处理工艺。

# 第四篇　冷加工工艺

# 第十三章　金属切削加工基本知识

利用切削刀具从工件上切除多余材料的加工方法称为切削加工。金属的切削加工是靠刀具和工件之间做相对运动来完成的。通过切削加工，可使工件符合预定的技术要求。

按机械化程度和使用刀具的形式，金属切削加工分为钳工和机械加工两部分。钳工主要是工人手持刀具进行切削加工；机械加工是工人通过操纵机床进行切削加工，主要有车削、钻削、镗削、刨削、铣削、磨削和齿轮加工等。

由于现代机器的精度和性能都要求较高，因此对组成机器的大部分零件的加工质量也提出了相应的要求。为满足这些要求，目前除少数零件可以通过轧制或精密铸造、锻造等方法直接获得外，绝大部分零件是通过切削加工的方法获得的。因此，了解各种切削加工方法，对改进生产工艺，提高产品质量，提高生产率是十分有利的。

## 第一节　切削运动和切削用量

### 一、切削运动

在切削加工过程中，刀具和工件之间的相对运动称为切削运动。按其所起的作用，切削运动分为两类：

（1）主运动　由机床或人力提供的主要运动，促使刀具和工件之间产生相对运动，从而使刀具前面接近工件，切下切屑的最基本的运动，称为主运动。主运动是切削运动中速度最高、消耗功率最大的运动。

（2）进给运动　由机床或人力提供运动，使刀具与工件之间产生附加的相对运动，加上主运动，即可不断地或连续地切除切屑，并得出具有所需几何特性的已加工表面的运动，称为进给运动。

这两种运动在不同的加工形式中表现也是不同的。图 13-1 所示为在几种主要的金属切削方式中，刀具与工件的主运动和进给运动。

车削时，工件的旋转是主运动，刀具的直线移动是进给运动，如图 13-1a 所示。

铣削时，铣刀的旋转是主运动，工件的直线移动是进给运动，如图 13-1b 所示。

钻削时，钻头的旋转是主运动，钻头的直线移动是进给运动，如图 13-1c 所示。

刨削时有两种情况：在龙门刨床上，工件的直线往复运动是主运动，刨刀的移动是进给运动；图 13-1d 所示为在牛头刨床上加工时，刨刀的直线往复运动是主运动，工件的移动是进给运动。

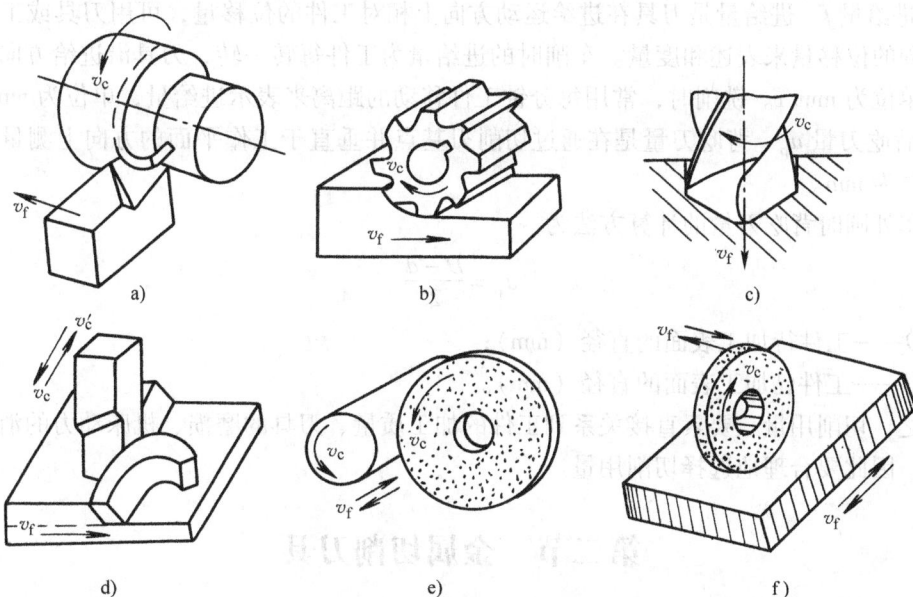

图 13-1　几种主要切削加工的运动简图
a）车削　b）铣削　c）钻削　d）刨削　e）、f）磨削

磨削时，砂轮的旋转是主运动，而工件的移动和工件的旋转或砂轮的移动都是进给运动，如图 13-1e、f 所示。

**二、切削用量**

切削用量是指切削速度、进给量及背吃刀量的总称。

在切削加工过程中，工件上形成三种表面，以车削为例，如图 13-2 所示。

（1）待加工表面　工件上有待切除的表面。

（2）已加工表面　工件上经刀具切削后产生的表面。

（3）过渡表面　工件上由切削刃形成的那部分表面。它是在下一切削行程，刀具或工件的下一转里被切除，或者由下一切削刃切除的表面。

1. 切削速度 $v_c$　切削速度是切削刃选定点相对于工件的主运动的瞬时速度。当主运动是旋转运动时，切削速度的计算公式为

$$v_c = \frac{\pi D n}{1000}$$

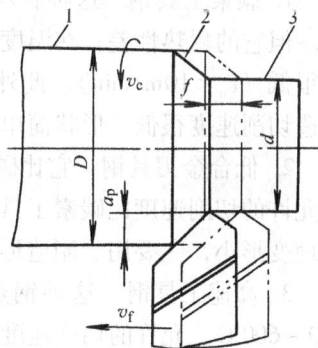

图 13-2　切削用量
1—待加工表面　2—过渡表面
3—已加工表面

式中　$D$——切削处工件（或刀具）的直径（mm）；

$n$——工件（或刀具）转速（r/min）。

由上式可知，当机床主轴的转速 $n$ 和工件的直径 $D$ 已知时，可求出切削速度 $v_c$。若已知工件直径 $D$、切削速度 $v_c$，则可通过

$$n = \frac{1000 v_c}{\pi D}$$

求出机床主轴应调节的转速。

2. 进给量 $f$　进给量是刀具在进给运动方向上相对工件的位移量，可用刀具或工件每转或每行程的位移量来表述和度量。车削时的进给量为工件每转一转，刀具沿进给方向移动的距离，单位为 mm/r。铣削时，常用每分钟工件移动的距离来表示进给量，单位为 mm/min。

3. 背吃刀量 $a_p$　背吃刀量是在通过切削刃基点并垂直于工作平面的方向上测量的吃刀量，单位为 mm。

在车外圆时背吃刀量的计算方法为

$$a_p = \frac{D - d}{2}$$

式中　$D$——工件待加工表面的直径（mm）；

　　　$d$——工件已加工表面的直径（mm）。

总之，切削用量三要素直接关系到工件的加工质量、刀具的磨损、机床动力的消耗以及生产率，因此要合理地选择切削用量。

# 第二节　金属切削刀具

## 一、对刀具切削部分材料的基本要求

1. 高的硬度和耐磨性　刀具切削部分材料的硬度必须大于工件材料的硬度，一般要求在60HRC 以上。

2. 高的耐热性　指刀具在高温下能保持其高硬度、高耐磨性的能力，一般用温度表示。

3. 足够的强度和韧性　指刀具材料能承受冲击和振动而不碎裂的能力。

除了上述性能外，其还应该具备良好的工艺性，以便于制造。

## 二、常用刀具材料

1. 碳素工具钢　这种材料淬火后有较高的硬度（59 ~ 64HRC），容易磨得锋利，价格低。但它的耐热性差，在温度达到 200 ~ 250℃时，硬度就明显下降。所以它允许的切削速度很低（$v_c < 10\text{m/min}$）。此外，它的淬透性差，热处理时变形大。所以，这类钢主要用于制造切削速度很低、形状简单、尺寸较小的手动刀具，如锉刀、手用锯条、手用铰刀等。

2. 低合金刃具钢　它比碳素工具钢有较高的耐热性和韧性，其耐热性可达 300 ~ 350℃，故允许的切削速度比碳素工具钢高 10% ~ 40%。低合金刃具钢的主要优点是淬透性好，热处理变形小，主要用于制造形状比较复杂而要求热处理变形小的刀具，如拉刀、板牙等。

3. 高速工具钢　这种钢热处理后的硬度可达 62 ~ 65HRC，耐磨性好。它的耐热性达550 ~ 600℃，允许的切削速度比碳素工具钢高 2 ~ 4 倍。其抗弯强度和韧性比硬质合金好，能承受较大的冲击力。目前，高速工具钢是制造具有一定切削速度、形状复杂刀具的主要材料，常用于制造钻头、铣刀、齿轮刀具、机用铰刀和丝锥等。

4. 硬质合金　这种材料具有高的硬度（87 ~ 92HRA，相当于 70 ~ 75HRC），耐热性高达 900 ~ 1000℃。因此它允许的切削速度比高速工具钢又高出 4 ~ 10 倍。但其较脆，怕振动，不宜制作形状复杂的刀具。

5. 陶瓷材料　其主要成分为氧化铝（$Al_2O_3$），刀片硬度可达 86 ~ 96HRA，耐热性达1200℃，能承受高的切削速度。$Al_2O_3$ 的价格低廉，原料丰富，很有发展前途。但其较脆，不耐冲击，切削时易崩刃，目前主要用于精加工。

6. 人造金刚石　其硬度极高（接近10000HV，硬质合金只有1000~2000HV），耐热性达700~800℃。金刚石分为单晶和聚晶两种。大颗粒聚晶金刚石可制成一般切削刀具，微粒单晶金刚石主要制成砂轮。金刚石除可以加工高硬度而耐磨的硬质合金、陶瓷、玻璃外，还可以加工有色金属及其合金。

7. 立方氮化硼　它是人工合成的高硬度材料，硬度达7300~9000HV，耐热性达1300~1500℃，切削性能好，适于难加工材料的加工。

立方氮化硼和金刚石刀具的脆性大，主要用于连续切削及精加工。

### 三、刀具切削部分的几何角度

金属切削刀具的种类很多，其中车刀是比较典型的。其他各种刀具的切削部分都可以看作是以车刀为基本形态演变而成的，如图13-3所示。下面以较简单的外圆车刀为例分析刀具切削部分的几何角度。

1. 车刀的组成　如图13-4所示，车刀由刀头和刀杆组成。刀头承担切削工作，又称为切削部分。刀杆部分是固定在刀架上的。

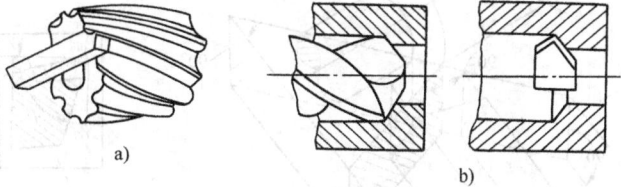

图13-3　各种刀具切削部分的形状
a) 铣刀　b) 钻头

刀头的形状由下列几部分组成：

（1）前面（$A_r$）　刀具上切屑流过的表面。

（2）主后面（$A_a$）　刀具上与前面相交形成主切削刃的后面。

（3）副后面（$A_a'$）　刀具上与前面相交形成副切削刃的后面。

（4）主切削刃（$S$）　起始于切削刃上主偏角为零的点，并至少有一段切削刃拟用来在工件上切出过渡表面的那个整段切削刃。

（5）副切削刃（$S'$）　切削刃上除主切削刃以外的刃，亦起始于主偏角为零的点，但它向背离主切削刃的方向延伸。

（6）刀尖　主切削刃和副切削刃的连接处相当少的一部分切削刃。这一小段切削刃可以是圆弧，也可以是直线，通常又称为过渡刃。

2. 切削部分的几何角度　为了确定和测量刀具各切削刃和切削面的几何形状及在空间的位置，设想以下三个辅助平面作为基准面（见图13-5）：

（1）基面（$p_r$）　过切削刃选定点的平面。它平行或垂直于刀具在制造、刀磨及测量时适合于安装或定位的一个平面或轴线，一般说来其方位要垂直于假定的主运动方向。

（2）主切削平面（$p_s$）　通过主切削刃选定点与主切削刃相切并垂直于基面的平面。

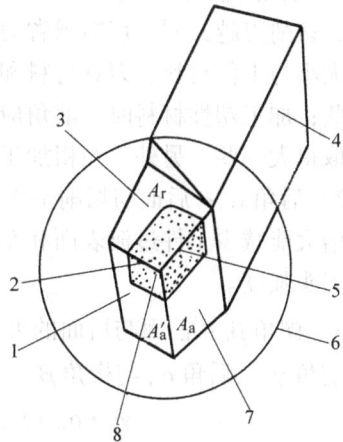

图13-4　车刀的组成
1—副后面　2—副切削刃　3—前面
4—刀杆　5—主切削刃　6—刀头
7—后面　8—刀尖

（3）正交平面（$p_o$）　　通过切削刃选定点并同时垂直于基面和切削平面的平面。

基面、主切削平面和正交平面构成一个空间直角坐标系（$p_r$-$p_s$-$p_o$），称为正交平面参考系。

规定了基准面后，便可确定主要的几何角度。

（1）在正交平面内测量的角度（见图 13-6）

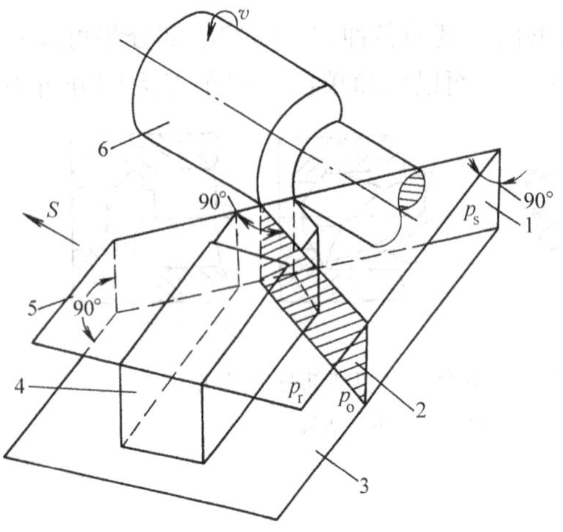

图 13-5　车刀上的三个辅助平面

1—主切削平面　2—正交平面　3—底平面
4—车刀　5—基面　6—工件

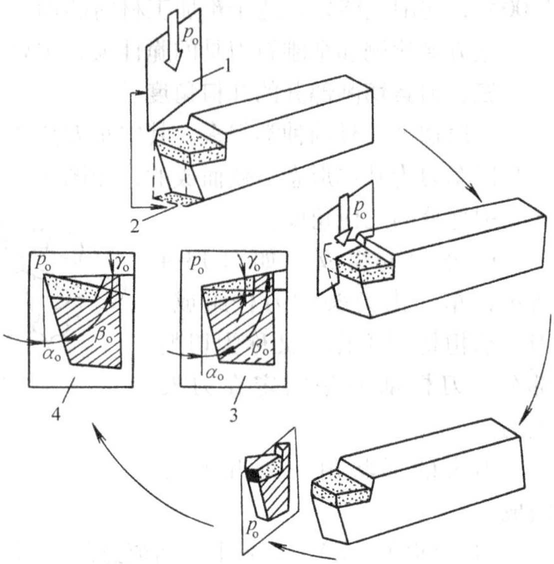

图 13-6　在正交平面内测量的角度

1—正交平面　2—主切削刃在基面上的投影　3—负前角
时的剖面　4—正前角时的剖面

1）前角 $\gamma_o$：前面与基面间的夹角，在正交平面中测量。它表示前面的倾斜程度。前角越大，切削刃越锋利，切削越省力。但前角过大，会削弱切削刃的强度，影响刀具寿命。前角的大小与工件材料、刀具材料和加工性质有关。一般加工脆性材料时，前角可以相应取得小一些；加工塑性材料时，前角应选择得较大一些；高速工具钢车刀前角比硬质合金车刀前角可取得大一些。另外，在粗加工时，宜选较小的前角；精加工时，前角可稍大一些。

2）后角 $\alpha_o$：后面与切削平面间的夹角，在正交平面中测量。它表示后面的倾斜程度。后角增大能减少工件过渡表面和车刀后面的摩擦。后角越大，摩擦力越小，但后角过大时会影响刀头强度。

3）楔角 $\beta_o$：前面与后面的夹角，在正交平面中测量。

前角 $\gamma_o$、后角 $\alpha_o$ 与楔角 $\beta_o$ 之间的关系为

$$\gamma_o + \alpha_o + \beta_o = 90°$$

（2）在基面内测量的角度（见图 13-7）

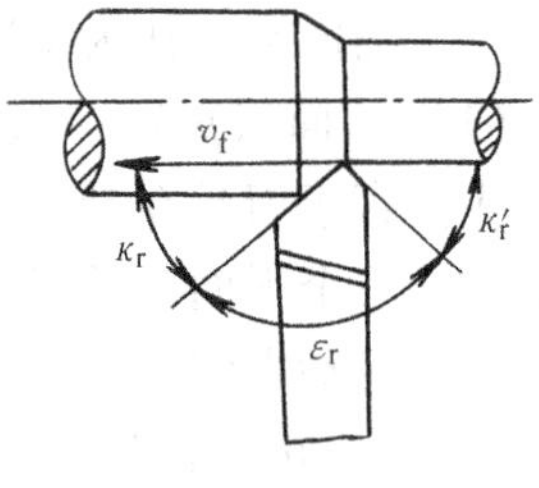

1）主偏角 $\kappa_r$：主切削平面与假定工作平面间的夹角，在基面中测量。它能改变切削刃与刀头的受力及散热情况。一般在加工强度、硬度较高的材料时，为提高刀具寿命，应选用较小的主偏角；加工细长轴时，可取较大的主偏角，以减少切削

图 13-7　在基面内
测量的角度

时的振动和工件变形。

2）副偏角 $\kappa_r'$：副切削平面与假定工作平面间的夹角，在基面中测量。它影响已加工表面的表面粗糙度。增大副偏角能减少副切削刃与已加工表面之间的摩擦力。

3）刀尖角 $\varepsilon_r$：主切削平面与副切削平面间的夹角，在基面中测量。它影响刀尖强度及散热性能。其大小取决于主偏角与副偏角。

主偏角 $\kappa_r$、副偏角 $\kappa_r'$ 与刀尖角 $\varepsilon_r$ 之间关系为

$$\kappa_r + \kappa_r' + \varepsilon_r = 180°$$

（3）在主切削平面内测量的角度（见图 13-8）　刃倾角 $\lambda_s$ 是主切削刃与基面之间的夹角，在主切削平面中测量。它能控制切屑的流向，$-\lambda_s$ 角使切屑流向已加工表面，$+\lambda_s$ 角使切屑流向待加工表面。当加工材料硬度大或有较大的冲击载荷以及强力切削时，应取较小或负刃倾角；精加工时 $\lambda_s$ 应取正值，使切屑流向待加工表面，切削刃锋利，因而加工表面质量好。

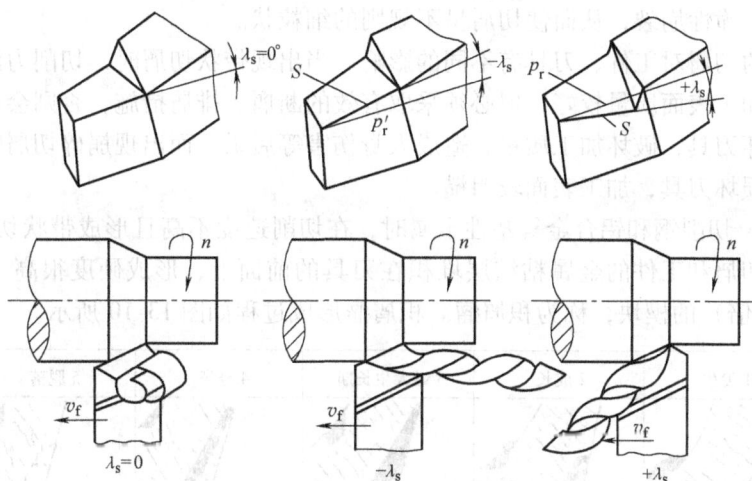

图 13-8　刃倾角对切屑流向的影响

## 第三节　金属的切削过程

1. 切屑的形成及类型　金属切削过程实质上是一种挤压过程。实验表明，在切削塑性金属的过程中，金属在受到刀具前面的挤压后，将发生塑性剪切滑移变形，然后被切离工件形成切屑。实际上，这种塑性变形→滑移→切离三个过程，会根据加工材料等条件的不同，不完全地显示出来。例如，加工铸铁等脆性材料时，被切层在弹性变形后很快形成切屑离开母材，而加工塑性很好的钢材时，滑移阶段特别明显。由于切屑形成过程不同，其类型也不同。常见的切屑可分为四种类型，如图 13-9 所示。

（1）带状切屑（见图 13-9a）　外形呈带状，底面光滑，背面无明显裂纹，呈微小锯齿形。加工塑性金属（如碳素钢、合金钢、铜、铝等材料）时，常形成此类切屑。

（2）节状切屑（见图 13-9b）　底面较光滑，背面局部裂开呈节状。切削黄铜或低速切削钢时，容易得到此类切屑。

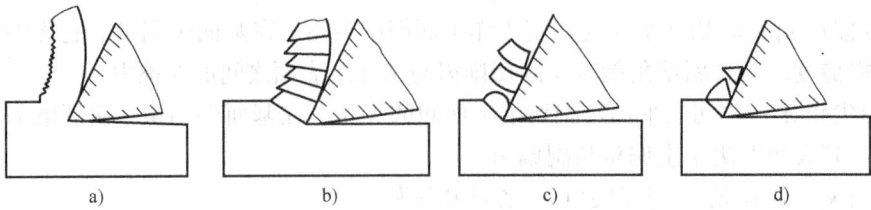

图 13-9　切屑类型

a）带状切屑　b）节状切屑　c）粒状切屑　d）崩碎切屑

（3）粒状切屑（见图 13-9c）　沿厚度断裂为均匀的颗粒状。切削铅或在很低的速度下切削钢时，可得到此类切屑。

（4）崩碎切屑（见图 13-9d）　切削脆性金属（如铸铁、青铜）时，切削层几乎不经过塑性变形就产生脆性崩裂，从而使切屑呈不规则的细粒状。

不同形状的切屑对工件、刀具有不同的影响。当出现带状切屑时，切削力波动小，切削过程较平稳，加工表面质量较好，但必须采取有效的断屑、排屑措施，否则会产生切屑缠绕现象，甚至损坏刀具，破坏加工质量，造成人身伤害等后果。而出现崩碎切屑时，切削过程不太平稳，易损坏刀具，加工表面较粗糙。

2. 积屑瘤　切削钢和铝合金等塑性金属时，在切削速度不高且形成带状切屑的情况下，常有一些来自切屑和工件的金属粘结层堆积在刀具的前面上，形成硬度很高（为工件材料硬度的 2～3.5 倍）的楔块，称为积屑瘤。积屑瘤形成过程如图 13-10 所示。

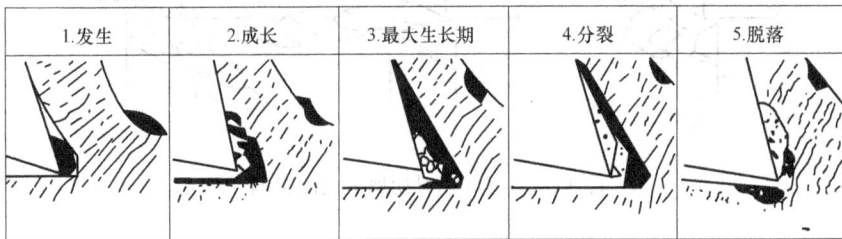

| 1. 发生 | 2. 成长 | 3. 最大生长期 | 4. 分裂 | 5. 脱落 |

图 13-10　积屑瘤形成过程

（1）积屑瘤对切削过程的影响

1）保护切削刃：积屑瘤在形成而且覆盖了部分切削刃和前面后就代替切削刃进行切削，起到保护切削刃的作用。

2）增大工作前角：可减少切削变形，降低切削力。

3）易引起振动：由于积屑瘤的产生、成长和脱落是有一定周期的，因此使切削力发生变化，引起振动。

4）增大已加工表面粗糙度和刀具磨损速度：由于积屑瘤的周期性产生和脱落，使一部分脱落的碎片留在工件的表面上，使表面变得粗糙，并增大刀具磨损速度。积屑瘤的脱落还伴随着硬质合金刀具前面上的材料的剥离，使刀具磨损速度增大。

因此在粗加工时可利用积屑瘤，以保护刀具，而精加工时，应尽量避免积屑瘤，以提高加工质量。

（2）控制积屑瘤的措施

1）控制切削速度：一般在切削速度很低（$v_c < 5\mathrm{m/min}$）时，或切削速度很高（$v_c > 60\mathrm{m/min}$）时，不会产生积屑瘤。

2）增大刀具前角：可减小切削变形，降低刀与屑间的压力。

3）合理使用切削液：可减少切削摩擦，降低切削温度。

4）降低工件材料的塑性：可减小刀与屑间的摩擦因数，减少粘结，抑制积屑瘤的生长。

# 第四节　切　削　力

所谓的切削力，即切削加工时工件材料抵抗刀具切削所产生的阻力。

在切削过程中，金属材料受到刀具挤压要产生弹性变形和塑性变形，因此有变形抗力作用在刀具上，又因为工件与刀具间以及切屑与刀具之间有相对运动，所以还有摩擦力作用在刀具上。切削力就是这些力的合力。

1. 切削力的分解　为了便于分析切削力对工件、机床和刀具的影响，可将总切削力分解成相互垂直的三个分力，即 $F_c$、$F_p$、$F_f$，如图 13-11 所示。

（1）切削力 $F_c$　切削力是总切削力在主运动方向上的正投影，是分力中最大的一个，占总切削力的 90% 左右。它是计算切削所需功率、刀具强度和选择切削用量的主要依据。

（2）背向力 $F_p$　背向力是总切削力在垂直于工作平面上的投影。它使工件在水平面内弯曲，容易引起切削过程中的振动，因而影响工件精度。增大主偏角可减小背向力，如图 13-12 所示。

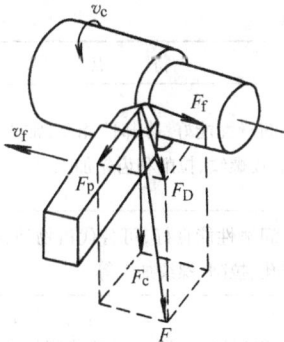

图 13-11　总切削力的分解

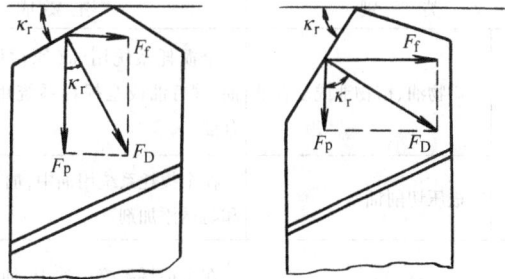

图 13-12　主偏角对切削力的影响

（3）进给力 $F_f$　进给力是总切削力在进给运动方向上的正投影。它是计算进给机构零件强度的依据。

总切削力的合成为

$$F = \sqrt{F_c^2 + F_p^2 + F_f^2}$$

2. 影响切削力的因素　工件材料的强度、硬度越高，切削力越大。背吃刀量增大一倍时，切削力约增大一倍；进给量增大一倍时，切削力增大 70% ~ 80%。前角增大，切削力减小；主偏角对 $F_c$、$F_p$、$F_f$ 三个分力都有影响，但对 $F_p$ 与 $F_f$ 影响较大。

# 第五节　切削热和切削液

## 一、切削热与切削温度

1. 切削热　在切削过程中，金属切削层产生变形，切屑与刀具前面、刀具后面和加工表面之间产生摩擦，由于变形和摩擦产生的热，称为切削热。在车削过程中，切削热大部分由切屑带走及向空气中散发，有相当一部分传给了刀具和工件。传到刀具上的热量使切削刃温度升高，温度过高则会降低切削部分的硬度，加速刀具磨损；传到工件上的热量使工件产生热变形，甚至烧坏工件表面，影响加工质量。所以，切削热对切削过程是十分不利的。

2. 切削温度　切削温度一般指切屑与刀具前面接触区域的平均温度。切削温度的高低，取决于该处产生热量的多少和传散热量的快慢。通过推算和测定可知，切屑中的平均温度最高。前面上最高温度不在切削刃上，而在距离切削刃有一段距离的地方。

3. 影响切削温度的因素　切削速度对切削温度影响最大，切削速度增大，切削温度随之升高；进给量影响较小；背吃刀量影响更小。前角增大，切削温度下降，但前角不宜太大；主偏角增大，切削温度升高。

## 二、切削液

为了延长刀具的使用寿命，提高加工表面质量和提高生产率，常在切削过程中使用切削液。目前，常用的切削液可分为两大类：一类是水溶液，如电解质水溶液、乳化液等，以冷却为主，多用于粗加工；另一类为油类，如矿物油、动物油、植物油、混合油以及活化矿物油等，以润滑为主，多用于精加工。

常用切削液的主要成分和特点见表13-1。

**表 13-1　常用的切削液的主要成分和特点**

| 类　别 | | 主　要　成　分 | 特　点 |
|---|---|---|---|
| 切削油 | 矿物油、植物油或复合油 | 全损耗系统用油（原称机械油）、豆油、菜油、棉籽油或全损耗系统用油与植物油的复合油 | 润滑性能好，冷却性能差，常用于铰孔、攻螺纹、拉削和齿轮加工 |
| | 极压切削油 | 在全损耗系统用油中，加入油性极压添加剂和防锈添加剂 | 润滑性能良好，可替代植物油，用于铰孔、拉削、螺纹加工等 |
| 乳化液 | 普通乳化液 | 在全损耗系统用油中，加入乳化剂、防锈添加剂，用水稀释成乳化液 | 清洗性能良好，适用于磨削加工 |
| | 防锈乳化液 | 在全损耗系统用油中，加入乳化剂和较多的防锈添加剂，用水稀释成乳化液 | 防锈性能和冷却性能均良好，清洗性能稍差，适用于防锈性能要求较高的工序 |
| | 极压乳化液 | 在全损耗系统用油中，加入乳化剂、防锈添加剂和油性极压添加剂，用水稀释成乳化液 | 润滑性能良好，可替代植物油用于攻螺纹及一些难切削材料的加工 |
| 水溶液 | 防锈冷却水 | 在水中加入水溶性防锈添加剂 | 冷却性能好，适用于粗磨 |
| | 透明冷却水 | 在水中加入表面活性剂、防锈添加剂和油性极压添加剂 | 冷却性能和清洗性能均好，透明性也较好，适用于精磨 |

## 第六节　工件材料的切削加工性

切削加工性是指金属材料被切削加工的难易程度,一般分别从生产率、刀具寿命、已加工表面质量、加工稳定性等方面来衡量。

当生产中常用刀具寿命为 $T$ 时,用切削某种材料所允许的切削速度衡量该种材料的切削加工性,用 $v_T$ 表示。$v_T$ 越高,表示材料的切削加工性越好。通常取 $T = 60\text{min}$,则 $v_T$ 记作 $v_{60}$。

为了比较各种材料的切削加工性,取 45 钢($R_m = 750\text{MPa}$)的 $v_{60}$ 作为基准,记作 $(v_{60})_j$,其他材料的 $v_{60}$ 与 $(v_{60})_j$ 的比值称为相对切削加工性系数,用 $K_r$ 表示,即:

$$K_r = \frac{v_{60}}{(v_{60})_j}$$

当 $K_r > 1$ 时,表明该种材料比 45 钢易切削;当 $K_r < 1$ 时,表明其较 45 钢难切削。

常用金属材料的切削加工性,可根据 $K_r$ 的大小分成 8 级,见表 13-2。

**表 13-2　金属材料切削加工性能等级**

| 切削加工性能等级 | 材料名称及种类 | | 相对加工性 $K_r$ | 代表性材料 |
|---|---|---|---|---|
| 1 | 很容易切削材料 | 一般有色金属 | >3.0 | QSn4-4-4,QAl9-4,铝镁合金 |
| 2 | 容易切削材料 | 易切削结构钢 | 2.5 ~ 3.0 | 15Cr 钢退火,$R_m = 373 \sim 441\text{MPa}$ |
| 3 | | 较易切削钢 | 1.6 ~ 2.5 | 30 钢正火,$R_m = 441 \sim 549\text{MPa}$ |
| 4 | 普通材料 | 一般钢及铸铁 | 1.0 ~ 1.6 | 45 钢,灰铸铁 |
| 5 | | 稍难切削材料 | 0.65 ~ 1.0 | 20Cr13 钢调质,$R_m = 834\text{MPa}$<br>85 钢,$R_m = 883\text{MPa}$ |
| 6 | 难切削材料 | 较难切削材料 | 0.5 ~ 0.65 | 45Cr 钢调质,$R_m = 1030\text{MPa}$<br>65Mn 钢调质,$R_m = 932 \sim 981\text{MPa}$ |
| 7 | | 难切削材料 | 0.15 ~ 0.5 | 1Cr18Ni9Ti[①],某些钛合金 |
| 8 | | 很难切削材料 | <0.15 | 某些钛合金,铸造镍基高温合金 |

① 在 GB/T 20878—2007 中已淘汰。

影响金属材料切削加工性的因素很多。工件材料的强度、硬度越高,切削时阻力越大,切削温度越高,则刀具磨损越快。工件材料的塑性越大,切屑变形越大,刀具也越易磨损,且塑性大的材料断屑也较困难。实践证明,材料硬度在 170 ~ 230HBW 范围内时,切削加工性较好。此外,材料的组织结构也与切削加工性有关,如组织中的片状渗碳体对刀具磨损严重,而粒状或球状渗碳体对刀具磨损较小。

对材料进行适当的热处理是改善其切削加工性能的主要措施。例如:低碳钢进行正火,高碳钢进行球化退火,可以调整强度、硬度,改善切削加工性能。另外,低碳钢通过冷压力加工(如冷拉、冷拔、冷轧等),可提高硬度,降低塑性,从而改善切削加工性能。

## 第七节　金属切削机床的分类与型号

金属切削机床的品种和规格很多,为了便于区别、管理和使用,需要对每种机床编制一个型号。机床型号不仅是一个代号,而且能反映出机床的类别、结构特征、特性和主要技术规格。

我国机床型号的编制，按 GB/T 15375—2008《金属切削机床　型号编制方法》实施。我国机床型号采用汉语拼音字母和阿拉伯数字按一定的规律排列组合，表示方法如下：

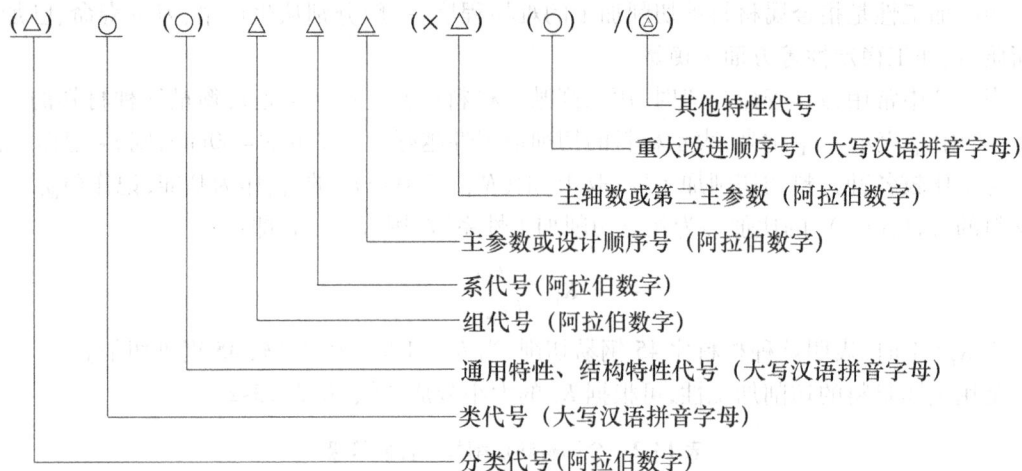

```
(△) ○ (○) △ △ △ (×△) (○) /(◎)
```

- 其他特性代号
- 重大改进顺序号（大写汉语拼音字母）
- 主轴数或第二主参数（阿拉伯数字）
- 主参数或设计顺序号（阿拉伯数字）
- 系代号（阿拉伯数字）
- 组代号（阿拉伯数字）
- 通用特性、结构特性代号（大写汉语拼音字母）
- 类代号（大写汉语拼音字母）
- 分类代号（阿拉伯数字）

其中，有"（　）"的代号或数字，当无内容时，则不表示，若有内容，则不带括号；有"◎"符号者，为大写汉语拼音字母，或阿拉伯数字，或两者兼有之。

例如：

```
C M 61 32
```

- 主参数代号（床身上最大回转直径的1/10）
- 组、系代号（卧式车床）
- 通用特性代号（精密）
- 类代号（车床类）

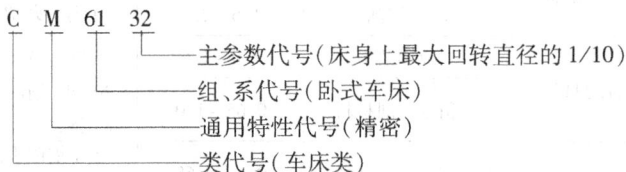

## 一、机床的类代号

机床的类代号用汉语拼音字母（大写）表示，居型号的首位，见表 13-3。我国机床分为十一大类，其中若有再次分类者，则在类代号前用数字表示区别（第一分类不表示），例如第二分类的磨床，在"M"前加"2"，写成"2M"。

表 13-3　机床的分类和代号

| 类别 | 车床 | 钻床 | 镗床 | 磨床 | | | 齿轮加工机床 | 螺纹加工机床 | 铣床 | 刨插床 | 拉床 | 锯床 | 其他机床 |
|---|---|---|---|---|---|---|---|---|---|---|---|---|---|
| 代号 | C | Z | T | M | 2M | 3M | Y | S | X | B | L | G | Q |
| 读音 | 车 | 钻 | 镗 | 磨 | 二磨 | 三磨 | 牙 | 丝 | 铣 | 刨 | 拉 | 割 | 其 |

## 二、通用特性、结构特性代号

当某类型机床，除有普通型式外，还具有表 13-4 所列的通用特性时，则在类代号之后，用大写的汉语拼音字母予以表示，例如精密车床，在 C 后面加 M。

表 13-4　机床通用特性代号

| 通用特性 | 高精度 | 精密 | 自动 | 半自动 | 数控 | 加工中心（自动换刀） | 仿形 | 轻型 | 加重型 | 柔性加工单元 | 数显 | 高速 |
|---|---|---|---|---|---|---|---|---|---|---|---|---|
| 代号 | G | M | Z | B | K | H | F | Q | C | R | X | S |
| 读音 | 高 | 密 | 自 | 半 | 控 | 换 | 仿 | 轻 | 重 | 柔 | 显 | 速 |

对主参数值相同而结构、性能不同的机床，在型号中加结构特性代号予以区分。根据各类机床的具体情况，对某些结构特性代号可以赋予一定含义。但结构特性代号与通用特性代号不同，它在型号中没有统一的含义，只在同类机床中起区分机床结构、性能不同的作用。当型号中有通用特性代号时，结构特性代号应排在通用特性代号之后。结构特性代号用汉语拼音字母（通用特性代号已用的字母和"I""O"两个字母不能用）A、B、C、D、E、L、N、P、T、Y 表示，当单个字母不够用时，可将两个字母组合起来使用，如 AD、AE 或 DA、EA 等。

### 三、机床的组、系代号

每类机床按其用途、性能、结构等分为若干组，如车床分为 10 组，用阿拉伯数字"0~9"表示，见表 13-5。每组又可分为若干系（系别），如"落地及卧式车床组"中有 6 个系别，用阿拉伯数字"0~5"表示，见表 13-6。在机床型号中，第一位数字代表组别，第二位数字代表系别。

#### 表 13-5 车床组别

| 代号 | 0 | 1 | 2 | 3 | 4 |
|---|---|---|---|---|---|
| 组别 | 仪表车床 | 单轴自动车床 | 多轴自动、半自动车床 | 回轮、转塔车床 | 曲轴及凸轮轴车床 |
| 代号 | 5 | 6 | 7 | 8 | 9 |
| 组别 | 立式车床 | 落地及卧式车床 | 仿形及多刀车床 | 轮、轴、辊、锭及铲齿车床 | 其他车床 |

#### 表 13-6 落地及卧式车床系别

| 代号 | 0 | 1 | 2 | 3 | 4 | 5 | 6 |
|---|---|---|---|---|---|---|---|
| 系别 | 落地车床 | 卧式车床 | 马鞍车床 | 轴车床 | 卡盘车床 | 球面车床 | 主轴箱移动型卡盘车床 |

### 四、机床的主参数和第二主参数

型号中的主参数用折算值（一般为机床主参数实际数值的 1/10 或 1/100）表示，位于组、系代号之后。它反映机床的主要技术规格，其尺寸单位为 mm。例如 C6150 车床，主参数折算值为 50，折算系数为 1/10，即主参数（床身上最大回转直径）为 500mm。

第二主参数加在主参数后面，用"×"加以分开，如 C2150×6 表示最大棒料直径为 50mm 的卧式六轴自动车床。

表 13-7、13-8 列出部分常用机床的主参数及折算系数。

#### 表 13-7 常用的车床主参数及折算系数

| 车床 | 主参数/mm | 主参数折算系数 | 第二主参数 | 车床 | 主参数/mm | 主参数折算系数 | 第二主参数 |
|---|---|---|---|---|---|---|---|
| 单轴自动车床 | 最大棒料直径 | 1 | — | 单柱及双柱立式车床 | 最大车削直径 | $\frac{1}{100}$ | 最大工件高度 |
| 多轴自动车床 | 最大棒料直径 | 1 | 轴数 | 落地车床 | 最大工件回转直径 | $\frac{1}{100}$ | 最大工件长度 |
| 多轴半自动车床 | 最大车削直径 | $\frac{1}{10}$ | 轴数 | 卧式车床 | 床身上最大回转直径 | $\frac{1}{10}$ | 最大工件长度 |
| 回轮车床 | 最大棒料直径 | 1 | — | | | | |
| 转塔车床 | 最大车削直径 | $\frac{1}{10}$ | — | 铲齿车床 | 最大工件直径 | $\frac{1}{10}$ | 最大模数 |

### 表 13-8　常见机床主参数及折算系数

| 机床名称 | 主参数/mm | 主参数折算系数 | 机床名称 | 主参数/mm | 主参数折算系数 |
|---|---|---|---|---|---|
| 卧式车床 | 床身上最大回转直径 | $\frac{1}{10}$ | 卧式铣镗床 | 主轴直径 | $\frac{1}{10}$ |
| 单轴自动车床 | 最大棒料直径 | $1$ | 万能工具铣床 | 工作台面宽度 | $\frac{1}{10}$ |
| 牛头刨床 | 最大刨削长度 | $\frac{1}{10}$ | 外圆磨床 | 最大磨削直径 | $\frac{1}{10}$ |
| 龙门刨床 | 最大刨削宽度 | $\frac{1}{100}$ | 内圆磨床 | 最大磨削孔径 | $\frac{1}{10}$ |
| 台式、立式摇臂钻床 | 最大钻孔直径 | $1$ | 滚齿机 | 最大工件直径 | $\frac{1}{10}$ |

#### 五、机床重大改进的序号

当机床的结构、性能有重大改进和提高时，按其设计改进的次序分别用汉语拼音 A、B、C、D 等表示（但"I""O"两个字母不得选用），附在机床型号的末尾，以示区别。例如，C6140A 是 C6140 型车床经过第一次重大改进的车床。

现将以上代号表示方法举例说明如下：

CM6132 表示床身上最大工件回转直径为 320mm 的精密卧式车床。

C2150×6 表示最大棒料直径为 50mm 的六轴棒料自动车床。

MG1432 表示最大磨削直径为 320mm 的高精度万能外圆磨床。

XK5040 表示工作台面宽度为 400mm 的数控立式升降台铣床。

Z3040×16 表示最大钻孔直径为 40mm，最大跨距为 1600mm 的摇臂钻床。

T4163B 表示工作台面宽度为 630mm 的单柱坐标镗床，经第二次重大改进型。

## 复　习　题

1. 何谓主运动和进给运动？试以外圆车削、龙门刨削、铣削、钻削为例，说明什么是主运动以及什么是进给运动？

2. 说明背吃刀量（$a_p$）、进给量（$f$）和切削速度（$v_c$）的意义。车削时，怎样计算切削速度？

3. 刀具材料必须具备哪些性能？比较常用刀具材料的性能，指出它们的适用范围。

4. 试述车刀的组成部分和主要角度的作用，并画图说明车刀的前角、后角、主偏角、副偏角和刃倾角。

5. 说明切屑的形成过程。切屑可分为哪几种？它们对切削过程有何影响？

6. 何谓切削力？

7. 切削热是怎样产生的？它对工件和刀具有何影响？

8. 切削液分为哪几类？比较其性能和适用范围。

9. 举例说明机床型号的组成及其意义。

# 第十四章 车　　削

机械中有很多零件都是回转体，如轴、齿轮、螺栓等。这类零件大部分要在车床上进行切削加工，所以车床比其他类型的机床应用得更为普遍。

车床的种类很多，工厂中常用的有卧式车床、回轮或转塔车床、立式车床、仿形及多刀车床、自动和半自动车床等。

## 第一节　卧式车床

卧式车床是目前工厂中用得较多的一种。20 世纪 70 年代，我国自行设计制造的 CA6140 型卧式车床，具有性能良好、结构先进、操作方便等优点。图 14-1 为 CA6140 型卧式车床的示意图。

### 一、车床的主要部件及其作用

组成车床的主要部件有床身、主轴箱、进给箱、交换齿轮箱、溜板箱、溜板部件、尾座、丝杠和光杠等，如图 14-1 所示。

1. 床身　床身用铸铁制成，具有足够的强度和刚度。车床的其他部件都装在床身上。床身上有导轨，床鞍和尾座可沿导轨移动。

2. 主轴箱　它的作用是把电动机的转动传递给主轴及卡盘，带动工件做旋转运动（主运动）。改变主轴箱的控制手柄位置，可使主轴得到不同的转速。主轴是空心的，以便棒料毛坯穿入。主轴前端有锥形孔，可插入顶尖。前端的外表面有螺纹，供安装卡盘或花盘之用。

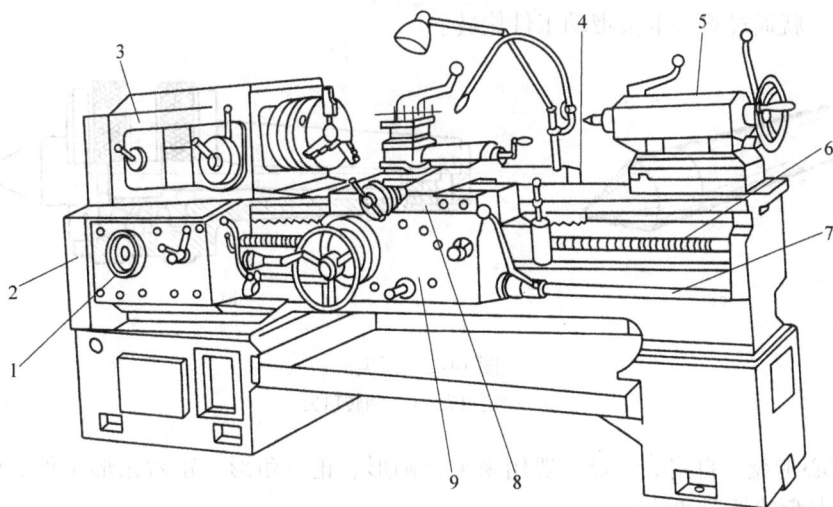

图 14-1　CA6140 型卧式车床示意图

1—进给箱　2—交换齿轮箱　3—主轴箱　4—床身　5—尾座　6—丝杠　7—光杠　8—溜板部件　9—溜板箱

3. 进给箱　它固定在床身左端的前面，其作用是把主轴的转动按所需的进给量调整变速，通过光杠或丝杠传给机床的溜板箱并带动刀架进行切削工作。

4. 交换齿轮箱　其作用是把主轴的转动传给进给箱。调换箱内的齿轮，并与进给箱配合，可以车削各种不同螺距的螺纹。

5. 溜板箱　它的作用是把光杠或丝杠的转动传给溜板部件并带动刀架运动。变换溜板箱外的手柄位置，可将进给箱传来的旋转运动变成车刀的纵向或横向直线运动。

6. 溜板部件　溜板部件可分为床鞍、中滑板、小滑板及刀架。床鞍可用手动或自动进给作纵向运动；中滑板可用手动或自动进给使刀架作横向运动；小滑板可用手动使刀架作短距离的纵向运动，并能转动角度，使车刀进行锥度切削；刀架用来装夹车刀，并与溜板部件一起作进给运动。

7. 尾座　尾座上有顶尖套筒，可装上顶尖以支承工件，或安装钻头、铰刀等，进行孔的加工，偏移尾座还可切削锥度不大的长圆锥体。尾座可根据工件的需要来调整它在床身上的位置。

8. 丝杠和光杠　丝杠和光杠可将进给箱的运动传给溜板箱。光杠用于一般车削加工，车螺纹时，要得到较精确的螺距，必须用丝杠带动。

**二、车床附件及其应用**

车床上常备有一套附件，以适应加工不同大小、形状零件的需要。常用的附件有：

1. 顶尖、拨盘和鸡心卡头　车床上使用的顶尖分前顶尖与后顶尖两种。顶尖头部一般制成 60°锥度，可和工件中心孔吻合，后端带有标准锥度，可插入主轴锥孔或尾座锥孔中。后顶尖有固定式或回转式两种（见图 14-2），回转式顶尖可减少与工件的摩擦，但刚性较差。

顶尖常和拨盘、鸡心卡头组合在一起使用，用来安装轴类零件，进行切削加工。

图 14-3 所示为顶尖、拨盘和鸡心卡头的使用情况。用鸡心卡头的螺钉夹紧工件，鸡心卡头的弯尾嵌入拨盘的缺口中，拨盘固定在主轴上并随主轴转动。工件用前后顶尖顶紧，当拨盘转动时，就通过鸡心卡头带动工件旋转。

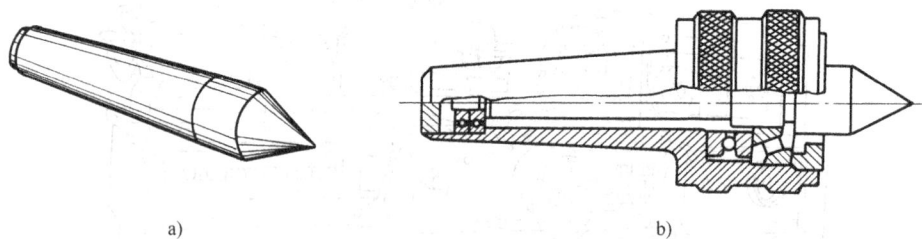

a)　　　　　　　　　　　　　　b)

图 14-2　顶尖
a）固定顶尖　b）回转顶尖

2. 自定心卡盘　自定心卡盘一般用来夹持圆形、正三角形、正六角形工件。图 14-4 所示为自定心卡盘的外形和结构。

如图 14-4 所示，当扳手插入任一小锥齿轮 3 的方孔 4 中转动时，小锥齿轮 3 就带动大锥齿轮 2 转动。大锥齿轮 2 的背面有一个平面螺纹 1 与三个卡爪背面的平面螺纹啮合，因此当平面螺纹 1 转动时，三个卡爪就同时向心或离心移动。

3. 单动卡盘　单动卡盘如图 14-5 所示。它的每一个卡爪可独立作径向移动，所以可装夹较复杂形状的工件。这种卡盘在使用时，需分别调整各卡爪，使工件轴线和车床主轴轴线重合。

4. 花盘　不对称或具有复杂外形的工件，通常用花盘装夹加工。花盘的表面开有幅向的通槽和 T 形槽，以便安装装夹工件用的螺栓。图 14-6 所示为在花盘上装夹工件的情况。用花盘装夹不规则形状的工件时，常会产生重心偏移，所以需加平衡铁予以平衡。

5. 中心架和跟刀架　车削细长轴时，为了防止工件切削时产生弯曲，需要使用中心架和跟刀架。

中心架的形状结构如图 14-7a 所示。它的主体 1 通过压板 7 和螺母 6 紧固在床身导轨一定位置上。盖子 4 与主体用铰链作活动连接，可以打开，以便放入工件。三个支承爪 2、3、5 用来支持工件。支承爪可以自由调节，以适应不同直径的工件。

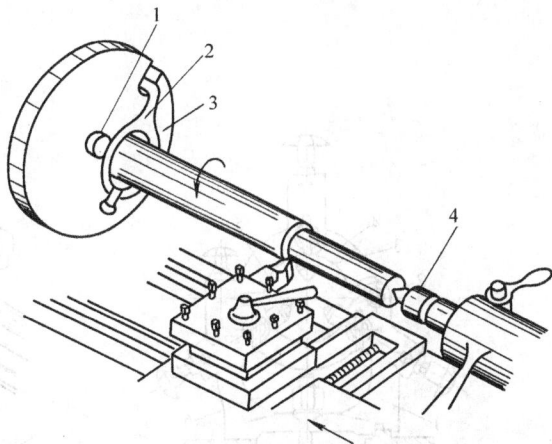

图 14-3　用顶尖、拨盘和鸡心卡头装夹工件
1—前顶尖　2—鸡心卡头　3—拨盘　4—后顶尖

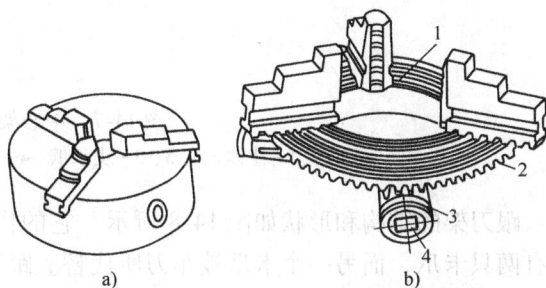

图 14-4　自定心卡盘
a) 外形图　b) 结构图
1—平面螺纹　2—大锥齿轮　3—小锥齿轮　4—方孔

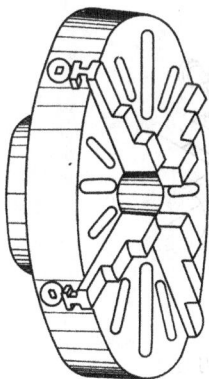

图 14-5　单动卡盘

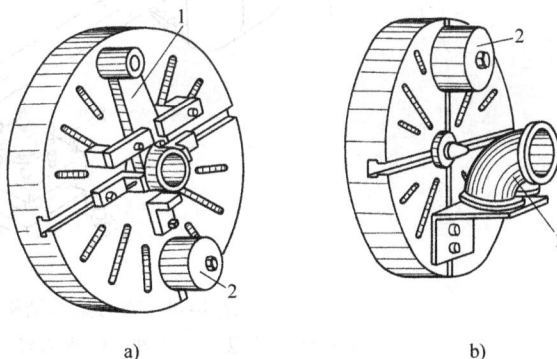

图 14-6　用花盘装夹工件
1—工件　2—平衡铁

中心架用于切削长工件的端面、车孔及切断等工序。图 14-7b 所示为用中心架车端面时的情况。

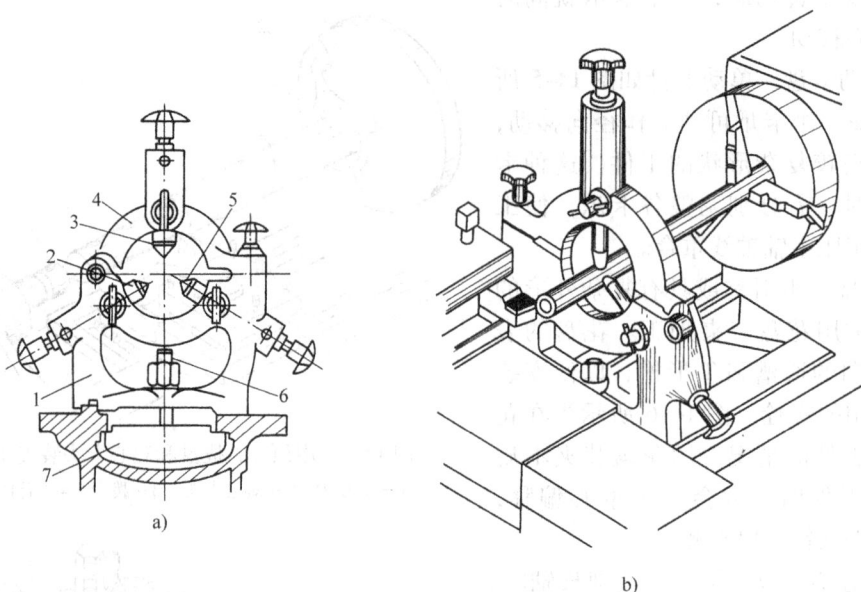

图 14-7　中心架及其应用
1—主体　2、3、5—支承爪　4—盖子　6—螺母　7—压板

跟刀架的结构和形状如图 14-8 所示。它的作用与中心架相同，所不同的地方是它一般只有两只卡爪，而另一个卡爪被车刀所代替。跟刀架固定在床鞍上，跟着刀架一起移动，主要用来支承没有阶梯的长轴，例如精度要求高的光滑轴、长丝杠等。

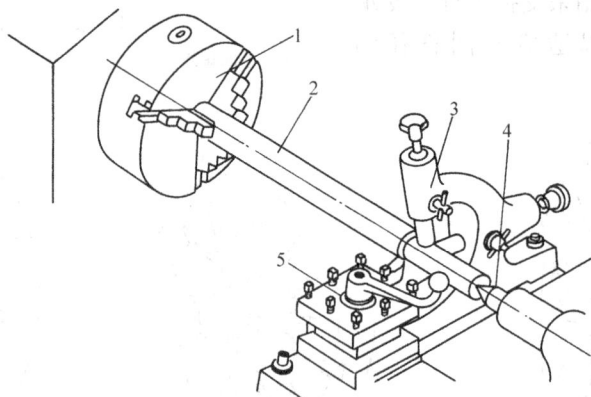

图 14-8　跟刀架的结构和形状
1—自定心卡盘　2—工件　3—跟刀架　4—后顶尖　5—刀架

此外，在车削带有内孔工件的外圆时，为了提高工作效率，保证加工质量，常采用心轴装夹。心轴可分为实心心轴和胀套心轴两种。根据工件内孔形状的不同，实心心轴分为圆柱形、锥形、花键和螺纹等多种。图 14-9a 所示为一种实心锥度心轴。图 14-9b 所示为胀套心轴。它可以直接装在车床主轴锥孔内，转动螺母可使开口套筒沿轴向移动，靠心轴锥度使套筒胀开，撑紧工件。采用这种装夹方式时，装卸工件方便。

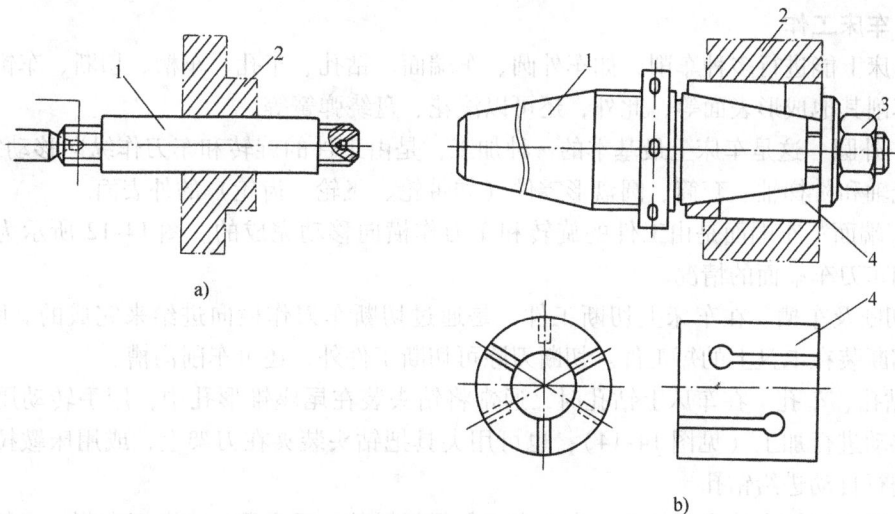

图 14-9　心轴

a）实心锥度心轴　b）胀套心轴

1—标准锥度　2—工件　3—螺母　4—开口套筒

# 第二节　车刀种类及车床工作

## 一、车刀的种类

如图 14-10 所示，按用途的不同，车刀可分为外圆车刀、端面车刀、切断车刀、螺纹车刀和内孔车刀等。如图 14-11 所示，按结构的不同，车刀又可分为整体式、焊接式、机夹式、可转位式和成形车刀等。

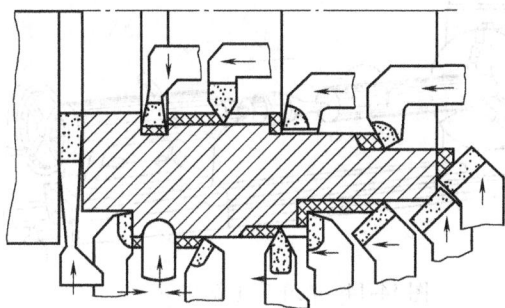

图 14-10　车刀的类型

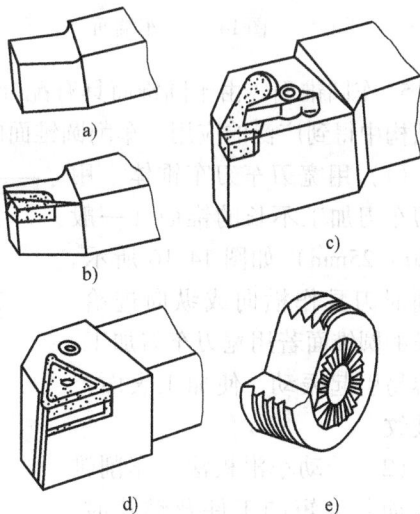

图 14-11　车刀的结构

a）整体式车刀　b）焊接式车刀　c）机夹式车刀

d）可转位车刀　e）成形车刀

**二、车床工作**

在车床上能进行多种车削，如车外圆、车端面、钻孔、车孔、车槽、切断、车锥体、车螺纹及车削其他成形表面等，此外，还可以滚花、盘绕弹簧等。

1. 车外圆　这是车床上最基本的一种加工，是由工件的旋转和车刀作纵向移动完成的，如加工光轴和阶梯轴、套筒、圆盘形零件（如带轮、飞轮、齿轮）的外表面。

2. 车端面　车端面是由工件的旋转和车刀作横向移动完成的。图14-12所示为常用的两种不同车刀车端面的情况。

3. 切断及车槽　在车床上切断工件，是通过切断车刀作横向进给来完成的。图14-13所示为切断装在卡盘上的短工件。切断刀除可切断工件外，还可车削沟槽。

4. 钻孔、车孔　在车床上钻孔时，通常将钻头装在尾座锥形孔中，用手转动尾座手轮使钻头移动进行加工（见图14-14）；也可用夹具把钻头装夹在刀架上，或用床鞍拉动车床尾座，进行自动进给钻孔。

铸、锻或用钻头钻出来的孔，内孔表面是很粗糙的，还需要用内孔刀车削，一般称为车孔。图14-15所示为用车孔刀进行车孔的情形。

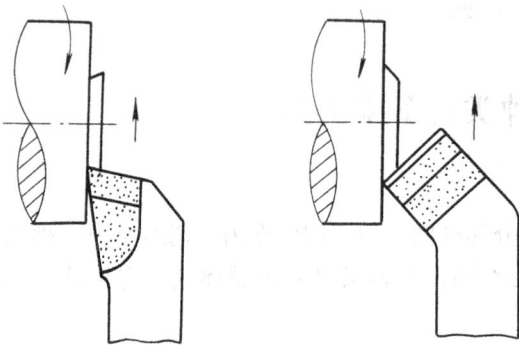

图14-12　车端面

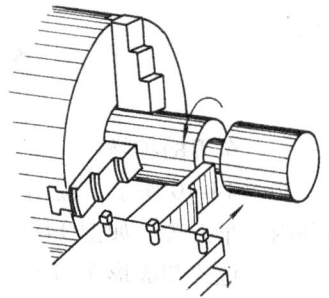

图14-13　切断工件

5. 车圆锥面　由于圆锥面具有配合紧密、定心准确、装拆方便等优点，所以在各种机械结构中得到广泛的应用。车削圆锥面的方法有下列几种：

（1）用宽刃车刀车锥体　用宽刃车刀加工不长的锥面（一般为20～25mm）如图14-16所示。切削时刀具作横向或纵向进给。较长的圆锥面若用宽刃车刀加工，则容易引起振动，使加工表面产生波纹。

（2）转动小滑板法　车削锥度大而长度短的工件及锥孔时，

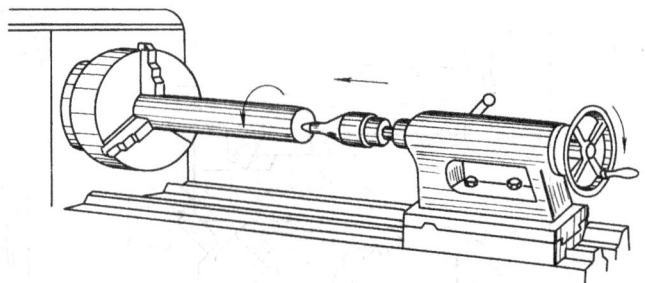

图14-14　在车床上钻孔

可用转动小滑板法（见图14-17），小滑板转动的角度应等于工件的圆锥斜角。

此方法的优点是操作简便，能车削圆锥孔及锥度较大的圆锥面。其缺点是一般不能自动进给车削。由于小滑板的行程较短，所以只能加工较短的圆锥件。

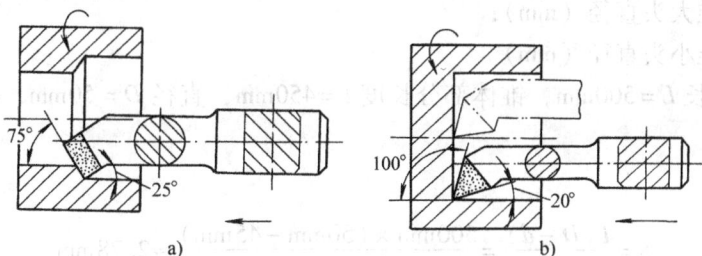

图 14-15　车孔

a) 车通孔　b) 车不通孔

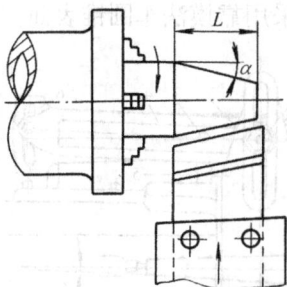

图 14-16　用宽刃车刀加工不长的锥面

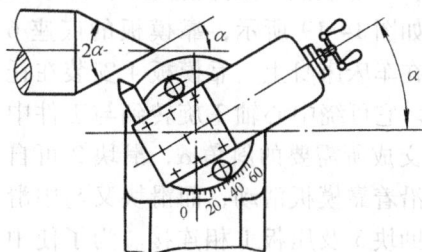

图 14-17　转动小滑板车削圆锥

（3）偏移尾座法　长工件小锥度的外圆锥面可利用此方法车削，如图 14-18 所示。

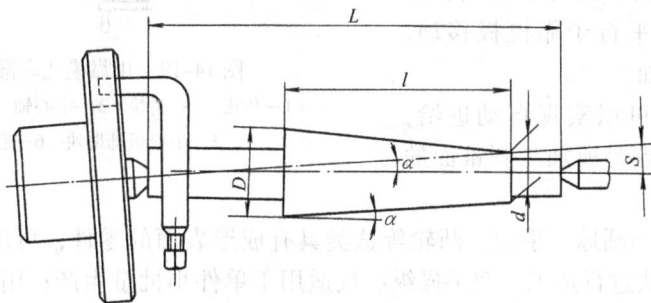

图 14-18　偏移尾座车锥面

车削时，把工件装在两顶尖间，并把尾座上架横向偏移一定距离 $S$，使工件轴线与车床主轴中心线形成角度 $\alpha$。一般都把尾座上部向操作者方向偏移，使锥体小头朝向床尾方向，以利于加工和检验。

尾座上部偏移量 $S$ 的计算公式为

$$S = \frac{L(D-d)}{2l}(\text{部分锥}), S = \frac{D-d}{2}(\text{全部锥})$$

式中　　$L$——工件总长（mm）；

$l$——圆锥面长度（mm）；

$D$——圆锥大头直径（mm）；

$d$——圆锥小头直径（mm）。

**例**　工件全长 $L=500\text{mm}$，锥体部分长度 $l=450\text{mm}$，直径 $D=50\text{mm}$，$d=45\text{mm}$，求尾座横向移动量 $S$。

**解**

$$S=\frac{L(D-d)}{2l}=\frac{500\text{mm}\times(50\text{mm}-45\text{mm})}{2\times450\text{mm}}\approx2.78\text{mm}$$

这种方法能机动进给，表面质量较好，但不能车削锥度较大的工件，也不能车锥孔，调整尾座偏移量较费时。

（4）**靠模法**　工件精度要求较高而进行大量生产时，常采用靠模法车圆锥表面。

如图 14-19 所示，靠模板的底座 6 固定在车床床身上，靠模板 4 安装在托架上。它可绕中心轴 3 旋转到与工件中心线交成所需要的斜角 $\alpha$，滑块 2 可自由地沿着靠模板滑动，而滑块又与中滑板辅助块 5 及压板 1 相连接。为了使中滑板能自由滑动，必须抽去中滑板丝杠，同时将小滑板转过 90° 作吃刀用。当床鞍作纵向自动进给时，滑块 2 就沿着靠模板 4 滑动，而滑块 2 又与中滑板和刀架相连，所以刀架平行于靠模板移动，这样就能车出圆锥面。

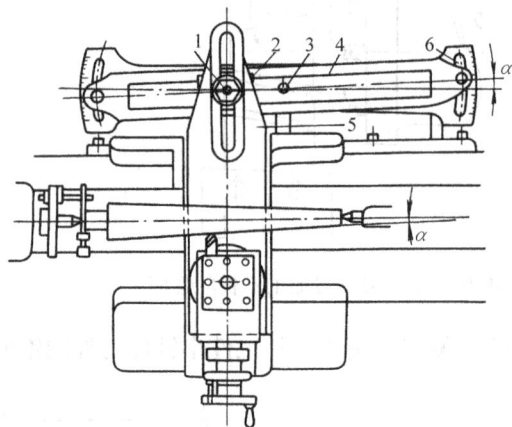

图 14-19　用靠模法车圆锥面
1—压板　2—滑块　3—中心轴　4—靠模板
5—中滑板辅助块　6—底座

这种加工方法可以实现自动进给，表面质量较好，缺点是所加工圆锥面的斜角 $\alpha$ 不能大于 12°。

6. **车成形面**　车圆球、手把、凸轮等这类具有成形表面的零件，可用双手操纵法，用成形车刀或用靠模法进行加工。双手操纵法仅适用于单件小批量生产；用成形车刀加工时，由于切削刃全长同时参加切削，容易引起振动，所以适宜于较短工件的切削；靠模法加工出的成形面比较精确，生产率较高，适宜于大批量生产。图 14-20 所示为用成形车刀车削成形面的情况。

7. **车螺纹**　车床上可以车削各种不同截面形状的螺纹。它们是用与螺纹轴向截面形状相同的车刀车削完成的。

车削螺纹与一般车削不同，要求主轴每转一转，刀架准确地移动一个螺距。车削一般螺纹时，按机床铭牌指示，变动进给箱外面的变速手柄，可获得车削各种不同螺距螺纹的进给量。车削比较精密的螺纹时，可通过进给箱中的离合器，将主轴传来的运动，只经过变向机构和交换齿轮 $\frac{a}{b}\times\frac{c}{d}$，直接传给丝杠（见图 14-21），从而使传动路线大为缩短，减少了积累误差，提高了精度。不同的螺距可用调整交换齿轮的方法来实现，用这种方法还可以加工特殊螺距的螺纹。

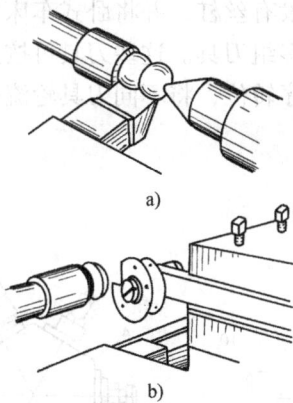

图 14-20　用成形车刀车削成形面
a) 成形面（一）　b) 成形面（二）

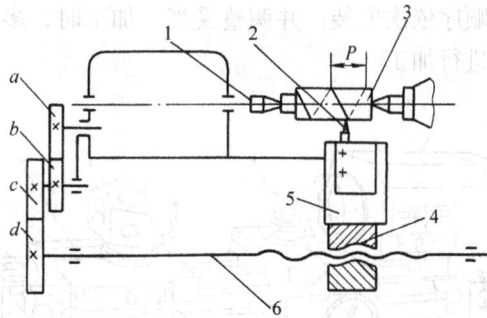

图 14-21　车精密螺纹的传动示意图
1—主轴　2—车刀　3—工件　4—开合螺母
5—床鞍　6—丝杠

## *第三节　其 他 车 床

### 一、落地车床

落地车床一般用来加工直径大而长度短的盘类工件。它与卧式车床的区别是：落地车床有一个大直径花盘，增大了工件回转直径，多数没有尾座。

落地车床可分为刀架独立的和刀架装在床身上的两种。图 14-22 是这两种落地车床的外形图。落地车床广泛用于电机、机车、汽轮机和矿山机械等工业部门。

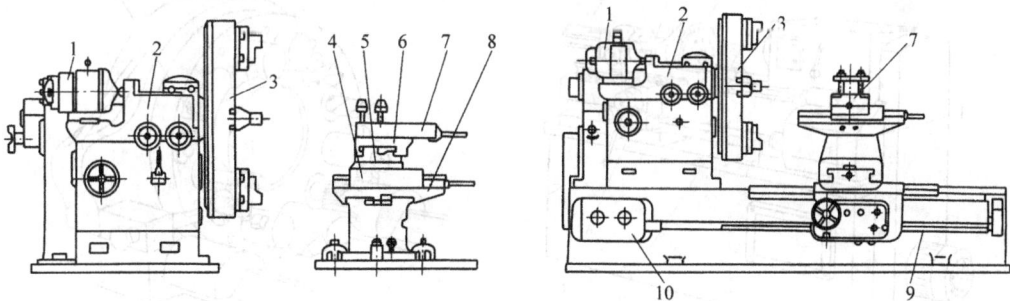

图 14-22　落地车床
1—电动机　2—主轴箱　3—花盘　4、7—纵向刀架　5—转盘
6、8—横向刀架　9—光杠　10—进给箱

### 二、转塔、回轮车床

成批量生产形状复杂的工件（如阶梯小轴、套筒、螺钉、螺母、接头等）时，往往需要较多的刀具和工序，用转塔、回轮车床加工则可以提高生产率。图 14-23a 为转塔车床外形图，图 14-24a 为回轮车床外形图。

　　转塔、回轮车床与卧式车床在结构上的最大区别是：它没有丝杠，并将卧式车床的尾座换成能作纵向自动进给的转塔或回轮刀架，在刀架上可安装多组刀具。这些刀具可按照零件的加工顺序依次安装，并调整妥当，加工时，多工位刀架顺序转位，将不同刀具轮流引入工作位置进行加工。

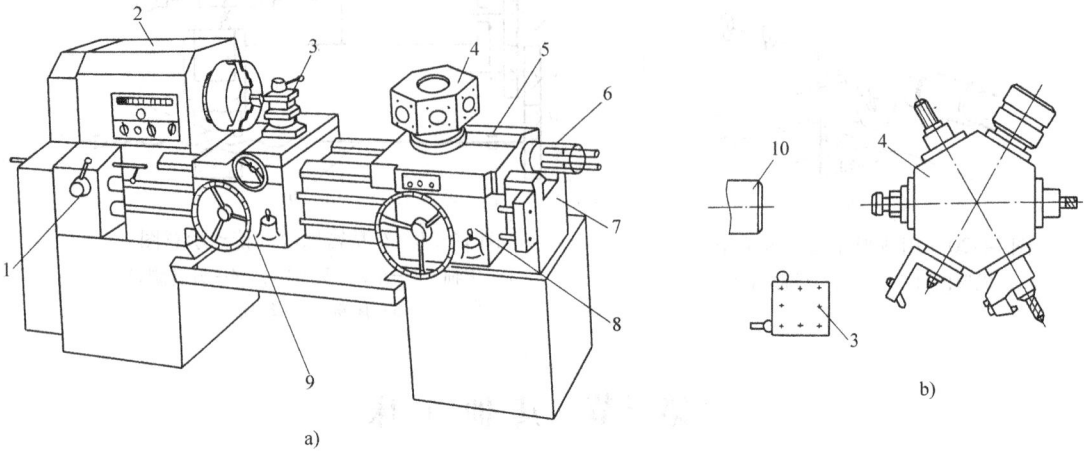

图 14-23　转塔车床

a) 外形图　b) 转塔刀架

1—进给箱　2—主轴箱　3—横刀架　4—转塔刀架　5—纵向进给床鞍　6—定程装置

7—床身　8—转塔刀架溜板箱　9—横刀架溜板箱　10—主轴

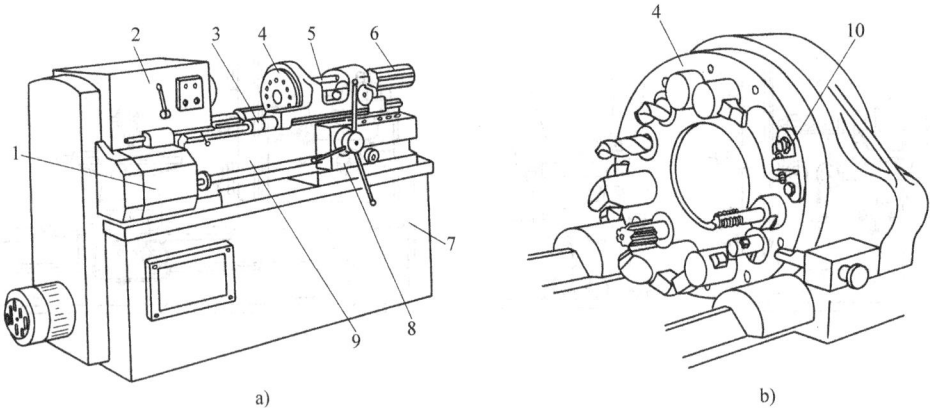

图 14-24　回轮车床

a) 外形图　b) 回轮刀架

1—进给箱　2—主轴箱　3—刚性纵向定程机构　4—回轮刀架　5—纵向进给床鞍

6—纵向定程机构　7—底座　8—溜板箱　9—床身　10—横向定程机构

　　这种车床能完成卧式车床上的各种加工内容，如车外圆、车端面、车槽、钻孔、铰孔、车螺纹、车成形面等。但是，由于它没有丝杠，只能用丝锥或板牙加工较短的内外螺纹。

### 三、单轴自动车床

大批量生产时，可采用自动车床、半自动车床。

自动车床调整后不需要工人继续参与操作，而能自动连续加工，工人只需周期性地给机床加料，观察机床工作情况，检查工作质量，更换磨损的刀具以及在必要时调整机床。

除了装卸工件及开关机时需要工人操作外，其他都能自动进行工作的车床称为半自动车床。

自动车床、半自动车床的种类很多，这里简单介绍单轴自动车床的工作原理。

图 14-25 所示为单轴自动车床的工作原理。如图 14-25 所示，棒料 1 通过空心主轴 2，被夹头 3 夹紧，车床由分配轴 10 操纵，分配轴 10 上紧固着蜗轮和各种凸轮，凸轮 9 是控制送料的，凸轮 8 使夹头夹住棒料，然后由凸轮 7 和凸轮 6 控制刀架 4 和 5 进行切削，在切削完成后，控制刀具快速退回到原来位置。

### 四、立式车床

立式车床与卧式车床的区别在于前者的主轴回转轴线是垂直的，而后者是水平的。立式车床主要用于加工短而直径大的重型工件，如大型带轮、轮圈、大型电机的零件等。

在立式车床上，可车削圆柱表面、圆锥表面、成形表面、端面和内孔，有些立式车床可以车削螺纹。此外，在设有特殊夹具的立式车床上，还可进行钻削和磨削工作。

立式车床可分为单柱式和双柱式两种。图 14-26 所示为单柱式立式车床。图 14-26 中 5 为立柱，上面有带导轨的横梁 4，滑板 3 可沿横梁 4 上的导轨作水平移动。2 是垂直刀架，可沿滑板 3 上的导轨作垂直移动。1 为水平刀架，它可以沿着立柱 5 的导轨作垂直移动，又可作水平移动。装夹在垂直刀架及水平刀架上的刀具可同时进行切削。

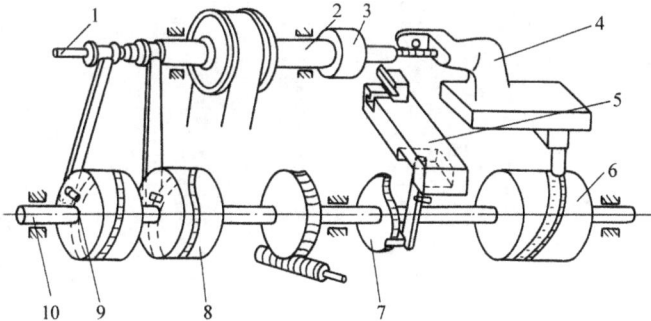

图 14-25　单轴自动车床的工作原理

1—棒料　2—空心主轴　3—夹头　4、5—刀架

6、7、8、9—凸轮　10—分配轴

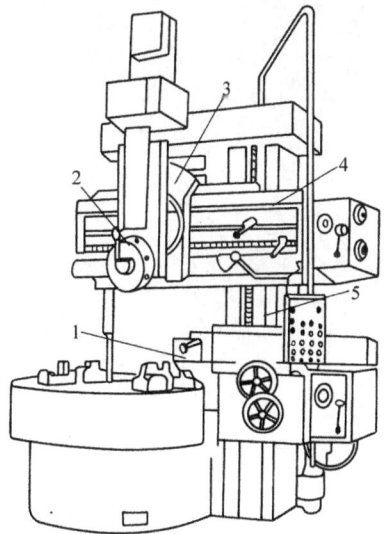

图 14-26　立式车床

1—水平刀架　2—垂直刀架　3—滑板

4—横梁　5—立柱

车床的种类除上述几种外，还有多轴自动、半自动车床，仿形及多刀车床，数控车床及其他专用车床等。

## 复 习 题

1. 简述卧式车床的主要部件及附件的作用。
2. 在卧式车床上能完成的工作有哪些？
3. 在车床上加工圆锥面的方法有哪几种？每种方法的特点是什么？
4. 说明落地车床的主要工艺特点和应用范围。
5. 说明转塔车床、回轮车床的主要工艺特点和应用范围。
6. 说明自动车床和立式车床的主要工艺特点和应用范围。

# 第十五章 刨削与拉削

用刨刀在刨床上对工件进行切削加工的工艺过程称为刨削。

按照切削时刀具与工件相对运动方向的不同，刨削可分为水平刨削和垂直刨削两种。水平刨削通称为刨削，垂直刨削称为插削，如图15-1所示。

刨削主要用于加工各种平面、沟槽和成形表面。刨床的主运动是刀具或工作台的往复直线运动，换向时要克服较大的惯性力，因而限制了主运动速度的提高，加之空行程不进行切削，刨削的生产率较低。刨削为间断切削，刀具在切入工件时受到冲击，容易损坏。刨削在大批量生产中应用较少，常被生产率较高的铣削、拉削所代替。

刨削也有一些优点，如刨床的结构较简单，调整和操作比较容易；刨刀的构造简单，刃磨方便；在刨削窄而长的表面及使用宽刃刨刀进行大进给量刨削时，也可得到较高的生产率。因此，在机械加工中，特别是在单件、小批量生产和修理工作中，刨削仍占有一定地位。

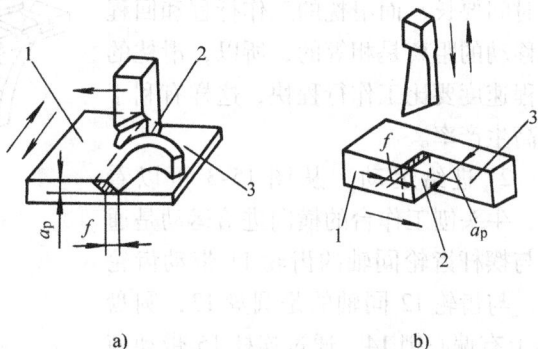

图 15-1 刨削与插削

a）刨削 b）插削

1—待加工表面 2—过渡表面 3—已加工表面

## 第一节 刨削类机床

刨削类机床主要有牛头刨床、龙门刨床和插床等。

### 一、牛头刨床

牛头刨床主要用来刨削中、小型工件，在工具、机修车间进行单件或小批量生产时应用较广泛。

图15-2为B6065型牛头刨床外观图。牛头刨床主要由床身、滑枕、摆杆机构、变速机构、刀架、工作台、横梁和进给机构等部分组成。这些机构可以使牛头刨床实现滑枕的往复运动（主运动）和工作台的横向间歇运动（进给运动）。这两种运动都是机动。此外，牛头刨床还可以实现工作台的垂直方向和横向的调整运动，以及刀架切削深度的调整和进给运动，这三种移动都是手动进给。有些较先进的牛头刨床工作台的垂直移动也可机动进给。

图15-3为B6065型牛头刨床的传动系统图。

1. 主运动 动力由电动机10经变速机构（即轴Ⅰ、轴Ⅱ及轴Ⅲ）使齿轮9带动摆杆齿轮8转动，在摆杆齿轮侧面装有滑块6，并与摆杆5上的滑槽相配合。摆杆齿轮8带动滑块6转一周时，摆杆5便左右摆动一次，从而带动滑枕在床身的水平导轨上往复直线运动一次。

　　滑枕行程长度的改变，可通过丝杠 7 调节滑块 6 在摆杆齿轮上的径向位置来实现。转动丝杠 4 可以调节滑枕的位置，即在纵方向调节刨刀的起始位置。

　　图 15-4 所示为摆杆往复机构简图。从图 15-4 中可以看出：在工作行程，滑块需绕摆杆齿轮的中心转过 $\alpha$ 角，而在返回行程，滑块只需绕摆杆齿轮的中心转过 $\beta$ 角就行。$\alpha$ 角大于 $\beta$ 角，滑块转过 $\alpha$ 角所用的时间比转过 $\beta$ 角所用的时间要长，而滑枕的工作行程和回程所移动的距离是相等的，所以，滑枕的回程速度要比工作行程快，这样有利于提高生产率。

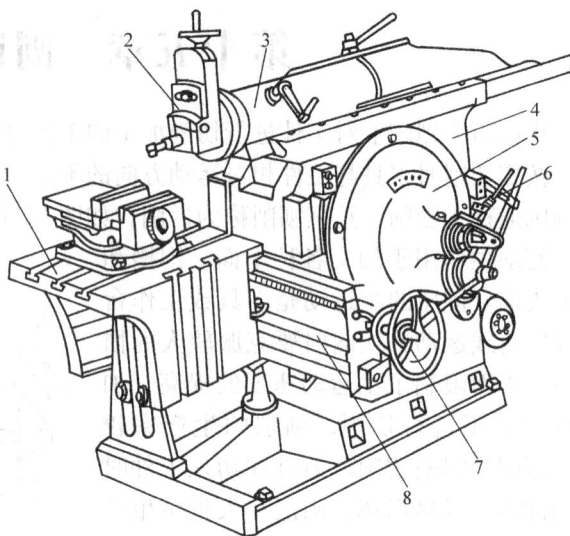

图 15-2　B6065 型牛头刨床外观图
1—工作台　2—刀架　3—滑枕　4—床身　5—摆杆机构
6—变速机构　7—进给机构　8—横梁

　　2. 进给运动　从图 15-3 可以看出，牛头刨工作台的横向进给运动是通过与摆杆齿轮同轴的齿轮 11 带动齿轮 12，与齿轮 12 同轴的是圆盘 13，圆盘 13 上有偏心销 14，通过连杆 15 带动棘轮架 1 产生来回摆动，拨动棘轮 2 向一个方向转动，随后通过丝杠、螺母带动工作台横向移动。棘轮外部有棘轮罩，调整它的位置可以控制棘爪 3 拨动棘轮 2 的起始位置，从而控制进给量的大小。棘轮机构局部放大图如图 15-5 所示。

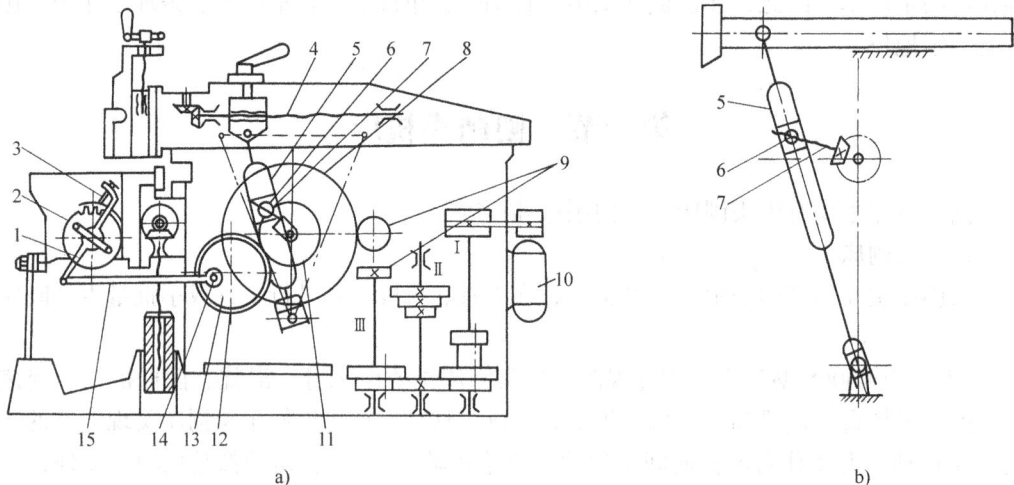

a)　　　　　　　　　　　　b)

图 15-3　B6065 型牛头刨床传动系统图
1—棘轮架　2—棘轮　3—棘爪　4、7—丝杠　5—摆杆　6—滑块　8—摆杆齿轮　9、11、12—齿轮
10—电动机　13—圆盘　14—偏心销　15—连杆

　　除了机械传动的牛头刨床外，也有些牛头刨床是采用液压传动的。它的主要特点是切削速度可以无级变速，工作比较平稳。

### 二、龙门刨床

龙门刨床用来加工大型工件，或一次装夹加工几个中、小型工件。

BM2015 型龙门刨床为常见的龙门刨床，其型号中"B"表示刨床类，"M"表示"精密"特性，"2"表示龙门刨床组，"0"表示龙门刨床型，"15"表示最大刨削长度为 1500mm。

图 15-6 为 BM2015 型龙门刨床外观图。

龙门刨床主要由床身、工作台、工作台传动装置、立柱、横梁、进给箱和刀架等组成。工作台可沿床身上的水平导轨作直线往复运动，以进行切削工作。龙门刨床工作台是通过直流电动机传动齿轮减速箱，再经过长轴传动床身中的斜齿圆柱齿轮，带动工作台的齿条，实现往复移动的，如图 15-7 所示。工作台的行程是无级变速的。工件慢速接近刨刀，刨刀切入工件后，增速到要求的切削速度，然后工件慢速离开刨刀，工作台再快速退回。工作台的反向行程由电动机反转来实现。有些龙门刨床工作台的运动是通过液压传动来实现的。

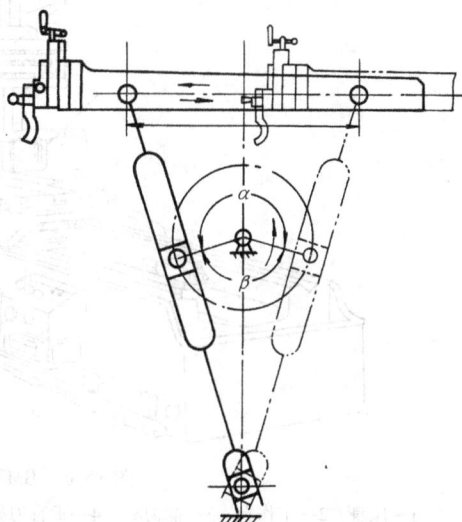

图 15-4　摆杆往复机构简图

龙门刨床的两个垂直刀架可在横梁上分别作横向和垂向进给运动，还可以转动一定角度刨削斜面，两个侧刀架可以在立柱上作垂向或水平进给运动，横梁能在两个立柱上垂直升降，以加工不同高度的工件。

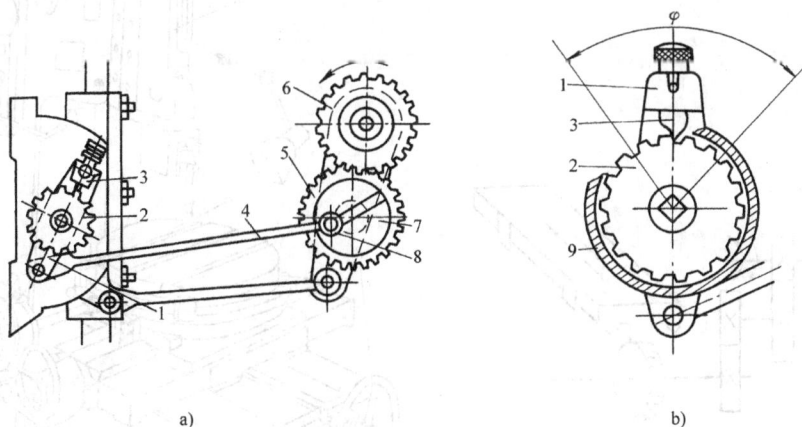

a)

b)

图 15-5　棘轮机构

a) 棘轮机构　b) 棘轮放大图

1—棘轮架　2—棘轮　3—棘爪　4—连杆　5、6—齿轮　7—圆盘　8—偏心销　9—棘轮罩

### 三、插床

插床主要用来插削直线的成形内表面。

图 15-8 为 B5032 型插床外观图。型号 B5032 中，"B"表示刨床类，"5"表示插床组，"0"表示插床型，"32"表示最大插削长度为 320mm。

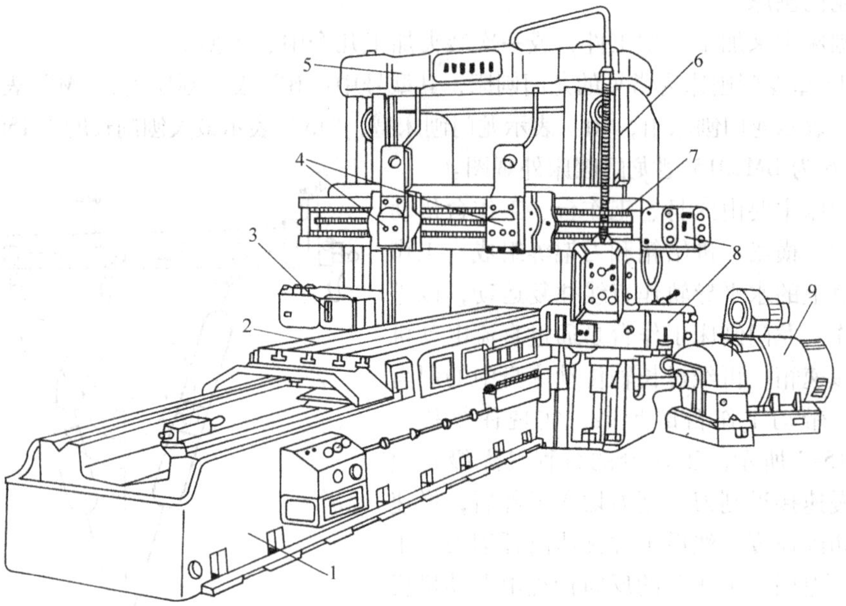

图 15-6　BM2015 型龙门刨床外观图

1—床身　2—工作台　3—侧刀架　4—垂直刀架　5—顶梁　6—立柱　7—横梁　8—进给箱　9—电动机

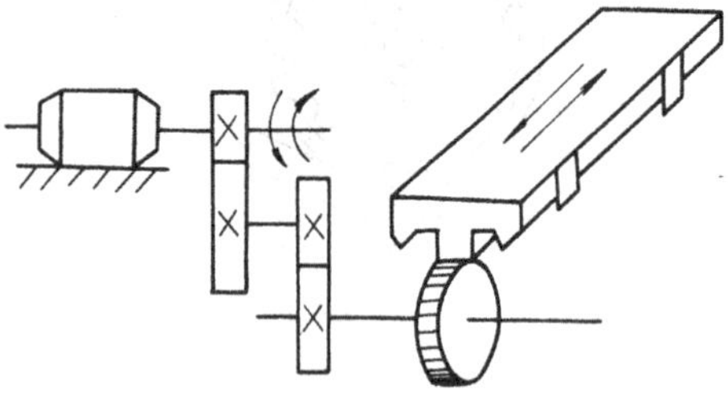

图 15-7　龙门刨床工作台传动示意图

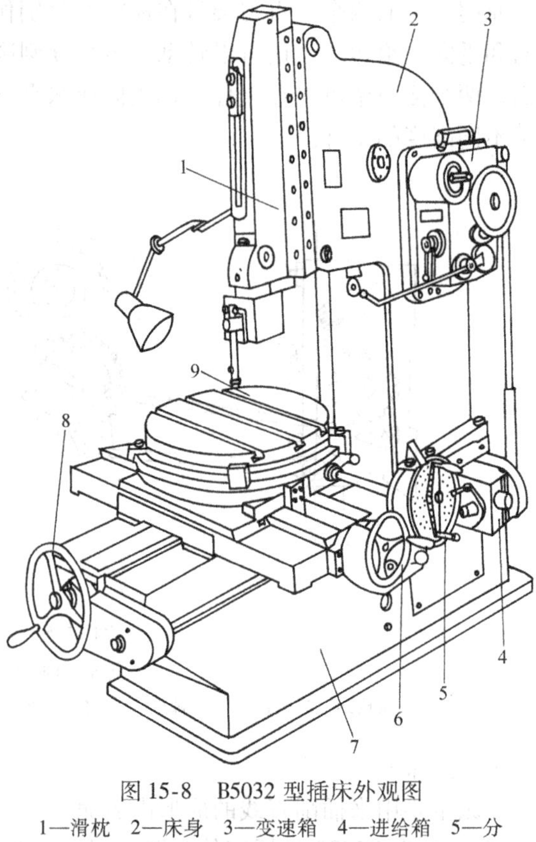

图 15-8　B5032 型插床外观图

1—滑枕　2—床身　3—变速箱　4—进给箱　5—分度盘　6—工作台横向移动手轮　7—底座　8—工作台纵向移动手轮　9—工作台

插床的构造及传动和牛头刨床相似，所不同的是插床的滑枕在垂直方向作直线往复运动，工作台作纵向、横向或回转的进给运动。

# 第二节　刨　削

## 一、刨刀及插刀

1. 刨刀　刨刀的外形与车刀相似。但由于刨削的不连续性，使得刨刀切入工件时受到较大的冲击力，所以一般刨刀刀杆的横截面积比车刀的大。有些刨刀的刀杆做成弯形的，以便刨削时，由于加工余量不均匀而造成刨削深度突然增大，或刀刃突然遇到坚硬质点时能向后弯曲变形，避免啃伤工件表面或崩刃，如图 15-9 所示。

用宽刃精刨刀进行精刨，能得到较高的平面加工质量，可以代替手工刮削，从而提高生产率和减轻工人的劳动强度。图 15-10 所示为加工一般铸铁用的宽刃精刨刀。这种刨刀带有较宽的且平行于工件已加工表面的切削刃（平直刃）。刨削时，以较低的切削速度和极小的背吃刀量，切去（或刮去）工件表面极薄的一层金属。精

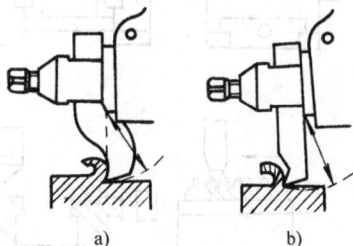

图 15-9　弯头刨刀和直头刨刀
a）弯头刨刀　b）直头刨刀

刨后，工件表面粗糙度值可达 $Ra1.6 \sim 0.4\mu m$，在 1000mm 长度范围内的直线度误差可在 $0.02 \sim 0.03mm$ 内。

2. 插刀　在插床上插削工件用的刀具称为插刀。插削和刨削的加工性质相同，只是刨刀在水平方向进行刨削，而插刀则在垂直方向进行刨削。所以，只要把刨刀刀头从水平切削的位置转到垂直切削位置，就是插刀刀头的几何形状，如图 15-11 所示。根据用途的不同，插刀可以分为尖刀、光刀、切刀、偏刀和成形刀等。

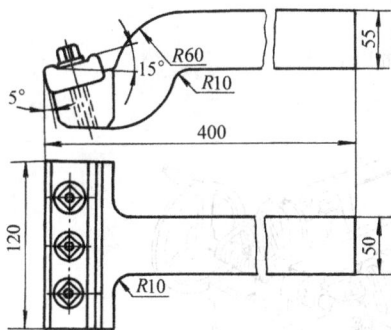

图 15-10　宽刃精刨刀

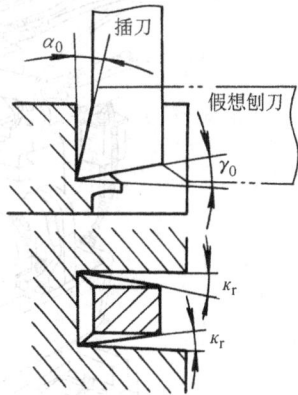

图 15-11　插刀的几何形状

## 二、刨削工作

刨削所能完成的工作如图 15-12 所示。

有些具有立体成形面（不同截面具有不同的曲线形状）的零件，需在液压仿形刨床上加工。图 15-13 所示为用液压仿形刨床加工汽轮机叶片。

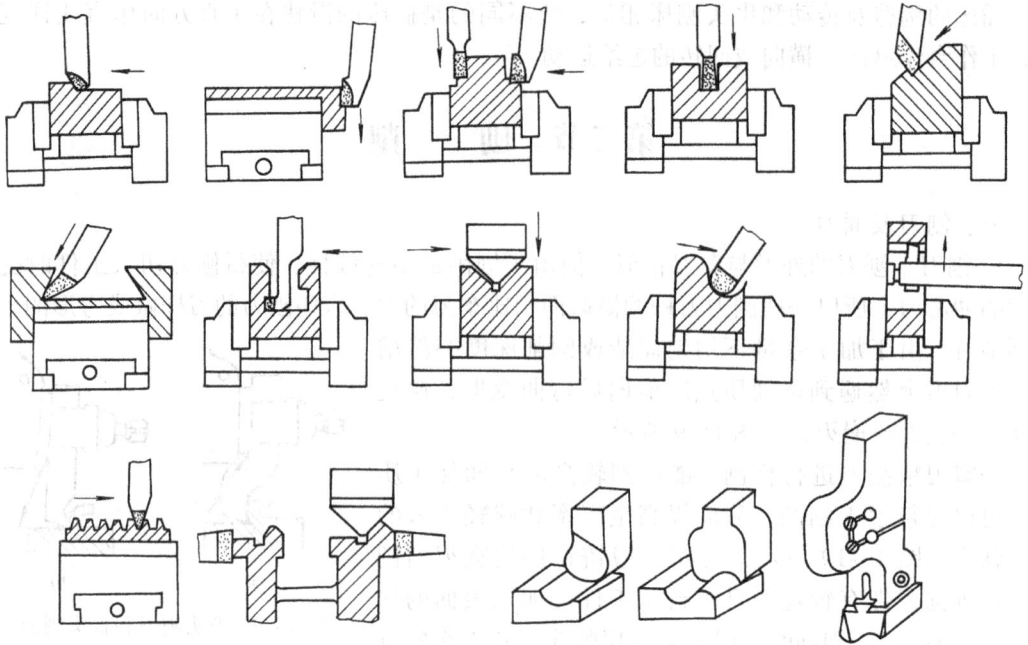

图 15-12　刨削所能完成的工作

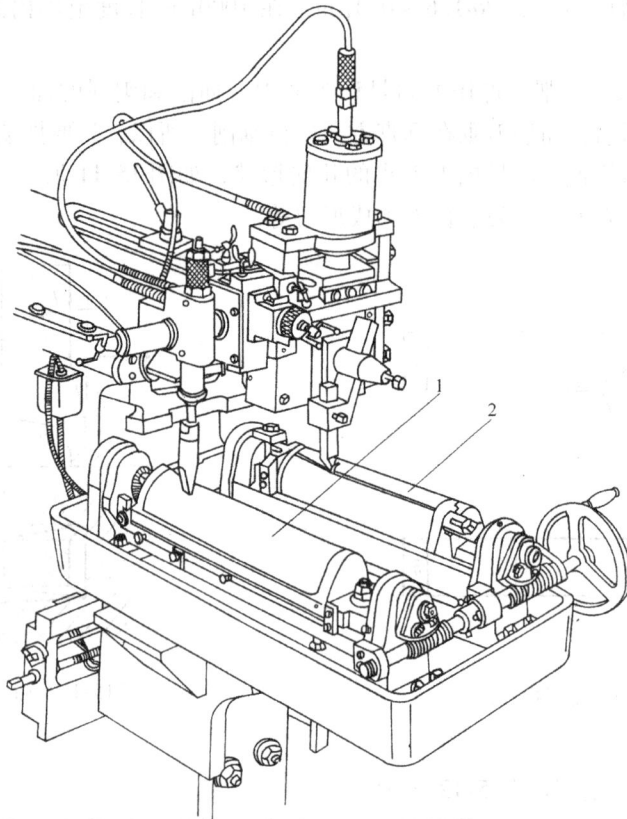

图 15-13　用液压仿形刨床加工汽轮机叶片
1—靠模　2—工件

插削主要用来加工各种装夹时垂直于工作台的槽、孔，如键槽、花键槽、六方孔、四方孔和其他多边形孔等。利用划线，也可加工盘形凸轮等特形面。在插床上加工内表面比在刨床上方便，但插床的生产效率低，一般适用于单件、小批量生产。大批量生产时，往往由拉削代替插削。

## *第三节　拉　　削

用拉刀在拉床上加工工件内、外表面的工艺过程称为拉削。

拉削可看作是多把刨刀排列成队的多刃刨削，如图 15-14 所示。因此，拉削从切削性质上来看，近似于刨削和插削。

拉削运动比较简单，只有主运动，没有进给运动。拉削时，工件固定不动，拉刀相对于工件作直线运动。拉刀的切削齿后一个比前一个高，因此在一次进给中，被加工零件表面的全部切削余量被拉刀上不同的切削刃分层切下，所以生产率很高。并且，由于拉削速度较低，拉削过程平稳，切

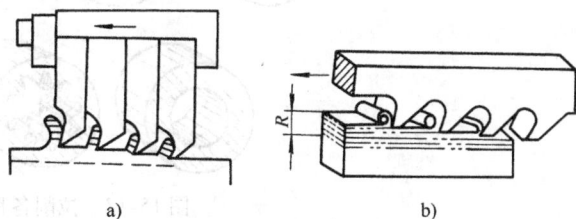

图 15-14　拉削与刨削
a) 多刃刨削　b) 拉削平面

削层的厚度很薄，拉刀的精度很高，因此可以达到较高的公差等级（IT5）和低的表面粗糙度（$Ra0.4\mu m$）。

### 一、拉床及拉刀

1. 拉床　拉床是用拉刀进行加工的机床。拉床按其加工表面的不同，可分为内表面拉床及外表面拉床；按机床结构的不同，可分为卧式拉床及立式拉床。拉床的工作一般由液压驱动，主参数用额定拉力表示。图 15-15 为卧式拉床外观图。

2. 拉刀　根据被加工表面及孔断面形状的不同，拉刀有各种形式。图 15-16 所示为圆孔拉刀的结构，$l_1$ 为装卡拉刀用的柄部，用以夹持拉刀，并带动拉刀运动；$l_2$ 为颈部；$l_3$ 为导向部分，用以引导拉刀正确的加工位置，防止拉刀歪斜；$l_4$ 为切削部分，有切削齿，用于

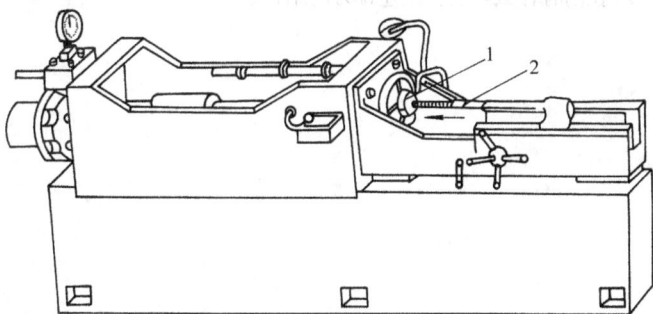

图 15-15　卧式拉床外观图
1—工件　2—拉刀

切削金属。切削齿上有切屑槽，用以容纳切屑。切屑槽应有足够的空间，否则容纳不下切屑，会破坏已加工表面，甚至使拉刀折断。切削齿刃上沿轴向有交错的断屑槽。$l_5$ 为校正部分，用作最后的修正加工。$l_6$ 为防止拉刀工作时下垂的后支持部分，又称为后导向部分。

### 二、拉削加工

拉削可以加工各种形状的通孔、平面及成形表面，特别适宜于加工用其他方法较难加工

的各种异形通孔零件，如图 15-17 所示。拉削孔形时，必须预先钻孔或车孔。

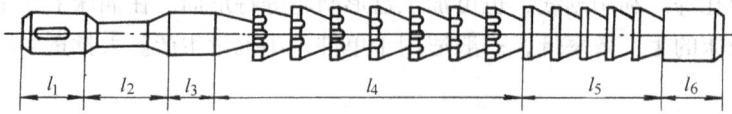

图 15-16　圆孔拉刀的结构

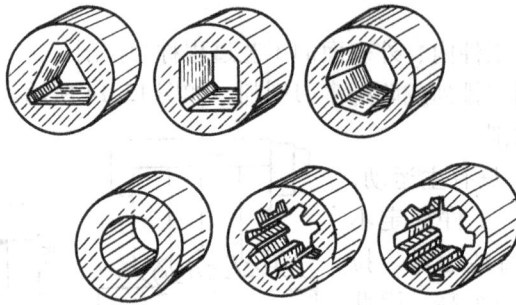

图 15-17　拉削各种孔形

近几年来，随着拉削工艺的发展，一些外齿轮、斜齿圆柱齿轮、锥齿轮，甚至非圆齿轮也能用拉削方法生产。但由于拉刀制造复杂，成本高，故拉削在小批量生产中很少采用。

# 复　习　题

1. 刨削有哪些特点？
2. B6065 型牛头刨床由哪些主要部件组成？
3. 在刨床上能完成哪些工作？
4. 说明龙门刨床的加工特点及其应用范围。
5. 拉削有什么特点？试述拉刀的结构。

# 第十六章　钻削与镗削

在机器制造中，孔的加工占有很大的比重。孔的加工方法很多，用钻头在实体材料上加工孔称为钻孔。钻孔精度较低，为了提高精度和降低表面粗糙度，钻孔后还要继续进行扩孔和铰孔。对直径较大的孔，当尺寸精度及位置精度要求较高时，应进行镗孔。用镗削方法扩大工件孔径的方法称为镗孔。

## 第一节　钻　床

钻床主要用于加工尺寸不大、精度要求不高的孔。工作时，主运动为刀具随着主轴的旋转运动，进给运动是刀具沿主轴轴线的移动。工厂中常见的钻床主要有台式钻床、立式钻床和摇臂钻床等。

### 一、台式钻床

台式钻床是一种小型钻床，常用来钻直径在13mm以下的孔，一般采用手动进给。图16-1所示为台式钻床。台式钻床小巧灵活，使用方便，适用于加工小型零件上的各种小孔。

### 二、立式钻床

立式钻床的主要规格以最大钻孔直径表示，常见的有25mm、35mm、40mm、50mm等几种类型。

如图16-2所示，电动机将动力经主轴箱4传给主轴2，使主轴带动钻头旋转，同时把

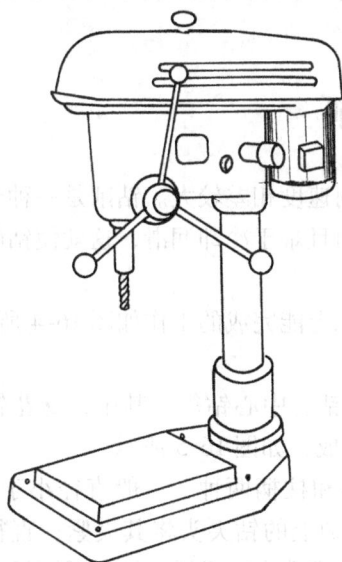

图 16-1　台式钻床

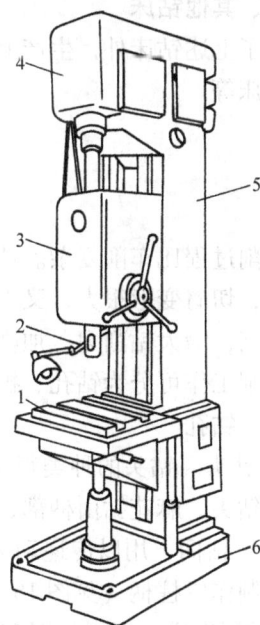

图 16-2　立式钻床

1—工作台　2—主轴　3—进给箱
4—主轴箱　5—立柱　6—底座

动力传给进给箱 3，使主轴沿轴向作机动进给运动。利用手柄，也可以实现手动轴向进给。进给箱和工作台 1 可沿立柱 5 上的导轨上下调整位置，以加工不同高度的工件。

立式钻床主轴的轴线位置是固定的，不能调整，所以加工完一个孔后，若需要加工另一个孔，则要移动工件，使钻头与另一个被加工孔的中心重合。这对大而重的工件来说，操作很不方便。因此，它只适于在单件、小批量生产中加工中、小型零件。

### 三、摇臂钻床

图 16-3 为摇臂钻床外形图。摇臂 2 可在立柱 4 上作上下移动和作 360° 回转，主轴箱 1 可沿摇臂 2 上的导轨作水平移动。所以，摇臂钻床工作时可以很方便地调整主轴 3 的位置。为了使主轴在加工时能保持正确的位置，摇臂钻床上备有立柱、摇臂及主轴箱的锁紧机构。在将主轴的位置调整好后，可以将它们快速锁紧。

摇臂钻床适用于在笨重的大工件以及多孔工件上钻孔。它是在不移动工件的情况下，靠移动钻轴对准工件上孔的中心来钻孔的，因此效率很高。

图 16-3　摇臂钻床外形图
1—主轴箱　2—摇臂　3—主轴　4—立柱

### 四、其他钻床

除了上述钻床外，生产上还使用多轴钻床、卧式钻床和其他专用钻床，如中心孔钻床、深孔钻床等。

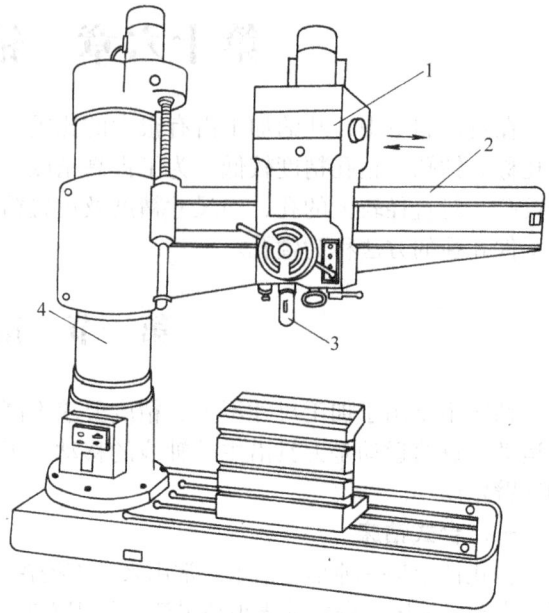

# 第二节　钻　削

钻削过程比车削复杂。钻削时，切削刃各部分的切削速度相差较大。钻削是一种半封闭式切削，切屑变形很大，又不能像车削那样自由排出，而且难于冷却润滑，这就使钻削温度容易增高，增大钻削力，加剧钻头磨损。

钻削工作可分为钻孔、扩孔、铰孔及锪孔等。在钻床上能完成的工作如图 16-4 所示。

### 一、钻孔

1. 钻头　钻头的种类很多，有麻花钻、扁钻、深孔钻、中心钻等。其中，麻花钻是最常用的钻头。麻花钻由柄部、空刀（颈部）、工作部分组成，如图 16-5 所示。

（1）钻柄　用以传递动力和夹持定心。钻柄有锥柄和柱柄两种，一般直径小于 13mm 的钻头制作成柱柄（见图 16-5b），钻削时用装在钻床主轴上的钻夹头将其夹紧；直径大于 13mm 的制作成锥柄（见图 16-5a），可直接插入钻床主轴锥孔内，或插入钻套后再插入钻床主轴孔内。钻套和钻夹头如图 16-6 所示。

（2）空刀　工作部分和钻柄之间的连接部分，一般钻头的规格和标号都刻在该处。

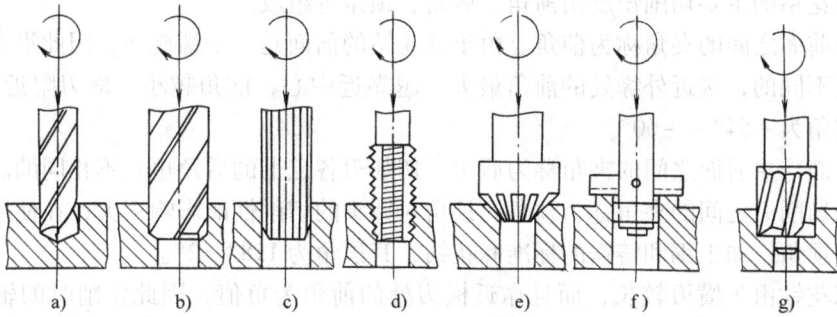

图 16-4 在钻床上能完成的工作

a) 钻孔 b) 扩孔 c) 铰孔 d) 攻螺纹 e) 锪锥形沉孔 f) 锪孔的端面 g) 锪平底沉孔

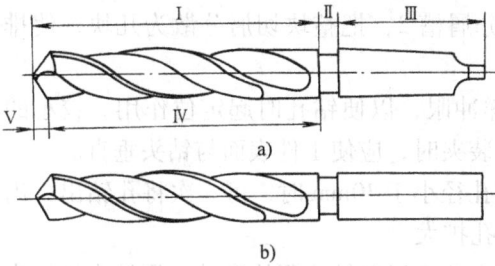

图 16-5 标准麻花钻

Ⅰ—工作部分 Ⅱ—空刀 Ⅲ—柄部
Ⅳ—导向部分 Ⅴ—切削部分

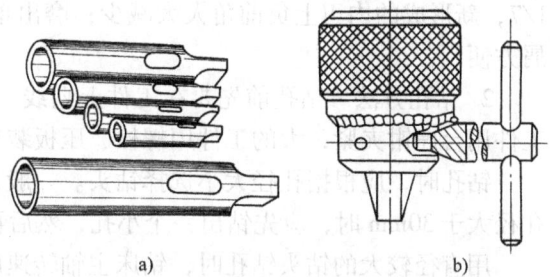

图 16-6 钻套和钻夹头

a) 钻套 b) 钻夹头

（3）工作部分 钻头的主要部分，包括导向部分和切削部分。

1）导向部分。导向部分在切削时起着引导钻头方向的作用，同时也是切削部分的后备。导向部分主要由两条对称的螺旋槽和刃带（棱边）组成。螺旋槽的作用是正确地形成切削刃和前角，并起着排屑和输送切削液的作用。刃带的作用是引导钻头保持切削方向，使之不偏斜。为了减少钻头和孔壁间的摩擦，导向部分的直径略有倒锥，前大后小。

2）切削部分。标准麻花钻的切削部分如图16-7所示。它有两个刃瓣，而每个刃瓣可看作是一把反向的外圆车刀。螺旋槽表面为钻头的前面，切屑沿此表面流出。切削部分顶端两曲面称为主后面。钻头两侧的刃带与已加工表面相对应的表面称为副后面。

图 16-7 标准麻花钻的切削部分

1—横刃 2—主切削刃 3—棱边 4—副后面
5—前面 6—副切削刃 7—刀尖 8—主切
削刃 9—主后面

钻头上有两个主切削刃、两个副切削刃和一个横刃，这是钻头的重要特点。前面与主后面的交线是主切削刃，前面和副后面的交线是副切削刃（即棱刃），两个主后面的交线是横刃。

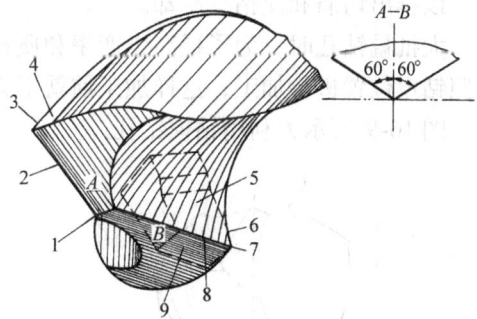

标准麻花钻的主要切削角度由前角、后角、顶角等组成。

基面与前面之间的夹角称为前角。由于麻花钻的前面是一个螺旋面，因此沿主切削刃各点的前角是不同的，接近外缘处的前角最大，越靠近中心，前角越小，横刃附近为负前角，横刃上的前角为 $-54° \sim -60°$。

切削平面与主后面之间的夹角称为后角。切削刃各点上的后角也是不相同的。

两条主切削刃之间的夹角称为顶角。顶角对钻头的切削性能影响很大，在使用时，必须合理地选择顶角。加工钢和铸铁的标准麻花钻，其顶角为 $118° \pm 2°$。

标准麻花钻由于横刃较长，而且靠近横刃处的前角为负值，因此钻削时的轴向阻力很大，加工质量和生产率都不很高。目前，生产中采用一些高效率的先进钻头，如"群钻"就是较典型的代表。图 16-8 所示为加工钢材的标准"群钻"的切削部分。其特点是在切削刃上磨出月牙形的圆弧槽，形成凹圆弧刃 1，修磨横刃 3，使横刃磨到只有原来长度的 1/5 ~ 1/7，新形成的内刃上负前角大大减少；磨出单边分屑槽 2，把整块切屑分散为几块，使排屑方便。

2. 钻孔方法　钻孔前先要在工件上划线，打样冲眼，以便钻孔时起定位作用。较小的工件用台虎钳夹紧，大的工件用螺栓、压板装夹。装夹时，应使工件表面与钻头垂直。

钻孔时，应根据孔径大小选择钻头。一般，当孔径小于 30mm 时，可一次将孔钻出；当孔径大于 30mm 时，应先钻出一个小孔，然后再将孔扩大。

用直径较大的钻头钻孔时，钻床主轴转速应低一些，以免钻头很快磨钝；用较小的钻头钻孔时，钻床主轴转速可高一些，但进给量应小一些，以免钻头折断。钻孔开始时，应先钻一个浅坑，检查孔的位置是否正确；当孔将要钻穿时，应减小进给量，以免由于横刃产生的很大的轴向切削力的迅速消失，使钻头突然切入工件而发生事故；钻深孔时，应经常提起钻头，以排出切屑和使钻头冷却。

大批量钻孔时，为了提高生产率和质量，可先按照工件的形状和尺寸制成钻模，钻削时按照钻模位置进行加工，这样加工前就不必在工件上划线了。

图 16-9 所示为利用钻模钻孔。

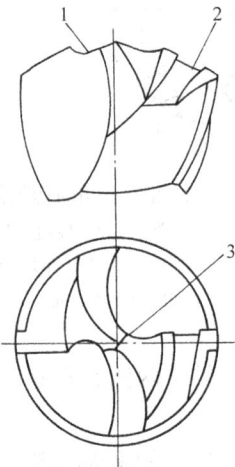

图 16-8　加工钢材的标准"群钻"的切削部分
1—凹圆弧刃　2—分屑槽　3—横刃

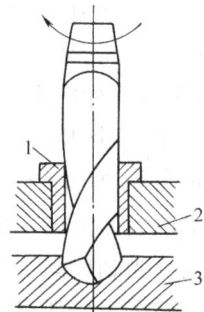

图 16-9　利用钻模钻孔
1—钻套　2—钻模　3—工件

## 二、扩孔、铰孔及锪孔

一般的扩孔工作可以用麻花钻进行，精度要求较高的孔则用专门的扩孔钻（见图16-10）加工。扩孔钻的切削刃一般有三个或四个，比一般钻头多。由于扩孔钻的切削刃和刃带多，故其导向性好，工作起来比较稳定，振动小，不易偏斜，而且扩孔钻没有横刃，轴向切削力小，刀具强度好，所以扩出孔的精度和表面质量比较高。利用扩孔钻扩孔，加工精度可达 IT9 公差等级，表面粗糙度可达 $Ra3.2\mu m$。

为了提高孔的表面质量和精度，用铰刀对孔进行精加工称为铰孔。铰孔精度可达 IT6公差等级，表面粗糙度值可达 $Ra0.2\mu m$。

铰刀根据使用方法，可分为手用铰刀和机用铰刀两种。如图 16-11 所示，手用铰刀工作部分较长，齿数较多，机用铰刀工作部分较短。

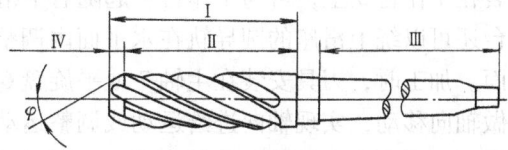

图 16-10　扩孔钻

Ⅰ—工作部分　Ⅱ—导向部分　Ⅲ—柄部

Ⅳ—切削部分

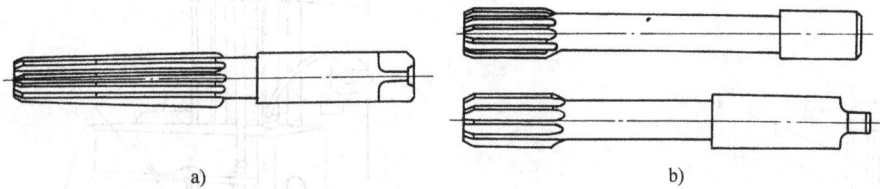

图 16-11　铰刀

a）手用铰刀　b）机用铰刀

铰孔是精加工，所以加工余量不应过大，铰削余量见表 16-1。

表 16-1　铰削余量　　　　　　　　　　　　　（单位：mm）

| 铰孔直径 | <5 | 5~20 | 21~32 | 33~50 | 51~70 |
|---|---|---|---|---|---|
| 铰削余量 | 0.1~0.2 | 0.2~0.3 | 0.3 | 0.5 | 0.8 |

为了保证铰孔质量，铰孔时必须使用适当的切削液，借以冲掉切屑和消散热量。

机铰时，为了保证工件与机床主轴中心线的同轴度，常把铰刀安装在浮动夹头中。

锪孔是指用锪孔钻加工平底或锥形沉孔，或锪平孔的局部端面。锪孔钻工作情况如图16-4e、f、g 所示。

# 第三节　镗　　削

镗削是用镗刀在镗床上进行切削的一种加工方法。与钻床比较，镗床可以加工直径较大的孔，精度较高，且孔与孔的轴线同轴度、垂直度、平行度及孔间距离的精确性都较高。因此，镗床特别适于加工箱体和机架等结构复杂、尺寸较大的零件。在这类零件上往往需要加工一系列分布在不同平面、不同轴线上的孔，而且精度要求一般比较高。

　　镗削加工的主运动由刀具的旋转运动来完成，进给运动由刀具或工件的移动来完成。

　　镗床种类很多，有卧式铣镗床、立式镗床、坐标镗床、金刚镗床等。其中，卧式铣镗床应用最广。

　　卧式铣镗床如图 16-12 所示。图 16-12 中，主轴箱 8 可沿立柱 9 的导轨上下移动，工件安装在工作台 5 上，可与工作台一起随着下滑座 3 或上滑座 4 作纵向或横向移动。此外，工作台还可以绕上滑座的圆导轨在水平面内调整至一定角度，以便加工互相成一定角度的孔或平面。加工时，刀具安装在主轴 7 或平旋盘 6 上，由主轴获得各种转速。镗刀还可以随着主轴做轴向移动，实现轴向进给运动或调整运动。当镗杆或刀杆伸出较长时，可用后立柱 1 上的镗杆支承 2 来支持镗杆的另一端，以增强其刚性。当刀具装在平旋盘上的径向刀架上时，径向刀架带着刀具作径向进给，完成车削端面的工序。

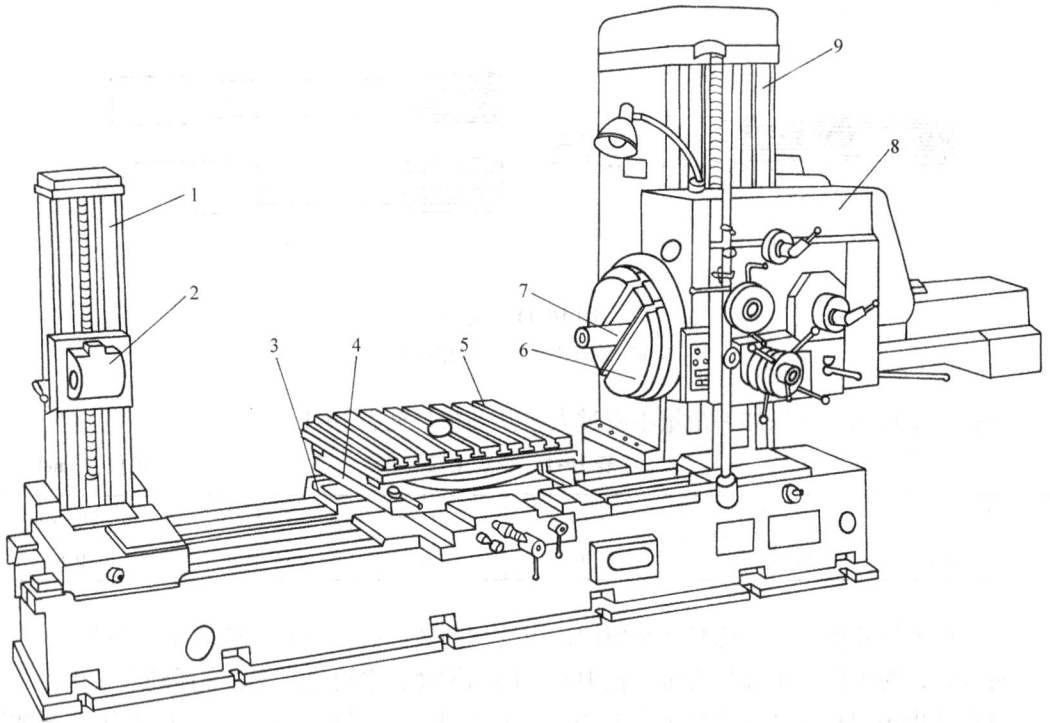

图 16-12　卧式铣镗床

1—后立柱　2—镗杆支承　3—下滑座
4—上滑座　5—工作台　6—平旋盘
7—主轴　8—主轴箱　9—立柱

　　镗床除可进行镗孔外，还能加工端面、钻孔、扩孔、锪孔，并可加工短圆柱面、内外环形槽以及内外螺纹等。图 16-13 所示为卧式铣镗床工作示例。

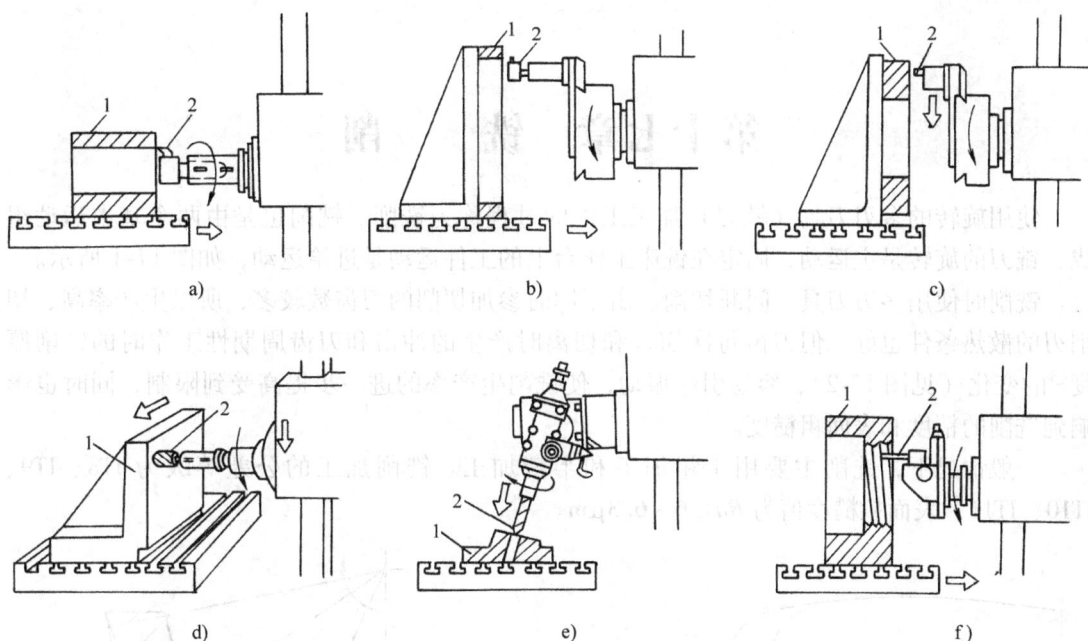

图 16-13 卧式铣镗床工作示例

a) 镗孔 b) 镗大孔 c) 车端面 d) 铣平面 e) 钻孔 f) 车螺纹

1—工件 2—刀具

# 复 习 题

1. 说明钻头的组成及其作用?
2. 指出麻花钻的前角、后角、顶角。
3. 在钻床上能完成哪些工作?
4. 麻花钻在结构上有哪些缺点? 标准"群钻"在结构上有哪些改进?
5. 比较钻、扩、铰加工的特点和应用范围。
6. 在镗床上能完成哪些工作?

# 第十七章 铣 削

使用旋转的多刃刀具（铣刀）加工工件的过程称为铣削。铣削也是由两个基本运动组成，铣刀的旋转是主运动，固定在铣床工作台上的工件运动是进给运动，如图 17-1 所示。

铣削时使用多刃刀具，间断切削。由于同时参加切削的刀齿数较多，所以生产率高，切削刃的散热条件也好。但刀齿每次切入和切离时产生的冲击和刀齿周期性工作时的铣削厚度⊖的变化（见图 17-2），容易引起振动，使铣削生产率的进一步提高受到限制，同时也影响到铣削的精度和表面粗糙度。

一般情况下，铣削主要用于粗加工和半精加工。铣削加工的公差等级为 IT8、IT9、IT10、IT11，表面粗糙度值为 $Ra1.6 \sim 6.3 \mu m$。

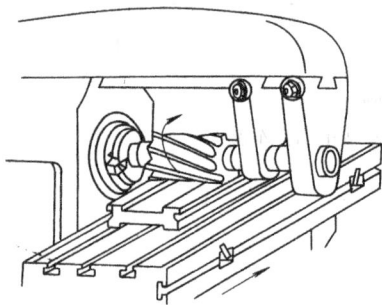

图 17-1　铣削

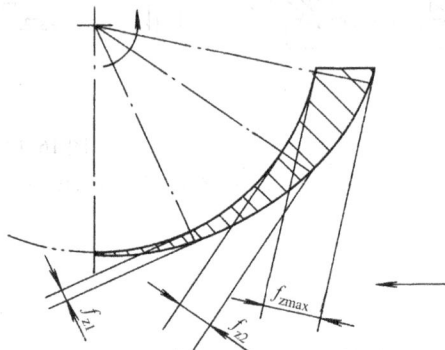

图 17-2　圆柱铣刀铣削厚度的变化

## 第一节 铣床及铣床附件

### 一、铣床

铣床的种类很多，根据结构及用途的不同可分为卧式铣床、立式铣床、龙门铣床、仿形铣床和工具铣床等，其中最常用的是卧式铣床和立式铣床。

1. 卧式铣床　这种铣床的主轴是水平的，和工作台台面平行。为了完成铣螺旋槽等工作，有的卧式铣床的工作台还可以在水平面内旋转一定角度，这就是万能卧式铣床。

万能卧式升降台铣床如图 17-3 所示。电动机（在床身后面）通过变速机构将动力传给主轴，使主轴带动铣刀旋转；悬梁用来支承铣刀心轴外端，以加强刀杆的刚性；悬梁可在床身顶部的水平导轨中移动，以调整其伸长的长度；工件装在工作台上，可随着升降台上下移动，也可随着纵、横滑板做纵、横向移动，还可随着回转盘向左、右各转动 $0° \sim 45°$，以便铣螺旋槽等。

----

⊖ 铣刀每个刀齿切下的金属层在铣刀半径方向的厚度称为铣削厚度，单位为 mm。

2. **立式铣床** 立式铣床与卧式铣床的主要区别是，它的主轴是直立的，与工作台成垂直位置。立式升降台铣床如图17-4所示。

有的立式铣床的主轴还能在垂直面内旋转一定的角度，以扩大加工范围。立式铣床的其他部分与卧式铣床相似。

3. **龙门铣床** 龙门铣床是用来加工大型零件的。这种铣床共有四个铣头，可以安装四把铣刀同时铣削工件的几个表面。

此外，还有仿形铣床、各种专用铣床等。仿形铣床常用来加工样板、凸轮、冲模、锻模及铸模等曲线形工件。专用铣床一般以用途或被加工零件类型命名，如键槽铣床、曲轴铣床、转子铣床等。

**二、铣床附件**

铣床上常用的附件有以下几种：

1. **机床用平口虎钳** 在铣削工件时，常使用机床用平口虎钳夹紧工件。它通常用T形螺钉固定在铣床工作台上。机床用平口虎钳可分为固定式和回转式两种。回转式机床用平口虎钳可以绕底座旋转360°。图17-5所示为常用的一种机床用平口虎钳。

2. **回转工作台** 回转工作台用来辅助铣床完成各种曲面和分度零件的铣削。回转工作台分为手动和机动两种。

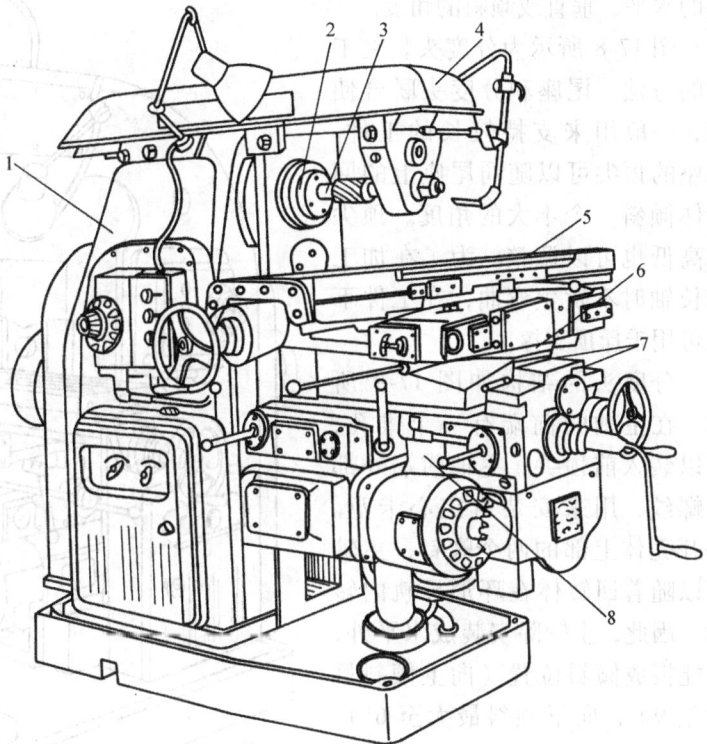

图17-3 万能卧式升降台铣床

1—床身 2—主轴 3—刀杆 4—悬梁 5—工作台
6—回转盘 7—横滑板 8—升降台

图17-6a所示为手动回转工作台。转动手轮3，通过工作台内部安装的蜗杆副传动，带动转盘1转动，转动螺钉2，可夹紧或放松转盘1。转盘的中心为圆锥孔，用于工件定位，以使工件圆弧和转盘同心。盘面上有T形槽，供穿T形螺钉用，利用压板可将工件夹紧在转盘上。

机动回转工作台依靠传动系统，把工作台的转动与铣床的工作联系起来，这样工件就可以在铣削圆弧时作自动进给。图17-6b所示为机动回转工作台。传动轴5通过万向接头装置可以和铣床上的传动装置相连接，以进行机动进给。扳动手柄6可以接通或断开机动进给，通过调整挡铁4的位置，可以使转盘自动停止在所需要的位置上。转盘侧面有刻度，以利于观察确定工作台的位置。若把手轮安装在方头7上，则可以进行手动进给。

3. **万能铣头** 在铣床上，为了扩大工作范围，可以装上万能铣头，其主轴可以在相互垂直的两个平面内旋转。它不仅能进行立铣、卧铣，而且可以在工件的一次装夹中进行任何角度的铣削。图 17-7 所示为万能铣头。

4. **万能分度头及其工作** 分度头是万能铣床的重要附件，在铣床上加工某些机器零件（如齿轮、花键轴、离合器、蜗轮、蜗杆等）和切削工具（如铰刀、麻花钻等）时，都要使用分度头。它可以使工件转动一定角度，把工件圆周分成任意等分，当铣削螺旋槽或斜齿圆柱齿轮时，能使工件的转动与工作台的移动以一定的传动比联系起来，并且可以把工件的轴心相对于机床工作台装置成所需要的水平、垂直或倾斜的角度。

图 17-8 所示为分度头装夹工件的方法。尾座和分度头联合使用，一般用来支持较长的工件。尾座的顶尖可以随同尾座上的回转体倾斜一个不大的角度。顶尖的高低也可以调整。为了在加工细长轴时不发生弯曲，在工件下面可用千斤顶支撑。

分度头的结构如图 17-9 所示。在主轴的前端有一个锥孔，可以装入前顶尖。主轴前端外部有螺纹，用来安装自定心卡盘。松开壳体上部的两个螺钉，主轴可以随着回转体在环形导轨内转动。因此，主轴除安装成水平外，还能扳成倾斜位置（向上倾斜最大至 90°，向下倾斜最大至 6°）。当将主轴调到所需位置时，应拧紧壳体上的螺钉。主轴倾斜位置可以从刻度上看出。

分度头的分度方法有简单分

图 17-4　立式升降台铣床

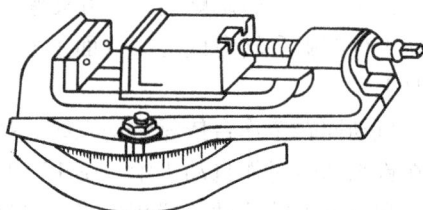

度法、直接分度法、角度分度法和差动分度法等多种，这里介绍常用的简单分度法。

简单分度法主要依靠蜗杆和蜗轮传动来分度。图 17-10 为分度头传动系统图。分度时，用锁紧螺钉将分度盘固定，旋转手柄，通过传动比为 1:1 的一对齿轮和 1:40 的蜗杆副，使主轴转动。根据传动比计算，主轴转 1 转，手柄要转 40 转。

由此可知，当工件的分度数目为 Z 时，每铣完一个槽（或一个齿），主轴应转 $\frac{1}{Z}$ 转，此时手柄应

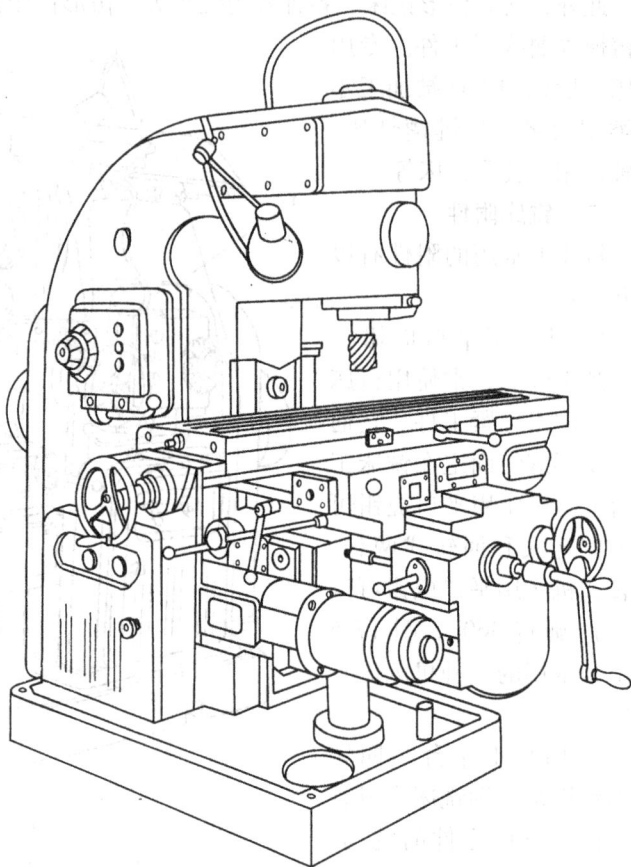

图 17-5　机床用平口虎钳

转的转数为

$$n = \frac{40}{Z}$$

式中   $n$——手柄应转转数；

        $Z$——工件的等分数目；

        40——分度头的定数。

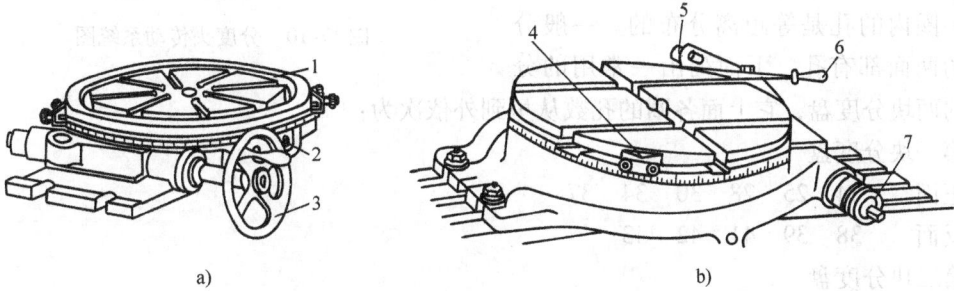

图 17-6 回转工作台

a）手动回转工作台 b）机动回转工作台

1—转盘 2—螺钉 3—手轮 4—挡铁 5—传动轴 6—手柄 7—手动进给手轮的连接方头

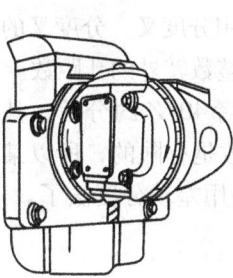

图 17-7 万能铣头

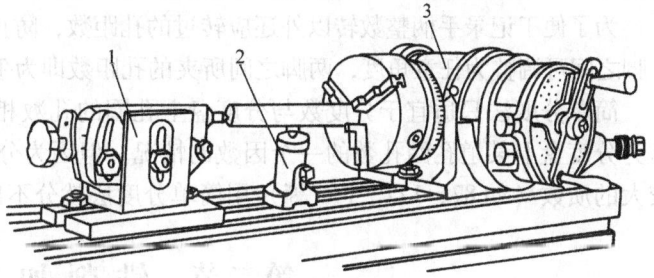

图 17-8 分度头装夹工件的方法

1—尾座 2—千斤顶 3—分度头

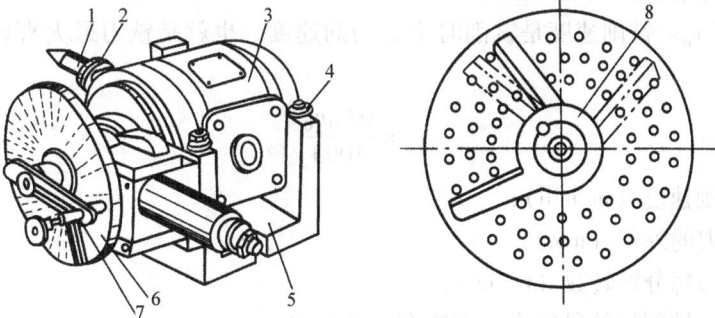

图 17-9 分度头的结构

1—顶尖 2—主轴 3—回转体 4—螺钉 5—壳体 6—分度盘 7—分度手柄 8—分度叉

例如，铣 30 个齿的齿轮时，即 $z = 30$，那么，当每铣完一个齿槽后，手柄应转的转数为

$$n = \frac{40}{z} = \frac{40}{30} = 1\frac{1}{3}$$

手柄转过的整转数是容易控制的，不满一转的转动可以利用分度盘来解决。

一般分度头都备有两块分度盘，分度盘上有几圈小孔，各圈小孔的孔数不等，但同一圈内的孔是等距离分布的。一般分度盘的两面都有孔。下面列出一常用的分度头的两块分度盘，它上面各圈的孔数从里到外依次为：

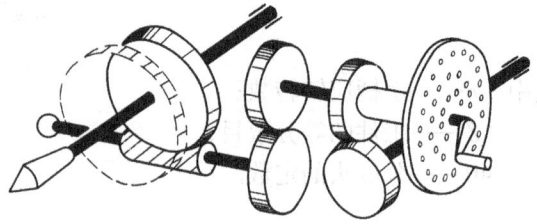

图 17-10　分度头传动系统图

第一块分度盘

正面　　24　25　28　30　34　37

反面　　38　39　41　42　43

第二块分度盘

正面　　46　47　49　51　53　54

反面　　　57　58　59　62　66

前述的 $1\frac{1}{3}$ 转，则在转过 1 转后，根据分度盘的孔圈数选择，在 24 孔的孔圈上转过 8 个孔距即可，也可以在 30 孔的孔圈上转过 10 个孔距。

为了便于记录手柄整数转以外还应转过的孔距数，防止差错，可使用分度叉。分度叉的两个脚之间可调整为任意角度，两脚之间所夹的孔距数即为手柄应转过的整数转外的孔距数。

简单分度法只适宜于分度数与分度盘上孔圈的孔数相同的情况或者 $40/Z$ 约分后，其分母为分度盘上某道孔圈孔数的一个因数的情况。但因为分度盘上孔圈数是有限的，所以某些较大的质数（如 87、127、131 等）用简单分度法就分不出了，而必须用差动分度法了。

# 第二节　铣削加工

### 一、铣削用量

铣削用量分析如图 17-11 所示。

1. 铣削速度 $v_c$　铣削速度是铣削时主运动的速度，也就是铣刀最大直径处切削刃的圆周速度，即

$$v_c = \frac{\pi D_0 n_0}{1000}$$

式中　$v_c$——铣削速度（m/min）；

　　　$D_0$——铣刀的外径（mm）；

　　　$n_0$——铣刀每分钟转数（r/min）。

2. 进给量 $f$　铣削进给量的表示方法有三种形式：

（1）每齿进给量 $f_z$　铣刀每转过一齿，工件沿进给方向移动的距离，单位为 mm/z。

（2）每转进给量 $f_r$　铣刀每转过一转，工件沿进给方向移动的距离，单位为 mm/r。

（3）每分钟进给量 $f_{min}$　铣刀旋转 1min，工件沿进给方向移动的距离，单位为 mm/min。

　　铣床铭牌上所标出的进给量均为每分钟进给量，在工作时，应按每分钟进给量来进行调整。

　　3. 背吃刀量 $a_p$　指垂直于假定工作平面测量的切削层中最大的尺寸。端铣时，$a_p$ 为切削层深度；圆周铣削时，$a_p$ 为被加工表面的宽度。

　　4. 侧吃刀量 $a_e$　指平行于假定工作平面测量的切削层中最大的尺寸。端铣时，$a_e$ 为被加工表面宽度；圆周铣削时，$a_e$ 为切削层深度。

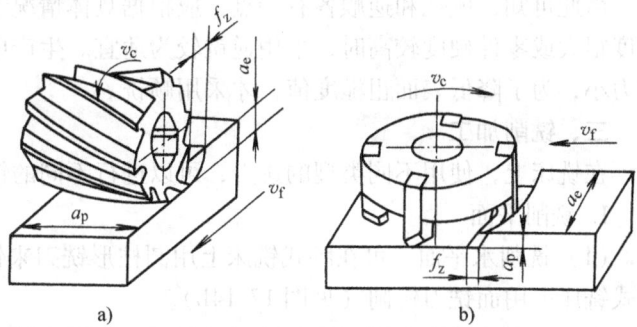

图 17-11　铣削用量分析
a) 圆周铣削　b) 端面铣削

　　影响铣削用量的因素较多，加工时，应根据机床、刀具、夹具的刚度大小、工件材料、加工要求、生产率等有关情况确定出合理的铣削用量。

　　**二、顺铣和逆铣**

　　铣削根据铣刀旋转方向和工件进给方向之间的关系可分为顺铣和逆铣两种。当铣刀旋转方向与工件进给方向相同时称为顺铣，如图 17-12；反之则称为逆铣，如图 17-13 所示。

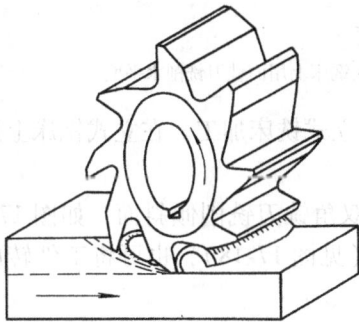

图 17-12　顺铣

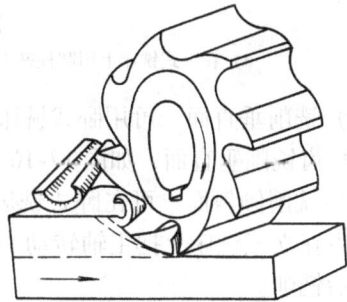

图 17-13　逆铣

顺铣与逆铣相比较具有以下特点：

　　1. 从铣刀寿命考虑　顺铣时，由于机床进给机构和螺母之间存在间隙，而切削力与进给方向一致，因此在切削力的作用下，工件和工作台会沿进给方向突然移动，使铣刀受到冲击，甚至出现刀齿崩毁或工件飞出等现象；而逆铣时，铣削力与进给方向相反，丝杠和螺母总是保持紧密的接触，不会出现以上现象。

　　但逆铣时，在铣刀刀齿切入工件的初期，首先在已加工表面上滑行一段距离后，才真正切入工件，这样会破坏已加工表面的质量，还会加速刀具后面的磨损。

　　2. 从工作平稳性考虑　顺铣时的切削力将工件压向工作台导轨，使工件装夹牢固，能够提高加工表面的质量；而逆铣时，铣削力有将工件及工作台上抬的趋势，会加大工作台与导轨之间的间隙，引起振动。

　　3. 从工作效率考虑　顺铣可以提高铣削速度，节省机床动力，比逆铣的生产率高。

由此可知，顺铣和逆顺各有特点，应根据具体情况予以选择。当零件表面有硬皮、切削厚度很大或零件硬度较高时，采用逆铣较为适宜。生产中广泛采用逆铣，只有精加工时，切削力小，为了降低表面粗糙度值，才采用顺铣。

**三、铣削加工**

在铣床上，使用不同类型的铣刀，可以进行不同的铣削加工。

1. 铣削平面

（1）铣削水平面　可在卧式铣床上用圆柱形铣刀来铣削水平面（见图 17-14a），也可在立式铣床上用面铣刀铣削（见图 17-14b）。

由于在立式铣床上用面铣刀铣削平面时，铣削比较平稳，加工表面也比较光洁，因此最好在立式铣床上采用面铣刀铣削水平面。

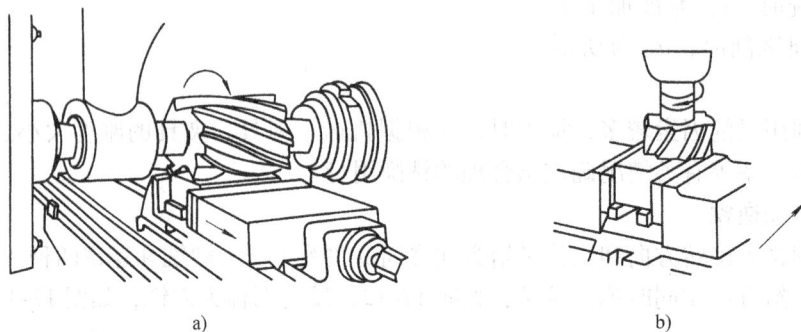

a)　　　　　　　　　　　　　　　　b)

图 17-14　铣削水平面

a）在卧式铣床上用圆柱铣刀铣削水平面　b）在立式铣床上用面铣刀铣削水平面

（2）铣削垂直面　可用卧式铣床（见图 17-15）与立式铣床加工。在立式铣床上用立铣刀的圆周齿铣削垂直面，如图 17-16 所示。

（3）铣削倾斜面　可在卧式铣床上用单角铣刀和双角铣刀铣削倾斜面，如图 17-17 所示；或者在立式铣床上把主轴转动一个角度进行铣削（见图 17-18），也可将工件转成所需要角度后铣削。

（4）铣削组合面　铣削由水平面、垂直面或倾斜面所组成的表面时，大型工件可在龙门铣床上加工，小型工件则用组合铣刀或成形铣刀在卧式铣床上加工，如图 17-19 所示。

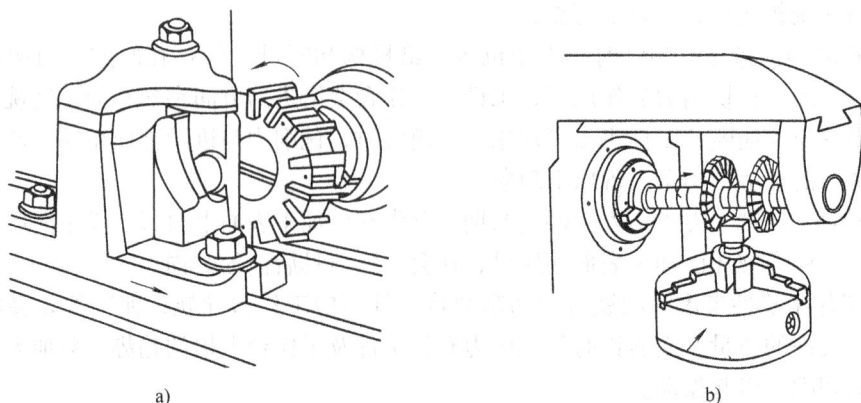

a)　　　　　　　　　　　　　　　　b)

图 17-15　用卧铣加工垂直面

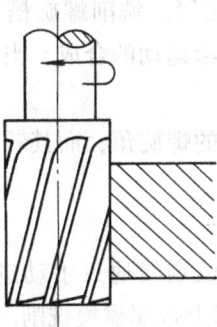

图 17-16　用立铣刀圆周齿铣削垂直面

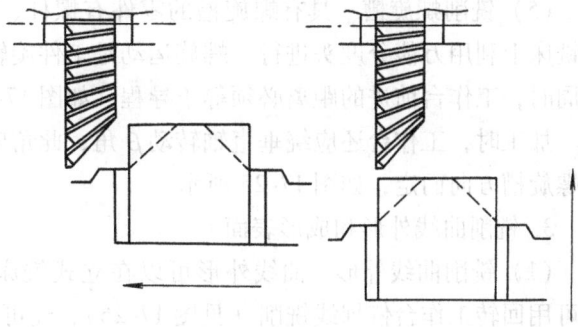

图 17-17　用角度铣刀铣削倾斜面

**2. 铣削槽**

（1）切断　一般用锯片铣刀在卧式铣床上进行，如图 17-20 所示。

图 17-18　主轴转动角度
后铣削倾斜面

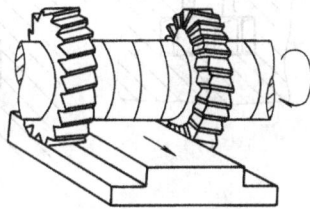

图 17-19　用组合铣刀铣削台阶

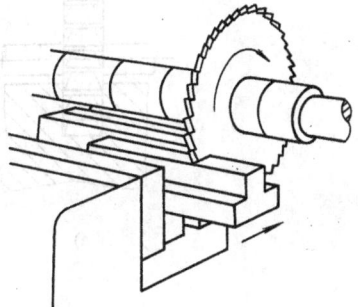

图 17-20　切断

（2）铣削直槽　可在卧式铣床上用盘形铣刀铣削直槽，如图 17-21a 所示；也可在立式铣床上用立铣刀铣削直槽，如图 17-21b 所示。

（3）铣削半圆形键槽　可采用与键槽同直径、同厚度的专用铣刀进行铣削，如图 17-22 所示。

（4）铣削 T 形槽　如图 17-23 所示，先用圆盘铣刀铣削直槽，然后再用 T 形铣刀铣削出 T 形槽。

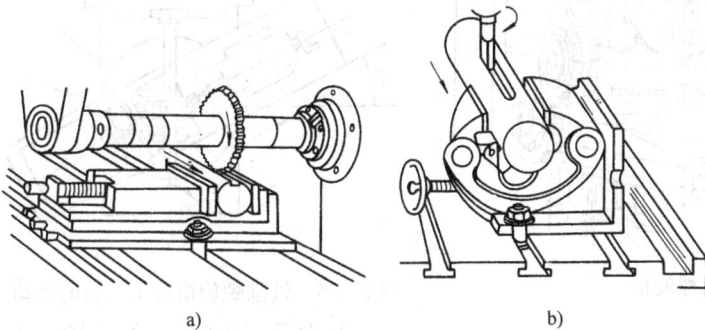

a)　　　　　　　　b)

图 17-21　铣削直槽

a）用盘形铣刀铣削直槽　b）用立铣刀铣削直槽

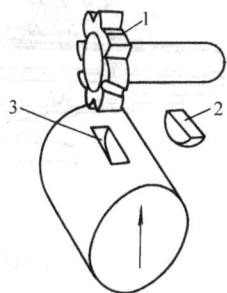

图 17-22　铣削半圆形键槽

1—半圆键槽铣刀　2—半
圆键　3—半圆键槽

（5）铣削螺旋槽　具有螺旋槽的零件有螺杆、斜齿圆柱齿轮等。铣削螺旋槽必须在卧式铣床上利用万能分度头进行。螺旋运动是工件旋转和工作台进给运动的合成，当工件旋转一周时，工作台前进的距离必须等于导程，如图 17-24 所示。

加工时，工作台还应绕垂直轴转动 $\beta$ 角，此角应等于螺旋线的螺旋角，而其转动方向根据螺旋槽方向而定，如图 17-25 所示。

3. 铣削曲线外形和成形表面

（1）铣削曲线外形　曲线外形可以在立式铣床上用立铣刀依划线通过手动进给铣削，也可用回转工作台依划线铣削（见图 17-26），还可以在立式铣床上按照靠模铣削。

（2）铣削成形面　图 17-27 所示为用成形铣刀铣削成形面。

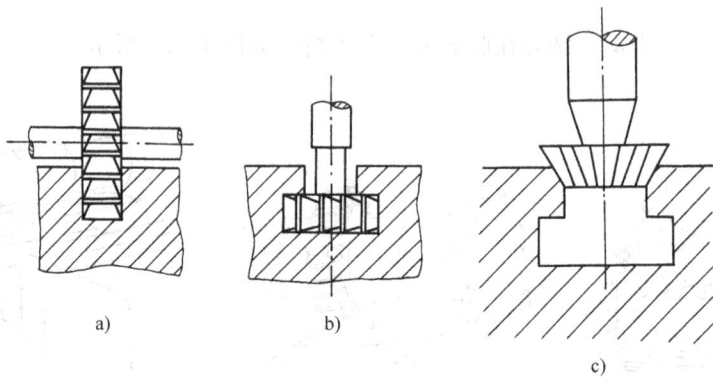

a)　　　　　　　　b)

c)

图 17-23　铣削 T 形槽

a) 铣削直槽　b) 铣削 T 形槽　c) 铣削 T 形槽倒角

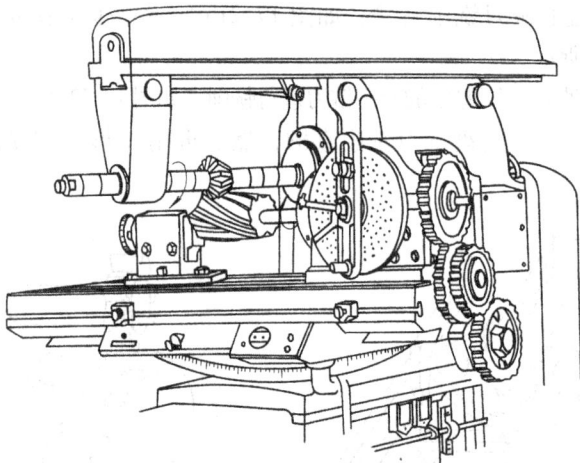

图 17-24　铣削螺旋槽

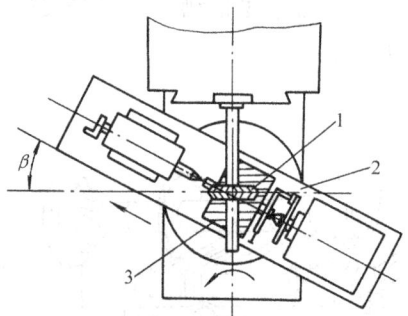

图 17-25　铣削螺旋槽时工作台的转动

1—铣刀　2—工作台　3—工件

4. 铣削齿轮

见第十九章齿轮加工。

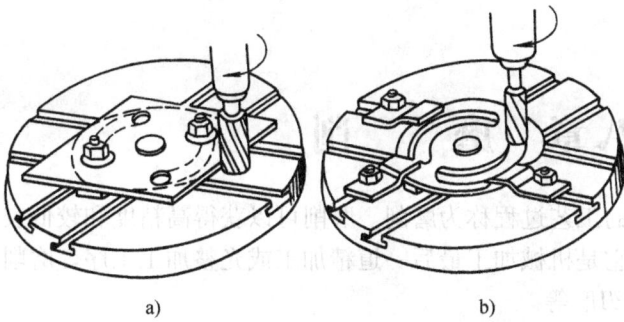

图 17-26　用回转工作台依划线铣削曲线外形

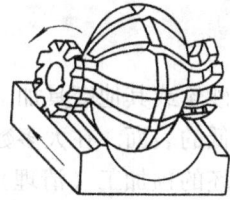

图 17-27　用成形铣刀铣削成形面

# 复 习 题

1. 铣削有什么特点？
2. 何谓顺铣、逆铣？说明顺铣和逆铣的应用。
3. 铣床分度头的主要用途有哪些？
4. 现有一万能分度头（孔圈数如前文中所示），完成下列分度：
   (1) 25 等分；(2) 72 等分；(3) 17 等分。
5. 在铣床上能完成哪些工作？

# 第十八章 磨 削

用砂轮或其他磨具加工工件表面的工艺过程称为磨削。磨削可以获得高精度和较低表面粗糙度低的表面。在大多数情况下，它是机械加工最后一道精加工或光整加工工序。磨削也用于毛坯的预加工（清理）或刀具的刃磨等。

根据切削方法的不同，磨削可分为轮磨、研磨、珩磨、抛光等，其中以轮磨的应用最为普遍。因此，本章仅讨论轮磨。

轮磨时砂轮每一个尖棱形的砂粒都相当于一个刀齿，整个砂轮可以看作是具有无数个刀齿的铣刀，所以可将磨削看成为密齿刀具的超高速切削过程。

磨削与车削、刨削、钻削、铣削等切削加工方法相比，有以下几个特点：

1）能达到很高的加工精度和低的表面粗糙度值。磨削加工一般精度可达 IT5～IT8 公差等级，表面粗糙度值可达 $Ra0.8～0.1\mu m$；若采用高精度磨削方法，则精度可达 IT5（公差等级）以上，表面粗糙度值可达 $Ra0.006\mu m$。

2）不仅能加工软材料（如未淬火钢、灰铸铁和有色金属等），而且可以加工硬度很高、用金属刀具很难加工甚至根本不能加工的材料（如淬火钢、硬质合金等）。

3）砂粒的几何形状不规则（负前角），切削速度很高，在磨削时会产生高温，因此在磨削过程中通常都要使用大量切削液。使用切削液，还能消除空气中和砂轮空隙中的砂粒粉末及金属微尘，可以提高生产率和工件表面质量，并能改善工作条件。

4）在一般情况下，磨削加工的切削深度较小，因此要求零件在磨削之前先进行粗加工及半精加工，切除毛坯上的大部分余量，留下极少部分作为磨削余量。

随着工业生产技术的发展，对机器性能的要求越来越高，零件的强度、硬度和加工精度的要求也不断提高，因而磨削加工显得更为重要。

## 第一节 磨 床

磨床的种类很多，根据加工对象的不同，磨床可分为外圆磨床、内圆磨床、平面磨床、无心磨床、工具磨床及其他专用磨床（如曲轴磨床）等。目前，生产中应用最多的是外圆磨床、内圆磨床和平面磨床。

### 一、万能外圆磨床

万能外圆磨床和普通外圆磨床的主要区别是：万能外圆磨床不仅能磨削圆柱形工件的表面，而且能磨削圆锥表面和内孔。

图 18-1 所示为 M1432B 型万能外圆磨床。型号中，"M"表示磨床类，"1"表示外圆磨床组，"4"表示万能型，"32"表示最大磨削直径为 320mm。如图 18-1 所示，在床身 1 顶面前部的纵向导轨上装有工作台 3，台面上装着工件头架 2 和尾座 6。被加工工件支承在头、尾座顶尖上，或用头架主轴上的卡盘夹持，由头架上的传动装置带动旋转，实现圆周进给运动。尾座在工作台上可左右移动调整位置，以适应装夹不同长度工件的需要，工作台由液压

传动沿床身导轨往复移动，使工件实现纵向进给运动；也可用手轮操纵，作手动进给运动调整纵向位置。工作台由上下两层组成，上工作台可相对于下工作台在水平面内偏转一定角度（一般不大于 ±10°），以便磨削锥度不大的圆锥面。砂轮架 5 由装有砂轮的主轴及传动装置组成，安装在床身顶面后部的横向导轨上，利用横向进给机构可实现横向进给运动以及调整位移。装在砂轮架上的内磨装置 4 用于磨削内孔，其上的内圆磨具由单独的电动机驱动。万能外圆磨床的砂轮架和头架，都可绕垂直轴线转动一定角度，以便磨削锥度较大的圆锥面。

此外，在床身内还有液压传动装置，在床身左后侧有切削液循环装置。

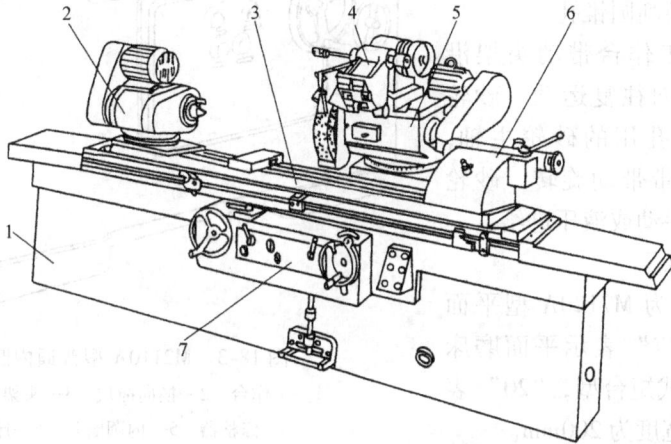

图 18-1　M1432B 型万能外圆磨床

1—床身　2—工件头架　3—工作台　4—内磨装置　5—砂轮架　6—尾座　7—控制箱

磨削锥度不大的长圆锥表面时，应调整磨床工作台的上台面，使其沿工作台的轴心转动一定角度，如图 18-2a 所示。磨削锥度较大的短圆锥面时，则可使砂轮架或头架绕垂直轴线旋转一定角度，如图 18-2b 所示。

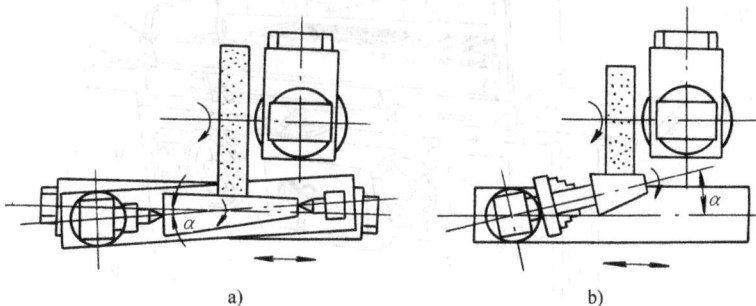

a)　　　　　　　　　　　b)

图 18-2　磨削圆锥面

a）磨削长圆锥面　b）磨削短圆锥面

在万能外圆磨床上还装有内圆磨具。内圆磨具装在可绕铰链回转的磨架上，不用时翻在砂轮架上方，使用时将其翻下。

## 二、内圆磨床

图 18-3 所示为 M2110A 型普通内圆磨床。型号中，"2" 表示内圆磨床组，"1" 表示内圆磨床型，"10" 表示最大磨削孔径为 100mm。如图 18-2 所示，内圆磨床的头架通过底板固定在工作台上，前端装有卡盘或其他夹具，用以夹持并带动工件旋转。头架可绕垂直轴线转动一定角度，以便磨削圆锥孔。

磨削时，由工作台带动头架沿床身的导轨作纵向往复运动。砂轮架上装有磨削内孔用的砂轮主轴，由电动机经传动带带动旋转，砂轮架可沿滑鞍横向手动或液压进给。

## 三、平面磨床

图 18-4 所示为 M7120A 型平面磨床。型号中，"7" 表示平面磨床组，"1" 表示卧式矩台型，"20" 表示工作台工作面宽度为 200mm。

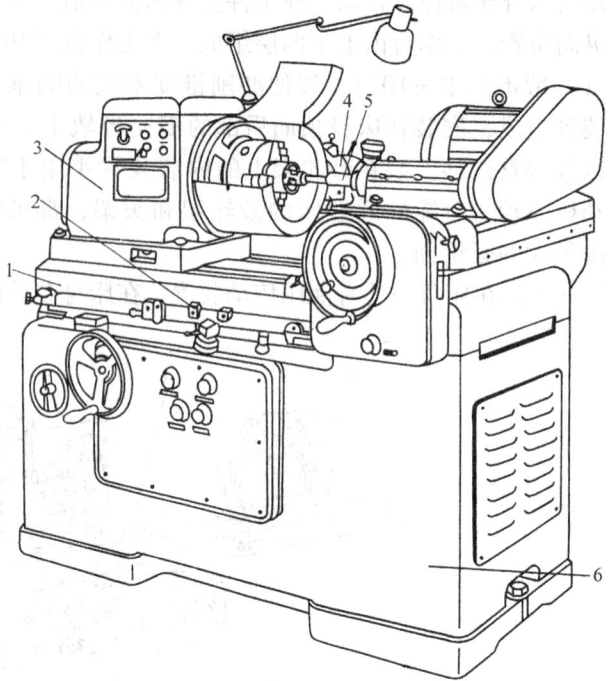

图 18-3　M2110A 型普通内圆磨床

1—工作台　2—换向撞块　3—头架　4—砂轮修整器　5—内圆磨具　6—床身

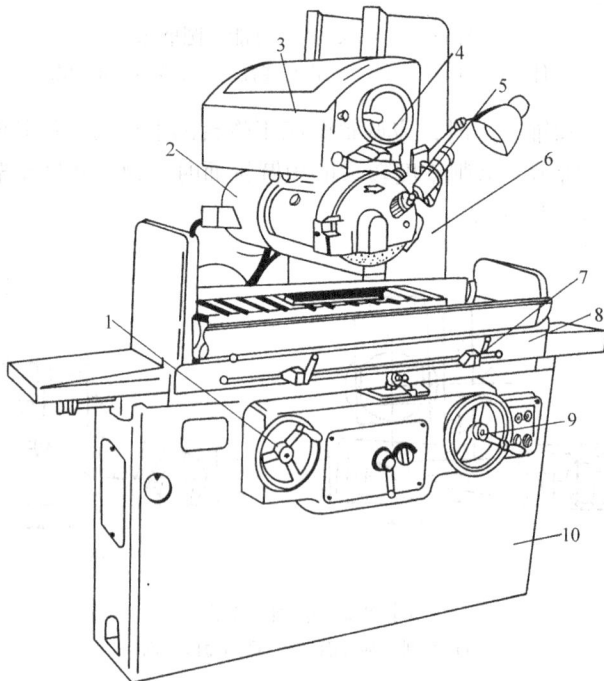

图 18-4　M7120A 型平面磨床

1—驱动工作台手轮　2—磨头　3—滑鞍　4—横向进给手轮　5—砂轮修正器
6—立柱　7—换向撞块　8—工作台　9—垂直进给手轮　10—床身

平面磨床的工作台由液压传动，可作纵向直线往复运动，磨头可沿滑鞍作横向间隙进给运动（手动或液动），磨头还可沿立柱的导轨作垂直间隙切入进给运动（手动）。

平面磨床工作台上装有电磁吸盘，在磨削钢、铸铁等铁磁性零件时，给装夹及定位带来很大的方便。磨削大尺寸工件时，则应利用工作台上的 T 形槽，用螺钉、压板装夹紧固。

# 第二节 砂 轮

## 一、砂轮的特性与选择

砂轮是由磨料（砂粒）和特殊结合剂粘结而成的，其组成如图 18-5 所示。砂轮的使用性能取决于磨料、粒度、结合剂、硬度和砂轮的组织等因素。

1. 磨料 磨料是砂轮的重要组成部分。它除了应具备锋利的棱角外，还应有一定的韧性、高的硬度和良好的耐热性。

砂轮磨料主要采用刚玉（氧化铝）、碳化硅和碳化硼等人造磨料。刚玉、碳化硅和碳化硼等人造磨料都是在高温下烧制而成的。相比起来，刚玉的韧性好，强度较高，而碳化物的硬度高，性脆，强度较低。

天然磨料石英、金刚砂等因价格昂贵且含有降低切削性能的杂质，自人造磨料出现后已退居次要地位。

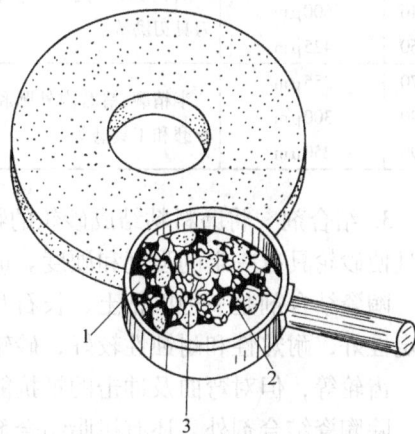

图 18-5 砂轮的组成
1—空隙 2—结合剂 3—磨料

磨料的种类、特性及用途见表 18-1。

2. 粒度 磨料的粒度是用"筛分法"测定的，即用不同号的筛子将磨料筛分。其粒度大小用刚好能通过的筛号（每 25.4mm 长度上的孔数）来表示，粒度值越大，砂粒尺寸越小。但当砂粒的公称尺寸小于 $40\mu m$ 时，粒度值直接用"W"和公称尺寸（单位为 $\mu m$）表示（如 W40 表示磨粒的公称尺寸为 $40\sim28\mu m$）。

表 18-1 磨料的种类、特性及用途

| 种 类 | | 新(旧)代号 | 化学成分 | 特 性 | 用 途 |
|---|---|---|---|---|---|
| 刚玉类 | 棕刚玉 | A（GZ） | $w(Al_2O_3)\approx90\%$ | 棕褐色，韧性较好，硬度略低于白刚玉 | 用于磨削碳素钢、合金钢、可锻铸铁、硬青铜 |
| | 白刚玉 | WA（GB） | $w(Al_2O_3)=98\%$ | 白色或灰白色，硬度较棕刚玉高，韧性较棕刚玉低 | 用于淬火钢、合金钢、高速工具钢、高碳钢的精磨 |
| 碳化物类 | 黑碳化硅 | C（TH） | $w(SiC)>95\%$ | 黑色，硬度比刚玉类高 | 磨削非金属材料和延展性较好的有色金属及铸铁 |
| | 绿碳化硅 | GC（TL） | $w(SiC)>97\%$ | 绿色，比黑碳化硅切削力强，自锐性好 | 磨削硬质合金、宝石和光学玻璃等硬脆材料 |
| | 碳化硼 | BC（TB） | $B_4C$ | 灰黑色，硬度高，研磨性能好，在高温下易氧化 | 硬质合金、宝石及精密工件的研磨与抛光 |

磨料粒度对被磨工件的表面粗糙度和磨削效率有一定影响。常用磨料的粒度号、尺寸及应用范围见表 18-2。一般磨软金属时，为减缓砂轮的堵塞，多用粗砂粒，磨削脆的和硬的金属时用细砂粒。

表 18-2　常用磨料的粒度号、尺寸及应用范围

| 粒度号 | 筛孔尺寸 | 应　用　范　围 | 粒度号 | 筛孔尺寸 | 应　用　范　围 |
|---|---|---|---|---|---|
| F20 | 1.70mm | 荒磨钢锭,打磨铸件毛刺,切断钢坯等 | F100 | 212μm | 半精磨、精磨、珩磨、成形磨、工具磨等 |
| F24 | 1.18mm | | F150 | 150μm | |
| F30 | 1.00mm | | F220 | 106μm | |
| F40 | 710μm | 磨内圆、外圆和平面,无心磨,刀具刃磨等 | W40 | 40~28μm | 精磨、超精磨、珩磨、螺纹磨、镜面磨等 |
| F46 | 600μm | | W28 | 28~20μm | |
| F60 | 425μm | | W20 | 20~14μm | |
| F70 | 355μm | 半精磨、精磨内外圆和平面,无心磨和工具磨等 | W14 | 14~10μm | 精磨、超精磨、镜面磨、研磨、抛光等 |
| F80 | 300μm | | | | |
| F90 | 250μm | | W0.5 | 0.5μm~更细 | |

3. **结合剂**　将磨料粘结成砂轮的物质称为结合剂。结合剂不仅将磨料粘结成一定形状，而且使砂轮具有一定的强度和硬度。最常用的是陶瓷结合剂（代号 V）。

陶瓷结合剂是一种以粘土、长石及其他天然硅铝酸盐材料制成的无机结合剂。它的化学稳定性好，耐热性和耐蚀性较好，砂轮的磨削率高，磨损小，适用于成形磨削和磨曲轴、螺纹、齿轮等，但对弯曲及冲击的抵抗能力很差。

除陶瓷结合剂外，还有树脂结合剂（代号为 B）和橡胶结合剂（代号为 R）。树脂结合剂强度高并富有弹性，不怕冲击，能在高速下工作，并能制成薄片砂轮进行磨槽。橡胶结合剂的强度和弹性比树脂结合剂更高，因此可用它制成很薄的砂轮。

4. **硬度**　砂轮的硬度是指砂轮在工作时，砂粒自砂轮上脱落的难易程度，与磨料本身的硬度无关。砂轮的硬度越高，砂粒越不容易脱落。砂轮硬度等级见表 18-3。

表 18-3　砂轮硬度等级

| 硬　度　等　级 | | 代号 | 硬　度　等　级 | | 代号 |
|---|---|---|---|---|---|
| 极软 | 超软 | A、B、C、D | 硬 | 中硬$_1$<br>中硬$_2$<br>中硬$_3$ | P、Q、R、S |
| 很软 | 软$_1$<br>软$_2$<br>软$_3$ | E、F、G | | | |
| 软 | 中软$_1$<br>中软$_2$ | H、J、K | 很硬 | 硬$_1$<br>硬$_2$ | T |
| 中级 | 中$_1$<br>中$_2$ | L、M、N | 极硬 | 超硬 | Y |

应根据被磨削的材料选择砂轮硬度。磨削软金属时，因磨粒不易变钝，应采用硬砂轮，使磨粒不致过早脱落；磨削硬金属时，磨粒磨钝快，应采用软砂轮，以免失去切削能力。

5. **砂轮的组织**　砂轮的组织是指砂轮的疏密程度，通常以砂轮的总体积（砂粒、结合剂和空隙体积）中砂粒所占体积的百分数表示，一般分三种组织状态（紧密、中等、疏松），15 个组织号（0~14）。其中，0 号最紧，14 号最松，较常用的是 5~8 级。图 18-6 所示为砂轮组织状态。

粗磨及磨削软的金属时，应采用疏松的砂轮，因疏松的砂轮不易堵塞。精磨时应采用紧密的砂轮。

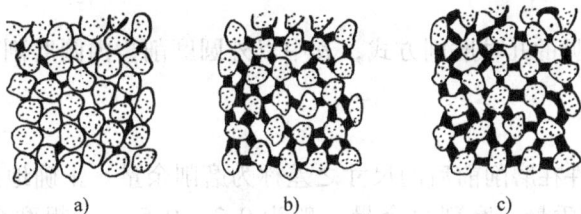

图 18-6 砂轮组织状态
a）紧密 b）中等 c）疏松

6. 强度 砂轮在高速旋转下工作，受到很大的离心力作用，为防止工作时破裂，砂轮必须具有足够的强度。砂轮的强度一般用安全线速度来表示，使用时，不应超过规定的线速度。

7. 砂轮的形状及规格 根据加工需要，砂轮有不同的尺寸和形状，如图 18-7 所示。各种形状的砂轮都有代号，用汉语拼音字母表示，可查阅有关手册。

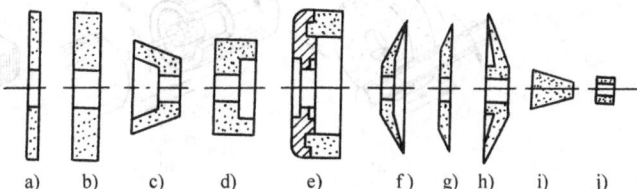

图 18-7 砂轮的形状
a）、b）平形 c）、d）、e）碗形 f）、g）、h）碟形
i）、j）磨内圆用砂轮

在砂轮的端面都标有该砂轮的规格，例如：

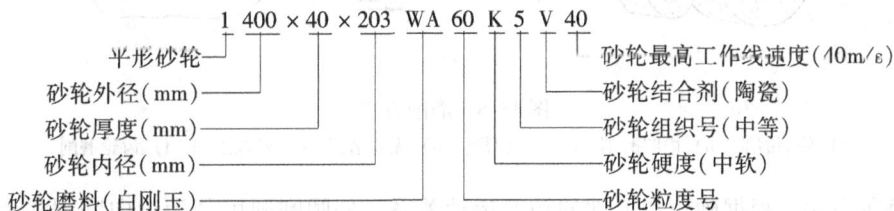

1 400 × 40 × 203 WA 60 K 5 V 40

平形砂轮
砂轮外径（mm）
砂轮厚度（mm）
砂轮内径（mm）
砂轮磨料（白刚玉）

砂轮最高工作线速度（40m/s）
砂轮结合剂（陶瓷）
砂轮组织号（中等）
砂轮硬度（中软）
砂轮粒度号

**二、砂轮的平衡、安装和修整**

砂轮是一种高速旋转的切削刀具，使用时必须安装正确，以保证安全工作和加工质量。

1. 平衡 较大直径的砂轮在安装前，一般需进行平衡。所谓平衡，就是使砂轮的重心与它的回转轴线重合。经过平衡的砂轮才能稳定地工作，否则不但影响加工质量，而且会使磨床主轴的轴承很快磨损。

2. 安装 在安装砂轮前，必须严格检查其是否有裂纹，这可通过外形观察或用木棒轻敲来确定。用木棒敲砂轮时，若发音清脆，则为良好；若发出嘶哑的声音，则说明有裂纹，严禁使用。安装时，砂轮承受的紧固力必须均匀、适当，否则会引起砂轮破裂。

3. 修整 砂轮使用一段时间后，磨粒会因磨钝而逐渐失去切削能力，砂轮表面被堵塞或外形失真，使磨削质量和生产率降低，这就需要通过修整来恢复砂轮的切削能力和准确的外形。

# 第三节　磨削加工

图18-8所示为常见的几种磨削方式，其中以外圆磨削、内圆磨削和平面磨削的应用最为广泛。

**一、外圆磨削**

1. 磨削余量　工件在磨削前后的尺寸之差称为磨削余量。正确地选择磨削余量能够提高生产率和保证加工质量。磨削总余量一般为0.3～0.5mm。粗磨余量占磨削总余量的7/10～9/10。精磨余量根据加工情况确定，一般取0.05～0.10mm。

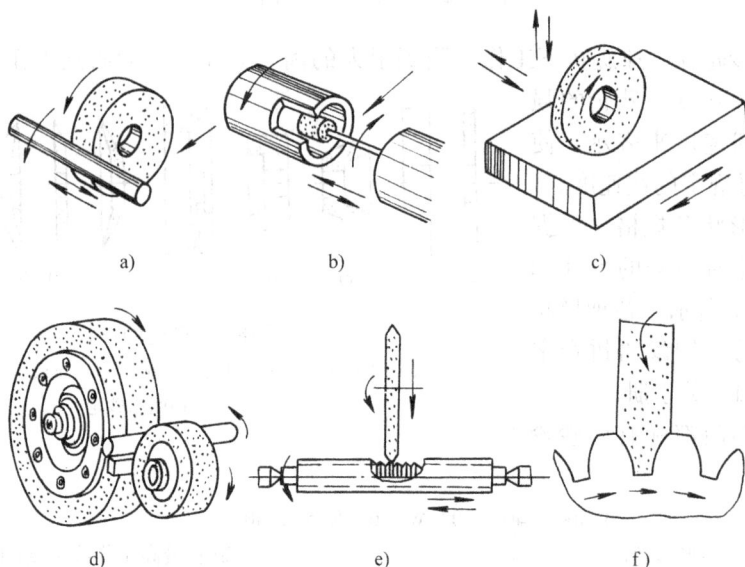

图18-8　磨削方式

a）外圆磨削　b）内圆磨削　c）平面磨削　d）无心磨削　e）螺纹磨削　f）齿轮磨削

2. 磨削方法　根据砂轮与工件的相对运动关系，外圆磨削可分为纵向磨削法和径向磨削法。

（1）纵向磨削法　图18-9a所示为应用最广泛的外圆磨削方法。磨削时，工件转动（圆周进给），并与工作台一起作直线往复运动（纵向进给），每一往复行程终了时，砂轮作一径向进给，继续进行磨削。

纵向磨削法可以用同一砂轮加工长度不同的工件，能达到较高的加工精度和较低的表面粗糙度。磨削长轴或精磨时大多采用此方法，但生产率较低。

（2）径向磨削法　如图18-9b所示，砂轮的宽度一般大于工件磨削部分的长度。工件不作纵向运动，砂轮在磨削过程中径向进给，直至将磨削余量全部磨去为止。

径向磨削法的磨削效率很高，但工件的散热条件差，易产生烧伤，故除了使用切削液外，还应控制砂轮的进给量。同时，由于砂轮与工件无轴向相对移动，不易消除磨粒在工件表面形成的重复刻划痕迹，因此其加工精度与达到的表面粗糙度要求较低。

径向磨削常用于磨削长度较短的外圆表面及两边都有台肩的轴颈，并用于成形磨削。

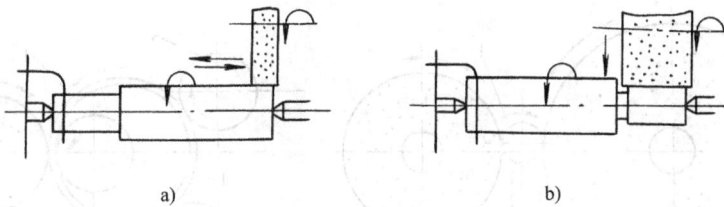

图 18-9 外圆磨削
a) 纵向磨削法 b) 径向磨削法

有时为了提高磨削效率及加工表面的精度和表面粗糙度的要求，常采用两种方法结合起来的综合磨削法，即先用径向磨削法对工件进行分段粗磨，然后再改用纵向磨削法进行精磨。

## 二、内圆磨削

内圆磨削主要用于淬火工件的圆柱孔和圆锥孔的精密加工。内圆磨削的砂轮因受孔径的限制，直径不能过大，为了达到很高的磨削速度，要求内圆磨床具有很高的主轴转速。由于砂轮直径小，因此砂轮消耗量大，在工作中常分为粗磨和精磨两个阶段。

图 18-10 为内圆磨削示意图。

对于外形复杂或笨重工件的内孔，由于工件不便装夹在卡盘内，因此要用行星磨床加工。这时工件不动，而由砂轮作行星运动进行磨削，如图 18-11 所示。

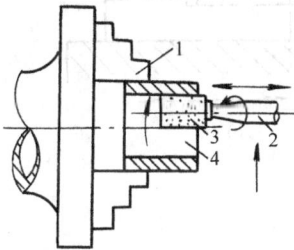

图 18-10 内圆磨削示意图
1—卡盘 2—砂轮轴 3—砂轮 4—工件

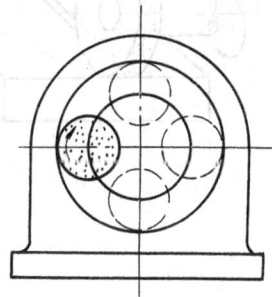

图 18-11 行星磨床上的内圆磨削

## 三、无心磨削

无心磨削的工件不用顶尖或卡盘来夹持，而由一个托板托住，并由砂轮对面的导轮（摩擦轮）带动而获得旋转和轴向进给运动。当砂轮和导轮制成一定形状时，又可以磨削阶梯面、圆锥面和其他成形表面（无轴向进给）。无心磨削主要用于外圆磨削，也可以进行内圆磨削。

无心磨削示意图如图 18-12 所示。虽然用无心磨床磨削工件时生产效率很高，但是改换工件时调整磨床很费时间，因此无心磨削只适合成批量和大量生产。

## 四、平面磨削

平面磨削在平面磨床上进行，一般作为铣削和刨削后的精加工工序。

如图 18-13 所示，磨削平面的方式有两种：用砂轮的周边进行磨削称为周边磨削；用砂

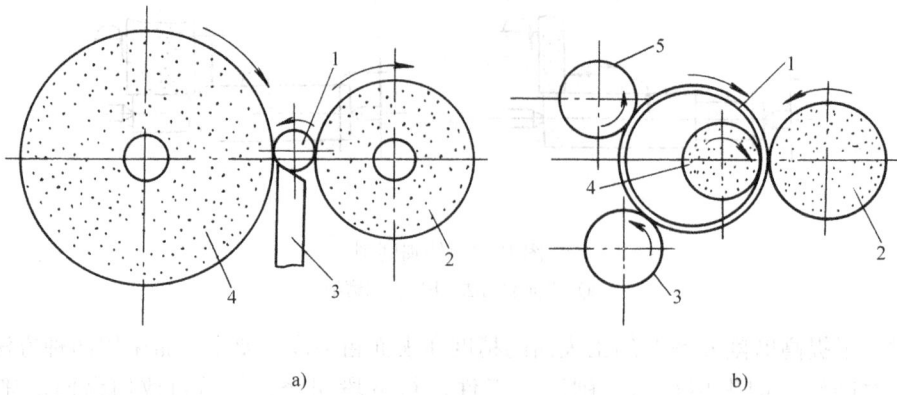

图 18-12　无心磨削
a）无心外圆磨削　b）无心内圆磨削
1—工件　2—导轮　3—支架或支持滚轮　4—砂轮　5—压轮

轮的端面进行磨削称为端面磨削。

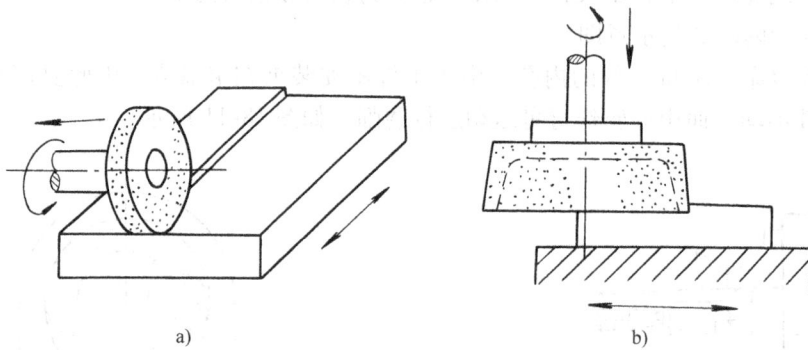

图 18-13　平面磨削
a）周边磨削　b）端面磨削

　　周边磨削时砂轮与工件接触面小，切削量少，砂轮圆周上的磨损基本一致，所以能达到高的加工精度。

　　端面磨削时砂轮与工件接触面大，磨削效率高，但砂轮端面的各点磨损不一致，故加工精度较低。

# 复　习　题

1. 磨削加工有何特点？
2. 砂轮的性能由哪些因素决定？
3. 砂轮的硬度和组织指的是什么？怎样选择不同硬度和组织的砂轮？
4. 磨床可分成哪些类型？它们的加工范围如何？
5. 外圆磨削的方法有哪几种？它们各有什么特点？
6. 平面磨削的方法有哪几种？它们各有什么特点？
7. 说明无心磨削的特点及其应用范围。

（接上段文字）可在机床上进行，一般不需专门的设备或夹具装置。这种加工方法简单，操作方便，适用于中小工厂维修中使用。此外，在切制蜗轮、蜗杆和链轮时，也可采用类似方法进行加工。

# 第十九章  齿轮加工

齿轮传动应用广泛，从直径小到几毫米且受力极小的钟表零件的传动，到功率为几万千瓦、圆周速度达 150m/s 的重型设备传动，齿轮都能胜任。因此，齿轮是机器中的重要传动零件，齿轮加工也就成为需要专门研究的工艺过程。

常用的齿轮有圆柱齿轮、锥齿轮及蜗轮等。其齿形轮廓是一种特殊的曲线，应用最广的是渐开线，所以它的加工方法比较特殊。

近年来，已应用精密锻造、精密铸造、热轧、冷轧、粉末压制等少无切削加工方法生产齿轮。但用这些方法生产高精度齿轮还有一定困难，因此，用切削方法加工齿轮的方法仍用得比较广泛。

加工一般齿形的方法有成形法和展成法两种。

1. 成形法  使用与齿槽形状相同的成形刀具在毛坯上加工出齿形的方法。

2. 展成法  利用一对渐开线齿轮或齿轮齿条相互啮合运动的原理，把其中一个齿轮或齿条制作成具有切削能力的刀具来完成齿形加工的一种方法。

## 第一节  成  形  法

用铣削方法加工齿轮是成形法的一种。这种方法简单，但生产率不高，加工精度较低（一般不超过 9 级），适用于单件小批量生产。

一般在普通卧式铣床或立式铣床上用成形法加工齿轮。此时，铣刀的旋转是主运动，被切齿的毛坯随着工作台作纵向进给运动。在将一个齿槽切好后，利用分度头进行分度，再依次加工另一个齿槽，直到切完所有齿槽为止，如图 19-1 所示。

用成形法可加工直齿圆柱齿轮、斜齿圆柱齿轮、锥齿轮等。

齿轮铣刀分为盘状模数齿轮铣刀和指状模数齿轮铣刀两种。采用成形法切齿时，刀具的渐开线轮廓与齿轮的齿槽相吻合，切削时在两个相邻的齿上各切出半个齿形，如图 19-2 所示。

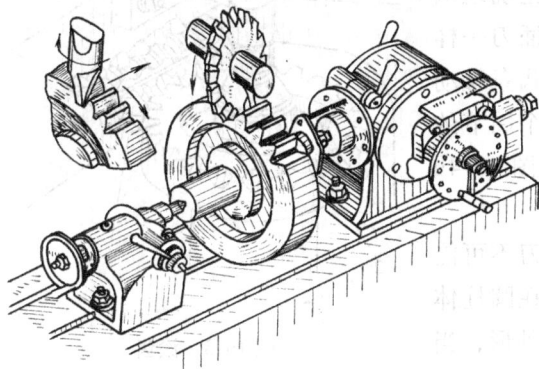

图 19-1  用成形法加工齿轮

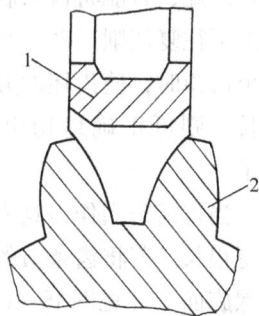

图 19-2  成形法切齿示意图
1—铣刀  2—工件

　　为了保证齿廓形状是渐开线齿形，齿轮铣刀的切削刃曲线就必须是标准的渐开线。在铣削相同模数而齿数不同的齿轮时，由于其渐开线的弯曲程度不同，就要求每一齿数有一把相应的铣刀，这在生产中显然是很难办到的。因此，通常把同一模数的铣刀制成 8 把一套和 15 把一套两种规格，见表 19-1 和表 19-2。这样，加工出来的齿轮虽然存在一定的齿形误差，但是对于低精度的齿轮是允许的。

表 19-1　8 把一套的齿轮铣刀分号及铣齿规格

| 铣刀号数 | 1 | 2 | 3 | 4 | 5 | 6 | 7 | 8 |
|---|---|---|---|---|---|---|---|---|
| 所铣齿轮齿数 | 12 ~ 13 | 14 ~ 16 | 17 ~ 20 | 21 ~ 25 | 26 ~ 34 | 35 ~ 54 | 55 ~ 134 | ≥135 |

表 19-2　15 把一套的齿轮铣刀分号及铣齿规格

| 铣刀号数 | 1 | $1\frac{1}{2}$ | 2 | $2\frac{1}{2}$ | 3 | $3\frac{1}{2}$ | 4 | $4\frac{1}{2}$ |
|---|---|---|---|---|---|---|---|---|
| 所铣齿轮齿数 | 12 | 13 | 14 | 15 ~ 16 | 17 ~ 18 | 19 ~ 20 | 21 ~ 22 | 23 ~ 25 |
| 铣刀号数 | 5 | $5\frac{1}{2}$ | 6 | $6\frac{1}{2}$ | 7 | $7\frac{1}{2}$ | 8 | — |
| 所铣齿轮齿数 | 26 ~ 29 | 30 ~ 34 | 35 ~ 41 | 42 ~ 54 | 55 ~ 79 | 80 ~ 134 | ≥135 | — |

　　8 把一套的齿轮铣刀适用于铣削模数为 0.3 ~ 8mm 的齿轮；15 把一套的适用于铣削模数为 1 ~ 16mm 的齿轮。显然，15 把一套的铣刀铣出的齿轮的加工精度较高一些。

　　铣削模数大于 20mm 的齿轮时，为了节约刀具材料，常采用指状齿轮铣刀。

# 第二节　展　成　法

　　大批量制造齿轮时广泛采用展成法。展成法加工齿轮常在滚齿机、插齿机、刨齿机和磨齿机等机床上进行。

## 一、滚齿

　　滚齿是在滚齿机上用与被切齿轮同模数的齿轮滚刀加工齿轮的方法，如图 19-3 所示。

　　滚齿是利用齿轮与齿条啮合原理来加工齿轮的。齿条与同模数的任何齿数的渐开线齿轮都能正确地啮合。因此，若能将齿条制造出切削刃，并像插刀一样作上下往复切削运动（见图 19-4a），并且当齿条移动一个齿距时，使齿坯的分度圆也相应转过一个周节的弧长，则可正确地切出渐开线齿形来，如图 19-4b 所示。

　　当把齿条当作刀具来加工齿轮时，齿条刀不可能做得很长。若将齿条刀的刀齿有规律地分布在圆柱体的螺旋面上（见图 19-4c），则可得到滚刀的外形，当滚刀旋转起来时，就相当于齿条在移动了。从滚切原理可知，用一把滚刀就可以滚切同一模数任何齿数的

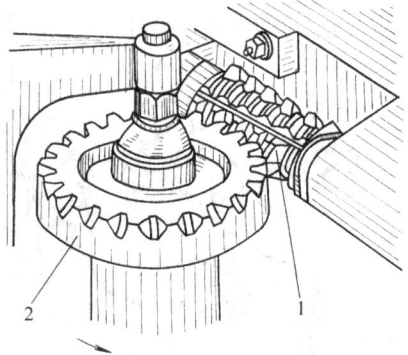

图 19-3　滚齿
1—齿轮滚刀　2—工件

齿轮。

滚切时，滚刀用几个齿同时并连续地切削齿轮毛坯，齿轮上的每个齿都是滚刀上同样的几个刀齿切出来的，齿距的累积误差较小。因此，滚齿与仿形法相比不仅有较高的生产率，而且可达到较高的加工精度。一般滚齿可以加工 8 级和 9 级精度的齿轮，使用高精度的滚刀，也可加工 7 级精度的齿轮。滚齿主要用于加工直齿、斜齿圆柱齿轮及蜗轮等，但不能加工内齿轮及相距太近的多联齿轮。

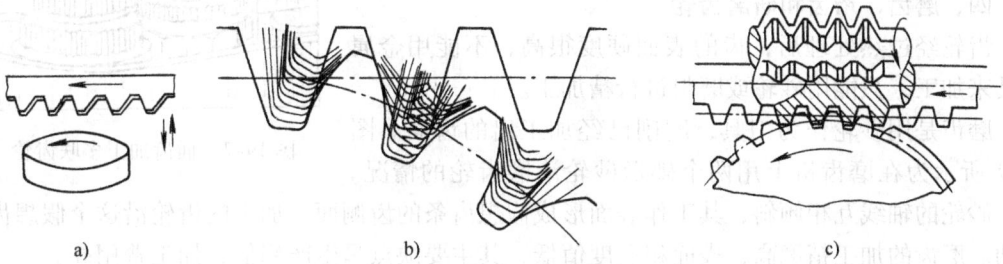

图 19-4　滚齿工作原理

## 二、插齿

插齿是在插齿机上用插齿刀加工齿轮的，如图 19-5 所示。

插齿加工相当于一对齿轮的啮合滚动。插齿时，插齿刀沿其轴线作往复插削的主运动。为了切出整个齿轮，插齿刀还需要作圆周进给运动和径向进给运动，同时，工件相应地作旋转的展成运动。此外，为了避免插刀与工件的已加工表面发生摩擦而磨损刀具和工件，在回程时，刀具与工件之间还有让刀运动。

插齿可以加工直齿内齿轮（见图 19-6）、外齿轮和齿条，尤其在加工多联齿轮时，插齿有其独特的优越性，如图 19-7 所示。若加上辅助装置，则插齿也可以加工斜齿轮。与滚齿相比，插齿的加工精度较高，表面粗糙度值较小，可加工 7 ~ 9 级精度的齿轮。

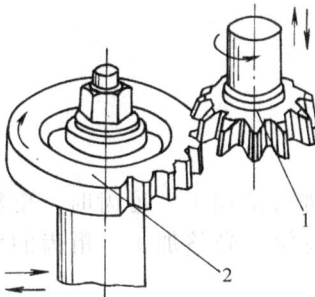

图 19-5　插齿
1—插齿刀　2—工件

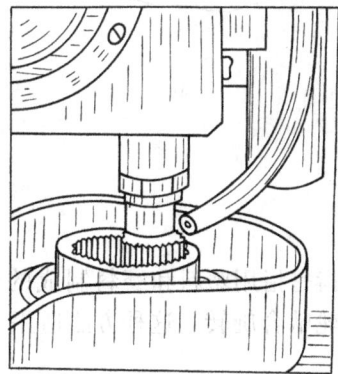

图 19-6　插齿加工直齿内齿轮

## 三、剃齿加工

剃齿是指用剃齿刀对已经加工出的齿面进行精加工。剃齿时，剃齿刀与齿轮啮合旋转，在齿面上剃下发丝状的细屑（厚度为 0.005 ~ 0.01mm），用以修正齿形和降低表面粗糙度值。剃齿只能加工未淬硬（≤35HRC）的齿轮。剃齿后，齿轮再进行表面热处理和研磨。

如图 19-8 所示，剃齿刀的外形和齿轮相似，齿面有许多横向狭槽作为刀刃，工作时由剃齿刀带动工件旋转。由于剃齿刀与工件的轴线相交成 $\beta$ 角（一般取 $\beta = 10° \sim 15°$），故刀刃与工件齿面间有横向滑动，产生切削运动。

### 四、磨齿、珩齿和研磨齿轮

齿轮经过热处理后，齿的表面硬度很高，不能用金属刀具来加工，只能用砂轮或磨料进行精加工。

磨齿是用砂轮作为刀具，磨削已经加工出的齿面。图 19-9 所示为在磨齿机上用两个碟形砂轮滚磨齿轮的情况。

图 19-7　插齿加工多联齿轮

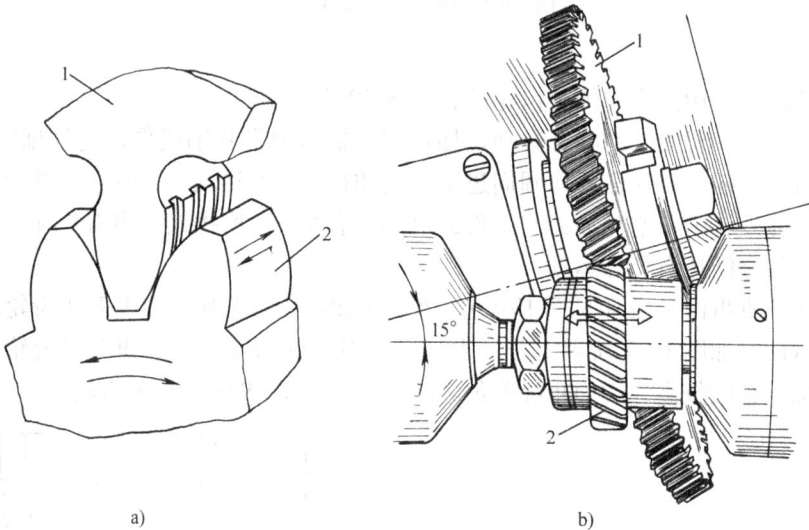

两个砂轮的轴线互相倾斜，其工作表面形成假想齿条的齿侧面，加工的齿轮沿这个假想齿条滚动。磨齿的加工精度高，表面粗糙度值低，其主要缺点是生产率低、加工费用高。

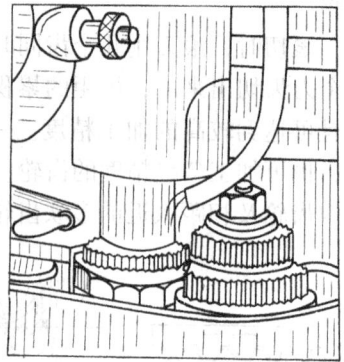

图 19-8　剃齿
a）剃齿刀　b）剃齿工作示意图
1—剃齿刀　2—工件

珩齿是指用塑料和磨料制成的珩轮作为刀具对齿面进行精加工。珩齿时，珩轮与被加工齿轮啮合旋转。这种方法适用于淬火后硬度较高的齿轮的光整加工。珩齿的生产率较高。

研磨齿轮是指用研磨工具和细粒磨料，在工件与研磨具相互移动时，使被加工齿轮的齿面磨去极薄的金属层，以提高齿形的精度和降低表面粗糙度值。研磨齿轮在专用机床上进行。图 19-10 为齿轮研磨示意图。图 19-10 中，1、2、4 为三个涂有磨料的铸铁齿轮，作为研磨工具；工件 3 为主动轮，它除了旋转之外，还沿自己的轴线作往复运动。三个研磨轮的轴线，可以让其中一个研磨轮与工件平行，另外两个研磨轮与工件成一角度，造成研磨中的横向滑动，加强研磨效果，但也可以让三个研磨轮全与工件平行。

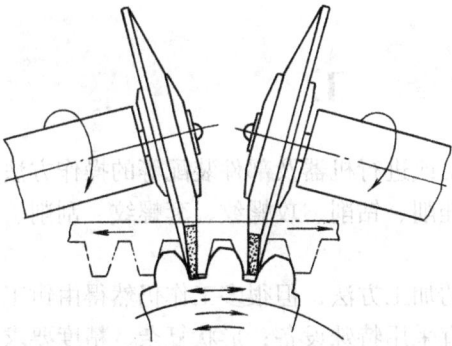

图 19-9 碟形砂轮滚磨齿轮示意图

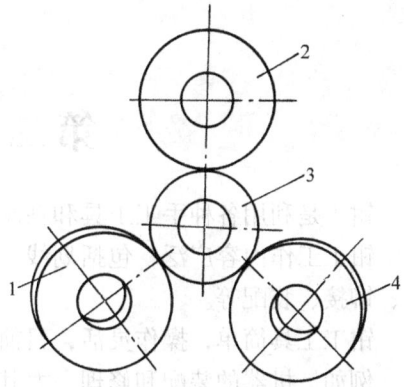

图 19-10 齿轮研磨示意图

# 复 习 题

1. 用切削加工方法制作齿轮有什么优缺点？

2. 切削加工齿轮的方法有哪两类？试比较说明其特点。

3. 铣削齿轮时，为什么用 15 把一套的齿轮铣刀比用 8 把一套的齿轮铣刀加工精度要高一些？

4. 展成法加工齿轮的方法有哪几种？其中哪几种是属于光整齿形的加工方法？试简述各种加工方法的特点。

# 第二十章 钳 工

钳工是利用各种手工工具和钻床对金属进行加工或进行机器及部件装配等的操作方法。

钳工工作内容广泛，包括划线、錾削、锯削、锉削、钻削、攻螺纹、套螺纹、刮削、研磨、铆接、装配等。

钳工工具简单，操作灵活，目前虽有各种先进的加工方法，但很多工作仍然得由钳工完成。例如，机器的装配和修理，尤其单件生产时不宜采用特殊设备；形状复杂、精度要求高的量具、样板、模具、夹具等的制造也离不开钳工，因此钳工在机械制造中仍占有很重要的地位。然而，钳工以手工操作为主，劳动强度大，生产效率低，安排生产时应尽量考虑采用机械加工。

## 第一节 划 线

划线是在工件的毛坯面或已加工面上，用划线工具划出待加工部位的轮廓线或作为基准的点、线。

划线的作用是确定零件各加工表面的余量、孔的位置，使零件在加工时有明确的标志，还可以检查毛坯是否正确，有些不合格的毛坯（误差较小），通过划线借料的方法可以得到补救。

### 一、划线的涂料

为了使工件上划出的线条清晰易见，在划线的表面上需先涂一层薄而均匀的涂料。涂料的种类很多，常用的有以下几种：

1. 白灰水 由石灰水、桃胶或猪皮胶加水混合而成，一般用在铸、锻件毛坯的表面。

2. 蓝油 用甲紫、虫胶漆和酒精混合而成，一般在已加工表面使用。

3. 硫酸铜 由硫酸铜和酒精混合而成，一般用在已加工表面。

### 二、划线的工具

常用的划线工具有划线平板、划针、划线盘、划规、直角尺、量高尺、游标高度尺、方箱、V形铁、直角铁、千斤顶、样冲等，此外，还有角度尺、C形夹头、各种形状的垫铁以及滚轮支持器等，如图20-1所示。

### 三、划线基准的选择

为了保证工件精度和加工余量的合理分布，划线前必须在工件上选择一个或几个面或线作为划线的基准，用它来确定工件的几何形状和各部分的相对位置。

划线基准选择得是否正确，将直接影响工件质量和生产率。所以，在划线前必须对图样进行认真、细致的分析，以选取正确的基准。

1. 划线基准选择的原则

1）将零件图上标注尺寸的基准作为划线基准。

2）根据毛坯的形状选择划线基准。如果毛坯上有孔或凸起部分，则以孔或凸起部分的中心作为划线基准；圆柱形工件以截面中心作为划线基准。

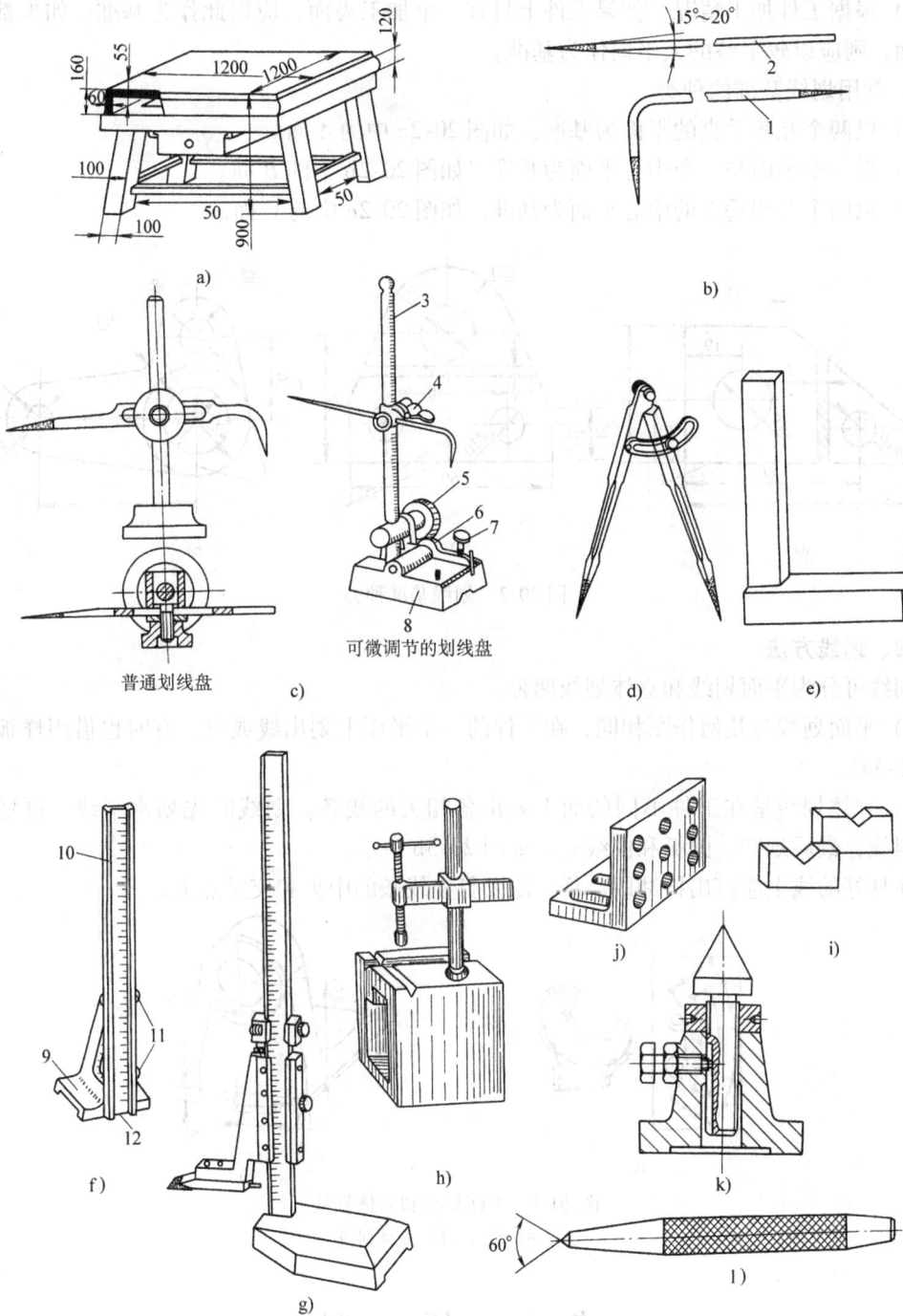

图 20-1　常用的划线工具

a) 划线平板　b) 划针　c) 划线盘　d) 划规　e) 直角尺　f) 量高尺　g) 游标高度尺

h) 方箱　i) V形铁　j) 直角铁　k) 千斤顶　l) 样冲

1—弯头划针　2—直划针　3—支杆　4—划针夹头　5—锁紧装置　6—跷动杠杆

7—调整螺钉　8—底座　9—底座　10—钢直尺　11—锁紧螺钉　12—零点

3）根据工件加工情况，如果工件上只有一个加工表面，应以此作为基准；如果都是毛坯表面，则应以较平整的大平面作为基准。

2. 常用划线基准的种类

1）以两个互相垂直的平面为基准，如图 20-2a 中的 A 面。

2）以一个平面与一个中心平面为基准，如图 20-2b 中的 B 面。

3）以两个互相垂直的中心平面为基准，如图 20-2c 中的 C 面。

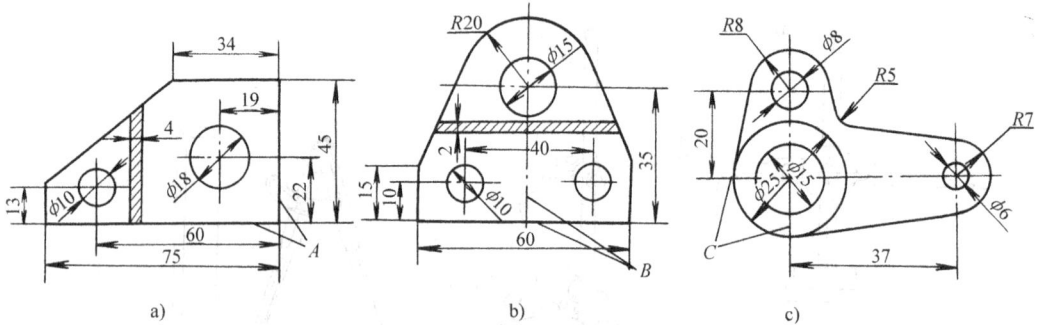

图 20-2　划线基准种类

**四、划线方法**

划线可分为平面划线和立体划线两种。

1）平面划线与几何作图相同，在工件的一个平面上划出线或点，有时也借用样板进行（图 21-3a）。

2）立体划线是在工件不同的面上划出各相关的线条。划线时先划水平线，再划垂直线、斜线，最后划圆、圆弧和曲线等，如图 20-3b 所示。

在划好的线上应打出样冲眼。样冲眼要打在线条的中央和交叉点上。

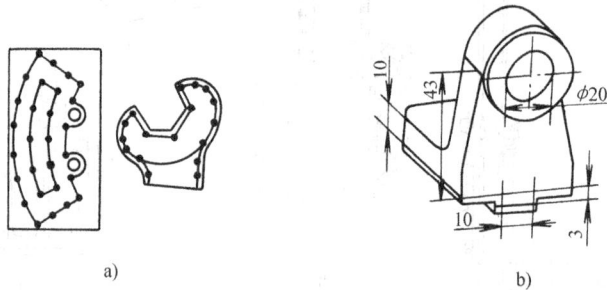

图 20-3　平面划线和立体划线
a）平面划线　b）立体划线

# 第二节　錾　削

用锤子敲击錾子对金属工件进行切削加工的方法叫做錾削。錾削通常在台虎钳上进行，较大的或重型工件则就地进行。

**一、錾削工具**

1. 锤子　用碳素工具钢制成，头部淬硬。

2. 錾子 一般用碳素工具钢锻成，刃部淬硬。常用的錾子有扁錾、窄錾和油槽錾三种。

（1）扁錾 如图20-4a所示，主要用以錾削平面和分割材料。

（2）窄錾 如图20-4b所示，主要用以錾削沟槽。

（3）油槽錾 如图20-4c所示，用以錾油槽。

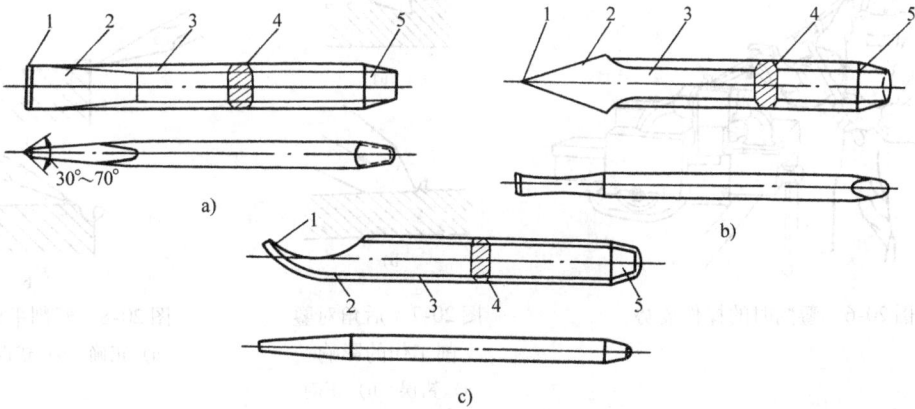

图20-4 錾子的种类

a）扁錾 b）窄錾 c）油槽錾

1—锋口 2—斜面 3—柄 4—剖面 5—头

錾削时的角度如图20-5所示。錾子的楔角 $\beta_o$ 对錾削工作影响很大。楔角 $\beta_o$ 越小，錾子刃口越锋利，但錾子强度较差，錾削时刃口易崩裂；楔角 $\beta_o$ 越大，錾子强度较高，但錾削时阻力大，不易切入工件。所以，在强度允许的情况下楔角应尽量选择小一些。楔角的选择主要根据工件材料的硬度而定。根据经验，錾削硬材料时，$\beta_o = 60° \sim 70°$ 较合适；錾削软材料时，$\beta_o = 30° \sim 50°$ 较合适。

二、錾削方法

图20-6所示为錾削时的操作姿势。錾削时，錾子与工件已加工表面所形成的后角 $\alpha_o$（见图20-5）要掌握恰当。若后角 $\alpha_0$ 太大，则会使錾子切入工件太深而錾不动；若后角 $\alpha_o$ 太小，则錾子容易从工件表面滑出，如图20-7所示。一般錾削时的后角为 $5° \sim 8°$，起錾时，后角应稍大一些。

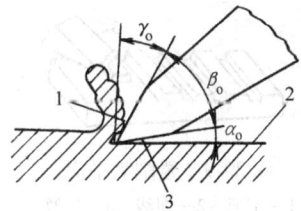

图20-5 錾削时的角度

1—前面 2—切削平面 3—后面

1. 錾削平面 用扁錾錾削，每次錾掉金属的厚度为 $0.5 \sim 2$mm。錾削时要保持稳定的切削角度，以得到光滑平整的表面。錾削至距尽头10mm左右的时候，应调头錾削余下的部分。錾削脆性材料时更应如此，否则将使工件的边角崩裂，如图20-8所示。

錾削大平面时，可先用窄錾开槽，然后再以扁錾錾平，如图20-9所示。

2. 錾切板料 图20-10a所示为将板料夹在台虎钳上进行切断，用扁錾沿着钳口并斜对着板面（约45°）自右向左錾切，工件的切口线与钳口平齐。图20-10b所示为切割形状较复杂的板料的方法，一般是先按轮廓线钻出密集的排孔，再用扁錾或窄錾逐步切成。

3. 錾削油槽 錾削油槽时，应先在工件上划油槽的加工位置线，选用与油槽宽度相同的油槽錾錾削。錾子的倾斜角度要灵活掌握（见图20-11），以使油槽尺寸和表面粗糙度达到要求。錾削后，油槽边上的毛刺可用刮刀和砂布修光。

图 20-6　錾削时的操作姿势

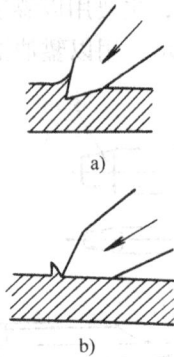

图 20-7　后角对錾
削工作的影响
a）错误　b）正确

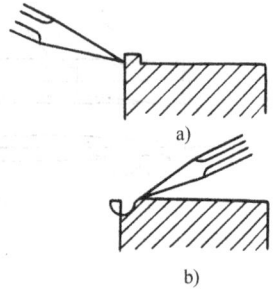

图 20-8　錾削平面
a）正确　b）错误

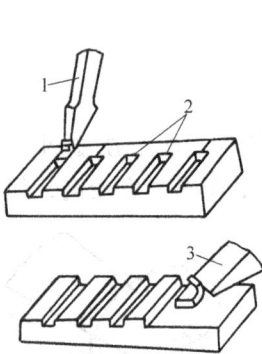

图 20-9　錾削大平面
1—窄錾　2—划线　3—扁錾

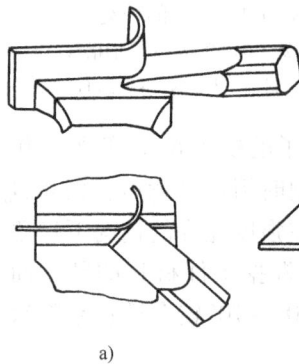

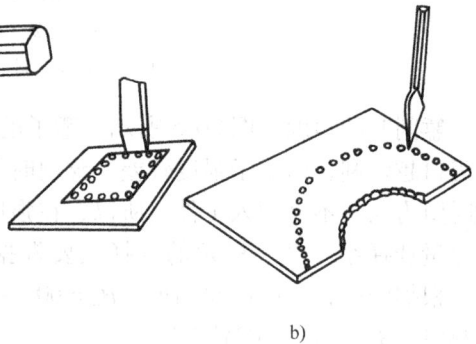

图 20-10　錾切板料

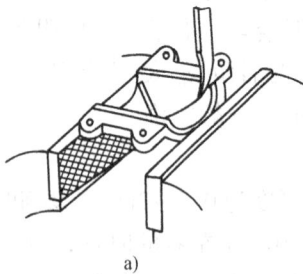

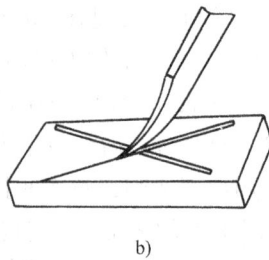

图 20-11　錾削油槽
a）錾曲面油槽　b）錾平面油槽

# 第三节　锯　　削

用锯对工件进行切断或切槽等的加工方法叫锯削。

## 一、锯削工具

钳工主要用手锯进行锯削。手锯由锯弓和锯条组成。

1. 锯弓 锯弓是用来安装锯条的工具，有固定式和可调节式两种，其结构如图20-12所示。目前，在生产中广泛使用可调节式锯弓。

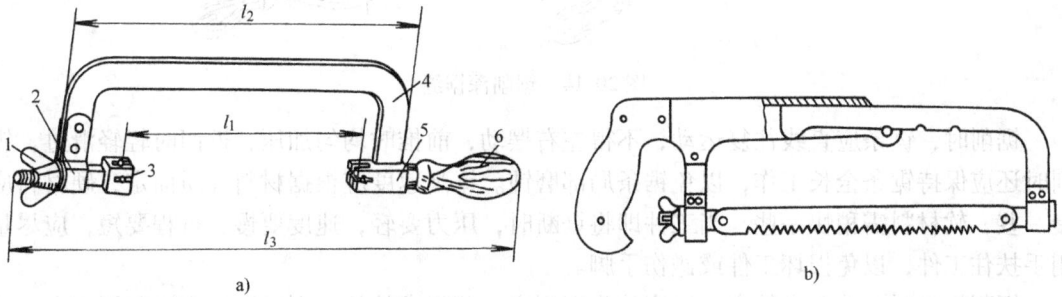

图 20-12 锯弓的构造
a）固定式锯弓 b）可调节式锯弓
1—蝶形螺母 2—方孔导管 3—活动夹头 4—弓架 5—固定夹头 6—手柄

2. 锯条 锯条用碳素工具钢制成。常用的手用锯条长度为300mm，宽度10～25mm，厚度为0.6～1.25mm。为了适应材料性质和锯削面的宽窄，锯齿分为粗、中、细三种。手锯条的规格及用途见表20-1。

表 20-1 手锯条的规格及用途

| 类别 | 齿距/mm | 25mm 长度内的齿数 | 用 途 |
|---|---|---|---|
| 粗 | 1.8 | 14～16 | 锯软钢、铝、纯铜、塑料、人造胶质材料等 |
| 中 | 1.2,1.4 | 18～22 | 一般锯中等硬度的钢、黄铜、厚壁管子、型钢、铸铁 |
| 细 | 0.8,1 | 24～32 | 锯小而薄的型钢、板料、薄壁管子、角钢 |

## 二、锯削方法

安装锯条时，锯齿必须向前，如图20-13a所示。锯条安装在锯弓上不能过紧或过松，否则容易将锯条折断。锯缝超过锯弓高度时，应将锯弓相对于锯条转90°，如图20-14所示。握锯的方法如图20-15所示。

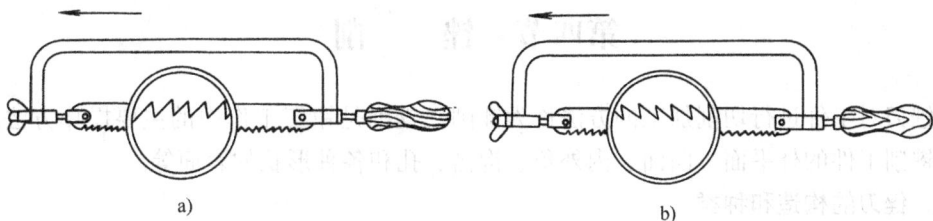

图 20-13 锯条的安装
a）正确的 b）错误的

起锯时，为了防止打滑，可用左手拇指指甲贴紧锯条侧面作引导，右手稳推手锯，行程要短，压力要小，速度要慢，待锯缝形成后，再恢复锯削的正常姿态。

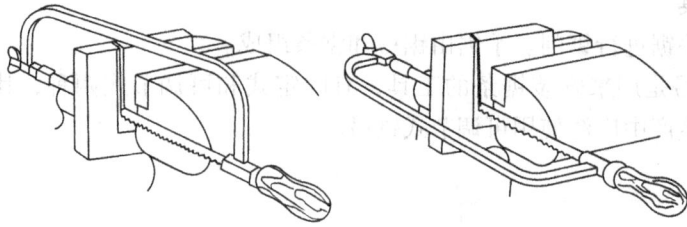

图 20-14　锯削深锯缝

锯削时，锯条应直线往复运动，不得左右摆动，前推时均匀加压，返回时轻轻滑过。锯削时还应保持锯条全长工作，以免锯条局部磨钝。锯削速度应根据材料性质而定，硬材料应慢一些，软材料需稍快一些。当工件即将锯断时，压力要轻，速度要慢，行程要短，应尽量用手扶住工件，以免损坏工件或碰伤手脚。

锯削棒料时，若要求较高，则应从头锯到底；若要求较低，则可渐次变更起锯方向，以减小锯削时的阻力。锯削毛坯时，为了节省时间，可沿边分几次锯削，但都不锯削到中心，然后将毛坯折断，以提高生产率。

锯削管子时，不可单向锯削到底，每当锯削到管子内壁时，就把管子向推锯的方向转一角度再继续锯削，这样不断转锯，直到锯断为止，否则容易损坏锯条，如图 20-16 所示。

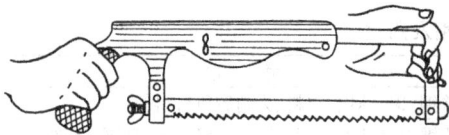

图 20-15　握据的方法

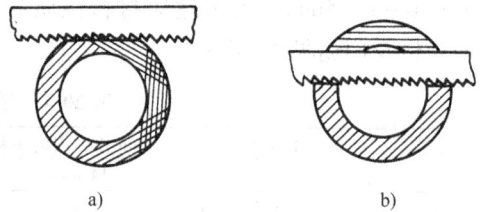

图 20-16　锯管子
a）正确的　b）错误的

锯削薄板时，因为只有很少的锯齿和工件接触，所以锯齿非常容易被勾住而崩裂。因此，在锯削时，为了增加同时工作的齿数，并增加工件的刚性，往往把一块或几块薄金属板夹于台虎钳的木垫之间，连木垫一起锯削。一般情况下，厚度在 4mm 以下的板料用錾削或剪切，厚度在 4mm 以上的板料才用锯削。

# 第四节　锉　　削

用锉刀对工件进行切削加工的方法称为锉削。锉削是钳工工作中的主要操作方法之一。它可以锉削工件的外平面、曲面、内外角、沟槽、孔和各种形状的表面等。

**一、锉刀的构造和种类**

锉刀是用碳素工具钢 T12、T12A、T13、T13A 或滚动轴承钢，经热处理后制成的。

1. 锉刀的结构　锉刀表面刻有锉齿，有单齿纹和双齿纹之分。双齿纹由主锉纹与辅锉纹以一定的夹角交叉制成。齿纹与锉刀中心线具有一定的夹角，以便锉削时省力，锉齿不易堵塞。常用的是双齿纹锉刀，其主要组成部分如图 20-17 所示。

2. 锉刀的种类　锉刀根据其用途可分为钳工锉、锯锉、整形锉、木锉等多种。钳工锉按断面形状的不同，又可分为扁锉（见图 20-18a）、半圆锉（见图 20-18e）、三角锉（见图 20-18d）、方锉（见图 20-18b）、圆锉（见图 20-18c）五种类型，如图 20-18 所示。

锉刀的编号由类别代号、型式代号、其他代号、规格、锉纹号组成。

（1）类别代号 锉刀的类别代号用汉语拼音字母表示，如钳工锉用"钳"字汉语拼音首位字母"Q"表示。锉刀类别代号见表 20-2。

（2）型式代号 锉刀的型式是指横截面形状。钳工锉的型式代号见表 20-3。

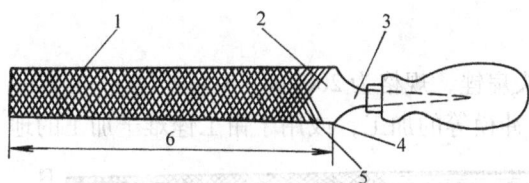

图 20-17 锉刀的主要组成部分
1—边锉纹 2—辅锉纹 3—锉柄 4—锉肩
5—主锉纹 6—锉身

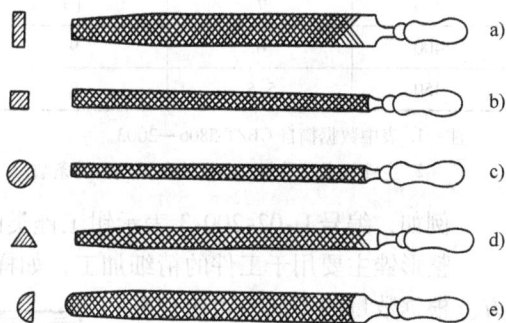

图 20-18 钳工锉的型式

表 20-2 锉刀类别代号

| 类 别 | 类别代号 |
| --- | --- |
| 钳 工 锉 | Q |
| 锯 锉 | J |
| 整 形 锉 | Z |
| 异 形 锉 | Y |
| 钟 表 锉 | B |
| 特殊钟表锉 | T |
| 木 锉 | M |

注：内容摘自 GB/T 5806—2003。

表 20-3 钳工锉的型式代号

| 型 式 | 型式代号 |
| --- | --- |
| 齐头扁锉 | 01 |
| 尖头扁锉 | 02 |
| 半 圆 锉 | 03 |
| 三 角 锉 | 04 |
| 方 锉 | 05 |
| 圆 锉 | 06 |

注：内容摘自 GB/T 5806—2003。

（3）规格 钳工锉的规格是指自锉梢端至锉肩之间的距离，即锉身的长度。

（4）锉纹号 锉刀根据每 10mm 轴向长度内的锉纹条数的多少分成不同的锉纹号，以阿拉伯数字表示。钳工锉的规格和锉纹号见表 20-4。

表 20-4 钳工锉的规格和锉纹号

| 规格/mm | 主锉纹条数 | | | | |
| --- | --- | --- | --- | --- | --- |
| | 锉 纹 号 | | | | |
| | 1 | 2 | 3 | 4 | 5 |
| 100 | 14 | 20 | 28 | 40 | 56 |
| 125 | 12 | 18 | 25 | 36 | 50 |
| 150 | 11 | 16 | 22 | 32 | 45 |
| 200 | 10 | 14 | 20 | 28 | 40 |

（续）

| 规格/mm | 主锉纹条数 | | | | |
|---|---|---|---|---|---|
| | 锉　纹　号 | | | | |
| | 1 | 2 | 3 | 4 | 5 |
| 250 | 9 | 12 | 18 | 25 | 36 |
| 300 | 8 | 11 | 16 | 22 | 32 |
| 350 | 7 | 10 | 14 | 20 | — |
| 400 | 6 | 9 | 12 | — | — |
| 450 | 5.5 | 8 | 11 | — | — |

注：1. 表中数据摘自 GB/T 5806—2003。

　　2. 主锉纹条数是每 10mm 轴向长度内的条数。

例如，编号 Q-02-200-3 表示钳工锉类的尖头扁锉，规格为 200mm，3 号锉纹。

整形锉主要用于工件的精细加工，如样板、冲模等的加工，或用于钳工锉难于加工的地方。根据数量的不同，可组成5~12 支为一组的整形锉。图 20-19 所示为 6 支一组的整形锉。

3. 锉刀的选用　合理选用锉刀，对提高工作效率，保证加工质量，延长锉刀的使用寿命，有很大影响。锉刀的断面形状和长度，根据工件表面的形状和工件

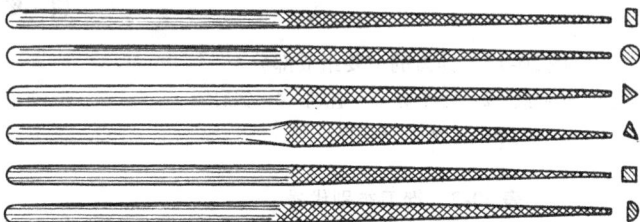

图 20-19　6 支一组的整形锉

的大小选用。锉刀齿纹的粗细，应根据工件材料的性质、加工余量、尺寸精度及表面粗糙度要求等情况综合考虑。粗锉刀由于齿间距离较大，不易堵塞，一般用于锉削铜、铝等软金属，以及加工余量大、精度等级低和对表面粗糙度要求低的工件；细锉刀用于锉削钢、铸铁，以及加工余量不大、精度等级高和表面粗糙度值小的工件。

**二、锉削的基本操作方法**

1. 锉刀的握法　主要根据锉刀的大小来定。图 20-20 所示为各种锉刀的握法。

2. 锉削时的姿势　在钳台上锉削时，脚的站立位置和錾削时相似。锉削时，身体的重量主要放在左脚上，腿部稍弯，右膝伸直，身体微向前倾。锉刀的运动是靠手臂的往复运动带动的，上身也随着手臂一起动，两手用在锉刀上的力应保证锉刀平衡，如图 20-21 所示。

3. 锉削方法

（1）平面锉削　这是锉削中最基本的操作，常用的有以下四种方法：

1）顺向锉法。它是顺着同一方向对工件进行锉削，是最基本的锉削方法。用此方法锉削可得到正直的锉痕，比较整齐美观，适用于工件表面最后的锉光和锉削不大的平面，如图 20-22 所示。

2）交叉锉法。它是从两个交叉方向对工件进行锉削。交叉锉削时锉刀与工件的接触面积增大，容易使锉刀平稳。交叉锉削时还可以从锉痕上反映出锉削面的高低情况，表面容易锉平，但锉痕不正直。所以，当锉削余量较大时，可先采用交叉锉削法，当余量基本锉完时

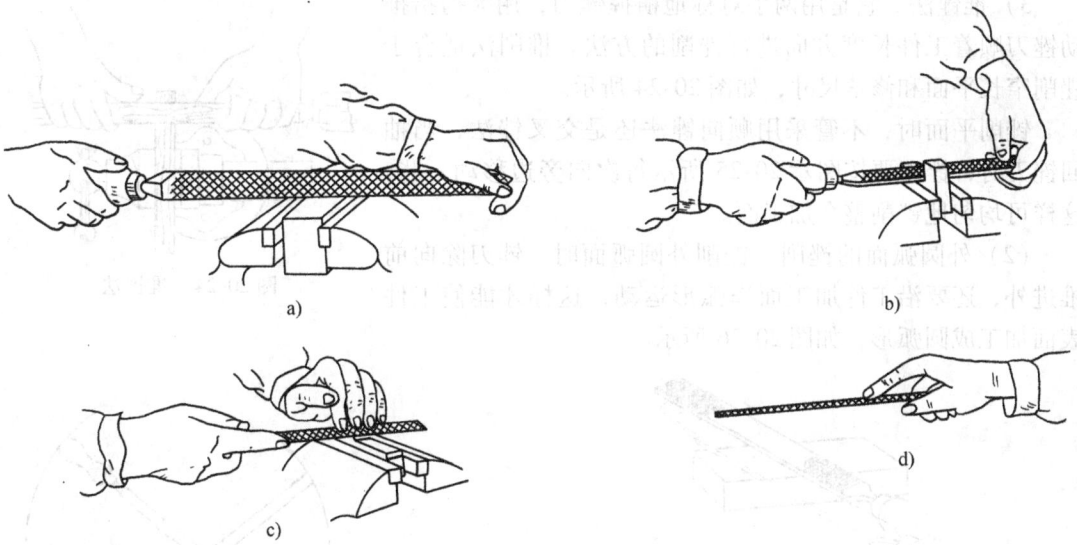

a)

b)

c)

d)

图 20-20　锉刀的握法

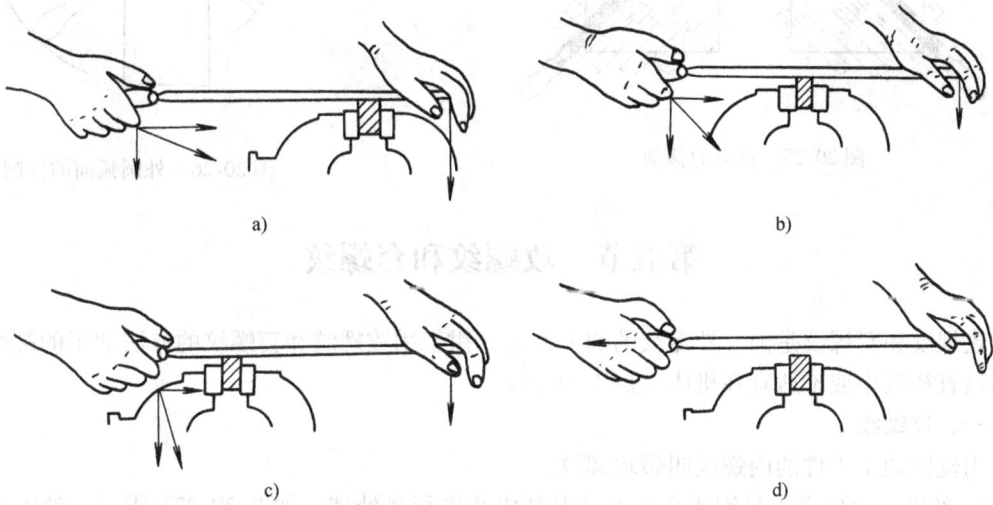

a)

b)

c)

d)

图 20-21　锉削时力的平衡

再改用顺向锉削法，使锉削表面锉痕正直、美观，如图 20-23 所示。

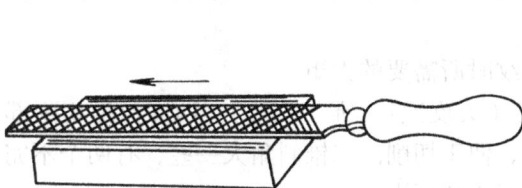

图 20-22　顺向锉削法

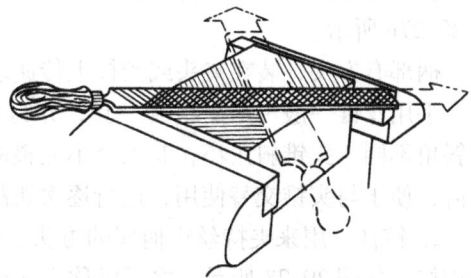

图 20-23　交叉锉削法

3）推锉法。它是用两手对称地横握锉刀，用大拇指推动锉刀顺着工件长度方向进行锉削的方法。推削法适合于锉削窄长平面和修整尺寸，如图 20-24 所示。

锉削平面时，不管采用顺向锉法还是交叉锉法，当抽回锉刀时，锉刀要按图示 20-25 所示每次向旁边移动一些，这样可均匀地锉削整个加工面。

（2）外圆弧面的锉削　锉削外圆弧面时，锉刀除向前推进外，还要沿工件加工面作弧形运动，这样才能使工件表面加工成圆弧形，如图 20-26 所示。

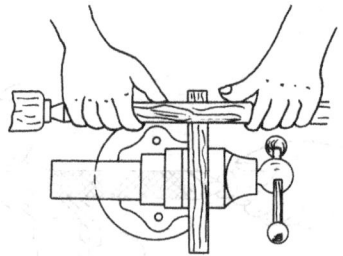

图 20-24　推锉法

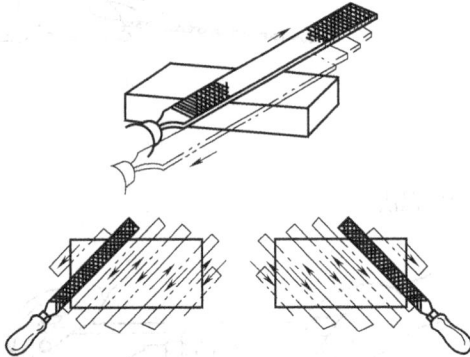

图 20-25　锉刀的移动

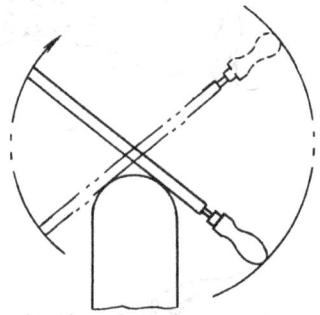

图 20-26　外圆弧面的锉削

# 第五节　攻螺纹和套螺纹

攻螺纹和套螺纹是内、外螺纹的加工方法。钳工用攻螺纹和套螺纹的方法加工的螺纹通常都是直径较小或不适宜在机床上加工的螺纹。

## 一、攻螺纹

用丝锥加工工件的内螺纹叫做攻螺纹。

1. 丝锥　由碳素工具钢或合金工具钢制成并进行热处理。如图 20-27a 所示，丝锥由切削部分、校准部分和柄部三部分组成。常用的丝锥有 3 条或 4 条容屑槽。

丝锥前部的圆锥为切削部分，有锋利的切削刃，起主要切削作用。其截面如图 20-27b 所示。

校准部分具有完整的齿形，用于校准已切出的螺纹，并引导丝锥沿轴向运动。其截面如图 20-27c 所示。

柄部有方头，装在夹头或铰杠上传递攻螺纹时所需要的力矩。

手用丝锥一般由两支组成一套，分为头锥（头攻）、二锥（二攻）。两支丝锥切削部分的斜角不同。头锥斜角小，有六个不完整的齿，便于切削。二锥斜角大一些，有两个不完整的齿，便于与头锥交替使用，进行逐次切削，减小切削力。

2. 铰杠　用来夹持丝锥柄部的方头，带动丝锥旋转进行切削的工具。最常用的铰杠是活铰杠，如图 20-28 所示。之所以称为活铰杠，是因为利用滑块的移动可调整方孔的大小，用以夹住不同尺寸的丝锥方头。

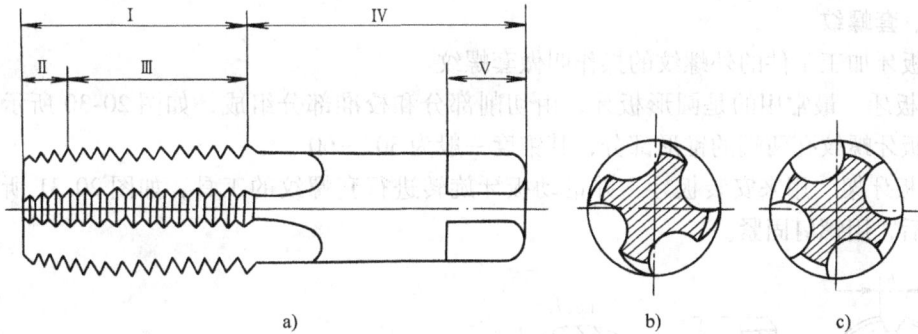

图 20-27 丝锥

Ⅰ—工作部分 Ⅱ—切削部分 Ⅲ—校准部分 Ⅳ—柄部 Ⅴ—方头

3. 攻螺纹前底孔直径的确定 攻螺纹前首先在工件上要钻孔，一般称为底孔。底孔的直径可根据被加工螺纹的大径和螺距并通过下列经验公式算出，或者查阅有关手册确定。

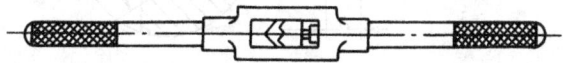

图 20-28 活铰杠

加工钢料及韧性材料时底孔直径的计算公式为

$$D = d - P$$

加工铸铁及脆性材料时底孔直径的计算公式为

$$D = d - (1.05 \sim 1.1)P$$

式中 $D$——底孔直径（mm）；

$d$——螺纹大径（mm）；

$P$——螺距（mm）。

4. 攻螺纹的方法 将工件夹持好，把装在铰杠上的头锥插入孔内，使丝锥与工件表面垂直，右手握住铰杠中间，加适当的压力，并顺时针转动（左螺纹需逆时针转动），当切削部分切入 1~2 圈时，再用目测或直角尺校正垂直，然后两手平稳地继续转动铰杠，此时丝锥不加压力会自行向下攻削。为了避免切屑过长而损坏丝锥，每转 1~2 圈后要反转 1/4 圈左右，以便于断屑、排屑，如图 20-29 所示。攻削不通孔时，可在丝锥上做出深度标记，

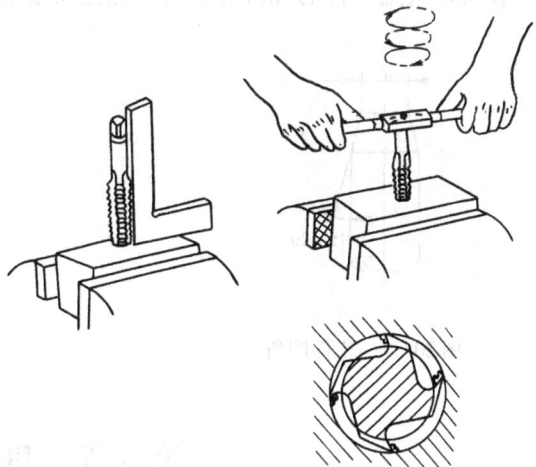

图 20-29 攻螺纹的方法

并经常取出丝锥清除切屑，避免因切屑堵塞而扭断丝锥。

头锥攻完后，再用二锥攻螺纹，即先用手把二锥旋入已攻过的螺孔中，再装上铰杠攻削。在较硬的材料上攻螺纹时，头锥、二锥要交替使用，防止丝锥扭断。

为了得到光洁的螺纹表面，延长丝锥使用寿命，在攻削钢材时，应加注切削液。

**二、套螺纹**

用板牙加工工件的外螺纹的操作叫做套螺纹。

1. 板牙　最常用的是圆形板牙，由切削部分和校准部分组成，如图20-30所示。切削部分是板牙螺纹孔两端的锥形部分，其锥度一般为30°~60°。

2. 板牙架　用来安装板牙，并带动板牙旋转进行套螺纹的工具，如图20-31所示。板牙放入后，用螺钉固紧。

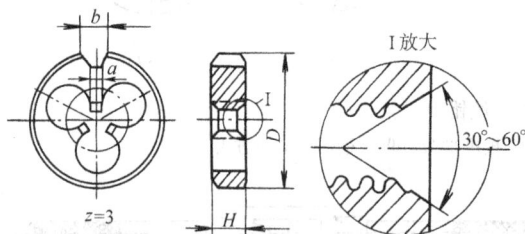

图20-30　圆形板牙　　　　　　　　图20-31　板牙架

3. 工件直径的确定　套螺纹前要按被加工材料的性质确定工件直径。工件直径太大时板牙难以套入，工件直径太小时套出的螺纹牙形不完整。工件直径一般应比螺纹大径小0.1~0.25mm，工件端部必须倒角，便于套螺纹时板牙的切入，如图20-32所示。

4. 套螺纹的方法　套螺纹时，板牙端面应与工件中心线垂直，然后两手均匀地顺时针旋转板牙架（左螺纹需逆时针转动），并稍加压，当套出一两个牙时，应检查是否套正，然后不需加压力，只要旋转板牙架即可，还要经常倒转板牙断屑，如图20-33所示。

在套螺纹过程中，要不断地加注切削液，以延长板牙的使用寿命和提高螺纹的表面质量。在套铜合金工件的螺纹时，可不加注切削液。

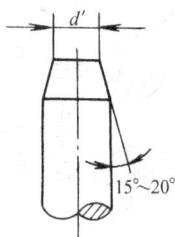

图20-32　工件倒角　　　　　　　　图20-33　套螺纹的方法

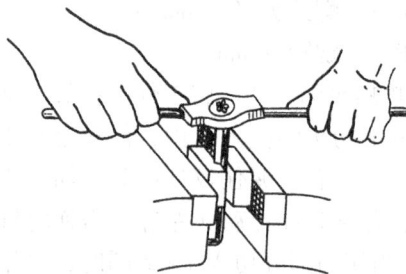

## 第六节　刮削和研磨

刮削和研磨是钳工加工中的精加工方法。通过刮削和研磨可使工件获得较高的尺寸精度和细的表面粗糙度。因此，在量具和精密机器制造方面应用很广。

**一、刮削**

用刮刀刮除工件表面薄层的加工方法叫做刮削。

1. **刮刀及刮削余量** 刮刀一般用碳素工具钢或轴承钢制成，头部淬硬，刮削硬工件时，也可焊上硬质合金刀头。

刮刀可分为平面刮刀和曲面刮刀两大类。平面刮刀用于刮削平面，如图20-34所示。曲面刮刀用来刮削曲面，如衬套、轴承等。常用的曲面刮刀有三角刮刀和匙形刮刀，如图20-35所示。

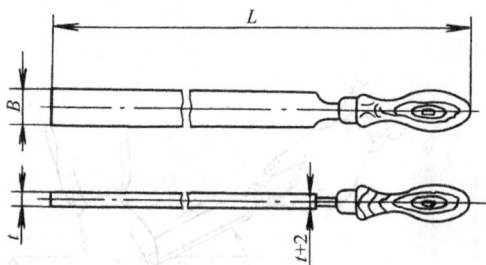

图 20-34 平面刮刀

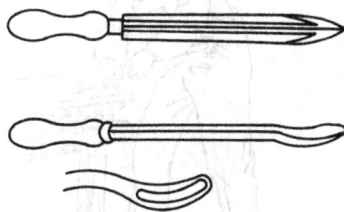

图 20-35 曲面刮刀

刮削余量是指事先为刮削所留下的加工余量。刮削余量过大会影响生产率，过小则难于保证质量。一般刮削余量因刮削面积而定，通常是 0.05 ~ 0.25mm。

2. **显示剂** 显示剂是为显示被刮削表面和标准表面间接触面积而涂的一种辅助材料。目前常用的显示剂有以下两种：

（1）红丹粉 氧化铅或氧化铁用润滑油调和而成，通常用于刮削黑色金属。

（2）蓝油 由普鲁士蓝与润滑油或蓖麻油调和而成，一般用于刮削轴瓦。

显示剂可以涂在工件表面上，也可以涂在标准件表面上，视具体情况而定。图20-36所示为平面与曲面的显示法。

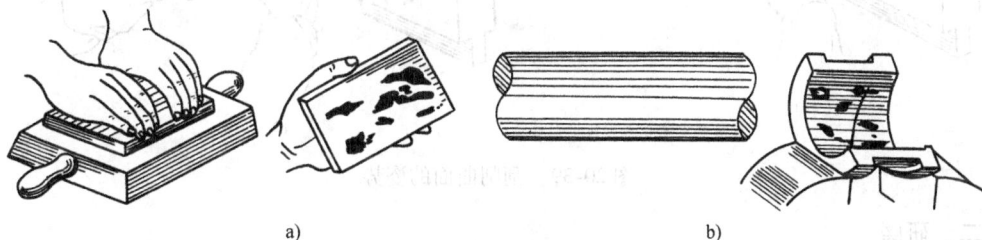

图 20-36 平面与曲面的显示法
a）平面显示法 b）曲面显示法

3. **平面刮削** 每次刮削应在工件平面上（或平板上）涂一层显示剂，并使工件与平板对磨，以显示工件平面上的凸起部分，然后用刮刀将凸起部分刮削掉。此过程重复多次，即可获得平整光洁的表面。平面刮削一般有两种操作方法，即挺刮法（见图20-37）和手刮法（见图20-38）。

刮削后的平面用涂有红丹粉的标准平板进行检验。刮削的精度通常用 25mm × 25mm 面积内的接触斑点（贴合点）来确定，普通平面为 10 ~ 14 点，中级平面为 15 ~ 23 点，高级平面为 24 ~ 30 点，精密平面为 30 点以上。

4. **曲面刮削** 内曲面用三角刮刀或匙形刮刀进行刮削。图20-39所示为刮削曲面的姿势，其操作方法是将显示剂均匀地涂在轴的表面，然后把轴放在轴瓦里并拧紧螺栓，来回转动几次，再取出轴，根据轴瓦上接触斑点的分布情况，对凸起部分进行刮削。在刮削过程中，每刮削一遍应检查接触点一次，直到刮好为止。为避免刮削后工件表面出现波纹，应交叉刮削曲面。

图 20-37　挺刮法

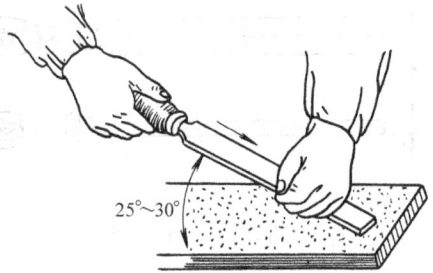

图 20-38　手刮法

内曲面刮削的精度是以 25mm×25mm 内的接触斑点数来确定的。在实际操作中，常使轴瓦中部的接触点刮得稀一些（每 25mm×25mm 内的贴合点为 6~8 点），而两端的接触点刮得密一些（每 25mm×25mm 内的贴合点为 10~15 点）。这样与轴配合后，中间配合间隙稍大，能多储存一些润滑油，而两端配合较紧密，就不会漏油，从而改善了润滑条件。

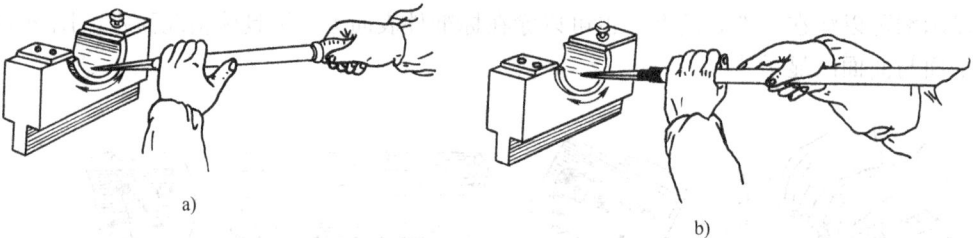

图 20-39　刮削曲面的姿势

## 二、研磨

用研具和研磨剂从工件表面上磨掉一薄层金属的操作方法叫做研磨。

通过研磨，工件表面粗糙度值可达 $Ra0.1~0.006\mu m$，尺寸精度可以控制在 $0.005~0.001mm$ 或更高，几何形状更加准确。

1. 研磨原理及余量　研磨是用比工件软的材料作为研具，在研具上放研磨剂，在工件或研具的压力作用下，部分研磨剂嵌入研具，这样研具表面就像砂轮一样，有无数的切削刃，研磨时，工件与研具做相对运动，就产生了切削作用。

一般每研磨一次所磨去的金属层厚度不超过 0.002mm，所以研磨余量不能太大，否则会使研磨时间增加。通常研磨余量在 0.005~0.05mm 范围内比较适宜。研磨余量的大小应根据工件尺寸大小和精度高低而有所不同，有时研磨余量就在工件的公差范围以内。

2. 研具和研磨材料　研具是研磨时决定工件表面几何形状的标准工具。研具一般有研板（用于研磨平面）、研棒（用于研磨内圆表面）和研套（用于研磨外圆表面）等。为了使磨料嵌入研具表面，研具的材料要比工件稍软。常用的研具材料有灰铸铁、低碳钢、铜合金等，其中灰铸铁的应用较广。

研磨剂是由磨料和研磨液混合而成的一种混合剂。磨料的种类很多，常用的有人造刚玉、碳化硅、金刚石粉、氧化铁粉和氧化铬粉等。磨料的粒度有粗细之分，粗的称为磨粉，用于粗研磨，细的称为微粉，用于精细研磨，研磨液起调和磨料的作用，研磨时还起润滑、冷却和化学等作用。常用的研磨液有润滑油、煤油和猪油等。

目前，工厂中常用配制好的研磨膏进行研磨，所不同的是磨料和研磨液的混合物较稠。除了用研磨剂、研磨膏研磨外，还可以用各种形状的磨石来进行研磨。磨石常用在被研磨的工件形状比较复杂和没有适当研具的场合。

3. 研磨方法　平面研磨如图 20-40 所示，外圆柱面的研磨如图 20-41 所示，圆锥孔的研磨如图 20-42 所示。

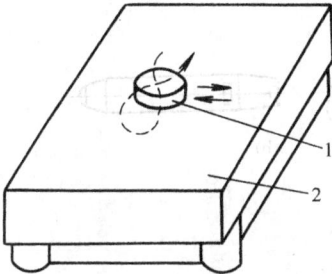

图 20-40　平面研磨
1—工件　2—研板

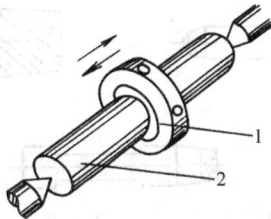

图 20-41　外圆柱面的研磨
1—研套　2—工件

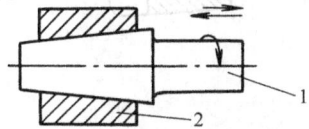

图 20-42　圆锥孔的研磨
1—研棒　2—工件

# 第七节　铆　接

用铆钉连接两个或数个工件的操作方法叫做铆接。

铆接时，将铆钉插入预先准备好的孔内（见图 20-43），并使铆钉原头紧贴工件表面，然后将铆钉杆的一端镦粗成铆合头，这样就把两个工件（或数个工件）连接起来了。

根据使用要求的不同，铆接可分为活动铆接和固定铆接两种。

活动铆接：所接合的部分，可以转动（如各种钳子、剪刀、卡钳、划规等）。

固定铆接：所接合的部分是固定不动的。

1. 铆钉的种类　铆钉可分为实心和空心两种。实心铆钉按钉头的形状又可分为半圆头、平锥头、沉头、平头等多种，如图 20-44 所示。

根据材料的不同，铆钉可分为钢质、铜质（纯铜或黄铜）和铝质三种。

2. 铆接工具　铆接时一般使用圆头锤子，其大小应按铆钉直径的大小来选定，其中 0.2～0.5kg 的小锤子较多使用。

压紧冲头如图 20-45a 所示。在铆钉插入孔内后，用它使被铆的板料互相压紧。

罩模和顶模如图 20-45b、c 所示。它们在铆接时作为铁砧及修铆合头用。

3. 手工铆接方法　半圆头铆钉的铆接过程如图 20-46 所示。沉头铆钉的铆接过程如图 20-47 所示。

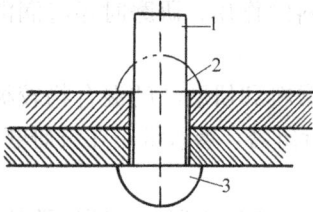

图 20-43　铆钉接合

1—铆钉杆　2—铆成的铆钉头

3—铆钉原头

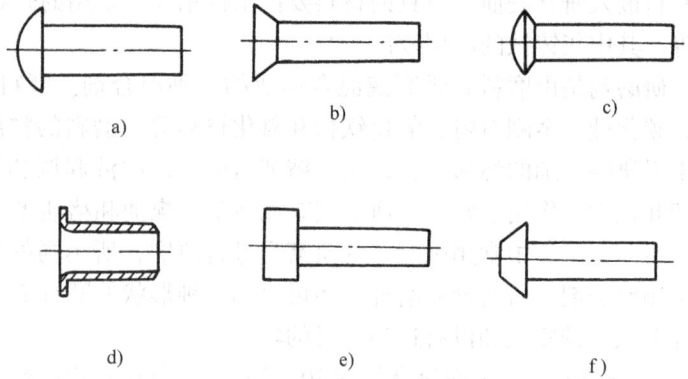

图 20-44　铆钉的种类

a）半圆头　b）沉头　c）半沉头　d）空心　e）平头　f）平锥头

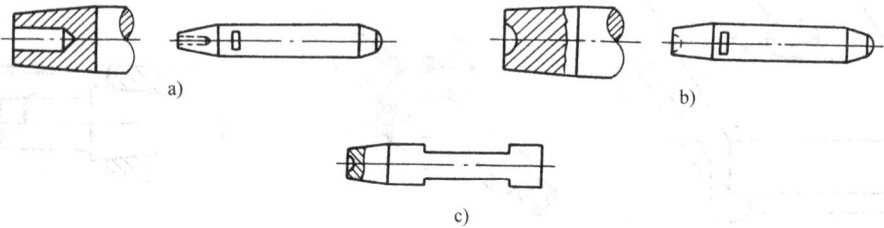

图 20-45　铆接工具

a）压紧冲头　b）罩模　c）顶模

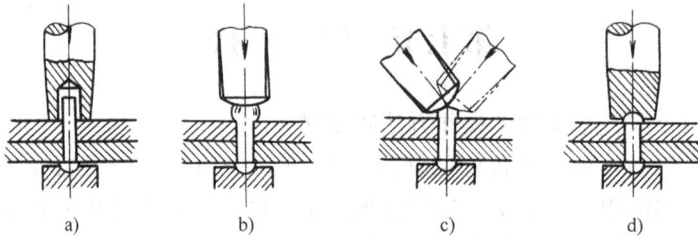

图 20-46　半圆头铆钉的铆接过程

a）压紧铆钉　b）镦粗铆钉　c）初步打成铆合头　d）修铆合头

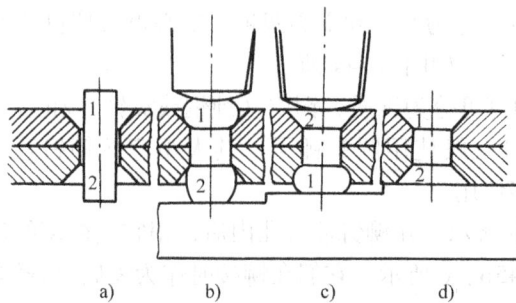

图 20-47　沉头铆钉的铆接过程

a）把铆钉插入孔内　b）镦粗　c）铆第一面　d）铆第二面

# 第八节　装配的基本知识

## 一、装配的概念

按照一定的精度标准和技术要求，将零件与零件装配成部件的过程称为部装。将零件和部件装配成最终产品的过程称为总装配。

装配工作是产品的完成阶段，对产品的质量有很大的影响。因此，装配是一项非常重要而细致的工作，必须认真做好。

1. 零件连接的种类　按照连接方式的不同，零件的连接可分为固定连接和活动连接。

(1) 固定连接　连接后零件之间没有相对运动。它又可以分为：

1) 固定可拆卸式连接，如螺纹联接、键联接、销联接等。

2) 固定不可拆式连接，如焊接、固定铆接、过盈连接等。

(2) 活动连接　零件之间在工作时能做相对运动。它又可以分为：

1) 活动可拆式连接，如轴与滑动轴承、柱塞与套筒等间隙配合零件的连接。

2) 活动不可拆式连接，如滚动轴承、任何活动连接的铆接等。

2. 装配步骤　产品装配的步骤分为四个阶段：

1) 装配前的准备。装配前，要熟悉装配图及其技术要求，了解产品的结构和零件的作用及相互间的关系，从而确定装配的方法、程序；准备好装配工具，对所有需要装配的零件或部件用柴油或煤油进行清洗，并涂上润滑油，以保证装配的质量。

2) 装配。装配工作分为部件装配和总装配两个阶段。

① 部件装配：将两个以上的零件装配成一体，使其成为完整的或不完整的机构（通称为部件）。部件装配后，应根据工作要求进行调整和试验，合格后才能进进总装配。部件直接构成产品的一个组成部分时，这个部件就叫组合件。

② 总装配：将各部件和零件装配成最终产品的过程。

3) 调整、精度试验和试车，使产品达到质量要求。

4) 涂装和装箱。

3. 装配的方法　产品质量主要取决于零件的精度，但装配质量也具有不容忽视的影响。为了使装配精度符合要求，目前采用以下四种装配方法：

(1) 互换法　按互换程度的不同，互换法有完全互换法和大数互换法（不完全互换法）两种。

1) 完全互换法：装配中同种零部件可以完全互换，即装配时零部件不经任何选择、修配和调节，均能达到装配精度要求。

2) 大数互换法：绝大多数产品装配时各组成环可不需挑选或改变其大小或位置，装入后即能达到装配精度的要求，但可能会有少数产品不能达到装配精度而需要采取修配措施甚至可能成为废品。

(2) 选配法　选配法是将尺寸链中组成环的公差放大到经济可行的程度来加工，装配时选择适当的零件配套进行装配，以保证装配精度的一般装配方法。

1) 直接选配法：装配时，由工人从许多待装的零件中，直接选取合适的零件进行装配，以保证装配精度的要求。

2）分组装配法：分组装配法又称为分组互换法。它是将组成环的公差相对完全互换法所求之值放大数倍，使其能以经济精度进行加工。装配时先测量尺寸，根据尺寸将零件分组，然后按对应组分别进行装配，以达到装配精度的要求，而且组内零件装配是完全互换的。

3）复合选配法：该方法是上述两种方法的复合，即零件公差可适当放大，加工后先测量分组，装配时再在各对应组内由工人进行直接选配。

（3）修配法　修配法是将装配尺寸链中的组成环按经济加工精度制造，装配时按各组成环累积误差的实测结果，通过修配某一预先选定的组成环尺寸，或就地配制这个环，以减少各组成环由于按经济精度制造而产生的累积误差，使封闭环达到规定精度的一种装配工艺方法。

1）单件修配法：选定某一固定的零件作修配件进行装配，以保证装配精度的方法称为单件修配法。

2）合并加工修配法：这种方法是将两个或多个零件合并在一起当作一个零件进行修配。

3）自身加工修配法：在机床制造与维修过程中，利用机床本身的切削能力，用自己加工自己的方法可以方便地保证某些装配精度要求。

（4）调整法　调整法是将尺寸链中各组成环按经济精度加工，装配时，通过更换尺寸链中某一预先选定的组成环零件或调整其位置来保证装配精度的方法。

1）可动调整法：在装配时，通过改变调整件的位置来保证装配精度的方法。

2）固定调整法：在装配时，通过更换尺寸链中某一预先选定的组成环零件来保证装配精度的方法。

3）误差抵消调整法：在装配产品或部件时，通过调整有关零件的相互位置，使其加工误差相互抵消一部分，以提高装配精度的方法。

**二、典型零件的装配**

1. 螺纹联接的装配　螺母和螺栓的联接应紧固有力，不能松动，拆卸时零件应完整无损。为了防止机器运转中产生振动而使螺纹联接松脱，螺纹联接中常用防松装置。常见的防松装置有下列几种：

（1）锁紧螺母　如图 20-48 所示。

（2）弹簧垫圈　如图 20-49 所示。

（3）开口销　如图 20-50 所示。

（4）带耳止动垫圈　如图 20-51 所示。

（5）圆螺母止动垫圈　如图 20-52 所示。

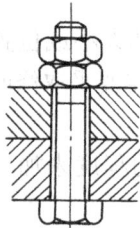

图 20-48　锁紧螺母　　　　图 20-49　弹簧垫圈　　　　图 20-50　开口销

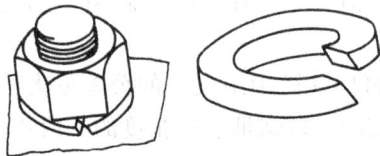

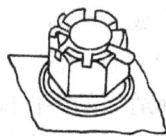

## 2. 销的装配

（1）圆柱销的装配　圆柱销孔一般是在装配时将两零件紧固在一起后再进行钻、铰加工，然后将销子涂上油，插入孔内，压入或用铜锤将其敲入。

（2）圆锥销的装配　圆锥销孔也是在装配时将两零件紧固在一起后再进行钻、铰加工。装配后圆锥销的大端应稍露出零件表面或与零件表面一样平，小端应稍比零件表面缩进一些或与其一样平。

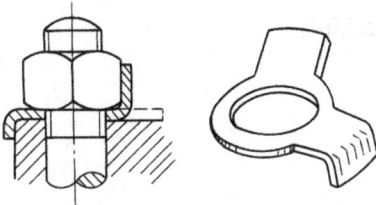

图 20-51　带耳止动垫圈

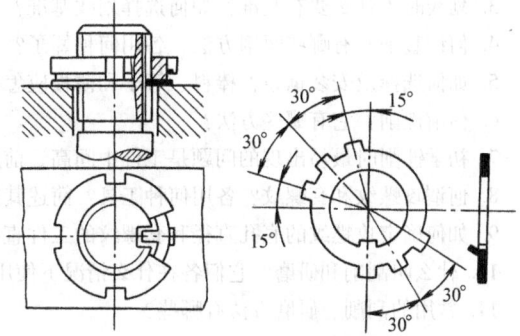

图 20-52　圆螺母止动垫圈

## 3. 键的装配

（1）平键的装配　装配时，键的两侧面应有些过盈，而键的顶面和轮毂间必须留有一定的间隙，键底面应与槽底接触。

（2）楔键的装配　装配时，键的顶、底面应分别与轮毂键槽、轴上键槽紧贴，两侧面应与键槽有一定的间隙。

（3）滑键的装配　装配时，要求键与滑动件的键槽侧面之间是间隙配合，而键与非滑动件的键槽侧面之间配合必须紧密，没有松动现象。

## 4. 轴承的装配

（1）滑动轴承的装配　一般用锤子或压力机将轴承敲入或压入机体内。在轴承压入后，机体往往会产生变形或工作表面损坏，所以在装配时要用铰削或刮削进行修整，使轴承与轴颈之间的间隙及接触点达到所要求的质量标准。

（2）滚动轴承装配　在安装前，应把与轴承配合的零件和轴承，用汽油或煤油清洗干净。装配时，根据配合过盈量的大小，可用锤子敲入或用压力机压入。在敲击或压装时，应在轴承端面垫上铜或软钢制的装配套筒，如图 20-53 所示。

当轴承内圈与轴配合过盈量较大时，可采用热套法装配。

5. 齿轮的装配　齿轮与轴的连接有空转、滑移或固定三种。

在轴上空转或滑移的齿轮，装配后的精度主要取决

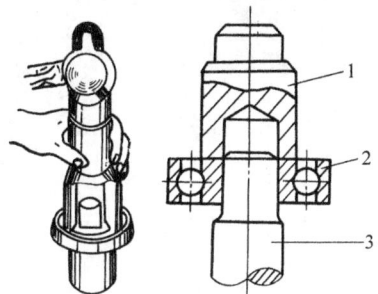

图 20-53　用装配套筒安装滚动轴承
1—套筒　2—滚动轴承　3—轴

于零件本身的加工精度。这类齿轮的装配比较方便。装配后，齿轮在轴上不得有晃动现象。

　　在轴上固定的齿轮，通常与轴有少量过盈配合，装配时可用手工工具敲击或用压力机压装。压装时，要注意避免齿轮歪斜和变形。齿轮传动机构在装配后，必须啮合正确，接触点应均匀分布，两啮合件的齿侧间隙应适合，运转应轻便。

## 复　习　题

1. 何谓钳工工作？它包括哪些内容？

2. 何谓划线？它有何作用？

3. 划线时为什么要有基准？如何选择划线基准？

4. 何谓錾削？有哪些錾削方法？各用何种錾子？

5. 如何选择及安装锯条？棒料、管子和薄板应怎样锯削？

6. 何谓锉削？它有哪些方法？

7. 初学锉削时最易出现的问题是工件中间高、前后低，这是什么原因？

8. 何谓攻螺纹和套螺纹？各用何种工具？简述其操作方法。

9. 如何确定攻螺纹的底孔直径和套螺纹的工件直径？

10. 什么叫刮削和研磨？它们各在什么情况下使用？

11. 常用的刮削、研磨方法有哪些？

12. 怎样检查刮削的精度？

13. 试述半圆头铆接和沉头铆接的铆接过程。

14. 何谓装配？装配时，零件连接的种类有哪几种？

15. 装配的步骤分为哪几个阶段？

16. 螺纹连接中的防松装置有哪几种？

17. 装配的类型有哪几种？它们是如何达到装配精度的？

# 第二十一章 数控加工

## 第一节 概 述

### 一、数控机床的组成

一般数控机床主要由控制介质、数控装置、伺服机构和机床四个部分组成。

数控机床工作过程的主要步骤如下：

1）根据零件图样进行零件的工艺分析和程序设计。

2）按照数控装置所能识别的代码编制加工程序单。

3）将加工程序存储在某种存储介质上（控制介质）。

4）通过输入装置将加工程序输入数控装置内部。

5）数控装置按输入信号进行一系列的运算和控制处理，并将结果以脉冲形式送往机床的伺服机构。

6）伺服机构带动各自的机床运动部件，按程序规定的加工顺序、速度和位移量等进行自动加工。

### 二、数控机床的分类

1. 按自动化程度分类

（1）普通数控机床　普通数控机床一般指在加工工艺过程中的一个工序上实现数字控制的自动化机床，如数控铣床、数控车床等，但刀具的更换与零件的装夹仍需人工操作。

（2）加工中心　加工中心是带有刀库和自动换刀装置的数控机床，可以进行铣、镗、钻、扩、铰及攻螺纹等多工序加工。

2. 按运动轨迹分类

（1）点位控制数控机床　如图 21-1 所示，点位控制是指数控系统只控制刀具或工作台从一点准确地移动到另一点，然后进行定点加工，而在运动过程中不进行任何加工，并且点与点之间的路径也不需要控制。采用这类控制的数控机床有数控钻床、数控镗床等。

（2）点位直线控制数控机床　如图 21-2 所示，点位直线控制是指数控系统除控制直线

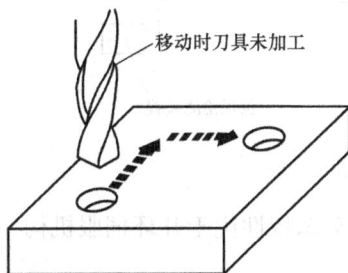

图 21-1　点位控制加工示意图

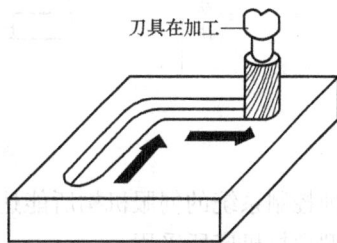

图 21-2　点位直线控制加工示意图

轨迹的起点和终点的准确定位外，还要控制在这两点之间以指定的进给速度进行直线切削。采用这类控制的数控机床有数控铣床、数控车床、数控磨床等。

（3）轮廓控制数控机床　如图 21-3 所示，它是能够连续控制两个或两个以上坐标方向的联合运动，用于加工曲线和曲面零件的数控机床。

3. 按控制方式分类

（1）开环控制系统　开环控制系统是指不带反馈装置的控制系统，由步进电动机驱动电路和步进电动机组成，如图 21-4 所示。数控装置经过控制运算发出脉冲信号，每一个脉冲信号都使步进电动机转动一定的角度，通过滚珠丝杠带动工作台移动一定的距离。

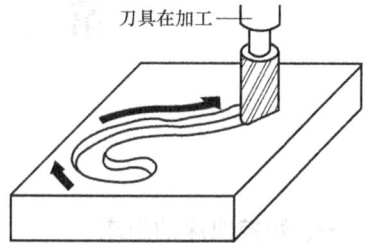

图 21-3　轮廓控制加工示意图

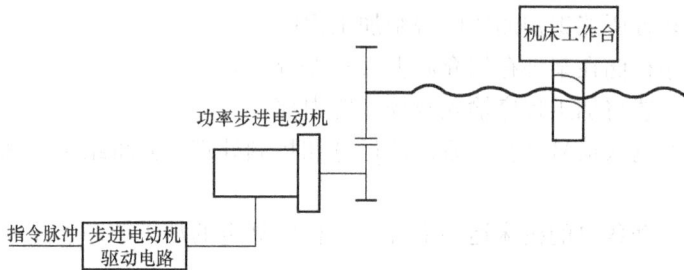

图 21-4　开环控制系统

这种控制系统的伺服机构比较简单，工作稳定，容易控制，但精度和速度的提高受到限制。

（2）半闭环控制系统　如图 21-5 所示，半闭环控制系统是在开环控制系统的伺服机构中装有角位移检测装置，通过检测伺服机构的滚珠丝杠转角来间接检测移动部件的位移，并将其反馈到数控装置的比较器中，与输入的原指令位移值进行比较，用比较后的差值进行控制，使移动部件补充位移，直到差值消除为止的控制系统。

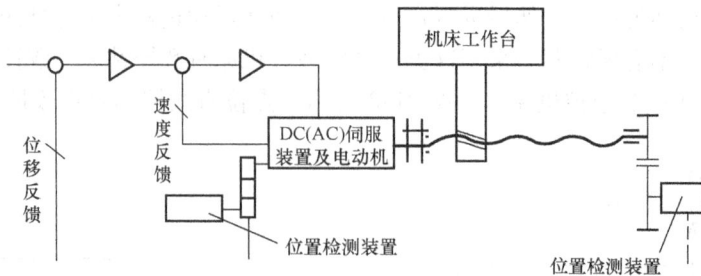

图 21-5　半闭环控制系统

这种控制系统的伺服机构所能达到的精度、速度和动态特性优于开环伺服机构，为大多数中小型数控机床所采用。

（3）闭环控制系统　如图 21-6 所示，闭环控制系统是在机床移动部件上直接装有直线位置检测装置，将检测到的实际位移反馈到数控装置的比较器中，与输入的原指令位移值进行比较，用比较后的差值控制移动部件作补充位移，直到差值消除时才停止移动，从而达到精确定位的控制系统。

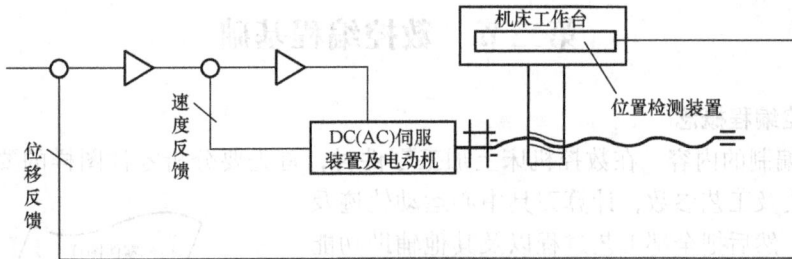

图 21-6　闭环控制系统

闭环控制系统的定位精度高于半闭环控制系统，但其结构比较复杂，调试、维修的难度较大，常用于高精度和大型数控机床。

### 三、数控机床的加工特点

1. 适应性强　因为数控机床能实现多个坐标联动，所以数控机床能完成复杂型面的加工，并且加工程序可按对加工零件要求的不同而变换。因此，它的适应性强，生产准备周期短，有利于机械产品迅速更新换代。

2. 加工精度高　数控机床的机械传动系统和结构都有较高的精度，而且数控机床的加工精度不受零件复杂程度的影响。零件的加工精度和质量由数控机床保证，完全消除了操作者的人为误差。所以，数控机床的加工精度高，而且同一批零件加工尺寸的一致性好，加工质量稳定。

3. 生产率高　数控机床结构刚度好、功率大，能自动进行切削加工，所以能选择较大的、合理的切削用量，并自动连续完成整个切削加工过程，能大大缩短机动时间。在数控机床上加工零件时，只需使用通用夹具，并且可免去划线等工作，所以能大大缩短加工准备时间。又因为数控机床定位精度高，可省去加工过程中对零件的中间检测时间，所以数控机床比普通机床的生产率高 3～4 倍，甚至更高。

4. 劳动强度低　除了装卸零件、操作键盘、观察机床运行外，数控机床的其他动作都是按加工程序要求自动连续地进行切削加工的，操作者不需要进行繁重的重复手工操作。

5. 有利于生产管理　数控机床能准确计算零件的加工工时，并有效地简化刀、夹、量具和半成品的管理工作。加工程序是用数字信息的标准代码输入的，有利于计算机连接，构成由计算机控制和管理的生产系统。

### 四、数控机床的应用范围

数控机床是一种高度自动化的机床，有一般机床所不具备的许多优点，所以数控机床的应用范围在不断扩大。但数控机床是一种高度机电一体化的产品，技术含量高，成本高，使用维修都有一定难度。从效益最优化的技术经济角度出发，数控机床一般适用于加工以下零件：

1）多品种、小批量零件。

2）结构较复杂，精度要求较高的零件。

3）需要频繁改型的零件。

4）价格昂贵，不允许报废的关键零件。

5）需要最小生产周期的急需零件。

# 第二节　数控编程基础

## 一、数控编程概念

1. 程序编制的内容　在数控机床上加工零件时，首先要分析零件图样的要求，确定合理的加工路线及工艺参数，计算刀具中心运动轨迹及其位置数据，然后把全部工艺过程以及其他辅助功能（主轴的正反转、切削液的开与关、变速、换刀等）按运动顺序，用规定的指令代码及程序格式编制成数控加工程序，经过调试后记录在控制介质上，最后输入到数控机床的数控装置中，以此控制数控机床完成工件的全部加工过程。因此，把从分析零件图样开始到获得正确的程序载体为止的全过程称为零件加工程序的编程。

数控机床程序编制的内容主要包括：分析零件图样，确定工艺过程，数值计算，编写程序单，制作控制介质，程序检验与首件试切，如图 21-7 所示。

（1）分析零件图样，确定加工工艺　这一步与普通机床加工零件时的工艺分析相同，即根据图样对工件的形状、尺寸、技术要求进行分析，选择加工方案，选定机床、刀具与夹具，确定零件加工顺序、加工路线及切削用量等工艺参数。

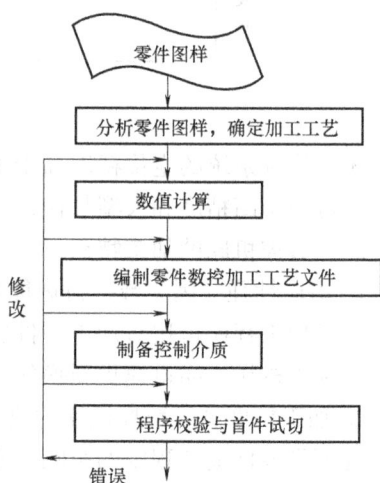

图 21-7　程序编制的内容

（2）数值计算　根据零件图纸上尺寸及工艺线路的要求，在选定的坐标系内计算零件轮廓和刀具运动轨迹的坐标值，并且按数控机床的规定将编程单位（脉冲当量）换算为相应的数字量，以这些坐标值作为编程尺寸。

（3）编制零件数控加工工艺文件　根据制订的加工路线、切削用量、刀具号码、刀具补偿、辅助动作及刀具运动轨迹，按照数控系统规定的指令代码及程序格式，编写零件加工程序，并进行校核，检查上述两个步骤是否存在错误。

（4）制备控制介质　将程序单上的内容转换后记录在控制介质上，作为数控系统的输入信息。若程序较简单，则可直接通过键盘输入。但在保存和使用程序之前，必须进行检验、调试和试切。

（5）程序校验与首件试切　所制备的控制介质必须经过进一步的校验和试切，只有在证明正确无误后，才能用于正式加工。若有错误，则应分析错误产生的原因，进行相应的修改。

从以上内容看，作为一名编程人员，不但要熟悉数控机床的功能与结构，有一定的机床操作经验，而且要熟悉零件的加工工艺，掌握数值计算的方法，还要掌握一定的计算机知识。

2. 程序编制的方法

（1）手工编程　手工编程是指程序编制的整个步骤几乎全部是由人工来完成的。对于几何形状不太复杂的零件，所需要的加工程序不长，计算也比较简单，出错机会较少，这时用手工编程既及时又经济，因而手工编程仍被广泛地应用于形状简单的点位加工及平面轮廓加工中。

（2）自动编程

1）自动编程软件编程：利用通用的微型计算机及专用的自动编程软件，以人机对话的方式确定加工对象和加工条件，自动运算和生成指令。

自动编程专用软件多数是在开放式操作系统环境下，在微型计算机上开发的，成本低、通用性强。

2）CAD/CAM 集成数控编程系统自动编程：利用 CAD/CAM 系统进行零件的设计、分析及加工编程。这种方法适用于制造业中的 CAD/CAM 集成编程数控系统，目前正被广泛应用。该方式适应面广、效率高、程序质量好，适用于各类柔性制造系统（FMS）和集成制造系统（CIMS），但投资大，掌握起来需要一定时间。

**二、数控机床的坐标系**

为了描述机床的运动和编写程序的互换性，国际标准化组织对数控机床的坐标系作了规定。

1. 机床坐标系

（1）机床坐标系的确定

1）机床相对运动的规定：在机床上，将工件看作静止，而刀具是运动的（假定刀具相对于静止的工件运动）。这样编程人员在不考虑机床上工件与刀具具体运动的情况下，就可以依据零件图样，确定加工过程。

2）机床坐标系的规定：机床坐标系采用右手笛卡尔直角坐标系，如图 21-8 所示。

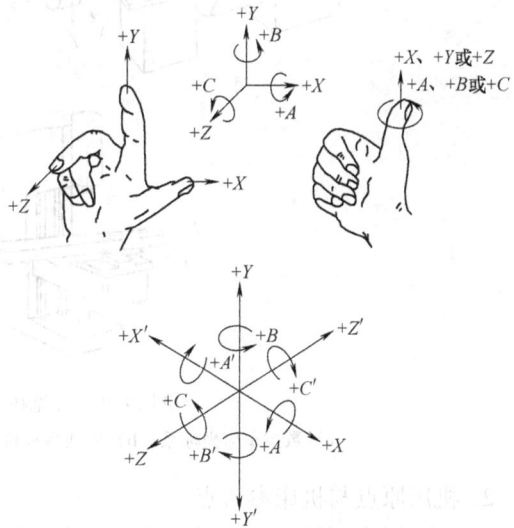

图 21-8　右手笛卡尔直角坐标系

伸出右手的大拇指、食指和中指，并互为 90°。则大拇指代表 X 坐标轴，食指代表 Y 坐标轴，中指代表 Z 坐标轴。大拇指的指向为 X 坐标轴的正方向，食指的指向为 Y 坐标轴的正方向，中指的指向为 Z 坐标轴的正方向。围绕 X、Y、Z 坐标轴旋转的旋转坐标分别用 A、B、C 表示，根据右手螺旋定则，大拇指的指向为 X、Y、Z 坐标轴中任意轴的正向，则其余四指的旋转方向即为旋转坐标 A、B、C 的正向。

3）运动方向的规定：增大刀具与工件距离的方向即为各坐标轴的正方向。

（2）坐标轴方向的确定

1）Z 坐标轴：Z 坐标轴的运动方向是由传递切削动力的主轴所决定的，平行于主轴轴线的坐标轴即 Z 坐标轴（车，铣），Z 坐标轴的正向为刀具离开工件的方向。

　　如果机床上有几个主轴，则选一个垂直于工件装夹平面的主轴方向作为 Z 坐标轴方向；如果主轴能够摆动，则选垂直于工件装夹平面的方向为 Z 坐标轴方向；如果机床无主轴，则选垂直于工件装夹平面的方向为 Z 坐标轴方向。

　　2）X 坐标轴：X 坐标轴平行于工件的装夹平面，一般在水平面内。当工件做旋转运动时（数控车床），则刀具离开工件的方向为 X 坐标轴的正方向。当刀具做旋转运动时（数控车铣床），则分为两种情况：当 Z 坐标轴水平时，观察者沿刀具主轴向工件看，+X 运动方向指向右方；当 Z 坐标轴垂直时，观察者面对刀具主轴向立柱看，+X 运动方向指向右方。

　　3）Y 坐标轴：在确定 X、Z 坐标轴的正方向后，可以根据 X 和 Z 坐标轴的方向，按照右手直角坐标系来确定 Y 坐标轴的方向。常见机床的坐标轴方向如图 21-9 所示。图 21-9 中表示的方向为实际运动部件的移动方向。

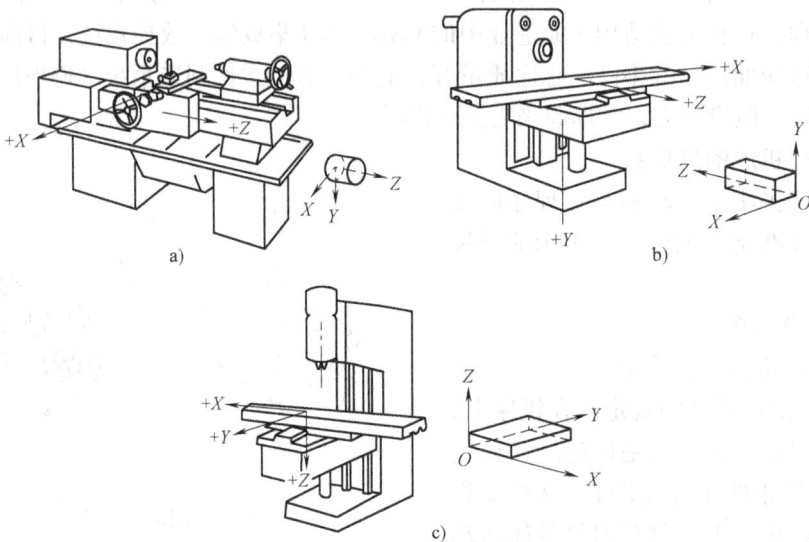

图 21-9　常见机床的坐标轴方向

a）数控车床坐标系　b）卧式数控铣床坐标系　c）立式数控铣床坐标系

## 2. 机床原点与机床参考点

　　(1) 机床原点的设置　机床原点也称为机械原点，是机床坐标中固有的点，不能随意改变。在数控车床上，机床原点一般取在卡盘端面与主轴中心线的交点处，如图 21-10 所示。在立式数控铣床上，机床原点一般取在 X、Y、Z 坐标轴正方向的极限位置上，如图 21-11 所示。

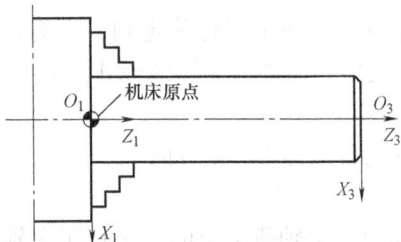

图 21-10　数控车床机床原点

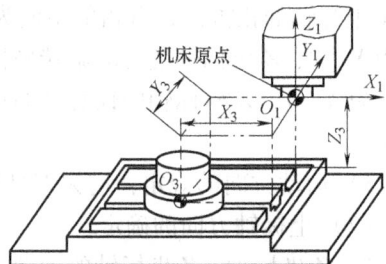

图 21-11　立式数控铣床机床原点

（2）机床参考点　机床参考点的位置由机械挡块或行程开关确定。机床参考点对机床原点的坐标来说是一个已知定值，也就是说，可以根据机床参考点在机床坐标系中的坐标值间接确定机床原点的位置。

数控机床开机后，必须先确定机床原点，而确定机床原点需要操作机床回参考点，为数控机床的位置测量装置指定基准位置。这样通过确认参考点，就确定了机床原点，数控机床才能正常工作。

回零操作是对基准的重新核定，可消除由于种种原因而产生的基准偏差。

3. 编程坐标系　编程坐标系是编程人员根据零件图样及加工工艺等建立的坐标系，又叫工件坐标系。其坐标轴方向与机床坐标系的坐标轴方向一致。它是编程时计算轮廓曲线上各基点或节点坐标值的依据。编程原点应尽量选择在零件的设计基准或工艺基准上。如图21-10所示，数控车床的编程原点 $O_3$ 选在工件轴线的右端面。

**三、常用的数控编程指令**

不同的数控机床所使用的数控系统不同，程序也略有差异，编程时，必须严格按照所使用机床的编程说明书规定的格式书写。以下以 FANUC 0i 系统为例进行说明。

1. 数控程序结构　数控程序由程序号、程序内容和程序结束三部分组成，例如：

O0050；　　　　　　　　　　　　程序号（程序开始）

G50　X120.0Z180.0；

T0101；

S800M03；　　　　　　　　　　　程序内容

G00X25.0Z2.0；

……

M30；　　　　　　　　　　　　　程序结束

（1）程序号　为程序的开始部分，每个程序都要有程序号（FANUC 0i 系统采用"O"）。

（2）程序内容　由若干个程序段（行）组成。程序段格式由语句号字、数据字和程序段结束组成，例如

N20G01X35.Y-46.25F100.0，

数控车床一般格式为

N（1~4）G2X±5.3 Z±5.3F5.3S4T4M2；

（3）程序结束　常用 M30 结束整个程序。

（4）程序字说明　程序字是组成程序的基本单元，由地址字符和数字字符组成。地址字符的含义见表21-1。

表 21-1　地址字符的含义

| 功能 | 地址字符 | 意　义 |
|---|---|---|
| 程序号 | O、P | 程序编号，子程序号的指定 |
| 程序段号 | N | 程序段顺序编号 |
| 准备功能 | G | 指令动作的方式 |

（续）

| 功能 | 地 址 字 符 | 意 义 |
|---|---|---|
| 坐标字 | X、Y、Z | 坐标轴的移动指令 |
| | A、B、C；U、V、W | 附加轴的移动指令 |
| | I、J、K | 圆弧圆心坐标 |
| 进给速度 | F | 进给速度的指令 |
| 主轴功能 | S | 主轴转速指令（r/min） |
| 刀具功能 | T | 刀具编号指令 |
| 辅助功能 | M、B | 主轴、冷却液的开关，工作台分度等 |
| 补偿功能 | H、D | 补偿号指令 |
| 暂停功能 | P、X | 暂停时间指定 |
| 循环次数 | L | 子程序及固定循环的重复次数 |
| 圆弧半径 | R | 实际是一种坐标字 |

2. 准备功能指令 G

（1）与坐标系有关的指令

1）工件坐标系设定指令（G50/G92）称为初始位置法。通过当前刀位点所在位置来设定加工坐标系的原点。这一指令不产生机床运动。例如 FANUC 系统：

G50X_ Z_ ；　　　　　（数控车床）

G92X_ Y_ Z_ ；　　　　（数控铣床，加工中心）

X、Y、Z 的坐标值为刀位点在工件坐标系中的当前（初始）位置。

2）工件坐标系选择指令（G54～G59）称为零点偏置法，对刀后，通过机床面板输入机床坐标系与工件坐标系之间的距离。

3）坐标平面选择指令（G17、G18 和 G19），用来选择圆弧插补的平面和刀具补偿平面（加工平面）。G17、G18、G19 分别指定机床在 XY 平面、XZ 平面和 YZ 平面内加工。一般情况下，数控车床默认在 ZX 平面内加工，数控铣床默认在 XY 平面内加工。

4）绝对坐标指令与增量坐标指令（G90/G91）。绝对坐标指令（G90）：坐标值以编程原点为基准得出，如图 21-12a 所示。增量坐标指令（G91）：坐标值以前一位置为计算起点得出，如图 21-12b 所示。

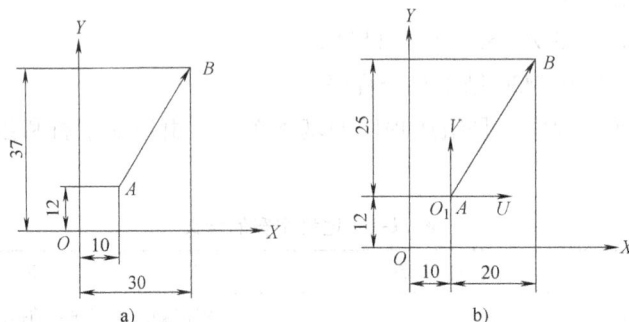

图 21-12　绝对坐标和增量坐标

a）绝对坐标　b）增量坐标

在有些数控系统中（如车床），没有此指令代码，而是采用不同的地址。绝对坐标用 $X$、$Y$、$Z$ 表示，增量坐标用 $U$、$V$、$W$ 表示。

5）回参考点指令（G28）。其格式为：

G28X_ Y_ Z_ ;

其中，X_ Y_ Z_ 为中间点的坐标值，用于数控机床回参考点结束程序或换刀，可自动取消刀具长度补偿。

（2）运动路径控制指令

1）米制/英制单位设定（G21/G20）：广泛采用米制。

2）进给量单位设定：G99（车）G95（铣）表示进给量单位是 mm/min，G98（车）G94（铣）表示进给量单位是 mm/r。

3）半径/直径设定（G22/G23）：在数控车削中，$X$ 方向的数据按半径或直径书写，通常用直径数据更方便。

4）快速定位指令（G00）：用于刀具的快速移动定位。在移动过程中，刀具不能与任何零部件接触。程序格式为：

G00X_ Y_ Z_ ;

其中，X_ Y_ Z 是目标点的坐标值。

在指令开始执行后，刀具沿着各个坐标方向同时按参数设定的速度移动，最后到达终点。

注意：刀具的实际运动路线可能是开始段为斜线的折线。

5）线性切削指令（G01）：刀具按指定的进给速度沿直线切削加工。程序格式为：

G01X_ Y_ Z_ F_ ;

其中，X_ Y_ Z 为坐标直线终点。

6）圆（弧）插补指令（G02/G03）：刀具在指定平面内按给定的进给速度作圆（弧）运动，切削出圆（弧）轮廓。

圆弧顺逆方向的判断方法是：沿着不在圆弧平面内的坐标轴，由正方向向负方向看，顺时针用 G02，逆时针用 G03，如图 21-13 所示。

G02/G03 的编程格式为：

① 用 $I$、$J$、$K$ 指定圆心位置时：（G02/G03）X_ Y_ Z_I_ J_ K_ F_ ;

② 用圆弧半径 $R$ 指定圆心位置时：（G02/G03）X_ Y_ Z_ R_ F_ ;

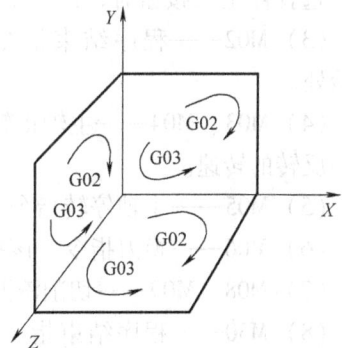

图 21-13　圆弧顺逆方向的判别

说明：$I$、$J$、$K$ 为圆心相对圆弧起点的相对坐标增量值。用半径指定圆心位置时，当圆心角 $\alpha \leqslant 180°$ 时，$R$ 取正值，否则取负值。铣削整圆时只能用 $I$、$J$、$K$ 指定圆心格式。

7）暂停指令（G04）：使刀具作短暂的无进给光整加工，用于切槽、钻孔、锪孔等场合。G04 指令为非模态指令。其格式为：

G04X/P_ ;

说明："X" 后面可用带小数点的数表示，单位为 s；"P" 后面不允许用小数点的数，单位为

ms。例如，暂停时间为 3.5s 的程序为：

G04X3.5；或 G04P5000；

（3）刀具半径补偿与偏置指令（G40、G41、G42） 刀具总有一定的刀具半径或刀尖部分有一定的圆弧半径。加工轮廓时，刀位轨迹与轮廓之间相差一个刀具半径值（当刀具磨损，换新刀时刀具半径值会改变）。在对有刀具半径补偿功能的数控机床编程时，可按零件轮廓编程，如图 21-14 所示。

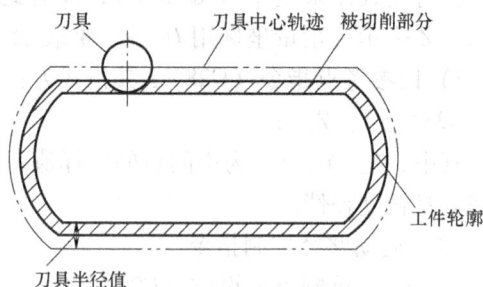

图 21-14　刀具的半径补偿

刀具半径补偿分为刀具半径左补偿和刀具半径右补偿。假设工件不动，沿刀具运动方向看，若刀具在零件左侧，则为刀具左补偿；反之，则为刀具右补偿。

用 G41 表示刀具左补偿。用 G42 表示刀具右补偿。用 G40 表示取消刀具半径补偿。

刀具半径补偿的过程分为三步，即刀补建立、刀补进行和刀补撤销。

刀具半径补偿的建立与取消，在线性轨迹段（用 G00 或 G01 指令）完成。从它的起点开始，刀具中心渐渐往预定的方向偏移，到达该线性段的终点时，刀具中心相对于终点产生一个刀具半径大小的法向偏移。

3. 辅助功能指令　它是控制数控机床或系统开关功能的指令，由 M 和两位数字组成。

（1）M00——程序停止指令　执行此指令后，机床停止一切操作，但模态信息全部被保存，可继续执行后面的程序。该指令主要用于在加工过程中需要停机检查、测量零件、手工换刀或交接班等场合。

（2）M01——选择停止指令　与 M00 的作用相似，区别在于只有按下机床操作面板上的"选择停止"按钮时，该指令才有效，否则继续执行后面的程序。

（3）M02——程序结束指令　在程序结束后，程序执行指针不会自动回到程序的起始处。

（4）M03、M04——主轴正转、反转指令　该指令后常跟主轴转速字 S，用于指定主轴正、反转的转速。

（5）M05——主轴停转指令。

（6）M06——换刀指令　该指令后常跟刀具功能字 T，用于指定刀具号。

（7）M08、M09——切削液开、关指令。

（8）M30——程序结束指令　在程序结束后，程序指针自动回到程序的起始处。

**四、数控编程举例**

1. 数控车床编程举例

编写图 21-15 所示零件的精加工程序。该零件材料为 45 钢。

加工设备：FANUC 0T 系统数控车床。

步骤如下：

1）根据零件图样要求和毛坯情况，确定工

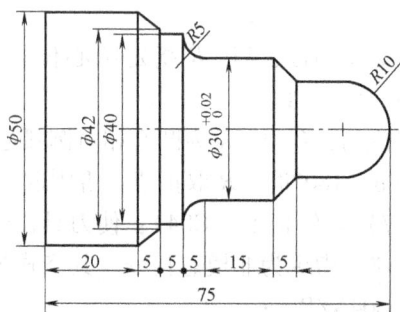

图 21-15　数控车床编程实例

艺方案及加工路线。用自定心卡盘夹持 φ55mm 毛坯外圆左端（图 21-15 中未画出），使工件伸出卡盘 80~85mm，一次装夹完成右端精加工。

2）选择机床设备。根据零件图样要求，选用经济型数控车床即可达到技术要求。

3）选择刀具。根据加工要求，选用一把 90°外圆精车刀，并对刀，然后将其安装于自动换刀刀架上。因外圆精车刀为基准刀，故没有刀补。

4）确定切削用量。切削用量的具体数值应根据该机床性能、相关手册并结合实际经验确定。

5）确定工件坐标系、对刀点和换刀点。确定工件右端与轴心线的交点 O 为工件原点，建立 XOZ 工件坐标系。采用手动试切对刀方法，换刀点设置在工件坐标系的 X100，Z50 处。

6）编写精加工程序

O0001；
N10 G50 X100 Z50；
N20 G90；
N30 M03 S800 T0100；
N40 G00 X0 Z2；
N50 M08；
N60 G01 Z0 F0.5；
N70 G03 X20 Z-10 R10 F0.1；
N80 G01 Z-20；
N90 X30.01 Z-25；
N100 Z-40；
N110 C02 X40 Z-45 R5；
N120 G01 Z-50；
N130 X42；
N140 X50 Z-55；
N150 Z-75；
N160 X57；
N170 G00 X100 Z50；
N180 M09；
N190 M05；
N200 M30；

2. 数控铣床编程举例

编写图 21-16 所示零件的外轮廓精加工程序。该零件深 5mm，材料为 45 钢。

加工设备：FANUC 0M 系统数控铣床。

步骤如下：

1）根据零件图样要求、毛坯及前一工序的加工情况，确定工艺方案及加工路线。以已加工过的底面为定位基准，用机用平口虎钳夹紧工件前后两侧面，将平口

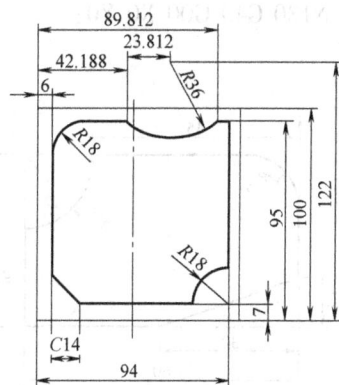

图 21-16 数控铣床编程实例

虎钳固定于铣床工作台上，一次装夹完成精加工。

2）选择机床设备。根据零件图样要求，选用经济型 XKN7125 型数控铣床即可达到技术要求。

3）选择刀具。采用 φ18mm 的平底立铣刀，并把该刀具的半径输入刀具参数表（D01）中。

4）确定切削用量。切削用量的具体数值应根据该机床性能、相关手册并结合实际经验确定。

5）确定工件坐标系和对刀点。在 XOY 平面内确定以工件左下角为工件坐标原点，Z 方向以工件上表面为工件原点。采用手动对刀方法。

6）编写精加工程序

O0002；

N10 G90；

N20 G92 X0 Y0 Z50；

N30 M03 S600；

N40 G00 X – 20 Y – 20 Z5；

N50 M08；

N60 G01 Z – 5 F60；

N70 G01 G41 X6 Y15 D01 F100；

N80 Y77；

N90 G02 X24 Y95 R18；

N100 G01 X42. 188；

N110 G03 X89. 812 Y95 R36；

N120 G01 X94；

N130 Y25；

N140 G03 X76 Y7 R18；

N150 G01 X20；

N160 X4 Y23；

N170 G00 Z50；

N180 G40 G00 X0 Y0；

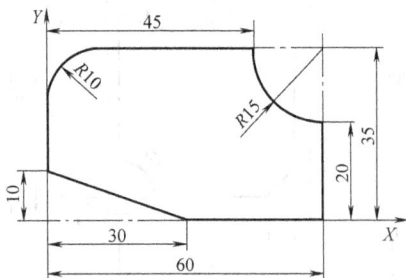

图 21-17　精铣外轮廓（深 3mm）

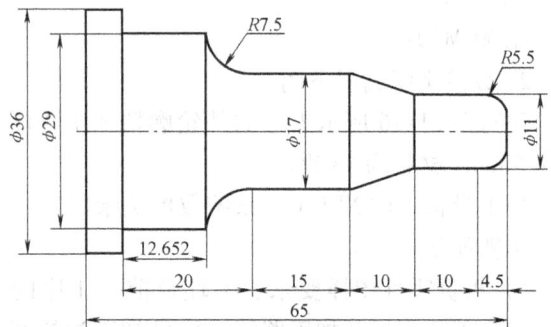

图 21-18　精车外圆

N190 M09；
N200 M30；

# 复 习 题

1. 什么叫数控机床？它由哪几部分组成？
2. 点位控制和轮廓控制有什么不同？它们各适用于什么场合？
3. 简述开环、半闭环、闭环系统的特点及区别。
4. 程序字主要有哪几类？简述其含义。
5. 精铣图 21-17 所示零件的轮廓，材料为 45 钢，试编程。
6. 精车图 21-18 所示零件的外圆，材料为 45 钢，试编程。

# 附　　录

## 附录 A　钢材硬度与强度对照表

| 硬　　度 | | | | | 抗　拉　强　度（×10MPa） | | | | | | | | | |
| 洛　氏 | | 维氏 | 布　氏 | | 碳素钢 | 铬　钢 | 铬钒钢 | 铬镍钢 | 铬钼钢 | 铬镍钼钢 | 铬锰硅钢 | 超高强度钢 | 不锈钢 | 不分钢种 |
| HRC | HRA | HV | HBW (30$D^2$) | $d_{10}$、$2d_5$ $4d_{2.5}$/mm | | | | | | | | | | |
| 52.5 | 77.1 | 551 | — | — | — | — | 190.6 | 192.0 | 189.3 | 195.1 | 190.3 | 193.0 | — | 192.1 |
| 52.0 | 76.9 | 543 | — | — | — | 188.1 | 187.5 | 188.7 | 186.1 | 191.8 | 187.0 | 189.4 | — | 188.5 |
| 51.5 | 76.6 | 534 | — | — | — | 184.1 | 184.5 | 185.4 | 183.0 | 188.6 | 183.6 | 186.0 | — | 185.1 |
| 51.0 | 76.3 | 525 | 501 | 2.73 | — | 180.3 | 181.6 | 182.1 | 179.9 | 185.4 | 180.4 | 182.7 | — | 181.7 |
| 50.5 | 76.1 | 517 | 494 | 2.75 | — | 176.7 | 178.7 | 179.0 | 176.9 | 182.3 | 177.3 | 179.5 | — | 178.5 |
| 50.0 | 75.8 | 509 | 488 | 2.77 | 174.4 | 173.1 | 175.8 | 175.8 | 173.9 | 179.3 | 174.2 | 176.5 | 175.9 | 175.3 |
| 49.5 | 75.5 | 501 | 481 | 2.79 | 171.4 | 169.8 | 173.0 | 172.8 | 171.0 | 176.2 | 171.2 | 173.5 | 172.3 | 172.2 |
| 49.0 | 75.8 | 493 | 474 | 2.81 | 168.6 | 166.6 | 170.2 | 169.8 | 168.2 | 173.3 | 168.3 | 170.7 | 168.8 | 169.2 |
| 48.5 | 75.0 | 485 | 468 | 2.83 | 165.8 | 163.5 | 167.5 | 166.9 | 165.4 | 170.4 | 165.4 | 167.9 | 165.5 | 166.3 |
| 48.0 | 74.7 | 478 | 461 | 2.85 | 163.1 | 160.5 | 164.9 | 164.0 | 162.6 | 167.6 | 162.7 | 165.2 | 162.3 | 163.5 |
| 47.5 | 74.5 | 470 | 455 | 2.87 | 160.6 | 157.6 | 162.3 | 161.2 | 159.9 | 164.8 | 160.0 | 162.5 | 159.2 | 160.8 |
| 47.0 | 74.2 | 463 | 449 | 2.89 | 158.1 | 154.9 | 159.7 | 158.4 | 157.3 | 162.0 | 157.3 | 160.0 | 156.3 | 158.1 |
| 46.5 | 73.9 | 456 | 442 | 2.91 | 155.6 | 152.2 | 157.2 | 155.7 | 154.7 | 159.3 | 154.7 | 157.5 | 153.5 | 155.5 |
| 46.0 | 73.7 | 449 | 436 | 2.93 | 153.3 | 149.7 | 154.7 | 153.1 | 152.2 | 156.7 | 152.2 | 155.0 | 150.8 | 152.9 |
| 45.5 | 73.4 | 443 | 430 | 2.95 | 151.0 | 147.2 | 152.2 | 150.5 | 149.7 | 154.1 | 149.8 | 152.6 | 148.2 | 150.4 |
| 45.0 | 73.2 | 436 | 424 | 2.97 | 148.8 | 144.8 | 149.8 | 148.0 | 147.2 | 151.6 | 147.4 | 150.2 | 145.7 | 148.0 |
| 44.5 | 72.9 | 429 | 418 | 2.99 | 146.6 | 142.6 | 147.5 | 145.5 | 144.8 | 149.1 | 145.0 | 147.8 | 143.3 | 145.7 |
| 44.0 | 72.6 | 423 | 413 | 3.01 | 144.5 | 140.3 | 145.2 | 143.1 | 142.5 | 146.7 | 142.7 | 145.5 | 141.0 | 143.4 |
| 43.5 | 72.4 | 417 | 407 | 3.03 | 142.5 | 138.2 | 142.9 | 140.8 | 140.2 | 144.3 | 140.5 | 143.2 | 138.7 | 141.1 |
| 43.0 | 72.1 | 411 | 401 | 3.05 | 140.5 | 136.1 | 140.7 | 138.5 | 137.9 | 142.0 | 138.4 | 140.9 | 136.6 | 138.9 |
| 42.5 | 71.8 | 405 | 396 | 3.07 | 138.6 | 134.1 | 138.5 | 136.2 | 135.7 | 139.7 | 136.2 | 138.5 | 134.5 | 136.8 |
| 42.0 | 71.6 | 399 | 391 | 3.09 | 136.7 | 132.2 | 136.4 | 134.0 | 133.6 | 137.5 | 134.2 | 136.2 | 132.5 | 134.7 |
| 41.5 | 71.3 | 393 | 385 | 3.11 | 134.8 | 130.3 | 134.3 | 131.9 | 131.5 | 135.3 | 132.2 | 133.9 | 130.5 | 132.7 |
| 41.0 | 71.1 | 388 | 380 | 3.13 | 133.1 | 128.4 | 132.2 | 129.8 | 129.4 | 133.1 | 130.2 | 131.5 | 128.6 | 130.7 |
| 40.5 | 70.8 | 382 | 375 | 3.15 | 131.3 | 126.7 | 130.2 | 127.7 | 127.4 | 131.0 | 128.3 | 129.1 | 126.8 | 128.7 |
| 40.0 | 70.5 | 377 | 370 | 3.17 | 129.6 | 124.9 | 128.2 | 125.7 | 125.4 | 129.0 | 126.4 | 126.7 | 125.0 | 126.8 |
| 39.5 | 70.3 | 372 | 365 | 3.19 | 127.9 | 123.2 | 126.2 | 123.8 | 123.5 | 127.0 | 124.6 | 124.3 | 123.3 | 125.0 |
| 39.0 | 70.0 | 367 | 360 | 3.21 | 126.3 | 121.6 | 124.3 | 121.9 | 121.6 | 125.0 | 122.8 | 121.8 | 121.6 | 123.2 |
| 38.5 | | 362 | 355 | 3.24 | 124.6 | 119.9 | 122.5 | 120.0 | 119.7 | 123.1 | 121.1 | 119.3 | 120.0 | 121.4 |
| 38.0 | | 357 | 350 | 3.26 | 123.1 | 118.4 | 120.6 | 118.2 | 117.9 | 121.2 | 119.4 | — | 118.4 | 119.7 |
| 37.5 | | 352 | 345 | 3.28 | 121.5 | 116.8 | 118.8 | 116.5 | 116.2 | 119.4 | 117.7 | — | 116.8 | 118.0 |
| 37.0 | | 347 | 341 | 3.30 | 120.0 | 115.3 | 117.1 | 114.8 | 114.4 | 117.6 | 116.1 | — | 115.3 | 116.3 |
| 36.5 | | 342 | 336 | 3.32 | 118.5 | 113.8 | 115.3 | 113.1 | 112.8 | 115.8 | 114.6 | — | 113.8 | 114.7 |
| 36.0 | | 338 | 332 | 3.34 | 117.0 | 112.4 | 113.6 | 111.5 | 111.1 | 114.1 | 113.0 | — | 112.3 | 113.1 |
| 35.5 | | 333 | 327 | 3.37 | 115.6 | 110.9 | 112.0 | 109.9 | 109.5 | 112.5 | 111.5 | — | 110.9 | 111.5 |

## 附录 B　淬火钢回火温度与硬度的关系表

| 钢牌号 | 淬火后硬度 HRC | 回火温度℃与回火后的硬度 HRC | | | | | | | | | | | |
|---|---|---|---|---|---|---|---|---|---|---|---|---|---|
| | | 180±10 | 240±10 | 280±10 | 320±10 | 360±10 | 380±10 | 420±10 | 480±10 | 540±10 | 580±10 | 620±10 | 650±10 |
| 35 | >50 | 51±2 | 47±2 | 45±2 | 43±2 | 40±2 | 38±2 | 35±2 | 33±2 | 28±2 | — | — | — |
| 45 | >55 | 56±2 | 53±2 | 51±2 | 48±2 | 45±2 | 43±2 | 38±2 | 34±2 | 30±2 | (250±20) HBW | (220±20) HBW | — |
| T8、T8A | >62 | 62±2 | 58±2 | 56±2 | 54±2 | 51±2 | 49±2 | 45±2 | 39±2 | 34±2 | 29±2 | 25±2 | |
| T10、T10A | >62 | 63±2 | 59±2 | 57±2 | 55±2 | 52±2 | 50±2 | 46±2 | 41±2 | 36±2 | 30±2 | 26±2 | |
| 40Cr | >55 | 54±2 | 53±2 | 52±2 | 50±2 | 49±2 | 47±2 | 44±2 | 41±2 | 36±2 | 31±2 | 260 HBW | |
| 50CrVA | >60 | 58±2 | 56±2 | 54±2 | 53±2 | 51±2 | 49±2 | 47±2 | 43±2 | 40±2 | 36±2 | — | 30±2 |
| 60Si2MnA | >60 | 60±2 | 58±2 | 56±2 | 55±2 | 54±2 | 52±2 | 50±2 | 44±2 | 35±2 | 30±2 | — | |
| 65Mn | >60 | 58±2 | 56±2 | 54±2 | 52±2 | 50±2 | 47±2 | 44±2 | 40±2 | 34±2 | 32±2 | 28±2 | |
| 5CrMnMo | >52 | 55±2 | 53±2 | 52±2 | 48±2 | 45±2 | 44±2 | 44±2 | 43±2 | 38±2 | 36±2 | 34±2 | 32±2 |
| 30CrMnSi | >48 | 48±2 | 48±2 | 47±2 | | 43±2 | 42±2 | | | 36±2 | | 30±2 | 26±2 |
| GCr15 | >62 | 61±2 | 59±2 | 58±2 | 55±2 | 53±2 | 52±2 | 50±2 | — | 41±2 | | 30±2 | |
| 9SiCr | >62 | 62±2 | 60±2 | 58±2 | 57±2 | 56±2 | 55±1 | 52±2 | 51±2 | 45±22 | | | |
| CrWMn | >62 | 61±2 | 58±2 | 57±2 | 55±2 | 54±2 | 52±2 | 50±2 | 46±2 | 44±2 | | | |
| 9Mn2V | >62 | 60±2 | 58±2 | 56±2 | 54±2 | 51±2 | 49±1 | 41±2 | | | | | |
| 3Cr2W8V | ≈48 | — | — | — | — | — | — | | 46±2 | 48±2 | 48±2 | 43±2 | 41±2 |
| Cr12 | >62 | 62 | 59±2 | — | 57±2 | | | 55±2 | | 52±2 | | | 45±2 |
| Cr12MoV | (1030℃±10℃) | 62 | 62 | 60 | — | 57±2 | | | | | 53±2 | | | 45±2 |
| | >62 | | | | | | | | | | | | | |
| W18Cr4V | ≥62 | — | — | — | — | — | | | | — | >64 (560°回火三次) | — | |

注：1. 淬火加热在盐浴炉进行，回火加热在井式炉内进行。
　　2. 回火保温时间：一般碳素钢为 60~90min，合金钢为 90~120min。

## 附录 C　金属热处理工艺分类及代号
### （GB/T 12603—2005）

表 C-1　热处理工艺分类及代号

| 工艺总称 | 代号 | 工艺类型 | 代号 | 工艺名称 | 代号 |
|---|---|---|---|---|---|
| 热处理 | 5 | 整体热处理 | 1 | 退火 | 1 |
| | | | | 正火 | 2 |
| | | | | 淬火 | 3 |
| | | | | 淬火和回火 | 4 |
| | | | | 调质 | 5 |
| | | | | 稳定化处理 | 6 |
| | | | | 固溶处理、水韧处理 | 7 |
| | | | | 固溶处理 + 时效 | 8 |
| | | 表面热处理 | 2 | 表面淬火和回火 | 1 |
| | | | | 物理气相沉积 | 2 |
| | | | | 化学气相沉积 | 3 |
| | | | | 等离子体增强化学气相沉积 | 4 |
| | | | | 离子注入 | 5 |

（续）

| 工艺总称 | 代　号 | 工艺类型 | 代号 | 工　艺　名　称 | 代　号 |
|---|---|---|---|---|---|
| 热处理 | 5 | 化学热处理 | 3 | 渗碳 | 1 |
| | | | | 碳氮共渗 | 2 |
| | | | | 渗氮 | 3 |
| | | | | 氮碳共渗 | 4 |
| | | | | 渗其他非金属 | 5 |
| | | | | 渗金属 | 6 |
| | | | | 多元共渗 | 7 |

表 C-2　加热方式及代号

| 加热方式 | 可控气氛（气体） | 真空 | 盐浴（液体） | 感应 | 火焰 | 激光 | 电子束 | 等离子体 | 固体装箱 | 液态床 | 电接触 |
|---|---|---|---|---|---|---|---|---|---|---|---|
| 代号 | 01 | 02 | 03 | 04 | 05 | 06 | 07 | 08 | 09 | 10 | 11 |

表 C-3　退火工艺及代号

| 退火工艺 | 去应力退火 | 均匀化退火 | 再结晶退火 | 石墨化退火 | 脱氢处理 | 球化退火 | 等温退火 | 不完全退火 | 完全退火 |
|---|---|---|---|---|---|---|---|---|---|
| 代号 | St | H | R | G | D | Sp | I | P | F |

表 C-4　淬火冷却介质和冷却方法及代号

| 淬火冷却介质和冷却方法 | 空气 | 油 | 水 | 盐水 | 有机聚合物水溶液 | 热浴 | 加压淬火 | 双介质淬火 | 分级淬火 | 等温淬火 | 形变淬火 | 冷处理 | 气冷淬火 |
|---|---|---|---|---|---|---|---|---|---|---|---|---|---|
| 代　号 | A | O | W | B | Po | H | Pr | I | M | At | Af | C | G |

热处理工艺代号标记规定如下

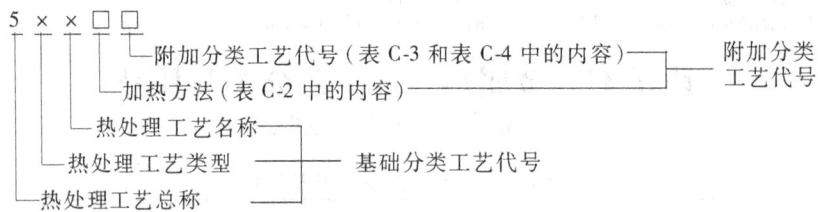

表 C-5　常用热处理工艺及代号（选录）

| 工　艺 | 代　号 | 工　艺 | 代　号 | 工　艺 | 代　号 |
|---|---|---|---|---|---|
| 热处理 | 500 | 正火 | 512 | 火焰淬火和回火 | 521-05 |
| 感应热处理 | 500-04 | 淬火 | 513 | 化学热处理 | 530 |
| 火焰热处理 | 500-05 | 油冷淬火 | 513-O | 渗碳 | 531 |
| 激光热处理 | 500-06 | 盐水淬火 | 513-B | 气体渗碳 | 531-01 |
| 真空热处理 | 500-02 | 双介质淬火 | 513-I | 离子渗碳 | 531-08 |
| 可控气氛热处理 | 500-01 | 分级淬火 | 513-M | 碳氮共渗 | 532 |
| 整体热处理 | 510 | 等温淬火 | 513-At | 渗氮 | 533 |
| 退火 | 511 | 真空加热淬火 | 513-02 | 气体渗氮 | 533-01 |
| 去应力退火 | 511-St | 调质 | 515 | 离子渗氮 | 533-08 |
| 再结晶退火 | 511-R | 表面热处理 | 520 | 氮碳共渗 | 534 |
| 石墨化退火 | 511-G | 表面淬火和回火 | 521 | 渗其他非金属 | 535 |
| 球化退火 | 5H-Sp | 感应淬火和回火 | 521-04 | 渗硼 | 535（B） |

# 附录 D　化学元素周期表

元素晶格代表符号

- □ 面心立方
- ⊡ 体心立方
- ⊠ 金刚石立方型
- ⊞ 复杂立方
- ▢ 正交
- ⬡ 六方
- ⬡ 密排六方
- ▱ 正方
- ◇ 菱形
- ▱ 单斜

**电子层联电子数**

| | K | L | M | N | O | P | Q |
|---|---|---|---|---|---|---|---|

2 He 4.00260 氦 $1s^2$ — K 2

| | | |
|---|---|---|
| ⅢA | 5 B 10.81 硼 $2s^2 2p^1$ | 6 C 12.011 碳 $2s^2 2p^2$ |

| 周期 | ⅠA | ⅡA | ⅢB | ⅣB | ⅤB | ⅥB | ⅦB | Ⅷ | | | ⅠB | ⅡB | ⅢA | ⅣA | ⅤA | ⅥA | ⅦA | 0 |
|---|---|---|---|---|---|---|---|---|---|---|---|---|---|---|---|---|---|---|
| 1 | 1 H 1.0079 氢 $1s^1$ | | | | | | | | | | | | | | | | | 2 He 4.00260 氦 $1s^2$ |
| 2 | 3 Li 6.941 锂 $2s^1$ | 4 Be 9.01218 铍 $2s^2$ | | | | | | | | | | | 5 B 10.81 硼 $2s^2 2p^1$ | 6 C 12.011 碳 $2s^2 2p^2$ | 7 N 14.0067 氮 $2s^2 2p^3$ | 8 O 15.999 氧 $2s^2 2p^4$ | 9 F 18.9984 氟 $2s^2 2p^5$ | 10 Ne 20.179 氖 $2s^2 2p^6$ |
| 3 | 11 Na 22.98977 钠 $3s^1$ | 12 Mg 24.305 镁 $3s^2$ | | | | | | | | | | | 13 Al 26.98154 铝 $3s^2 3p^1$ | 14 Si 28.085 硅 $3s^2 3p^2$ | 15 P 30.97376 磷 $3s^2 3p^3$ | 16 S 32.06 硫 $3s^2 3p^4$ | 17 Cl 35.453 氯 $3s^2 3p^5$ | 18 Ar 39.948 氩 $3s^2 3p^6$ |
| 4 | 19 K 39.0983 钾 $3s^1$ | 20 Ca 40.08 钙 $5s^2$ | 21 Sc 44.9559 钪 $3d^1 4s^2$ | 22 Ti 47.9 钛 $3d^2 4s^2$ | 23 V 50.9415 钒 $3d^3 4s^2$ | 24 Cr 51.996 铬 $3d^5 4s^1$ | 25 Mn 54.9380 锰 $3d^5 4s^2$ | 26 Fe 55.847 铁 $3d^6 4s^2$ | 27 Co 58.9332 钴 $3d^7 4s^2$ | 28 Ni 58.7 镍 $3d^8 4s^2$ | 29 Cu 63.546 铜 $3d^{10} 4s^1$ | 30 Zn 65.38 锌 $3d^{10} 4s^2$ | 31 Ga 69.72 镓 $4s^2 4p^1$ | 32 Ge 72.59 锗 $4s^2 4p^2$ | 33 As 74.9216 砷 $4s^2 4p^3$ | 34 Se 78.9 硒 $4s^2 4p^4$ | 35 Br 79.904 溴 $4s^2 4p^5$ | 36 Kr 83.80 氪 $4s^2 4p^6$ |
| 5 | 37 Rb 85.4678 铷 $5s^1$ | 38 Sr 87.62 锶 $5s^2$ | 39 Y 88.9059 钇 $4d^1 5s^2$ | 40 Zr 91.22 锆 $4d^2 5s^2$ | 41 Nb 92.9064 铌 $4d^4 5s^1$ | 42 Mo 95.94 钼 $4d^5 5s^1$ | 43 Tc 98.9062 锝 $4d^5 5s^2$ | 44 Ru 101.07 钌 $4d^7 5s^1$ | 45 Rh 102.9055 铑 $4d^8 5s^1$ | 46 Pd 106.4 钯 $4d^{10}$ | 47 Ag 107.868 银 $4d^{10} 5s^1$ | 48 Cd 112.40 镉 $4d^{10} 5s^2$ | 49 In 114.82 铟 $5s^2 5p^1$ | 50 Sn 118.6 锡 $5s^2 5p^2$ | 51 Sb 121.7 锑 $5s^2 5p^3$ | 52 Te 127.6 碲 $5s^2 5p^4$ | 53 I 126.9045 碘 $5s^2 5p^5$ | 54 Xe 131.30 氙 $5s^2 5p^6$ |
| 6 | 55 Cs 132.9054 铯 $6s^1$ | 56 Ba 137.34 钡 $6s^2$ | 57-71 La-Lu 镧系 | 72 Hf 178.4 铪 $5d^2 6s^2$ | 73 Ta 180.9479 钽 $5d^3 6s^2$ | 74 W 183.85 钨 $5d^4 6s^2$ | 75 Re 186.2 铼 $5d^5 6s^2$ | 76 Os 190.2 锇 $5d^6 6s^2$ | 77 Ir 192.2 铱 $5d^7 6s^2$ | 78 Pt 195.0 铂 $5d^9 6s^1$ | 79 Au 196.9665 金 $5d^{10} 6s^1$ | 80 Hg 200.59 汞 $5d^{10} 6s^2$ | 81 Tl 204.37 铊 $6s^2 6p^1$ | 82 Pb 207.2 铅 $6s^2 6p^2$ | 83 Bi 208.9804 铋 $6s^2 6p^3$ | 84 Po (210) 钋 $6s^2 6p^4$ | 85 At (210) 砹 $6s^2 6p^5$ | 86 Rn (222) 氡 $6s^2 6p^6$ |
| 7 | 87 Fr (223) 钫 $7s^1$ | 88 Ra 226.0254 镭 $7s^2$ | 89-103 Ac-Lr 锕系 | 104 (261) * $(6d^2 7s^2)$ | 105 (262) * | 106 (263) * | | | | | | | | | | | | |

**57-71 镧系元素**

| 57 La 138.9055 镧 $5d^1 6s^2$ | 58 Ce 140.12 铈 $4f^1 5d^1 6s^2$ | 59 Pr 140.9077 镨 $4f^3 6s^2$ | 60 Nd 144.24 钕 $4f^4 6s^2$ | 61 Pm (147) 钷 $4f^5 6s^2$ | 62 Sm 150.4 钐 $4f^6 6s^2$ | 63 Eu 151.96 铕 $4f^7 6s^2$ | 64 Gd 157.25 钆 $4f^7 5d^1 6s^2$ | 65 Tb 158.9254 铽 $4f^9 6s^2$ | 66 Dy 162.50 镝 $4f^{10} 6s^2$ | 67 Ho 164.9304 钬 $4f^{11} 6s^2$ | 68 Er 167.26 铒 $4f^{12} 6s^2$ | 69 Tm 168.9342 铥 $4f^{13} 6s^2$ | 70 Yb 173.04 镱 $4f^{14} 6s^2$ | 71 Lu 174.967 镥 $4f^{14} 5d^1 6s^2$ |
|---|---|---|---|---|---|---|---|---|---|---|---|---|---|---|

**89-103 锕系元素**

| 89 Ac (227) 锕 $6d^1 7s^2$ | 90 Th 232.0381 钍 $6d^2 7s^2$ | 91 Pa 231.0359 镤 $5f^2 6d^1 7s^2$ | 92 U 238.029 铀 $5f^3 6d^1 7s^2$ | 93 NP 237.0482 镎 $5f^4 6d^1 7s^2$ | 94 Pu (242) 钚 $5f^6 7s^2$ | 95 Am (243) 镅 $5f^7 7s^2$ | 96 Cm (247) 锔 $5f^7 6d^1 7s^2$ | 97 Bk (247) 锫* $5f^9 7s^2$ | 98 Cf (251) 锎* $5f^{10} 7s^2$ | 99 Es (254) 锿* $5f^{11} 7s^2$ | 100 Fm (257) 镄* $(5f^{12} 7s^2)$ | 101 Md (258) 钔* $(5f^{13} 7s^2)$ | 102 No (255) 锘* $(5f^{14} 7s^2)$ | 103 Lr (256) 铹* $5f^{14} 6d^1 7s^2$ |
|---|---|---|---|---|---|---|---|---|---|---|---|---|---|---|

注:
1. 相对原子质量录自1977年国际原子量表,以 $C^{12}=12$ 为基准。相对原子质量末位位数的正常位字体的准至±1,印小号字体的准至±3。元素名称*的是人造元素。
2. 元素名称*的是人造元素。

# 附录 E　钢铁的火花鉴别

钢铁材料应用广泛，品种繁多，性能差异很大，因此对钢铁材料的鉴别是非常重要的。钢铁鉴别的方法很多，利用化学方法鉴别，准确可靠，但方法较复杂，费用较高，时间较长；利用光谱分析法鉴别虽然较快，但是需要特殊的设备；用火花鉴别法能对钢铁材料的化学成分进行大概的分析，操作简便，是一种具有实用价值的现场鉴别方法。将钢铁材料放在砂轮上磨削，由发出的火花特征来判断它的成分，这种方法称为火花鉴别法。

## 一、火花的形成和名称

钢铁材料在砂轮上磨削时，由于砂轮转速很快，产生高温，使材料磨削出的颗粒达到熔融状态。这些高温和熔融的细颗粒被砂轮离心作用抛射在空气中发出光亮，其表面层与空气中的氧气发生氧化作用，形成一层氧化铁薄膜。钢中的碳化物（$Fe_3C$）在高温下分解析出碳原子，反应式为

$$Fe_3C = 3Fe + C$$

碳原子和表面层中的氧化铁产生还原作用，生成一氧化碳，反应式为

$$FeO + C = Fe + CO\uparrow$$

氧化铁被还原后，与空气中的氧气再起氧化作用，在瞬时间氧化还原的循环作用下，颗粒的温度越升越高，内部的一氧化碳积聚也越来越多，由于内部膨胀，产生爆裂，就形成火花。钢材中碳元素是形成火花的基本元素，而当钢中含有锰、硅、钨、钼、铬等元素时，它们的氧化物将影响火花的线条、颜色和形态，由此可以判别钢的化学成分。

1. 火束　钢材磨削时产生的全部火花称为火束。由于火束各部分产生的花形不同，可分为根部火花、中部火花、尾部火花，如附图 1 所示。

2. 流线　钢铁磨削时形成的炽热粉末，在空气中飞过时发出的光亮线条，称为流线。流线因形状不同，可分为直线流线、断续流线和波状流线，如附图 2 所示。

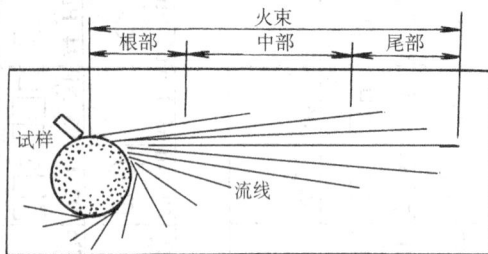

附图 1　火束的组成

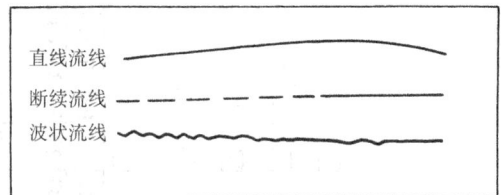

附图 2　流线形状

3. 节点和芒线　流线在中途发出的稍胖而明亮的点称为节点。火花在爆裂时，所射出的线条称为芒线。因含碳量不同，芒线有两根分叉、三根分叉、四根分叉或多根分叉之别，如附图 3 所示。

4. 爆花和花粉　由节点、芒线所组成的火花称为爆花。有一次花、二次花、三次花、多次花之分。分散在爆花之间和流线、芒线附近所呈现的明亮小点称为花粉，如附图 4 所示。

5. 尾花　钢材内含的化学成分不同，在流线尾端也会呈现出不同的形状，统称为尾花，常见的有两种（见附图 5）：

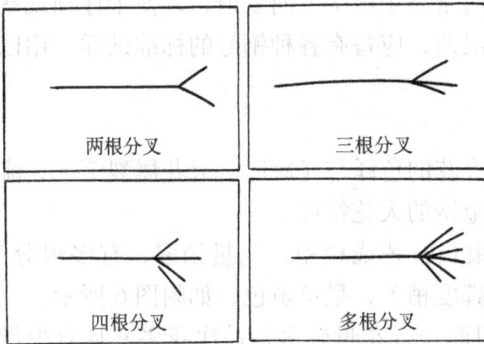

附图 3　芒线分叉示意图

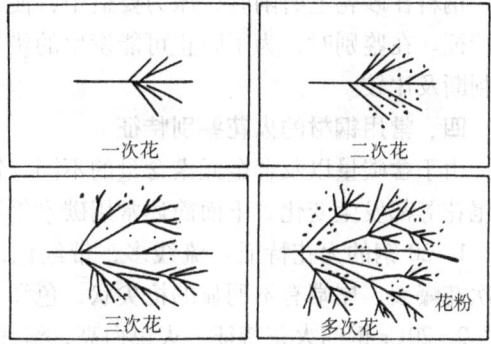

附图 4　爆花的各种形式

狐尾尾花——流线尾端逐渐膨胀而呈狐狸尾巴形状的尾端火花。它是钢中含有钨元素的特征。

枪尖尾花——流线尾端膨胀呈三角形枪尖状的尾端火花。它是钢中含有钼元素的特征。

6. 色泽与光辉度　整个火束或某部分火花颜色的明暗程度称为色泽与光辉度。

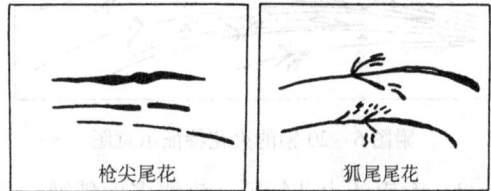

附图 5　尾花示意图

## 二、各种合金元素对火花的影响

钢材中的各种合金元素会影响火花的特征。这些影响有助长、抑制和消灭火花爆裂等各种情况。以下所述各种合金元素对火花影响，仅供在实践鉴别时作为参考。

1. 铬（Cr）　该元素助长火花爆裂。火花爆裂时较活泼，花型较大，分叉多而细，火束短，附有很多碎花粉。

2. 镍（Ni）　对火花爆裂的抑制作用较弱，发光点强烈闪目，具有苞花特征。

3. 钼（Mo）　能抑制火花爆裂，流线尾端发出枪尖状桔红色的尾花。

4. 钨（W）　钨是抑制火花爆裂的元素，使流线细化，色泽呈暗红色，具有狐尾尾花特征。

5. 锰（Mn）　锰是助长火花爆裂的元素，爆花心部有较大白亮的节点，花型较大，芒线细而长。

6. 硅（Si）　硅是抑制火花爆裂的元素，流线色泽呈红色，火束颇短，流线较粗，有显著的白亮圆珠状闪光点。若 $w(Si)=5\%$，则流线尾端有短小而稍与流线脱离的钩状尾花特征。

7. 钒（V）　钒是助长火花爆裂的元素，火束呈黄亮色，使流线、芒线变细。

## 三、火花鉴别的设备及方法

火花鉴别使用的主要设备是手提式砂轮机和固定砂轮机。砂轮转速一般为 46～67r/s，采用 $36^{\#}$～$60^{\#}$ 棕刚玉砂轮，砂轮规格以 $\phi150mm\times25mm$ 为好。

在进行火花鉴别时，操作者应戴上无色平光眼镜，场地光线不宜太亮，最好在暗处进行。若在室外进行鉴别，则必须遮蔽阳光直射，以免影响火花色泽及清晰程度。

钢料在砂轮上磨削时，压力要适中，使火花向略高于水平方向发射，以便于仔细观察火花特征。在鉴别时，为了防止可能发生的错觉或误差，应备有各种钢号的标准试样，用以帮助判断及比较。

**四、常用钢材的火花鉴别特征**

由于含碳量以及合金元素含量的不同，钢铁火花的色泽与光辉度、火花爆裂情况、流线和尾花等都发生变化。下面简述常用碳素钢和合金钢的火花特征。

1. 20钢的火花特征　流线多，带红色，火束长，芒线稍粗，花量稍多，有多根分叉，一次花爆裂，尾端有不明显的枪尖状，色泽与光辉度稍差，呈草黄色，如附图6所示。

2. 20Cr钢的火花特征　火束白亮，流线稍粗而长，花量较多，一次花多叉且有少量的二次花，花型较大，芒线粗而稀，爆花核心有明亮节点，与20钢的火花相比，色泽白亮，光辉度较亮，爆花大而整齐，流线挺而长，量较多，有节点，如附图7所示。

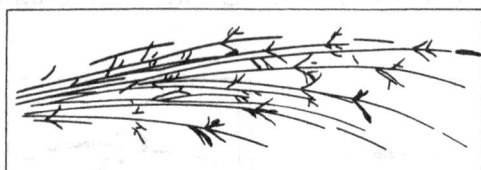

附图6　20钢的火花特征示意图　　　附图7　20Cr钢的火花示意图

3. 45钢的火花特征　流线多而稍细，火束较短，光辉度较亮，爆裂为多根分叉的三次花，花量占整个火花的3/5以上，有小花及花粉，尾尖端有分叉，如附图8所示。

4. T10钢火花特征　流线多并很细，火束比中碳钢更短而粗，多量的三次花占全部火花的5/6以上，爆花光辉度稍弱，带有红色爆裂，碎花及小花和花粉极多，如附图9所示。

附图8　45钢火花示意图　　　附图9　T10钢火花示意图

5. GCr15钢的火花特征　火束粗而短，光辉度适中，整个火束呈橙黄色，芒线多而细，附有很多花粉及碎花，多根分叉，三次花占全体火花的5/6以上，尾部细而长，如附图10所示。

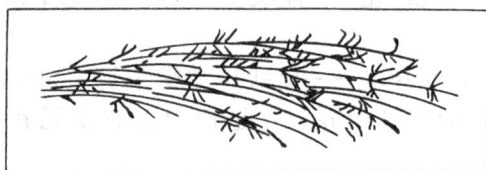

附图10　GCr15钢的火花示意图

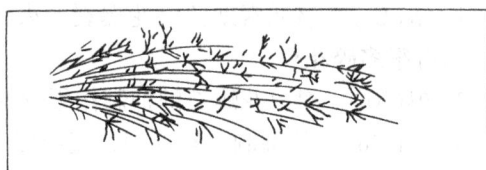

6. 高速工具钢（W18Cr4V）的火花特征　火束细长，整个火束呈极暗红色，无火花爆裂，仅在尾端略有三、四根分叉爆花，芒线长而尖端秃，中端和首端为断续流线，有时呈波状流线，尾端膨胀而下垂成点状狐尾尾花，有时也和流线呈脱离现象，如附图11所示。

7. 灰铸铁的火花特征　灰铸铁中因含有较高的碳量和硅量，有游离的石墨碳存在，因此火花的流线尾端有羽毛状尾花，火束细而短，流线呈暗红色，尾端急剧膨胀而下垂，光辉度在尾端增强，如附图 12 所示。

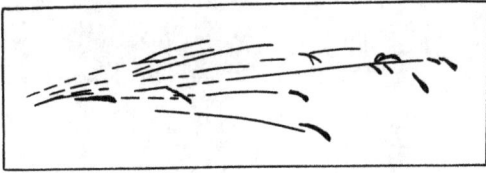

附图 11　W18Cr4V 钢的火花示意图

附图 12　灰铸铁的火花示意图

技工学校机械类通用教材

# 金属工艺学习题集

## （第5版教材配套用书）

技工学校机械类通用教材编审委员会　编

机械工业出版社

# 目　　录

## 第三篇 热加工工艺

## 第四篇　冷加工工艺

# 第一篇　金属学基础知识

## 第一章　金属的性能

**一、是非题**（在题末括号内作记号：" + "表示是，" - "表示非）

1. 导热性好的金属散热性也好，它们常用于热交换器等。　　　　　　（　　）

2. 金属的电阻率越大，导电性越好。　　　　　　　　　　　　　　　（　　）

3. 在常温下金属越不易氧化，表示金属的抗氧化性越好。　　　　　　（　　）

4. 材料的内力越大，则其应力必定越大。　　　　　　　　　　　　　（　　）

5. 在低碳钢拉伸曲线的弹性阶段，当载荷不超过最大弹性伸长力时，载荷和伸长量成正比。　　　　　　　　　　　　　　　　　　　　　　　　（　　）

6. 有些没有明显屈服现象的金属材料，其屈服强度可用残余伸长应力 $R_{p0.2}$ 来表示。　　　　　　　　　　　　　　　　　　　　　　　　　　　　（　　）

7. 一般来说，硬度高的材料耐磨性也好。　　　　　　　　　　　　　（　　）

8. 布氏硬度试验时，压痕直径越小，材料硬度越低。　　　　　　　　（　　）

9. 材料的屈服强度越低，则允许的工作应力越高。　　　　　　　　　（　　）

10. 洛氏 C 标度硬度试验是用淬火钢球作压头的。　　　　　　　　　（　　）

11. 金属的铸造性能包括金属的液态流动性、冷却时的收缩率和偏析倾向等。　　　　　　　　　　　　　　　　　　　　　　　　　　　　　　（　　）

**二、填空题**

1. 金属的物理性能包括＿＿＿＿＿、＿＿＿＿＿、＿＿＿＿＿、＿＿＿＿＿、＿＿＿＿＿、＿＿＿＿＿等，金属的化学性能包括＿＿＿＿＿、＿＿＿＿＿等。

2. 大小不变或是逐渐变化的载荷称为＿＿＿＿＿；大小突然变化的载荷称为＿＿＿＿＿；大小、方向或大小和方向随着时间延长而发生周期性变化的载荷称为＿＿＿＿＿。

3. 材料拉伸试验时，当载荷不超过＿＿＿＿＿时，卸除载荷，试样能恢复到原始长度，则在此范围内的变形称为＿＿＿＿＿＿＿＿；当载荷达到＿＿＿＿＿时，载荷不增加，试样继续伸长，这种现象称为＿＿＿＿＿＿＿＿；当载荷增加到＿＿＿＿＿＿＿时，试样出现局部变细，这种现象称为＿＿＿＿＿＿现象。由于试样局部越来越细，最后在收缩处断裂。

4. 一圆钢的 $R_{eL}$ 为 360MPa、$R_m$ 为 610MPa，其横截面积为 100mm²，当受到_____ N 载荷时，圆钢将出现屈服现象；当受到_____ N 载荷时，圆钢出现缩颈并断裂。

5. 压头为硬质合金球时的布氏硬度符号为_____，洛氏硬度 C 标度的代号为_____，维氏硬度符号为_____。

6. 500HBW5/750 表示用直径为_____ mm 的_____，在_____ kgf 压力作用下保持_____ s，测得_____硬度值为_____。

7. 金属材料在_____ 的能力称为韧性。它是在_____上测定的，冲击韧度的符号为_____。材料对小能量多次冲击的抗力主要决定于材料的_____和_____。

**三、名词解释**

1. 耐蚀性；抗氧化性

2. 内力；应力

3. 疲劳强度；抗拉强度

4. 铸造性；压力加工性

**四、问答题**

1. 试举两个根据金属物理性能中某两种性能确定应用范围的实例。

2. 如何判断材料是否形成缩颈？

3. 画出低碳钢拉伸曲线，并指出拉伸变形的几个阶段。

4. 什么是强度？强度有哪两种常用指标？写出它们的符号和单位。

5. 什么是塑性？塑性的好坏用哪两种指标来表示？写出它们的符号。

6. 什么是硬度？常用的硬度试验法有哪几种？说明 HBW、HRC、HV 硬度试验的压头种类和应用范围。

7. 什么是材料的疲劳？写出材料疲劳性能的指标和符号。

8. 什么是金属的工艺性能？它包括哪些内容？

**五、计算题**

1. 车削一直径为 100.00mm 的铝棒，温度从 20℃升高到 50℃，此时直径应车到多少 mm？（铝的线胀系数为 $23.6 \times 10^{-6}$/℃）

2. 有一钢制拉伸试样，其直径为 10mm，长度为 50mm。当载荷加到 25120N 时试样产生屈服现象，当载荷加到 42390N 时试样出现缩颈并断裂。试样拉断后的伸长量为 60mm，断口直径为 7.4mm。求试样的屈服强度、抗拉强度、断后伸长率和断面收缩率。

# 第二章 金属的结构与结晶

**一、是非题**（在题末括号内作记号；"＋"表示是，"－"表示非）

1. 原子在空间按一定规则排列的固态物质都是晶体。　　　　　（　　）

2. 非晶体具有各向异性。　　　　　　　　　　　　　　　　（　　）

3. 晶粒越粗的金属材料，其力学性能越好。　　　　　　　　（　　）

4. 日常所见的金属都是单晶体。　　　　　　　　　　　　　（　　）

5. 多晶体是由各个位向不同的晶粒所组成的，呈无向性。　　（　　）

6. 铸锭上的缩孔必须切除，缩松则可在高温压力加工时焊合。（　　）

7. 金属内部性能不一致的现象称为偏析。　　　　　　　　　（　　）

8. 两种或两种以上的金属元素或金属元素与非金属元素熔合在一起都可以称为合金。　　　　　　　　　　　　　　　　　　　　　　　　（　　）

9. 机械混合物是由两种或两种以上的相混合而成，而且各相仍保持原来的晶格和性能。　　　　　　　　　　　　　　　　　　　　　　　（　　）

**二、填空题**

1. 常见的金属晶格类型有 ＿＿＿＿＿＿＿ 晶格、＿＿＿＿＿＿ 晶格、＿＿＿＿＿＿晶格等。

2. 过冷度不是一个恒定值，金属结晶时的冷却速度越大，液态金属的实际结晶温度越＿＿＿＿＿，则过冷度就越＿＿＿＿＿。

3. 典型的铸态组织具有以下三个晶粒区：＿＿＿＿＿＿＿＿晶粒区、＿＿＿＿＿＿＿晶粒区、＿＿＿＿＿＿＿＿晶粒区。

4. 铸锭的常见缺陷有：＿＿＿＿＿＿＿＿、＿＿＿＿＿＿＿＿、＿＿＿＿＿＿＿＿、＿＿＿＿＿＿＿＿。

5. ＿＿＿＿＿＿＿＿＿＿＿＿＿＿＿的固体合金称为固溶体。根据溶质原子在溶剂晶格中所处的位置不同，它可以分为 ＿＿＿＿＿＿＿ 和＿＿＿＿＿＿＿两种。

6. 合金相图是表示在 ＿＿＿＿＿＿ 条件（＿＿＿＿条件）下，合金的＿＿＿＿＿＿与＿＿＿＿＿＿、＿＿＿＿＿＿之间关系的图形。

7. 从液态合金中同时结晶出两种固相的转变称为＿＿＿＿＿＿，它的产物称为＿＿＿＿＿＿，是一种＿＿＿＿＿＿＿＿。

### 三、名词解释

1. 晶格
2. 晶胞
3. 临界温度
4. 过冷度
5. 晶界
6. 组元
7. 相
8. 固溶强化
9. 共析转变
10. 同素异构转变

### 四、问答题

1. 简述金属的结晶过程。
2. 为什么要细化金属的晶粒？生产中常通过什么途径来细化金属的晶粒？
3. 为什么固溶强化可以提高金属材料的力学性能？
4. 何谓金属化合物？它的力学性能有什么特点？
5. 说明纯铁的同素异构转变过程。
6. 画出三种常见金属晶格的晶胞图。

# 第三章　金属的塑性变形和再结晶

**一、是非题**（在题末括号内作记号："＋"表示是，"－"表示非）

1. 细晶粒的金属，不仅强度高，而且塑性和韧性也较好。　　（　　）

2. 热变形过程实际上是加工硬化和再结晶这两个过程叠加的结果。（　　）

3. 经再结晶后，金属的强度、硬度显著下降，而塑性显著升高，所有力学性能及物理性能都全部恢复到冷变形以前的数值。　　　　（　　）

**二、填空题**

1. 所谓滑移，即在＿＿＿＿＿＿＿的作用下，晶体的一部分相对于另一部分沿一定＿＿＿＿＿＿＿发生＿＿＿＿＿＿。

2. 滑移通常是沿晶体中＿＿＿＿＿＿＿＿＿＿＿＿的晶面和＿＿＿＿＿＿＿＿＿的晶向发生的。

3. 当外力作用在单晶体试样上时，外力在某相邻晶面上所分解的切应力使晶体发生＿＿＿＿＿＿＿，而正应力则组成一力偶，使晶体在滑移的同时向外力方向发生＿＿＿＿＿＿＿。

4. 多晶体中各晶粒的塑性变形与单晶体不同，要受到＿＿＿＿＿＿＿＿＿＿＿＿＿＿及＿＿＿＿＿＿＿＿的影响。

5. 晶界对塑性变形有较大的＿＿＿＿＿＿＿作用。这是因为晶界处的原子排列比较＿＿＿＿＿＿＿，并常有＿＿＿＿＿＿＿，阻碍了＿＿＿＿＿＿＿的进行。

6. 回复使晶格的畸变程度＿＿＿＿＿＿＿，从而使内应力＿＿＿＿＿＿＿，强度、硬度稍有＿＿＿＿＿＿＿，塑性略有＿＿＿＿＿＿。

7. 从金属学的观点来说，在＿＿＿＿＿＿＿温度以上加工后，不造成＿＿＿＿＿＿＿＿＿的塑性变形称为热变形加工。

**三、选择题**

1. 回复时，金属的显微组织＿＿＿＿＿＿＿变化。

（发生；不发生；无明显）

2. 将变形后的金属加热到一定温度，金属的显微组织会由破碎的、拉长的或压扁的晶粒转变为均匀细小的等轴晶粒，这一过程称为＿＿＿＿＿＿＿。

（重结晶；再结晶；聚集再结晶）

3. 将一钢件加热到400℃进行压力加工，此时属于＿＿＿＿＿＿＿（钢熔点约为 1500℃ 左右）。

（冷变形加工；热变形加工；一般热变形加工）

4. 钢在热压力加工后形成的纤维组织，使钢性能相应变化，即沿纤维伸展的方向上，具有较高的_____，而垂直于纤维伸展的方向上，具有较高的_____。

（抗拉强度；抗弯强度；抗剪强度）

**四、名词解释**

1. 加工硬化

2. 消除内应力退火

3. 纤维组织

**五、问答题**

1. 金属经冷塑性变形后，在组织和性能方面发生什么变化？

2. 试举生产或生活中的实例来说明加工硬化现象及其利弊。

3. 热压力加工对金属的组织和性能有何影响？金属在热变形加工时（如锻造），为什么不出现加工硬化现象？

# 第四章 铁碳合金相图

**一、是非题**（在题末括号内作记号："＋"表示是，"－"表示非）

1. 奥氏体是单相组织。                                （  ）

2. 铁素体是固溶体，有固溶强化现象，所以性能为硬而脆。  （  ）

3. 珠光体中平均碳的质量分数是 6.69%。               （  ）

4. 铁和碳以化合物形式组成的组织称为莱氏体。          （  ）

5. 珠光体的力学性能介于铁素体和渗碳体之间。          （  ）

6. 共析转变、共晶转变都在恒定温度下进行。            （  ）

**二、填空题**

1. 在铁碳合金基本组织中，_____、_____和_____属于单相组织，_____和_____属于两相组织。

2. 碳在奥氏体中的溶解度随着温度的变化而变化，在 1148℃ 时碳的质量分数可高达_____，随着温度降低，溶解度逐渐减小，在 727℃ 时碳的质量分数为_____。

3. 铁碳合金相图是表示在_____情况下，不同_____的铁碳合金在不同_____时所具有的_____或_____的图形。

4. 在 $Fe-Fe_3C$ 相图（见图 4-1）上标上各点的符号，填上各区域内的状态或组织。

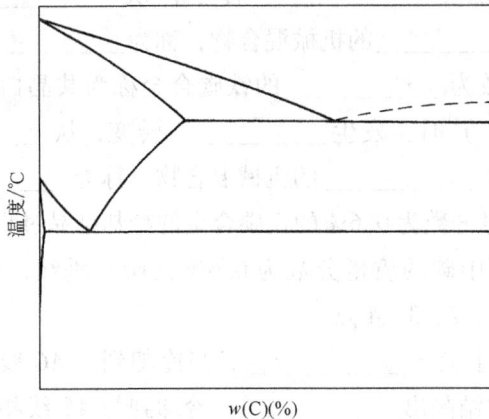

图 4-1

5. 在表 4-1 中填上 Fe-Fe$_3$C 相图上各点的温度和碳的质量分数，并对各点和线进行说明。

表 4-1

| 点的符号 | 温度/℃ | 碳的质量分数（%） | 说　　明 |
|---|---|---|---|
| A | | | |
| C | | | |
| D | | | |
| E | | | |
| G | | | |
| S | | | |
| P | | | |

| 特性线 | 说　　明 |
|---|---|
| ACD | |
| AECF | |
| GS | |
| ES | |
| ECF | |
| PSK | |
| PQ | |

6. 铁碳合金按含碳量的多少可分为钢和铸铁。碳的质量分数大于 _____、小于 _____ 的铁碳合金称为钢；碳的质量分数从 _____ 到 _____ 之间的铁碳合金称为铸铁。

7. 碳的质量分数为 _____ 的铁碳合金称为共析钢。它加热后冷却到 S 点（727℃）时会发生 _____ 转变，从 _____ 中同时析出 _____ 和 _____ 的机械混合物，称为 _____。

8. 碳的质量分数为 _____ 的铁碳合金称为共晶白口铸铁。它加热后冷却到 C 点（1148℃）时会发生 _____ 转变，从 _____ 中同时结晶出 _____ 和 _____ 的机械混合物，称为 _____。

9. 分析碳的质量分数为 0.6% 的铁碳合金的冷却结晶过程。

在 Fe-Fe$_3$C 相图中碳的质量分数为 0.6% 处画一垂线，分别与 AC、AECF、GS、PSK 线相交于 1、2、3、4 点。

合金在 AC 线以上处于 _____，当冷却到与 AC 线相交的 1 点时，开始从 _____ 中结晶出 _____，冷却到与 AE 线相交的 2 点时结晶完毕。在 2～3 点之间，合金呈 _____ _____。在 3 点以下，

_____ 中开始析出 _____。冷却到 4 点时，剩余奥氏体发生 _____，转变成_____。该合金的室温组织由_____和 _____组成。

10. 从 Fe-Fe₃C 相图分析中可知，过共析钢冷却到与 ES 线相交的交点时，表明此时奥氏体中的碳的质量分数达到_____，冷却继续，过剩的碳便以_____的形式从奥氏体中析出。析出的_____一般沿_____分布，呈_____状。

11. 指出在下列条件下钢的组织：

| 碳的质量分数（%） | 温度/℃ | 组　　织 |
| --- | --- | --- |
| 0.15 | 150 | |
| 0.45 | 750 | |
| 0.75 | 900 | |
| 1.2 | 800 | |
| 1.4 | 500 | |

12. 从 Fe-Fe₃C 相图可知，钢在室温时的基体组织是铁素体、渗碳体和珠光体。在亚共析钢中，随着含碳量的增加，钢中_____组织数量逐渐增多，所以钢的_____、_____不断提高，而_____、_____不断下降。在过共析钢中，随着含碳量的增加，_____、_____继续上升，当碳的质量分数超过 1% 时，由于在钢中形成了_____组织，使钢的_____开始下降，而_____仍不断增加。

### 三、名词解释

1. 钢；生铁

2. 铁素体；奥氏体

3. 固溶强化；加工硬化

### 四、问答题

1. 根据 Fe-Fe₃C 相图，说明下列现象的原因：

1）碳的质量分数为 1% 的铁碳合金比碳的质量分数为 0.5% 的铁碳合金的硬度高。

2）莱氏体的塑性比珠光体的差得多。

3）为什么要把钢材加热到高温（1000～1250℃）下进行热轧或锻造？

4）共晶成分的铁碳合金铸造性好。

2. 试画出共析钢、亚共析钢和过共析钢室温下显微组织示意图。

3. 作图说明随着含碳量的增加，钢中组织的变化情况。

# 第二篇　金属材料及其腐蚀与防护

## 第五章　工　业　用　钢

**一、是非题**（在题末括号内作记号："+"表示是，"-"表示非）

1. 硫在钢中是有益元素，能使钢的脆性下降。　　　　　　　　（　　）

2. 碳素钢中杂质硫、磷的含量越多，则其质量越好。　　　　　（　　）

3. 碳素钢中的硅、锰都是有益元素，它们都能提高钢的强度。（　　）

4. 高碳钢的质量优于中碳钢，中碳钢的质量优于低碳钢。　　（　　）

5. 沸腾钢为脱氧完全的钢。　　　　　　　　　　　　　　　　（　　）

6. 普通碳素结构钢的价格便宜，在满足性能要求的情况下，应优先采用。

　　　　　　　　　　　　　　　　　　　　　　　　　　　　（　　）

7. 优质碳素结构钢是按力学性能供应的。　　　　　　　　　　（　　）

8. 钢中的主要元素是 Fe 和 C，若还有其他元素，则该钢就是合金钢。

　　　　　　　　　　　　　　　　　　　　　　　　　　　　（　　）

9. 合金钢的淬透性比碳素钢好，因此，淬火时一般采用油淬。（　　）

10. T10 钢中碳的质量分数为 10%。　　　　　　　　　　　　（　　）

11. 20 钢按用途分类，属于结构钢，按含碳量分类，属于低碳钢。（　　）

12. 45 钢可制造一般轴类及齿轮零件。　　　　　　　　　　　（　　）

13. Cr12MoV 钢属于高合金钢，也称为合金工具钢。　　　　　（　　）

14. 合金钢只有经过热处理，才能显著提高力学性能。　　　　（　　）

15. Q345（16Mn）钢是一种碳的质量分数平均为 0.16% 的较高含锰量的优质碳素钢。　　　　　　　　　　　　　　　　　　　　　　　　　（　　）

16. GCr15 钢是滚动轴承钢，钢中铬的质量分数为 15%，因而也是一种铬不锈钢。　　　　　　　　　　　　　　　　　　　　　　　　　　　（　　）

17. 调质钢是指经淬火 + 高温回火处理后的钢。　　　　　　　（　　）

18. 高速工具钢由于热处理后硬度高，故可以进行高速切削。　（　　）

19. 含铬的钢都是不锈钢。　　　　　　　　　　　　　　　　　（　　）

20. 高锰耐磨钢 ZGMn13 经水韧处理后，即具有高硬度，故其耐磨性好。

（　　）

**二、填空题**

1. 钢按品质分类，可分为 ＿＿＿＿＿ 钢、＿＿＿＿＿ 钢、＿＿＿＿＿钢。

2. 低碳钢中碳的质量分数为＿＿＿＿＿；中碳钢中碳的质量分数范围为＿＿＿＿＿；高碳钢中碳的质量分数范围为＿＿＿＿＿。

3. 低合金钢按质量等级分类，可分为 ＿＿＿＿＿、＿＿＿＿＿、和＿＿＿＿＿三大类。

4. 合金钢中常用的合金元素有 ＿＿＿＿＿＿＿＿＿＿＿＿＿＿＿＿。其中，强化铁素体的元素有＿＿＿＿＿等；形成碳化物的元素有＿＿＿＿＿等。

5. 合金元素（除钴外）溶入奥氏体后，能增加＿＿＿＿＿的稳定性，也就是使等温转变曲线＿＿＿＿＿移，临界冷却速度＿＿＿＿＿，从而提高钢的＿＿＿＿＿。

6. 合金钢按合金元素的总量，分为 ＿＿＿＿＿、＿＿＿＿＿和＿＿＿＿＿三种。

7. 按机械结构用途，合金结构钢可分为＿＿＿＿＿、＿＿＿＿＿、和＿＿＿＿＿四类。

8. 40Cr 钢是 ＿＿＿＿＿ 钢，它的最终热处理工艺通常是＿＿＿＿＿，使材料具有良好的＿＿＿＿＿。它广泛用于制造＿＿＿＿＿等零件。

9. 合金工具钢与碳素工具钢相比，具有 ＿＿＿＿＿、＿＿＿＿＿和＿＿＿＿＿等优点。合金工具钢按用途可分为＿＿、＿＿、＿＿、＿＿、＿＿和＿＿六组。

10. 高速工具钢在 600℃ 以下工作时，硬度仍保持在＿＿＿＿＿以上，具有高的 ＿＿＿＿＿ 性，常用的牌号有 ＿＿＿＿＿、＿＿＿＿＿和＿＿＿＿＿。

11. 要达到耐腐蚀的目的，铬不锈钢中铬的质量分数必须＿＿＿＿＿%。铬镍不锈钢经热处理后呈 ＿＿＿＿＿ 组织，具有良好的耐蚀性，可用于制造＿＿＿＿＿等。

12. 模具钢按使用性质可分为 ＿＿＿＿＿ 和＿＿＿＿＿两类。Cr12MoV 钢属于 ＿＿＿＿＿ 钢，主要用于制造_____、_____和_____并要求_____性、_____性和_____的模具。

13. 热作模具钢中碳的质量分数在_____范围内。锤锻模常用_____和_____钢制造；压铸模常用_____和_____钢制造。

### 三、选择题

1. 冷冲压件用_____制作，螺钉用_____制作，齿轮用_____制作，小弹簧用_____制作，变速箱体用_____制作。

（08F 钢；10 钢；65Mn 钢；45 钢；T12A 钢；ZG 230-450 钢）

2. 下列工具，如錾子用_____制成，锉刀用_____制成，刨刀用_____制成，剪刀用_____制成。

（T13 钢；T12 钢；T10A 钢；T7 钢；T8 钢；Q235A 钢）

3. 调质钢的热处理工艺常采用_____。

（淬火 + 低温回火；淬火 + 中温回火；淬火 + 高温回火；时效处理）

4. 弹簧钢要求具有良好的_____和_____。

（高硬度；塑性；高强度；疲劳强度）

5. 常用弹簧钢的牌号是_____。

（Q345；20MnVB；60Si2Mn）

6. 滚动轴承钢以_____作为最终热处理，处理后硬度为_____。

（正火、完全退火、球化退火、淬火；低温回火、中温回火、高温回火；41 ~ 45HRC、51 ~ 55HRC、62 ~ 66HRC）。

7. 磨床主轴用_____、汽车变速齿轮用_____、板弹簧用_____、汽轮机叶片用_____、滚珠用_____、酸槽用_____制作。

（Q345 钢；12Cr18Ni9 钢；40Cr 钢；60Si2Mn 钢；20CrMnTi 钢；12Cr13 钢；GCr15；3Cr2W8 钢）

8. 板牙用_____、车刀用_____、冷冲模用_____、热挤压模用_____、医疗手术刀用_____制成。

（T12 钢；9SiCr 钢；W18Cr4V 钢；4CrW2Si 钢；40Cr13 钢；9Mn2V 钢；ZGMn13 钢）

**四、问答题**

1. 碳素钢中硫、磷杂质给钢的性能带来什么危害？为什么？

2. 为什么易切削结构钢中硫、磷的含量可以保留得多一些？

3. 为什么有些零件要用铸钢来制造？

4. 45、T10A、65Mn、Q235BF、T12、ZG 310—570、Y35 等钢的牌号中，其数字和代号的含义是什么？

5. 什么是合金钢？与碳素钢比，它有哪些优越性？

6. 简单叙述合金元素在钢中的作用。

7. 试述普通低合金钢的性能特点。（与普通碳素结构钢比）

8. 合金渗碳钢应用在哪些场合？

9. 什么是超高强度钢？它主要应用在哪些方面？

10. 根据下表所列项目，归纳对比各类合金结构钢的特点：

| 类　别 | 牌号举例 | 含碳量范围 | 热处理工艺 | 主要性能 | 用　　途 |
|---|---|---|---|---|---|
| 合金渗碳钢 | | | | | |
| 合金调质钢 | | | | | |
| 合金弹簧钢 | | | | | |
| 滚动轴承钢 | | | | | |

11. 试述高速钢的成分和各元素的作用。

12. 简述高速钢最终热处理工艺，并说明各工艺步骤的目的。

13. 不锈钢有哪几种？其成分、特点及用途如何？

14. 耐热钢有哪些种类？各类的代表牌号是哪种？各有何特点？

15. 耐磨钢常用的牌号是哪一种？它采用何种方法进行热处理？热处理后其有何特点？

# 第六章 铸 铁

**一、是非题**（在题末括号内作记号："＋"表示是，"－"表示非）

1. 通过热处理可以改善灰铸铁的基体组织，故可以显著地提高其力学性能。

（　　　）

2. 共晶成分的铸铁具有良好的铸造性能，因此在灰铸铁生产中，一般将碳当量配在 CE ＝4.3% 左右。　　　　　　　　　　　　　　　　　　（　　　）

3. 从灰铸铁的牌号上可看出它的硬度和冲击韧度。　　　　　　（　　　）

4. 铁素体可锻铸铁具有较好的塑性及韧性，因此它是可以锻打的。（　　　）

5. 球墨铸铁中的石墨呈团絮状。　　　　　　　　　　　　　　　（　　　）

6. 可锻铸铁是由一定成分的白口铸铁经长时间的高温退火后获得的。

（　　　）

**二、填空题**

1. 铸铁是碳的质量分数大于＿＿＿＿＿＿＿% 的铁碳合金。铸铁根据石墨形态分类：石墨呈＿＿＿＿＿＿＿＿＿＿＿＿＿＿＿＿＿＿＿的铸铁称为＿＿＿＿＿＿＿；石墨呈＿＿＿＿＿＿＿的铸铁称为＿＿＿＿＿＿＿；石墨呈＿＿＿＿＿＿＿＿＿的铸铁称为＿＿＿＿＿＿＿。

2. 铸铁成分中，碳、硅、锰、硫、磷五种元素中的＿＿＿＿＿＿＿和＿＿＿＿＿＿＿两元素阻碍石墨化，而＿＿＿＿＿＿＿和＿＿＿＿＿＿＿两元素的含量越高，越有利于石墨化进行。

3. 灰铸铁的组织是在钢的基体上分布着大量的＿＿＿＿＿＿＿，因而，灰铸铁的性能主要取决于＿＿＿＿＿＿＿＿＿＿以及石墨的＿＿＿＿＿＿＿、＿＿＿＿＿＿＿、＿＿＿＿＿＿＿和分布等情况。

4. 灰铸铁中，由于石墨的存在而具有优良的＿＿＿＿＿＿＿，提高了＿＿＿＿＿＿＿性能。石墨使钢基体上形成空洞，可起到＿＿＿＿＿、＿＿＿＿＿＿＿的作用，又降低＿＿＿＿＿＿＿。

5. 为了消除灰铸铁件的内应力，应采用＿＿＿＿＿＿＿＿＿＿＿＿；为消除铸件白口组织，应采用＿＿＿＿＿＿＿＿＿＿＿＿；为提高灰铸铁件表面硬度，需采用＿＿＿＿＿＿＿热处理。

6. 可锻铸铁不是直接铸出来的，而是由＿＿＿＿＿＿＿铸铁，然后经

_____工艺，使_____分解，从而获得_____状石墨的铸铁。

7. 球墨铸铁是经_____而得到的。其石墨形状呈_____。它与灰铸铁和可锻铸铁相比，具有更高的_____和_____。

8. 球墨铸铁经等温淬火后，获得_____基体加球状石墨，使_____、_____和_____大大提高。因而球墨铸铁常用来制造_____等零件。

9. 蠕墨铸铁用的蠕化剂一般为_____。用这种变质剂处理后可获得具有少量团状或球状石墨的_____铸铁。因稀土有强烈_____时作用，所以必须加入一定量的孕育剂。

### 三、选择题

1. 生产机床床身时应选用_____，生产汽车后桥外壳时选用_____，生产柴油机曲轴时选用_____，生产机床用扳手时选用_____。

（KTH300-06；HT200；KTZ450-06；QT700-2；ZGMn13）

2. 铸铁中的碳以石墨形态析出的过程称为_____。

（变质处理；石墨化；球化处理）

### 四、问答题

1. 什么是铸铁的石墨化？其影响因素有哪些？

2. 壁厚为50mm的铸铁件，测得其碳的质量分数为3%，硅的质量分数为0.5%，该铸件得到何种组织（见图6-1）？此铸件能否进行切削加工？为什么？

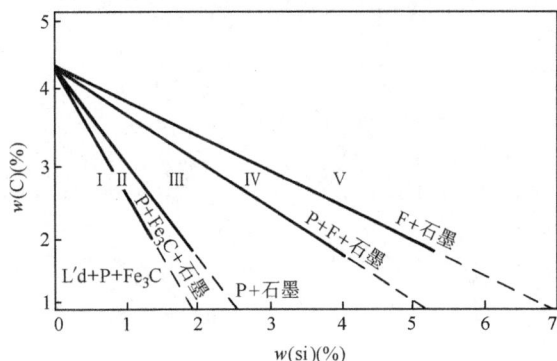

图 6-1

3. 为什么灰铸铁表面硬度比中心硬度高？当表面硬度过高而造成切削加工困难时，可采用什么措施来改善？

4. 灰铸铁的抗拉强度和塑性为何大大低于具有同类基体的钢？

5. 什么是孕育铸铁？孕育铸铁的组织和性能如何？

6. 为什么可锻铸铁只适于生产薄壁零件？

7. 为什么球墨铸铁的强度和韧性比灰铸铁的高？

8. 蠕化率是怎样计算的？蠕化率对蠕墨铸铁的性能有什么影响？

9. 蠕墨铸铁中的石墨形态有哪些特征？与灰铸铁和球墨铸铁相比，蠕墨铸铁在使用性能上有哪些特点？

10. 牌号 HT200、KTH350-10、KTZ650-02、QT900-2、RuT300 中的代号及数字代表的意义是什么？

# 第七章　非铁金属材料（有色金属）

**一、是非题**（在题末括号内作记号："＋"表示是，"－"表示非）

1. 铸造铝合金的铸造性好，但塑性较差，一般不进行压力加工。　（　　）

2. 除铜锌合金、铜镍合金以外的铜合金都称为青铜。　　　　　（　　）

3. 轴瓦在工作中承受磨损，故轴承合金需具有很高的硬度和耐磨性。

　　　　　　　　　　　　　　　　　　　　　　　　　　　　（　　）

4. 钢结硬质合金与钢一样，可进行锻造、热处理、焊接与切削加工。

　　　　　　　　　　　　　　　　　　　　　　　　　　　　（　　）

**二、填空题**

1. 普通黄铜是_____合金。在普通黄铜中又加入其他元素时称为_____铜。这些元素的加入一般都能提高黄铜的_____。

2. 黄铜_____冷成形性能好，常用于深冲零件，故有弹壳黄铜之称。

3. HPb59-1 为_____，有良好的切削加工性和力学性能，可制作_____等零件。

4. ZCuAl10Fe3 是_____，铜中铝的质量分数为_____%，可制作_____等零件。

5. 锡基轴承合金的软基体是_____，硬质点是_____化合物。

6. ZPbSb16Sn16Cu2 是_____合金，其中锑的质量分数为_____%，锡的质量分数为_____%，铜的质量分数为_____%。

7. 将金属粉末经过_____成形和_____，以获得金属零件和材料的生产方法，称为粉末冶金。

8. 含油轴承材料是利用材料的_____性，浸渗_____，使材料具有_____性，保证轴承能在相当长时间内不必加油而能有效地工作。

**三、选择题**

1. 5A02（LF2）按工艺特点分，是_____铝合金，属热处理_____铝合金。

（变形；铸造；能强化；不能强化）

2. T3 是_____。

（碳素工具钢；3 号纯铜；钛合金）

3. BAl6-1. 5 是_____。

（变形铝合金；铝白铜；巴氏合金）

4. 大负荷、高转速机器设备的轴承，可采用_____ _____制造。

（ZSnSb11Cu6；ZPbSb16Sn16Cu2；ZPbSb15Sn10）

5. _____ 热 硬 性 较 好，适 宜 加 工 韧 性 材 料；_____有较好的强度和冲击韧度，适宜加工脆性材料。

（K 类硬质合金；P 类硬质合金）

四、问答题

1. 所给牌号 3A21、2A12、7A04、2A50、ZL102（代号）中，哪个是硬铝和超硬铝？哪个是防锈铝合金、锻造铝合金和铸造铝合金？

2. 变形铝合金为什么适宜于压力加工？

3. 硬铝属于哪类铝合金？试述其性能及用途。

4. 滑动轴承合金应具备哪些性能要求？其组织结构有何特点？

5. 金属材料 H62、ZCuZn16Si4、ZCuSn5Pb5Zn5、QBe2、ZSnSb8Cu4、K10（YG6X）、P30（YT5）、M10（YW1）的名称及其数字代号的含义是什么？

# 第八章 金属的腐蚀及防护方法

## 一、填空题

1. 化学腐蚀是指 ＿＿＿＿＿＿＿＿＿＿＿＿＿＿＿＿＿＿＿＿ 的腐蚀，例如在 ＿＿＿＿＿＿＿＿和＿＿＿＿＿＿＿＿＿的场合中发生的腐蚀。

2. 电化学腐蚀是指＿＿＿＿＿＿＿和＿＿＿＿＿＿＿接触时，由＿＿＿＿＿＿＿而引起的腐蚀，例如在＿＿＿＿＿＿＿、＿＿＿＿＿＿＿的腐蚀等。

3. 工厂中常用的化学保护方法有＿＿＿＿＿＿＿和＿＿＿＿＿＿＿法。

## 二、问答题

1. 什么是金属的腐蚀？它有哪些形式？哪一种危害性最大？

2. 产生电化学腐蚀的必备条件是什么？

3. 金属的防腐蚀方法有哪些？

# 第三篇 热加工工艺

## 第九章 铸 造

**一、是非题**（在题末括号内作记号："＋"表示是，"－"表示非）

1. 对于承受动载荷，要求具有较高力学性能的重要零件，一般不采用铸件作毛坯。 （ ）

2. 煤粉在型砂中的作用是防止铸件表面粘砂。 （ ）

3. 铸件的主要工作面应放在上型，因为铸件上表面的质量较好。 （ ）

4. 制造模样需使用专用的收缩尺是因为各种铸造合金具有不同的收缩量。
（ ）

5. 合金的液相线和固相线温度间隔越小，则凝固时产生的偏析越小。
（ ）

6. 灰铸铁的铸造性能优于可锻铸铁和球墨铸铁。 （ ）

7. 钢的铸造性能优于铸铁。 （ ）

8. 铸件内部的气孔是铸件凝固收缩时得不到金属液的补充产生的。 （ ）

9. 离心铸造可获得双层金属的铸件。 （ ）

10. 采用金属铸型的铸造称为金属型铸造。 （ ）

**二、填空题**

1. 砂型铸造的主要工艺过程为：根据零件图制造 _____ 和 _____；制备 _____ 和 _____；利用模样和芯盒进行 _____ 及 _____；_____ 砂型和砂芯；_____；铸件的_____。

2. 在铸造生产中，用木材制成的模样称为_____，用金属制成的模样称为_____。模样的外形尺寸比零件大是因为_____和_____；模样上的起模斜度是为了_____；模样上采用铸造圆角是为了_____及_____。

3. 型 砂 按 用 途 不 同 可 以 分 为：_____、_____、

_____、_____。

4. 为了防止铸件_____，可在铸型型腔表面涂覆一层薄涂料。为了增加砂型的透气能力，除增加型砂的透气性外，还可在砂型上_____。

5. 图9-1中，1为_____，2为_____，3为_____，4为_____。

6. 金属的铸造性能包括_____、_____和_____等。

7. 将铸件从砂型中取出称为_____。浇注后铸件取出不能过早，否则会产生_____甚至_____。

8. 灰铸铁铸件上的浇道、冒口通常用_____去除，钢铸件的用_____去除，有色金属铸件的用_____去除。

图 9-1

9. 将熔融金属在_____，并在_____凝固而获得铸件的方法，称为压力铸造。压力铸造是在_____上进行的，能获得_____零件。

10. 常用的特种铸造方法有_____、_____、_____、_____、_____等。

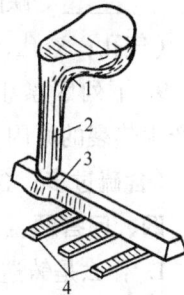

### 三、选择题

1. 为了提高型砂的强度，可适当增加_____的比例。

（原砂；粘结剂；旧砂；煤粉）

2. 型砂的耐火度差会造成铸件_____。

（气孔、粘砂、开裂）

3. 型砂掺有锯木屑是为了改善型砂的_____。

（耐火度；退让性；透气性）

4. 填充砂除_____外对其他性能要求不高。

（塑性；强度；透气性；耐火度）

5. 一般机器造型中有两项主要操作，即_____和_____。

（填砂；紧砂；起模；搬运）

6. 铸铁件的浇道在一般情况下，其截面积依次缩小的顺序是：_____、_____、_____。

（内浇道；横浇道；直浇道）

7. 型砂中水分过多，会使铸件产生_____缺陷。

（气孔；缩孔；砂眼；热裂）

8. 液态金属浇注温度过高，容易使铸件产生_____、_____、_____等缺陷。

（气孔；渣孔；粘砂；冷隔；缩孔）

9. 下列因素中_____、_____是铸铁件产生热裂的原因。

（含硫过多；含磷过多；型砂退让性差；浇注温度太高）

## 四、问答题

1. 什么是铸造？它有何优缺点？

2. 型砂由哪些主要原料混合而成？它应具备哪些性能？为什么？

3. 什么是浇注系统？对浇注系统有什么要求？

4. 金属的收缩由哪三部分组成？它们分别对铸件产生什么影响？

5. 铸件常见的缺陷有哪几类？各类缺陷包括哪几种形式？

6. 试述造成铸件气孔、冷裂、粘砂的原因。

7. 什么是金属型铸造？它和砂型铸造相比有何优缺点？指出金属型铸造的适用范围。

8. 什么是离心铸造？指出它的特点及适用范围。

9. 试述熔模铸造的特点。

# 第十章　金属压力加工

**一、是非题**（在题末括号内作记号："＋"表示是，"－"表示非）

1. 压力加工除能改变工件的形状、尺寸外，还能提高其力学性能。（　　）

2. 终锻温度过高会缩小锻造温度范围，但对锻件质量无影响。（　　）

3. 自由锻能锻制各种复杂形状的锻件。（　　）

4. 胎模锻造不需要专用模锻设备，在普通自由锻锤上即可进行。（　　）

5. 模锻能锻制形状比较复杂的锻件。（　　）

6. 锻造方法不当等，会使锻件产生裂纹。发现裂纹的锻件，不论裂纹大小，一律报废。（　　）

7. 拉拔可分为热拉和冷拉两种。（　　）

8. 轧制除了用来生产板材、型材和管子等产品外，还可以直接制造机械零件成品。（　　）

9. 空气－蒸汽锤的吨位用落下部分的质量表示。（　　）

10. 坯料在锻造中进行拔长时，每次拔长的进给量必须大于压缩量，否则会发生折叠现象。（　　）

11. 在金属加热时，超过一定温度后，晶粒会急剧长大，从而引起材料塑性下降的现象叫过热。（　　）

**二、填空题**

1. 压力加工是利用金属的＿＿＿＿＿，使其改变＿＿＿＿、＿＿＿和＿＿＿＿＿，以获得＿＿＿＿＿＿、＿＿＿＿＿＿、＿＿＿＿＿＿、＿＿＿＿＿＿等的加工方法。

2. 压力加工的加工方式主要有＿＿＿＿＿、＿＿＿＿＿、＿＿＿＿＿、＿＿＿＿＿等。

3. 自由锻是利用＿＿＿＿＿＿＿＿＿或在＿＿＿＿＿＿的上下砧间直接对坯料＿＿＿＿＿＿，使坯料产生变形而获得锻件的方法。

4. 空气锤的吨位是以＿＿＿＿＿＿＿＿＿＿＿＿来表示的。

5. 自由锻的基本工序包括＿＿＿＿＿、＿＿＿＿＿、＿＿＿＿＿、＿＿＿＿＿、及＿＿＿＿＿等。

6. 一般在冲孔时，孔径 $d$ 小于＿＿＿＿＿mm 时用实心冲子；$d$ 大于＿＿＿＿＿mm 的孔用空心冲子；$d$ 小于＿＿＿＿＿mm 的孔不予冲出，而留待切削加工时钻出。

7. 板料冲压是使板料经_____或_____而得到制件的工艺。板料冲压利用的原材料必须具有足够的____。

8. 板料冲压通常是在常温下进行的，所以又叫_____。

9. 冲压加工是以材料的____性为基础，各种金属材料如_____和一些非金属材料如_____，都可以进行冲压加工。

10. 锻模模膛有_____模膛和_____模膛等。模锻生产的锻件，周围有一圈飞边，故还要用_____将飞边切除。

11. 金属压力加工能获得广泛应用的主要原因之一是它能使金属材料获得较细_____，同时能使____组织的内部缺陷_____，从而提高金属的_____。

12. 轧制一般都是热轧。冷轧通常只在轧制_____时使用。

13. 拉拔是坯料在牵引力的作用下通过_____，使之产生_____而得到截面_____长度_____的一种工艺。

14. 拉拔是冷变形加工，会引起加工硬化，所以在多次拉拔中间必须进行_____。

15. 按挤压力方向与金属变形时流动方向的相互关系，可将挤压分为_____、_____和_____三种。

### 三、选择题

1. 压力加工不包括_____。

（自由锻；板料冲压；压力铸造；拉拔）

2. _____是不能进行压力加工的。

（碳素结构钢；碳素工具钢；高速工具钢；可锻铸铁）

3. _____时，上模随着锤头一起上下运动，冲击模膛中的坯料，使之充满模膛。

（胎膜锻；模锻）

4. 轧制薄板时，为了获得准确的厚度，改善表面质量和提高钢板强度，常采用_____方法生产。

（热轧；冷轧）

### 四、问答题

1. 适宜压力加工的金属应具有什么性能？常用金属材料中哪几种适宜于压力加工？哪几种则不适宜于压力加工？

2. 什么叫始锻温度和终锻温度？始锻温度和终锻温度过高或过低对锻造有

什么影响？

    3. 简述模锻的特点。

    4. 精密模锻时，为了保证达到预期的效果，应采取哪些措施？

    5. 何谓镦粗和拔长？它们的目的是什么？

    6. 何谓胎模锻？胎模锻有什么优缺点？

    7. 飞边槽有什么作用？

    8. 何谓辗环？举例说明其用途。

# 第十一章 焊 接

**一、是非题**（在题末括号内作记号："＋"表示是，"－"表示非）

1. 通常焊接厚度大的焊件时，所选用的焊条直径粗。（ ）

2. 焊接结构最常用的接头形式有对接接头、角接接头、T 形接接头和搭接接头四种。（ ）

3. 采用横焊和立焊时的焊接电流比平焊时小，而采用仰焊时的焊接电流更小。（ ）

4. 氧乙炔焊接中使用的减压器的作用主要是减小管道中乙炔的压力，以免乙炔外溢，发生爆炸。（ ）

5. 金属材料的碳当量越大，则其焊接性越好。（ ）

6. 气焊时最常用的接头形式是对接接头。（ ）

7. 气焊时，右焊法适用于厚度在 5mm 以下的薄件和低熔点金属焊接，左焊法适用于 5mm 以上焊件的焊接。（ ）

8. 焊接低合金钢钢板时通常不进行预热，但在钢板厚度很大或施工温度较低等情况下焊前需预热。（ ）

9. 焊补铸铁时，用冷焊法的焊补质量通常比热焊法好。（ ）

10. 焊接时，运条太慢易产生未焊透。（ ）

11. 焊接时焊接电流过小或焊嘴过小都容易产生咬边和烧穿现象。（ ）

12. 焊后用小锤子敲击焊缝可减小焊缝的内应力。（ ）

13. 焊条受潮是焊缝产生气孔的原因之一。（ ）

**二、填空题**

1. 常用的焊接方法可分为＿＿＿＿＿＿、＿＿＿＿＿＿、＿＿＿＿＿＿三种。

2. 焊接电弧可分为三个区域，即＿＿＿＿＿、＿＿＿＿＿、＿＿＿＿＿。其中＿＿＿＿＿放出的热量占电弧总热量的比例最高。

3. 常用的弧焊机有＿＿＿＿＿弧焊机和＿＿＿＿＿弧焊机两种。

4. 焊条由＿＿＿＿＿＿和＿＿＿＿＿＿组成。E4315 表示＿＿＿＿＿＿＿＿＿＿＿焊条。

5. 按焊缝的空间位置不同，焊接操作可分为：＿＿＿＿＿、＿＿＿＿＿、＿＿＿＿＿、＿＿＿＿＿四种，其中＿＿＿操作最方便，生产率高，且容易保证质量，应尽量采用。

6. 气焊火焰由 _____、_____、_____ 三部分组成，其中 _____ 温度最高。根据氧气和乙炔比例不同，焊接火焰可分为 _____、_____、_____，其中 _____ 应用最多。

7. 气焊设备由 _____、_____、_____、_____ 组成。其中 _____ 的作用是将气瓶内气压降到工作压力，并保持压力恒定。

8. 气割是利用 _____ 将割件切割处预热到 _____ 温度后，喷出 _____，使其燃烧放出热量，实现割开的方法。

9. 电渣焊是利用 _____ 通过 _____ 所产生的 _____ 进行焊接的方法。电渣焊的主要特点是 _____ 焊成。

10. 电阻焊是 _____，利用电流 _____ 进行焊接的方法。根据焊接接头形式可分为 _____、_____、_____ 三种。

11. 焊接性是指金属材料 _____ _____ 的能力。钢材的焊接性可依据 _____ 的大小来估计，其数值越小，焊接性越 _____。

12. 焊缝的缺陷主要有 _____、_____、_____、_____、_____ 5 种。

13. 常用的焊缝致密性检验方法有 _____ 检验、_____ 检验、_____ 检验。

14. 对金属内部的夹渣、气孔、未焊透等缺陷，可采用 _____ 探伤、_____ 探伤、_____ 探伤、_____ 探伤等方法检查。

15. 焊条直径的选择主要取决于焊件的 _____，同时还应考虑接头的 _____ 和焊缝的 _____。

16. 焊接电弧是在 ____ 和 ____ 之间的气体介质中强烈持久的 ____ 现象。

### 三、选择题

1. 气焊火焰分为三种，其中性焰的 $O_2/C_2H_2$（体积比）之值为 _____。
（1.1~1.2；>1.2；1~1.1；<1）

2. 焊条电弧焊时，如果焊接电流过大，容易产生 _____ 缺陷。
（未焊透；裂纹；气孔；夹渣；咬边；烧穿）

3. 焊接电弧可分为三个区域，其中温度最高的是 _____。
（阴极区；阳极区；弧柱区）

4. 平焊对接厚度为 5mm 的 20 钢板，为了使焊缝与基体金属等强度，工业上一般采用 _____。

（焊条电弧焊；电阻点焊；电渣焊；钎焊）

5. 气焊时，低（中）碳钢、纯铜常用_____进行焊接。

（中性焰；氧化焰；碳化焰）

6. 容易进行气割的材料是：_____。

（不锈钢；普通低合金钢；碳的质量分数在 0.4% 以下的碳素钢；碳的质量分数为 0.4% ~ 0.7% 的碳素钢；碳的质量分数在 0.7% 以上的碳素钢；铸铁；铜、铝等有色金属）

7. 1mm 厚的钢板对接时通常采用_____焊接的方法。

（电弧焊；气焊；电渣焊；电阻焊）

8. 焊接性最好的材料是：_____。

（Q345 钢；Q235 钢；45 钢；HT200 钢；T10 钢）

## 四、问答题

1. 什么是焊接？它有什么优点？

2. 什么是正接法？什么是反接法？它们分别适用于何种材料的焊接？

3. 什么是气焊？指出它的特点和应用范围？

4. 气割金属应具备哪些条件？

5. 什么是埋弧焊？它和焊条电弧焊相比有哪些优点？

6. 常用的气体保护焊有哪两种？它们各有什么优点？

7. 焊接应力和变形是怎样产生的？减小焊接应力和防止变形的方法有哪些？

8. 什么是钎焊？根据钎焊钎料熔点的不同，钎焊可分为哪几类？各举一例说明其用途。

9. 焊条药皮的主要作用是什么？

10. 电弧焊时为什么要戴面罩？

11. 焊接参数通常指什么？

12. 说明未焊透和咬边产生的主要原因。

# 第十二章 钢的热处理

**一、是非题**（在题末括号内作记号："+"表示是，"－"表示非）

1. 钢材通过加热的处理就称为热处理。 （　　）

2. 钢中任何组织在加热到 $Ac_1$ 以上后，都要向奥氏体转变。 （　　）

3. 奥氏体晶粒的大小直接影响冷却后得到的组织和性能，粗大的奥氏体晶粒无论怎样冷却也不会得到细晶粒。 （　　）

4. 等温转变图是用来分析过冷奥氏体的转变温度、转变时间和转变后组织之间关系的图形。 （　　）

5. 贝氏体是由过饱和的铁素体与细小的渗碳体组成的机械混合物。 （　　）

6. 马氏体由于溶入过多的碳而使 α-Fe 晶格严重歪扭，从而增加了材料的塑性。 （　　）

7. 退火与正火的目的大致相同，它们的主要区别是保温时间不同。 （　　）

8. 任何钢经淬火后，其性能总是硬而脆。 （　　）

9. 碳素钢的含碳量越高，则其淬火加热温度也越高。 （　　）

10. 淬透性好的钢，淬火后硬度一定很高。 （　　）

11. 调质和正火都能获得铁素体和渗碳体的机械混合物，所以处理后钢的力学性能相同。 （　　）

12. 钢回火后的硬度主要取决于回火温度，与回火时的冷却速度无关。 （　　）

13. 表面热处理就是改变钢材表面的化学成分，从而改变钢材表面的性能。 （　　）

14. 工件经渗碳后，表面即可得到很高的硬度及良好的耐磨性。 （　　）

15. T12 钢可用于制作渗碳工件。 （　　）

**二、填空题**

1. 钢的热处理是采用＿＿＿＿＿＿方法，将钢材或工件进行＿＿、＿＿和＿＿，以获得预期的＿＿＿＿＿＿＿的工艺。

2. 根据加热和冷却方式的不同，热处理可分为＿＿、＿＿＿＿、＿＿＿＿、＿＿＿＿及＿＿＿＿等几种。

3. 热处理工艺过程一般都包括＿＿＿＿、＿＿＿＿和＿＿＿＿三个阶段。

它可以用_____来表示，称为_____。

4. 在实际生产中，钢发生组织转变的温度与 Fe-Fe$_3$C 相图所示的临界点 $A_1$、$A_3$ 和 $A_{cm}$ 之间有一定偏离，通常把加热时的实际临界点标为_____、_____ 和_____，把冷却时的实际临界点标为_____、_____ 和_____。

5. 钢的标准晶粒号分为____级，其中_____级为粗晶粒，_____级为细晶粒。

6. 共析钢的等温转变图中，高温转变温度为_____左右，转变产物为_____；低温转变温度为_____，转变产物为_____。

7. 马氏体开始转变的温度为_____，马氏体的显微组织与含碳量有关，含碳量越高，马氏体的_____；低碳马氏体的_____很小，甚至不显正方度，这主要是含碳量低的缘故。

8. 临界冷却速度用符号____表示，它表示奥氏体在连续冷却时，为抑制_____所需要的_____速度。

9. 退火是将钢加热到_____，保温____ ____，然后_____的热处理工艺。

10. 完全退火的加热温度为_____以上 30~50℃；球化退火加热温度为_____以上 20~30℃；正火加热温度为____或____以上 40~60℃。

11. 亚共析钢的淬火加热温度一般为_____以上 30~50℃，共析钢、过共析钢的淬火加热温度一般为____以上 30~50℃。

12. 淬火时常用的淬火冷却介质有____、____、____、____及____、____等。

13. 常见的淬火缺陷有_____、_____、_____以及_____等。

14. 回火时的组织转变可分为四个阶段：（1）200℃时为_____；（2）200~300℃之间为_____；（3）300~400℃之间为_____；（4）400℃以上为_____。

15. 调质处理就是____及_____的复合热处理工艺。

16. 常用的表面淬火方法有_____和_____两种。

17. 感应淬火法，按电流频率的不同可分为_____、_____和_____三种。电流频率越高，淬硬层_____。

三、名词解释

1. 过冷奥氏体；残留奥氏体

2. 淬透性；淬硬性

3. $A_1$；$Ac_1$

4. 连续冷却；等温冷却

5. 片状珠光体；球状珠光体

## 四、问答题

1. 说明共析钢加热时，珠光体向奥氏体转变的四个过程。

2. 奥氏体晶粒大小对钢热处理后的性能有什么影响？

3. 退火的目的是什么？常用的退火方法有哪几种？

4. 为什么过共析钢不能进行完全退火？

5. 什么是球化退火？它适用于哪些钢材？

6. 如何选择正火和退火两种工艺？

7. 在图 12-1 中画出 $v_k$ 并说明以冷却速度 $v_1$、$v_2$、$v_3$、$v_4$ 冷却后，各得到哪些组织？并指出哪种冷却速度最快？

8. 何谓淬火？淬火的目的是什么？

9. 为什么亚共析钢和过共析钢的淬火加热温度不同？

10. 常用的淬火方法有哪几种？并在等温转变图上画出其冷却曲线（见图 12-2）。

11. 为什么有的钢种需要水淬油冷？采用油淬水冷可以吗？为什么？

12. 何谓回火？回火的目的是什么？

13. 常用的回火方法有哪几类？各适用于哪些工件？

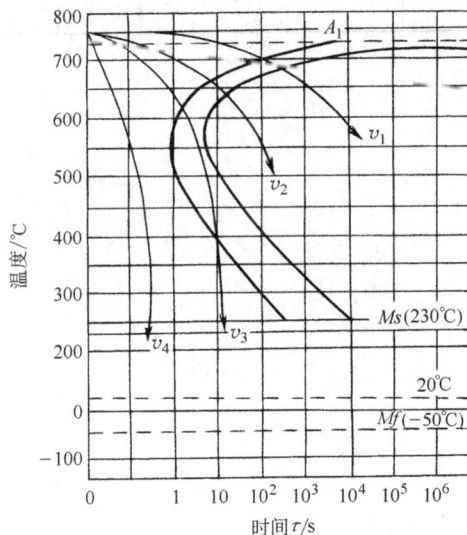

图 12-1

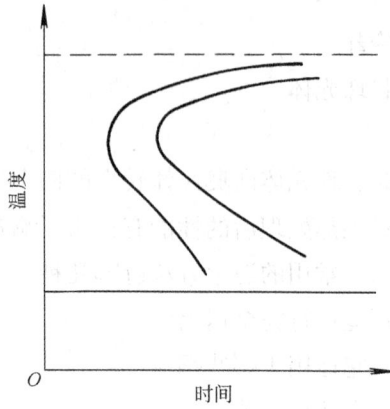

图　12-2

14. 何谓表面淬火？其目的是什么？

15. 以气体渗碳为例，说明化学热处理的三个基本过程。

16. 渗氮和渗碳相比有何特点？

17. 根据下表所列项目，归纳对比常用表面热处理方法的特点。

| 热处理方法 | 适用钢材 | 处理后的硬度 | 应用举例 |
|---|---|---|---|
| 高频感应淬火 | | | |
| 气体渗碳后<br>淬火 + 低温回火 | | | |
| 气体渗氮 | | | |

# 第四篇　冷加工工艺

## 第十三章　金属切削加工基本知识

**一、是非题**（在题末括号内作记号："＋"表示是，"－"表示非）

1. 切削时刀具和工件表面之间摩擦产生的热量称为切削热。（　　）

2. 被切削材料的硬度越低，其切削加工性能越好。（　　）

3. 切削力的大小与工件材料、刀具几何角度和切削用量有关。（　　）

**二、填空题**

1. 通过切削刃基点并垂直于工作平面的方向上测量的吃刀量，称为_____，用符号____表示。

2. 车削时工件每转一转，刀具沿进给方向移动的距离，称为_____，用符号____表示。

3. 切削用量三要素的名称和符号分别为_____、_____、_____、_____。

4. 常见的切屑有_____切屑、_____切屑、_____切屑三种。在切削脆性材料时容易形成_____切屑。

5. 总切削力可分解成相互垂直的三个分力，其中在主运动方向上的正投影的名称和符号为_____，在垂直于工作平面上的正投影的名称和符号为_____，在进给运动方向上的正投影的名称和符号为_____。这三种分力中_____最大。

6. 常用的切削液可分为两大类：一类是_____，以_____为主，多用于_____；另一类是_____，以_____为主，多用于_____。

7. 车床的代号为_____，钻床的代号为_____，铣床的代号为_____，刨床的代号为_____，镗床的代号为_____，磨床的代号为_____。

### 三、选择题

1. 车削时_____属于主运动。

（工件的移动；工件的转动；刀具的移动；刀具的转动）

2. 如图 13-1 所示，车削时，a 面为_____。

（已加工表面；待加工表面；过渡表面）

3. 图 13-2 所示车刀的组成部分中，1 为_____、2 为_____、

3 为_____、4 为_____、5 为_____、6 为_____。

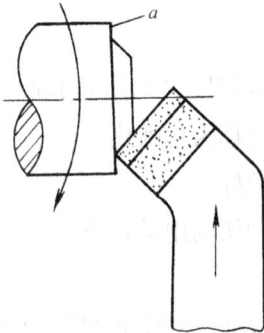
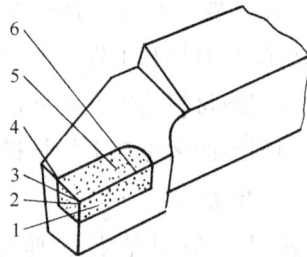

图　13-1　　　　　　　　　　　　图　13-2

（前面；主后面；副后面；主切削刃；副切削刃；刀尖）

4. 切削加工性能最好的材料是_____

（40Cr 调质钢；45 钢；一般有色金属；15Cr 钢退火）

### 四、问答题

1. 刀具切削部分的材料应具备哪些基本要求？常用刀具材料有哪几种？

2. 分别说明高速钢和硬质合金作为刀具材料的特点和应用。

3. 画图说明车刀在正交平面内测量主要角度的名称及作用。

4. 切削热是怎样产生的？它有何不良影响？

5. 影响金属材料切削加工性能的因素有哪些？如何改善切削加工性能？

# 第十四章 车 削

**一、是非题**（在题末括号内作记号："＋"表示是，"－"表示非）

1. 车床主轴是空心的，能使棒料毛坯穿入。 （ ）

2. 丝杠和光杠可将进给箱的运动传给溜板箱，光杠用于螺纹加工，丝杠用于一般车削加工。 （ ）

**二、填空题**

1. 车床的主要部件有：床身 _____、_____、_____、_____、床鞍与刀架、_____、丝杠和光杠等。

2. 每个卡爪都能独立作径向移动的用以装夹形状较复杂工件的是_____。

3. 用花盘装夹不规则形状的工件时，常会产生_____，所以需要加_____予以平衡。

4. 车削细长轴时，为了防止工件切削时产生弯曲，需使用_____或_____。

5. 车削_____工件时，为了提高工作效率，保证加工质量，常采用心轴装夹。心轴可分为_____和_____两种。

**三、选择题**

1. _____的作用是把电动机的转动传递给主轴及卡盘，带动工件做旋转运动。

（进给箱；主轴箱；交换齿轮箱；溜板箱）

2. _____能自动定心，一般用来夹持圆形、三角形、六角形工件。

（自定心卡盘；单动卡盘；花盘）

3. 在外圆上车削沟槽时通常采用_____。

（外圆车刀；样板刀；切断刀；右偏刀）

4. 车床上进行孔加工使用的钻头或铰刀通常是安装在_____上的。

（主轴；刀架；尾座）

5. 除了装卸工件及开车时需要工人操作外，其他都能自动进行工作的车床，称为_____。

（卧式车床；半自动车床；自动车床）

四、问答题

1. 车床能完成哪些主要工作？

2. 车削圆锥面有哪几种方法？它们各有什么特点？

3. 简述转塔车床、单轴自动车床、立式车床的特点。

# 第十五章　刨削与拉削

**一、是非题**（在题末括号内作记号："＋"表示是，"－"表示非）

1. 牛头刨滑枕工作行程的速度和返回时的速度是相同的。　　　　（　　）

2. 拉削过程中只有主运动而无进给运动。　　　　　　　　　　　（　　）

3. 拉削时被加工工件表面的全部切削余量被拉刀上不同的切削刃分层切下，所以生产率很高。　　　　　　　　　　　　　　　　　　　　　　（　　）

**二、填空题**

1. 刨削可分为＿＿＿＿刨削和＿＿＿＿刨削两种，其中＿＿＿＿刨削称为插削。

2. 刨削时，刀具或工件作往复＿＿＿＿运动，它只有在＿＿＿＿中才进行切削。

3. 牛头刨床主要由床身、＿＿＿＿、＿＿＿＿、＿＿＿＿＿、＿＿＿、＿＿＿＿横梁和＿＿＿等部分组成。

4. 插床的滑枕在＿＿＿＿方向上作直线往复运动，工作台可作＿＿＿＿＿、＿＿＿＿或＿＿＿＿的进给运动。

5. 拉床的主参数用＿＿＿＿＿表示。

**三、问答题**

1. 刨削的生产效率不高的原因是什么？

2. 用摆杆往复机构驱动滑枕的牛头刨床，为什么滑枕的回程速度比工作行程快？

3. 在刨床上能完成哪些工作？

# 第十六章　钻削与镗削

**一、是非题**（在题末括号内作记号："＋"表示是，"－"表示非）

1. 摇臂钻床主轴的轴线位置是固定的。　　　　　　　　　　（　　）
2. 标准麻花钻沿主切削刃各点的前角是不同的，越靠中心，前角越大。（　　）
3. 群钻的横刃较短，钻削时轴向阻力小，且切屑较小，排屑方便，因此生产效率较高。　　　　　　　　　　　　　　　　　　　（　　）
4. 钻孔时工件一般都需固定。　　　　　　　　　　　　　（　　）
5. 钻孔进给时，需保持同一速度。　　　　　　　　　　　（　　）
6. 使用钻模钻削时，可不必在工件上划线。　　　　　　　（　　）
7. 利用扩孔钻扩孔时，扩出的孔表面质量和精度都比钻出的孔高。（　　）
8. 铰孔属于粗加工，铰出的孔精度低，表面粗糙。　　　　（　　）

**二、填空题**

1. 麻花钻的导向部分在切削时起着＿＿＿＿＿＿＿＿＿的作用，同时也是＿＿＿＿＿＿＿的后备。导向部分主要由两条对称的＿＿＿＿＿＿和＿＿＿＿＿组成。
2. 钻头上有两个＿＿＿＿＿＿、两个＿＿＿＿＿＿和一个＿＿＿＿。前面和主后面的交线是＿＿＿＿＿＿刃；前面和副后面的交线是＿＿＿＿＿＿刃，即＿＿刃；两个主后面的交线是＿＿刃。
3. 一般加工钢料和铸铁的麻花钻顶角为＿＿＿＿＿。
4. 钻削工作可分为＿＿＿＿、＿＿＿＿、＿＿＿＿及＿＿＿＿等。
5. 镗削加工的主运动由＿＿＿＿＿＿运动来完成，进给运动由＿＿＿＿或＿＿＿＿的＿＿＿＿来完成。

**三、选择题**

1. 最常用的钻头是＿＿＿＿＿＿。

（麻花钻；扁钻；深孔钻；中心钻）

2. 麻花钻两条主切削刃之间的夹角称为＿＿＿＿＿＿。

（前角；主偏角；后角；副偏角；顶角）

**四、问答题**

1. 常用的钻床有哪三种？简述它们的加工特点。
2. 何为镗削？镗削有何特点？镗床能完成哪些工作？

# 第十七章 铣 削

一、是非题（在题末括号内作记号：" + " 表示是，" – " 表示非）

1. 端铣时，在一次进给中背吃刀量是不变的，所以对刀齿来说切削层也是不变的。 （　　）

2. 利用分度头，可以将工件圆周分成任意等分。 （　　）

3. 顺铣时，由于切削力与进给方向一致，所以工作台的丝杠和螺母总是保持紧密的接触，不会引起工件和工作台沿进给方向突然移动。 （　　）

二、填空题

1. 铣刀是一种_____刃刀具，铣削过程中，同时有_____切入工件，所以生产率高，切削刃的_____条件也好。

2. 万能卧式铣床的悬梁用来_____，以加强刀杆的_____。工作台可随着升降台_____移动，也可随着纵、横床鞍作_____移动，还可随着回转盘向左、右各转动_____，以便铣_____等。

3. 铣床上常用的附件有_____、_____、和_____。

4. 使用分度头铣螺旋槽，是使工件的_____与工作台的_____以_____联系起来。

5. 分度头的主轴能扳成倾斜位置，向上倾斜最大至____，向下倾斜最大至____。

6. 铣削进给量的表示方法有_____、_____ 和_____三种形式，铣床铭牌上所标的进给量一般为_____。

7. 在铣床上切断，一般是用_____铣刀在_____铣床上进行。

8. 直槽可在卧式铣床上用_____铣刀铣削，也可在立式铣床上用_____铣刀铣削。

9. 铣削 T 形槽时，先用_____铣刀铣削出_____，然后再用_____铣刀铣削出 T 形槽。

三、选择题

1. 若要将一工件的圆周进行 83 等分，应采用_____分度法。（分度盘孔数见教材）

（简单；角度；差动）

2. 当工件表面有硬皮、切削厚度较大或工件硬度较高时，采用＿＿＿＿较为合适。

（顺铣；逆铣）

3. ＿＿＿＿＿＿＿＿＿＿＿＿＿＿＿＿＿铣削水平面时，铣削比较平稳，加工表面也比较光洁。

（在卧式铣床上用圆柱铣刀；在立式铣床上用面铣刀）

**四、问答题**

1. 铣削有什么特点？

2. 铣床分度头有何主要用途？

3. 如何使用万能分度头？（孔圈数见教材所述）

4. 在铣床上能完成哪些工作？

# 第十八章 磨 削

**一、是非题**（在题末括号内作记号："＋"表示是，"－"表示非）

1. 磨削常作为机械加工最后一道精加工工序，但也可用于毛坯的预加工（清理）或刀具的刃磨。 （　　）

2. 在万能外圆磨床上还装有内圆磨具，可磨削工件的内孔。 （　　）

3. 砂轮的硬度是指组成砂轮的磨料的硬度。 （　　）

**二、填空题**

1. 磨床型号为 M1432A，其中"M"表示＿＿＿＿＿；"1"表示＿＿＿＿＿；"4"表示＿＿＿＿＿；"32"表示＿＿＿＿＿；＿＿＿＿＿"A"表示＿＿＿＿＿。

2. 磨床型号为 M2110A，其中"2"表示＿＿＿＿＿，前面的"1"表示＿＿＿＿＿；"10"表示＿＿＿＿＿；"A"表示＿＿＿＿＿。

3. 磨床型号为 M7120A，其中"7"表示＿＿＿＿＿；"1"表示＿＿＿＿＿；"20"表示＿＿＿＿＿＿＿＿＿＿＿；"A"表示＿＿＿＿＿。

4. 正确地选择磨削余量直接关系到提高生产率和保证加工质量，磨削总余量一般为＿＿＿＿＿ mm，精磨余量一般取＿＿＿＿＿ mm。

5. 磨削外形复杂或笨重工件的内孔时，由于工件不便于装夹在卡盘上，要用＿＿＿＿＿磨床加工。

**三、选择题**

1. 磨削锥度不大的长圆锥表面时，应＿＿＿＿＿＿＿＿＿＿。

（调整工作台上台面；旋转砂轮架；旋转头架）

2. 砂轮的磨料主要采用刚玉（氧化铝）、碳化硅和碳化硼等人造磨料。相比起来，＿＿＿＿＿磨料硬度高、性脆、强度较低。

（刚玉类；碳化物类）

3. 砂轮硬度的选择：磨削软金属时，应选用＿＿＿＿＿；磨削硬金属时，应选用＿＿＿。

（硬砂轮；软砂轮）

4. 砂轮组织的选择：粗磨时应选用组织＿＿＿＿＿的砂轮；精磨时应选用组

织_____的砂轮。

（疏松；紧密）

5. 磨削长轴或精磨外圆时，大多采用_____。

（纵向磨削法；径向磨削法）

6. 磨削平面时，采用_____磨削效率高，但加工精度不高。

（端面；周边）

**四、问答题**

1. 磨削有何特点？

2. 砂轮安装前为什么要调整平衡？

# 第十九章　齿轮加工

**一、是非题**（在题末括号内作记号："+"表示是，"-"表示非）

1. 成形法是使用与齿槽形状相同的成形刀具在毛坯上加工出齿形的方法，故齿形精度高。　　　　　　　　　　　　　　　　　　　（　　）

2. 用一把齿轮滚刀可以滚切同一模数任何齿数的齿轮。　　（　　）

3. 插齿法可用于加工内齿轮。　　　　　　　　　　　　　（　　）

4. 磨齿常用于精加工经淬火处理的齿轮。　　　　　　　　（　　）

**二、填空题**

1. 齿轮铣刀分＿＿状模数齿轮铣刀和＿＿状模数齿轮铣刀。当铣削模数大于 20 的齿轮时，常采用＿＿状模数齿轮铣刀。

2. 滚齿加工是利用＿＿＿＿与＿＿＿＿啮合原理来加工齿轮的。

3. 插齿时，插齿刀沿轴线作＿＿＿＿插削的主运动，为了切出整个齿轮，插齿刀还需要作＿＿进给运动和＿＿进给运动，同时工件相应地作＿＿的展成运动。此外，在回程时，刀具与工件之间还有＿＿＿＿＿＿运动。

**三、选择题**

1. 在铣床上加工齿轮属于＿＿＿＿。

（成形法；展成法）

2. 用 15 把一套的齿轮铣刀切出的齿轮比用 8 把一套的齿轮铣刀切出的齿轮精度＿＿＿。

（低、高）

3. 内齿轮和多联齿轮适宜用＿＿＿＿方法加工。

（滚齿；插齿）

4. 在刨齿机上加工齿轮属于＿＿＿＿。

（成形法；展成法）

**四、问答题**

1. 用切削加工方法制作齿轮有什么优缺点？

2. 切削加工齿轮的方法有哪两类？试比较说明其特点。

# 第二十章 钳 工

**一、是非题**（在题末括号内作记号："＋"表示是，"－"表示非）

1. 曲面刮削时，常把轴瓦中部的接触点刮稀一些，而两端的接触点刮密一些。　　　　　　　　　　　　　　　　　　　　　　（　　）

2. 研具材料的硬度应比工件稍高一些。　　　　　　　　　　（　　）

**二、填空题**

1. 常用划线涂料有＿＿＿＿、＿＿＿＿、＿＿＿＿。一般在铸、锻件毛坯表面用＿＿＿＿。

2. 立体划线时，应先划＿＿＿＿，再划＿＿＿＿、＿＿＿＿，最后划＿＿＿＿、＿＿＿＿和＿＿＿＿等。

3. 在划好的线上应打出样冲眼，一般打在线条的＿＿＿＿＿＿和＿＿＿＿上。

4. 选择錾子的楔角时主要根据＿＿＿＿＿＿＿＿＿＿，在强度允许的情况下楔角应尽量＿＿＿＿。

5. 一般情况下，板料的厚度在＿＿＿＿ mm 以下用錾削或剪切，在＿＿＿＿ mm 以上才用锯削。

6. 锉刀齿纹的粗细应根据工件＿＿＿＿、＿＿＿＿、＿＿＿＿及等情况综合选用。粗锉刀一般用于锉削＿＿＿＿及加工余量＿＿＿＿、＿＿＿＿和＿＿＿＿的工件；细锉刀用于锉削＿＿＿、＿＿＿以及加工余量＿＿＿＿＿＿和＿＿＿＿的工件。

7. 用丝锥加工工件的内螺纹叫做＿＿＿＿；用板牙加工工件的外螺纹叫做＿＿＿＿。

8. 丝锥一般由＿＿＿支组成一套，其中头锥斜角＿＿＿＿，有＿＿＿个不完整的齿；二锥斜角＿＿＿＿，有＿＿＿个不完整的齿。

9. 套螺纹时，被加工工件的直径一般应比螺纹大径＿＿＿＿＿＿ mm，工件端部必须＿＿＿＿。

10. 刮削余量过大会影响生产率，过小则难于保证质量，通常刮削余量为＿＿＿＿ mm。

11. 显示剂是为显示被刮削表面和标准表面间接触面积而涂的一种辅助材

料，常用的有_____和_____。

12. 研磨余量通常在_____mm 范围内比较适宜。

13. 常用的研具材料有_____、_____、____等，其中_____应用较广。

14. 研磨液起_____的作用，研磨时还起____、_____和_____等作用。常用的研磨液有_____、_____和_____等。

15. 研磨剂中常用的磨料有_____、_____、_____、_____和_____等。

16. 零件连接的方式可分为固定连接和活动连接。固定连接可分为：

（1）固定可拆卸式连接，如_____、_____、_____等。

（2）固定不可拆卸式连接，如_____、_____、_____等。

活动连接可分为：

（1）活动可拆卸式连接，如_____、_____等。

（2）活动不可拆卸式连接，如_____、_____、_____等。

17. 为了使装配精度符合要求，常采用_____、_____、_____、_____四种装配方法。

18. 常见的螺纹联接防松装置有_____、_____、_____、_____。

### 三、选择题

1. 安装锯条时，锯齿必须_____。

（向前；向后）

2. 锯削薄壁管时应选用_____锯条。

（粗齿；中齿；细齿）

3. 锯削软材料时应选用_____锯条。

（粗齿；细齿）

4. 当锉削余量较大时，可采用_____。

（普通锉削法；交叉锉削法；推锉法）

### 四、问答题

1. 钳工工作包括哪些内容？

2. 划线的作用是什么？

3. 怎样正确锯削管子？

4. 怎样正确锯削薄板？

5. 怎样攻螺纹？
6. 如要在钢料上攻 M8 和 M12 的螺孔，应钻出多大的底孔？
7. 怎样装配圆柱销？
8. 怎样装配滚动轴承？

# 第二十一章 数 控 加 工

**一、是非题**（在题末括号内作记号："+"表示是，"–"表示非）

1. 手工编程适用于零件不太复杂、计算较简单、程序较短的场合，经济性较好。 （　　）

2. 右手直角坐标系中的拇指表示 $Z$ 轴。 （　　）

3. 在直角坐标系中与主轴轴线平行或重合的轴一定是 $Z$ 轴。 （　　）

4. 机床参考点是由程序设定的一个基准点。 （　　）

5. 不同的数控机床可能选用不同的数控系统，但数控加工程序指令都是相同的。 （　　）

6. 根据数控系统的不同，程序段号在某些系统中可以省略。 （　　）

7. 数控机床编程有绝对值编程和增量值编程之分，具体用法由图样给定而不能互相转换。 （　　）

8. 数控机床编程有绝对值编程和增量值编程，根据需要可选择使用。 （　　）

9. 辅助指令（即 M 功能）与数控装置的插补运算无关。 （　　）

10. M02 表示程序段结束，光标和屏幕显示自动返回程序的开头处。 （　　）

11. F150 表示控制主轴转速，使主轴转速保持在150r/min。 （　　）

12. 在执行 M00 后，不仅准备功能（G 功能）停止运动，而且辅助功能（M 功能）也停止运动。 （　　）

13. 圆弧插补 G02 和 G03 的顺逆判别方法是：沿着垂直插补平面的坐标轴的负方向向正方向看，顺时针方向为 G02，逆时针方向为 G03。 （　　）

14. 圆弧插补时 $Y$ 坐标的圆心坐标符号用 $K$ 表示。 （　　）

15. G17，G18，G19 指令不可用来选择圆弧插补的平面。 （　　）

**二、填空题**

1. 一般数控机床主要由_____、_____、_____和机床四个部分组成。

2. 轮廓控制数控机床能够连续控制两个或两个以上_____的联合运动。

3. 数控机床是一种高度_____的机床。

4. 数控机床采用自动编程软件编程，即利用通用的_____及专用的_____，以人机对话方式确定加工对象和加工条件自动进行运算和生成指令。

三、选择题

1. 数控程序的编制有两种基本手段，即_____和_____。

（直径编程和半径编程；绝对值编程和增量值编程；手工编程和计算机自动编程；恒线速编程和恒转速编程）

2. 以下正确的说法是_____。

（手工编程适用于零件复杂、程序较短的场合；手工编程适用于计算简单的场合；自动编程适用于二维平面轮廓、图形对称较多的场合；自动编程经济性好）

3. 数控机床的标准坐标系是以_____来确定的。

（右手笛卡尔直角坐标系；绝对坐标系；相对坐标系；极坐标系）

4. 右手直角坐标系中_____表示为 $Z$ 轴。

（拇指；食指；中指；无名指）

5. 确定数控机床坐标轴时，一般应先确定_____。

（$X$ 轴；$Y$ 轴；$Z$ 轴；$C$ 轴）

6. 数控机床 $Z$ 轴_____。

（与工件装夹平面垂直；与工件装夹平面平行；与主轴轴线平行；是水平安置）

7. 在数控机床坐标系中平行机床主轴的直线运动的轴为_____。

（$X$ 轴；$Y$ 轴；$Z$ 轴；$U$ 轴）

8. 机床参考点就是_____。

（刀架中心位置点；机床绝对坐标测量基准点；机床坐标原点；工件坐标原点）

9. 数控机床上有一个机械原点，该点到机床坐标零点在进给坐标轴方向上的距离可以在机床出厂时设定，该点称为_____。

（换刀点；工件坐标原点；机床坐标原点；机床参考点）

10. 下列关于数控机床参考点的叙述，正确的是_____。

（机床参考点与机床坐标原点重合；机床参考点是浮动的工件坐标原点；机床参考点是固有的机械基准点；机床参考点是对刀用的）

11. 零件加工程序是由一个个程序段组成的，而一个程序段则是由若干_____组成的。

（地址；地址符；指令；指令字）

12. 零件加工程序的程序段由若干个_____组成。

（功能字；字母；参数；地址）

13. 在数控加工中，它是指位于字头的字符或字符组，用以识别其后的参数，在传递信息时，它表示其出处或目的地。"它"是指_____。

（参数；地址符；功能字；程序段）

14. 下列正确的功能字是_____。

（N8.5；N#1；N-3；N0005）

15. 在数控系统中，ISO 标准规定绝对尺寸方式的指令为_____。

（G90；G91；G92；G98）

16. 下列关于数控机床绝对值编程和增量值编程的叙述，正确的是_____。

（绝对值编程表达的是刀具位移的量；增量值编程表达的是刀具位移目标位置；增量值编程表达的是刀具位移的量；绝对值编程表达的是刀具目标位置与起始位置的差值）

17. 用于机床开关指令辅助功能的指令代码是_____。

（K 代码；F 代码；S 代码；M 代码）

18. 下列关于辅助功能指令的叙述，不正确的是_____。

（辅助功能指令与插补运算无关；辅助功能指令一般由 PLC 控制执行；辅助功能指令是以字符 M 为首的指令；辅助功能指令包括机床电源等起开关作用的指令）

19. 下列关于辅助功能指令的叙述，正确的是_____。

（辅助功能中一小部分指令有插补运算；辅助功能指令一般由伺服电动机控制执行；辅助功能指令是以字符 F 为首的指令；辅助功能指令是包括主轴、冷却液、装夹等起开关作用的指令）

20. 表示程序结束运行，光标和屏幕显示自动返回程序开头处的指令是_____。

（M00；M01；M02；M30）

21. 表示程序结束运行的指令是_____。

（M00；M01；M02；M09）

22. 表示主程序结束运行的指令是_____。

（M00；M02；M05；M99）

23. 辅助功能中与主轴有关的指令是_____。

（M06；M09；M01；M05）

24. 辅助功能中控制主轴的指令是_____。

（M00；M01；M04；M99）

25. 辅助功能中表示程序计划停止的指令是_____。

（M00；M01；M02；G04）

26. 辅助功能中表示无条件程序暂停的指令是_____。

（M00；M01；M02；M30）

27. 执行指令_____，程序停止运行，若要继续执行下面程序，则需按循环起动按钮。

（M00；M05；M09；M99）

28. 下列关于 G00 与 G01 指令的叙述，其中正确的是_____。

（G00 和 G01 指令的运行轨迹都一样，只是速度不一样；G00 和 G01 指令都能使机床指定坐标轴准确到位，因此它们都是插补指令；G00 和 G01 指令的运行速度都可以用程序功能字指定；G00 和 G01 指令都是基本运动指令）

29. G00 指令的快速移动速度是由机床_____确定的。

（参数；数控程序；伺服电动机；传动系统）

30. 直线插补指令使用_____功能字。

（G00；G01；G02；G03）

31. 圆弧插补顺、逆方向的规定与_____有关。

（$X$ 轴；$Z$ 轴；圆弧平面外的坐标轴方向；是外圆表面的圆弧还是内孔表面的圆弧）

32. 用 G02/G03 圆弧插补指令编程时，圆心坐标 $I$、$J$、$K$ 为圆心相对于_____分别在 $X$、$Y$、$Z$ 坐标轴上的增量。

（圆弧起点；圆弧终点；圆弧中点；圆弧半径）

33. 对于 FANUC 系统，在描述圆弧插补用圆心位置参数时，$I$ 和 $J$ 为圆心分别在 $X$ 轴和 $Y$ 轴相对于_____的坐标增量。

（工件坐标原点；机床坐标原点；圆弧起点；圆弧终点）

34. G17、G18、G19 指令可用来选择_____的平面。

（实际加工；刀具垂直；插补；工件安装）

35. 取消 G41 和 G42 刀具补偿不可用_____指令。

（G40；G50；M30；复位键）

36. 程序中指定了_____时，刀具半径补偿被撤销。

（G40；G41；G42；G49）

37. 取消 G40 刀具补偿只能用_____指令。

（G00 或 G01；G01 或 G02；G02 或 G03；G04）

## 四、问答题

1. 什么叫数控机床？它由哪几部分组成？

2. 点位控制和轮廓控制有什么不同？它们各适用于什么场合？

3. 简述开环、半闭环、闭环系统的特点及区别。

4. 程序字主要有哪几类？简述其含义。

## 五、编程题

1. 精铣图 21-1 所示零件（材料为 45 钢）的轮廓，试编程。

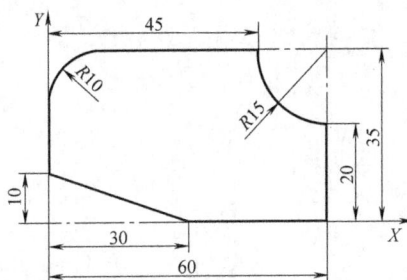

图 21-1　精铣外轮廓（深 3mm）

2. 精车图 21-2 所示零件（材料为 45 钢）的外圆，试编程。

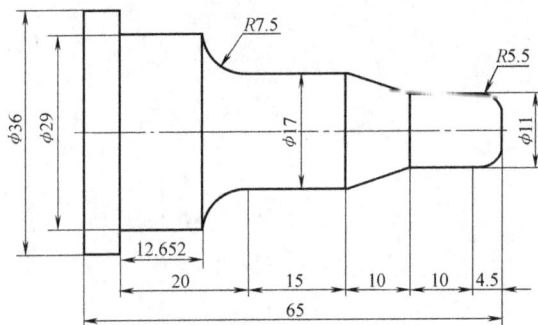

图 21-2　精车外圆